MOUTHFEEL

마우스필

How Texture Makes Taste

MOUTHFEEL

마우스필

음식의 맛과 향과 질감이 어우러질 때 우리 입이 느끼는 것

올레 G. 모우리트센·클라우스 스튀르베크 **지음** | **정우진 옮김**

음식을 좋아한다. 타고나기를 작은 용량의 소화기관을 가져서 먹는 양은 많지 않지만 가리지 않고 잘 먹는다. 다양한 식재료와 조리법을 두려워하지 않고 대체로 존중하면서 받아들인다. 부끄럽지만, 서른 넘어 내가 먹을 음식을 직접 하면서부터 그제서야 어머니가 그렇게 비위가 약하고 못 드시는 식재료가 많다는 것을 알았다. 그럼에도 자식들, 남편, 혹은 시댁 친척들이 즐기는 음식을 늘 만드셨고, 더구나 외가의 음식은 재료를 고르고 다듬는 데 많은 시간을 들이는 편이었다. 이러한 영향 탓에 내가 음식을 만들 때는 까다롭지만, 남이 해주는 음식에는 관대한 편이다. 무엇보다 남이 해준 음식은 늘 고맙고 맛있다.

과학을 '잘'했다. 과학을 전공하겠다고 대학에 들어가기 전까지는 과학을 잘했다. 하지만 스스로 모자람을 깨닫고, 혹은 다른 공부들이 더 재밌다는 변명을 덧붙이며 다른 분야의 책과 가까이 하고 밥벌이까지 하게 된 뒤로는 과학을 잘하지 못했다. 대신 과학을 좋아하게 됐다. 놀랍도록 재미있는 방식으로 세상을 설명하는 다양한 책들을 접하면서, 전공할 때보다 과학을 더 사랑하게 됐다. 조금이나마 오래 과학책을 봤기에, 조금 더 쉽게 접근할 수 있어, 더 부담 없이 사랑할 수 있다.

하나 더. 영상보다 텍스트가 더 익숙하다. 새로운 음식을 해보려고 할 때, 유튜브 같은 영상보다는 텍스트로 배우는 게 훨씬 익숙하고 빠르다. 오히려 풀타임 영상은 너무 길고, 텍스트에서 내게 필요한 재료의 양, 몇 가지 중요한 팁과 과정을 훑어보는 게 훨씬 손쉬운 길이기 때문이다.

《마우스필》은 음식, 과학, 묘사가 잘 어우러진 책이다. 좋아하는 세 가지가 다 들어 있으니, 겁도 없이 초짜가 우리말로 옮겨보겠다고 덤볐다. 부족함을 일일이 열거할 수는 없지만, 그럼에도 원서가 가진 탁월함이 다 덮어주고도 남는다는 뻔뻔한 변명으로 넘어가볼까 한다.

이 책을 받아 들었을 때 가장 큰 난관은 '마우스필mouthfeel'에 해당하는 적절한 우리말을 찾는 일이었다(덴마크어 제목은 'Fornemmelse for smag'으로 'feel for taste' '맛의 느낌' '맛의 감각' 정도로 번역할 수 있을 듯하다). 가장 먼저 떠오르는 말은 '식감食感', 즉 "음식을 먹을 때 입안에서 느끼는 감각"이었다. 하지만 이는 식재료가 가진 '질감texture'에 따른 감각 인식에 한정되는 듯해, 선뜻 고르기 어려웠다. 오히려 영어를 그대로 옮긴 '구감口感'이 더 적당해 보였으나, 한자를 병기하지 않을 때는 선명하게 뜻이 다가오지 않는다. 그래서 번역하는 동안에는 그냥 '입안느낌'이라는 말로 옮겨놓았는데, 역시 입에 붙지 않거나 불필요한 의미를 덧붙인다는 의견도 많았다. 영어 부제가 'How Texture Makes Taste'인데, 즉 '마우스필Mouthfeel'은 음식의 '질감texture'에 기반해서 입안에서 일어나는 총체적 맛의 경험이라고 거칠게나마 정리할 수 있다. 결국, 식감도 구감도 입안느낌도 아니라면, 그냥 원어를 살리자는 쪽으로 편집부와 함께 결론을 내렸다. 뭔가 더 현명한 우리말 대체어를 찾지 못한 건 내내 아쉽고 능력이 부족한 결과이지만, 훗날 더 맛깔스럽고 입에 딱 붙는 우리말이 제안되기를 기대해본다.

《마우스필》은 음식과 요리, 그 경험을 생물, 화학, 생화학을 비롯한 다양한 과학 분야를 도구 삼아 설명하는 책이다. 그렇다고 교양과학서로만 보기에는, 이 책에 소개된, 혹은 저자들이 팀을 꾸려 연구한 요리의 세계가 꽤 깊고 다채로워 식욕을 억제하기가 쉽지 않을 정도다. 책 속의 과학적 물음과 설명이 흥미진진한 이성적 탐구의 세계라면, 멋 부리지 않으면서도 적절한 단어를 찾아 고심한 흔적이 역력한 음식과 조리 과정에 대한 묘사는 오감을 자극하고 바로 지금 시장에 달려가 식재료를 고르거나 부엌에 들어가 조리 도구를 꺼내 직접 요리해 보고 싶게 만드는 미식 탐구의 세계다. 물론 여기에 소개된 50여 가지의 레시피 가운데 한국에서는 낯선 재료, 가정식 부엌에서는 낯선 조리법이 있을 수 있다. 하지만 이 책에서 관련된 내용을 읽고 난 뒤에 그 레시피를 본다면, 한국의 재료와 익숙한 조리법만으로도 재해석할 여지가 많아 한번쯤 해볼 만하다고 여기게 될지도 모른다.

우리가 음식을 몸속으로 받아들이는 생화학적 과정을 훑고 있는 1장 '맛과 풍미의 복잡한 우주', 식재료와 음식의 기본적인 생물학적, 화학적 양태를 설명하고 있는 2장 '우리가 먹는 음식은 무엇으로 이루어졌나', 액체, 기체, 고체를 비롯한 음식의 기본적 형태를 다루고 있는 3장 '음식의 물리적 특성: 형태, 구조, 질감'은 음식과 과학을 짝 지어 다룰 때 가장 기본이 되는 내용을 담고 있다. 과학적 내용을 오랜만에 접하는 독자라면 처음에는 이런 접근을 딱딱하게 느낄 수도 있을 테다. 하지만 중학교 과학 시간으로 잠시 돌아가본다는 생각으로 조금만 끈기를 갖고 읽기 시작하면 그 내용 자체가 그리 어렵지 않다는 걸 알 수 있다. 또한 어느새 우리가 먹고 마시는 것들에 관해 그동안 미처 알지 못했던, 아름답고 역동적인 미시 세계가 열리면서 눈이 트이는 경험을 하게 될 것이다.

4장부터 6장까지는 본격적으로 음식의 질감, 마우스필, 다양한 마우스필을 일으키는 물리적·화학적 조건, 그리고 실제로 이것들이 적용된 동서양의 다채로운 요리들이 한 상 가득 펼쳐진다. 음식을 먹을 때 겪는 다양한 경험의 과학적 메커니즘, 새롭게 깨닫게 되는 다양한 질감과 그 묘사는 우리가 피상적으로 알고 있던 식재료, 음식과 조리의 정체를 과학적으로 보여준다. 그 밖에도 열과 상 변이, 에멀션과 겔, 유화제와 증점제, 당과 지방, 단백질, 입자와 기포에 관한 설명과 이를 응용한 요리, 다양한 소스와 수프, 크런치함과 크리미함 등 특별한 질감과 이를 응용한 요리까지, 과학과 음식으로 그려낸 이야기는 메뉴판이 모자랄 정도지만, 메뉴판이 있는 이유는 그 가운데 골라 먹으라는 뜻이니 모두 다 소화하려고 애쓰지는 않아도 된다. 관심 있는, 궁금했던 부분만 골라 읽어도 되고, 소개된 레시피를 훑으면서 관련 내용을 따라 읽어도 괜찮다.

음식을 만들 때마다 늘 훌륭한 간잽이가 되어 주는 딸, 웬만한 음식은 잘하는데도 남편 때문에 요알못으로 오해받지만 개의치 않으며 손님 초대용 음식을 맛있다고 해주는 아내, 까다로운 입맛을 전수해주신 어머니, 그리고 부족한 번역을 꼼꼼한 편집으로 간을 잘 맞춰준 출판사 모두에게 고마움을 전한다.

2023년 4월,
정우진

일러두기

- 이 책의 원서는 두 저자가 덴마크어로 쓴 것이며, 마리엘라 요한센Mariela Johansen의 영어 번역본을 저본으로 번역했다.
- 번역자 주와 용어 설명은 [ ]에 넣었다.
- 용어, 인명, 식품명의 원어는 '찾아보기'에 밝혔다.

초콜릿 한 조각, 말 그대로 혀 위에서 녹는 그 초콜릿이 뭔가 퇴폐적인 즐거움을 주는 이유는 무엇일까? 갓 나온 핫도그의 맛은 왜 블렌더로 갈아낸 것과는 너무나도 다를까? 왜 대부분의 사람은 달걀을, 거의 바삭할 때까지 튀긴 베이컨과 함께 먹고 싶어할까? 아, 그리고, 김빠진 탄산음료나 맥주는 왜 당기지 않을까? '맛의 감각적 인식', 특히 입안에서 음식의 느낌에 따라 그 인식이 얼마나 달라지는지 묻는 이러저러한 질문은 호기심을 불러일으켰다. 또한, 우리 같은 연구자나 경험이 풍부한 요리사로 하여금 식재료의 '화학적 조성'을 가늠하고, 그 조성이 만들어내는 '물리적 인상'을 고민하도록 했다. 우리는 협력을 통해 이 문제와 씨름했다. 주방을, 과학적이고 비판적인 사고와 창의적인 직관, 음식 준비와 관련한 철저한 지식을 결합한 연구실로 이용하면서 말이다.

맛은 가장 중요한 감각 가운데 하나다. 우리는 맛에 의존해, 해롭거나 독이 될 만한 식재료는 멀리하고 맛 좋고 영양 가득한 식재료는 가까이한다. 이때 우리는 주로 다섯 가지의 맛, 즉 신맛, 단맛, 짠맛, 쓴맛, 그리고 감칠맛에 의존한다고 생각할 수 있다. 그 맛을 우리가 꽤 쉽게 설명할 수 있으니까. 그런데 요리 한 접시 혹은 한 끼 식사가 감각에 남겨준 느낌은 기억하기도 힘들뿐더러 제대로 표현하기는 더 어렵다. 어느 정도는, 맛과 향의 상호작용이 일을

더 복잡하게 하기 때문이다. 음식에서 진짜 맛을 내는 물질은 아니지만 침 및 점막과 반응하는 물질이 그러하다. 예를 들어, 레드와인의 타닌은 입에서 떫은 느낌을 유도할 수 있고, 고추의 캡사이신은 아리게 하거나 심지어는 아프게까지 할지도 모른다. 그리고 우리가 흔히 놓치기 쉬운 것은, 우리가 입안에 넣는 것들과 그 반응의 '물리적 특성'이 하는 역할이다. 우리가 거의 무의식적으로 간과하지만, 어떤 식품에 대한 선호나 거부는 그것이 어떤 향인지, 맛인지보다는 입안에서 어떻게 '느껴지는지'에 종종 더 의존한다고 밝혀졌다. 이런 느낌은 '마우스필 mouthfeel'이라 불리며, 음식의 '질감'과 관련 있다.

의심할 나위 없이, 맛의 기제와 마우스필의 역할을 제대로 이해하지 못하고 요리 기술마저 떨어진 것은 최근 비만을 유발하도록 먹는 경향에 한몫한다. 동시에, 우리는 음식에 점점 많은 설탕, 소금, 지방을, 즉 지난 세기에 유행병 수준으로 확산한 주요 식이 관련 질병과 연관된 것들을 넣고 있다. 맛은 식욕, 소화, 포만감처럼 자연적으로 섭식을 조절해주는 것들과 밀접하게 관련해 있다. 이는 역설적이게도 다음과 같은 두 가지 상반된 결과를 낳는다. 우선, 식단만 좋았다면 건강했을 많은 사람이 빈약한 식단인데도 참 많이 먹는다. 음식이 입에 안 맞고 포만감을 주지 않아서다. 반면, 아프거나 고령인 많은 사람이 너무 조금 먹는다. 음식이 맛이 없

어 식욕이 떨어졌기 때문이다. 이처럼 상반된 두 부류의 모습은, 맛있는 음식이 우리가 '좋은 삶'이라 여기는 것을 이루는 데 얼마나 기여하는지 확실히 일깨워준다.

한번 생각해보자. 슈퍼마켓에서 팔리는 식품들은 양념 종류 말고는 맛이나 질감에 관해 그 무엇도 이야기해주지 않는다. 반면, 생산지, 영양 성분, 칼로리 등은 세세하게 라벨에 표시되어 있고 종종 정부 규제에 맞추어 공급된다. 또한 많은 경우, 맛의 인상은 우리 건강에 영향을 끼치는 패스트푸드, 스낵, 탄산음료, 캔디 등으로부터 나온다. 우리는 이런 현실이 바뀌기를 바라고, 음식의 맛과 특히 마우스필의 질감을 그려낼 정교한 어휘를 사용하도록 하는 데 이 책이 도움이 되었으면 한다.

마우스필이 왜 그렇게 건강한 식사와 밀접하게 관련되어 있는지 답하다 보면 바로, 매일매일 음식을 섭취할 때 이런 측면을 강화하려면 식재료를 준비하고 음식을 할 때 무엇이 필요한지에 관한 새로운 질문이 많이 나올 것이다. 어떻게 수프나 소스의 맛을 진하게 할 수 있을까? 어떻게 구운 돼지고기의 겉면을 바삭하게 할 수 있을까? 수제 마요네즈의 비법은 무엇일까? 어떻게 채소를 완벽하게 익힐 수 있을까? 이 책에서 우리는 이런 질문들뿐 아니라 또 다른 많은 질문에 답하려 했다. 우리는 몇 가지 목표를 염두에 두고 기획을 했다. 첫째, 우리는 마우스

필이 어떻게 맛의 인식과 딱 들어맞는지 개관하고자 한다. 둘째, 맛과 마우스필, 질감의 기저를 이루는 과학을 대중적으로 소개할 뿐만 아니라, 식재료의 구조 및 마우스필을 이해하는 데 핵심적인 성질들을 체계적으로 살펴보고자 한다. 셋째, 마우스필을 변화시키는 많은 방법을 입증해 보이고자 한다. 낯선 용어에는 해설을 달았고, 세세한 찾아보기도 만들어 과학을 깊게 파고들 준비가 안 된 사람들도 쉽게 찾아볼 수 있도록 했다. 그렇기는 해도, 좀 더 깊은 과학적 이해를 위한 우리의 탐구 활동이 경험 많은 요리사, 영양 및 건강 전문가, 식품 사업가, 미식가에게 영감의 원천이 되어, 매일 음식문화를 경험하면서 음식문화의 개선이라는 우리의 목표에 함께하기를 바란다.

마우스필에 대한 우리의 호기심을 충족시키려는 탐구 활동은 우리를 주방과 연구실 너머로 데려가, 전 세계의 곳곳을 돌아보도록 했다. 우리는 다양한 형태의 맛과 마우스필을 찾아내는 모험과 경험을 나누고, 또 식재료를 가지고 부드러움, 바삭함, 크리미함, 탄성, 점성, 기타 질감을 창조해내는 일이 어떻게 일어나는지 그려낼 수 있어 행복했다. 기본적인 것에서부터 이국적인 것까지 여러 사례와 레시피를 이용해, 독자 여러분이 능숙하게 맛의 우주를 지나 길을 찾고, 그것의 물리적 차원, 즉 '마우스필'을 보다 깊게 이해할 방법을 보여줄 것이다.

Chapter 1

맛과 풍미의 복잡한 우주

맛과 풍미의 우주는, 연관된 감각에서뿐만 아니라 그 우주를 그려낼 때 쓰는 언어를 봐도, 놀라울 만큼 복잡하다. 종종 우리는 '맛taste' '풍미flavor'라는 말을, 그 뜻을 그다지 엄밀하게 생각하지 않으면서 약간 느슨하게 바꿔 쓰고는 한다. 브리Brie 치즈 한 조각이 크리미한 '맛이 난다'거나 올리브 오일의 '풍미'가 가볍다고 말한 적이 있었을 테다. 그 말의 뜻을 직관적으로 이해할지는 모르지만, 이 말은 그 음식들이 불러일으킨 감각 인상에 관한 부정확한 묘사다. 우리는 맛과 풍미의 우주를 탐험하러 떠나는 즉시 맛과 풍미의 개념을 좀 더 엄격하게 정의해야 할 필요와 맞닥뜨린다.

과학적으로 엄밀하게 말하면, '맛'은 단지 맛봉오리(미뢰)에 의한 인식일 뿐이다. 한편, '풍미'는 다면적이며, 정도의 차이는 있어도 오감을 모두 동원한다. 미각, 후각, 촉각은 모두 풍미의 인상에서 중심 요소이며, 시각, 청각 및 입안에서의 화학반응과도 연관돼 있다. 이 모두에서 얻어진 정보는 뇌에 축적되어, 어떤 음식이나 음료에 대한 단일한 인상을 우리에게 남긴다. 이 과정이 어떻게 이루어지는지 이 장 뒤에서 좀 더 자세하게 살펴볼 것이다.

미각과 후각이 서로 어디까지 강화하고 교류하는지 우리는 모두 경험해봤다. 촉각에 기반을 둔 풍미의 또 다른 측면은 마우스필이라 알려져 있는데, 중요성에 비해 그 역할이 종종 간과돼왔다. 이 책에서 우리는 그 간과된 측면을 끄집어내, 음식을 즐기는데 그것이 어떻게 영향을 끼치고 좀 더 영양가 높고 풍미 가득한 음식을 준비하는 데 어떻게 활용할 수 있는지 좀 더 깊이 이해해보려고 했다. 이것이 요리에 어떻게 적용되는지 실제로 해보기 전에, 어쨌든 풍미 과학의 기초를 배우는 시간을 가지면 도움이 될 것이다.

입과 코, 이 모든 것이 시작되는 곳

우리가 정상적인 생활을 지속하는 데 필요한 모든 것은 입과 코(즉, 몸 바깥의 물질세계와 몸 안을 잇는 주요 관문)를 통해 우리에게 들어온다. 음식과 음료는 입을 통해, 공기와 다수의 공중 입자, 냄새 물질은 코를 통해 우리 몸 안으로 들어온다. 이 입구들은 이로운 물질들은 최대한 많이 들여오고, 잠재적으로 안 좋은 것을 삼키거나 들이마실 가능성은 최소화하도록 설계되어 있다.

젤리빈 실험

우리 모두는 감기로 코가 막히면 음식 맛이 다르게 느껴진다는 것을 안다. 실제로 음식 맛이 다르지는 않다. 우리 후각의 감도가 일시적으로 떨어진 것이다. 풍미가 주는 인상에서 후각의 중요성을 경험하려고 감기까지 걸릴 필요는 없다. 손가락으로 코를 쥐어 막고서는, 와인검[설탕, 포도당에 아리비아검 또는 젤라틴을 넣어 만든 젤리 모양의 캔디], 젤리빈 사탕, 아니면 과일이나 시나몬 혹은 아니스[달콤하고 상쾌한 느낌을 주는 허브] 풍미의 캔디를 입에 넣고 숨을 내쉬지 말고 천천히 굴리듯 씹어보자. 설탕

이나 다른 감미료에서 나온 달콤함만이 느껴질 것이다. 코에서 손가락을 떼고 숨을 내쉰 뒤, 놀랄 준비를 해보자. 갑자기 캔디 맛이 완전히 다르게 느껴질 것이다. 캔디에 첨가된 향 물질이 이제 입에서 풀려나와 코로 올라가서 뇌에 다른 신호를 보내기 때문이다.

우리가 사는 환경은 결코 녹록하지 않다. 우리는 생명을 위협할 수 있는 어마어마하게 많은 인공 물질과 자연 물질, 미생물들에 둘러싸여 있다. 이렇기 때문에, 매우 빡빡하고 뚫기 힘든 피부의 각질층이 몸 바깥쪽을 잘 보호하고 있다.

우리 몸의 안쪽, 즉 구강과 비강, 기도, 소화계의 표면은 훨씬 연약하다. 이 영역들은 상피 세포로 이루어진 점막으로 덮여 있어서, 어떤 물질은 차단하고 다른 물질은 통과시킨다. 이런 기능 덕에, 예를 들어, 폐에서는 산소와 이산화탄소의 교환이 이루어지고, 장에서는 음식으로부터 영양분을 흡수한다. 그런데 불행히도, 독, 유해 가스, 세균성 독소, 식물성 독소 같은 유해물질 역시 점막을 통과하고 혈관에 들어와 신체 내부 기관에 다다를 수 있다.

이렇기 때문에, 수많은 센서가 입과 코 같은 주요 관문을 보호한다. 인간 진화의 과정에서, 이 센서들은 몸이 자신에게 필요해 통과하도록 허락한 물질들을 고르는 동시에 잠재적으로 위험하고 유독한 물질들은 들여보내지 않도록 발전했다. 이 센서들

은 맛, 향, 마우스필에 관한 신호를 뇌로 보내고, 뇌에서는 시각적, 청각적 입력 신호와 입과 코에서 일어나는 화학반응에 관한 정보가 통합된다. 이 모든 감각 인상이, 몸에서 좀 더 쉽게 손상될 수 있는 내부로 무언가를 들여보낼지 말지 결정하는 것이다. 마우스필은 이 결정에서 가장 중요한 부분이다.

풍미가 주는 인상들은 놀랍도록 복잡하고 다차원적이다. 맛봉오리에 의한 맛 물질들의 인식, 코에서 향 물질들의 감지, 입에서 음식이 촉감을 주는 방식, 점막에서의 화학적 감도chemesthesis 등이 주로 이런 인상을 이끌어낸다.

이 모든 다양한 감각은 신경계에서 비롯한다. 모터 시스템처럼, 이 감각 기관은 뇌 또는 뇌간에 연결돼 있다. 이 일들은 12쌍의 뇌신경 그리고 신경절이라 불리는 신경을 닮은 연결들의 도움으로 일어난다. 이것들은 감각이 느낀 인상을 뇌로 보내는 감각기이거나 뇌에서 온 신호를 근육과 기관으로 보내는 모터다.

12쌍의 뇌신경 중 몇 개는 맛과 냄새 물질을 감

지해 음식이 일으킨 인상을 평가하는 데 관여한다. 풍미의 모든 요소는 뇌와 소통하는 데 뇌신경을 활용하고 이는 매우 높은 수준에서 일어나는데, 이 사실은 풍미의 모든 측면이 인간의 생존에 중요하다는 것을 알려준다. 후각 신경은 이 12쌍 가운데 첫 번째, 시각 신경은 두 번째, 삼차 신경[3개의 분지를 내 안면 감각을 담당하며 일부 분지는 씹기 근육의 운동에 관여]은 다섯 번째다. 이 세 가지 신경은 모두 풍미의 인상과 밀접하게 연관돼 있다. 후각은 중추신경계의 가장 중요한 부분인 뇌에 직접적으로, 가장 높은 인식 수준으로 연결돼 있다. 맛과 마우스필의 감각은, 박동이나 호흡 같은 다른 필수적인 자율 기능들이 조절되는 곳인 뇌간을 거쳐 간접적으로 뇌로 간다.

향은 풍미에서 가장 변별력 있고 가장 중요한 측면이다. 사실 후각은 미각보다 훨씬 더 변별력 있다. 후각은 공기 중 떠다니는 물질에 의해 두 가지 방법 중 하나로 자극된다. 냄새는 음식이 입에 들어가기 전에 풍겨지고, 콧구멍을 통해 직접 들이마셔지는데, 이것이 '전비강성 통로orthonasal pathway'에 의한 향 감지다. 이와 달리, 우리가 음식을 입에 넣으면 향기가 구강으로 퍼지고 비인두鼻咽頭, nasopharynx[직접 비도鼻道로 이어진 인두부]로 올라가는데, 이것이 '후비강성 통로retronasal pathway'에 의한 향 감지로 알려진 것이다. 코 뒤를 통하는 것은 인간에게 가장 중요하고 잘 발달된 향 감지 루트다. 반면, 친근한 예로 개를 보자면, 이 녀석들은 직접 코로 향을 맡는다. 두 경우 모두, 냄새 화합물은 비강 맨 위에 다다르고, 거기서 수백 개의 개별 후각 수용체에 의해 감지된다. 이어서 뇌신경의 첫 번째 쌍을 통해 직접 뇌의 후각중추(전두엽 영역인 후각 신경구와 안와전두피질)로 전기 자극을 보낸다. 신호의 더 작은 부분은, 뇌에서 기억, 감정, 보상과 처벌 결정을 담당하는 영역인 대뇌변연계로 전달된다. 후각

은 기나긴 진화의 역사를 지녔다. 인간 게놈에서 50개 유전자마다 하나 정도가 후각에 전념한다. 이것은 생존에 반드시 필요할 뿐 아니라 잠재의식과도 강력하게 연결돼 있다. 특정한 향이 많은 후각 수용체를 활성화할 수 있기 때문에, 인간은 1조 가지나 되는 어마어마한 향들 사이의 차이를 감지할 수 있다. 최근 연구에 따르면, 인간은 시각이 시각피질에서 하는 방식으로, 후각 신경구에서 '향 이미지'를 만들어 향을 공간적 패턴으로 개념화한다. 하지만 인간의 후각은 다른 종들(예를 들어, 곰)의 후각보다 덜 예민하다. 후각 수용체 신경이 뭉쳐 있는 밀도가 덜하기 때문이다. 반면, 코에서 나온 신호를 처리하는 뇌 영역은 더 넓고 정교하다. 실제로 인간의 후각이 예전에 생각했던 것보다 더 발전한 이유가 이것 때문일지도 모른다. 뇌에 그려진 특정한 냄새의 향 이미지는 익숙한 얼굴을 시각적으로 기억하는 것과 비교될 수 있다. 이것은 냄새와 기억이 우리 마음속에서 연결되는 이유를 설명하는 데 도움을 줄 수 있다.

냄새, 향, 향기?

향smell, 냄새odor, 향기aroma라는 단어는 우리가 후각 시스템을 통해 인식하는 것이 무엇인지에 따라 달리 쓰이고는 한다. 향smell은 가장 널리 쓰이고, 특히 감각에 관련해 쓰인다. 향과 냄새는 가치중립적이지만, 둘 다 일정 정도 부정적인 함의를 가졌다. 아마 이 말들이 '나쁜bad'이나 그 비슷한 형용사들과 자주 연결되기 때문일 테다. 향기도 역시 향이지만, 이 말은 갓 구워진 빵이나 따뜻한 스튜처럼 기분 좋게 하는 것을 묘사할 때 종종 쓰인다.

맛은 우리가 직접 혀 위에서 그리고 구강에서 맛본다는 의미에서 보면 물리화학적이고 생리학적인 실체로, 특히 혀 위 거의 9,000개의 맛봉오리에 집중적으로 모여 있다. 맛 물질은 침에 녹아야 맛봉오

리의 구멍을 지나 수많은 맛 세포에 의해 감지할 수 있다. 맛 세포는 마치 마늘이 구근 한 통에 여러 쪽 묶여 있듯이 맛봉오리 안에 단단하게 묶인 특화된 형태의 신경 세포들이다. 이 신경 세포들의 세포막에는 신맛, 단맛, 짠맛, 쓴맛, 감칠맛의 다섯 가지 맛에 민감한 다양한 수용체가 있다. 맛 물질이 수용체에 결합돼 인식되면, 전기 신호가 일련의 생화학적 과정을 거쳐 풀려나오고 뇌간으로 보내진 뒤 거기서 주욱 뇌로 간다. 각각의 맛 세포는 주로 한 종류의 기본적인 맛을 감지한다. 같은 기본적인 맛에 반응하는 여러 개 세포는 통합적인 신호를 각각 일곱 번째, 아홉 번째, 열 번째 뇌신경을 경유하는 신경 섬유를 따라, 시상視床에서 뇌의 미각중추인 앞뇌섬과 전두 판개로 보낸다. 미각이 후각과 시각이 하는 방식대로 대뇌피질에 맛 이미지를 형성하는지는 아직 알려지지 않았다.

마우스필은 몸감각계로 알려진 것의 일부분으로, 이 장 뒤에서 좀 더 자세하게 다룰 것이다. 이 몸감각계는 입뿐 아니라, 골격근, 관절, 내부 기관, 심혈

관계 등 몸의 어디서나 볼 수 있다. 몸감각계는 통증, 온도, 촉각(압력, 만짐, 뻗음, 진동 같은) 등을 알아챈다. 또한, 몸과 그 각 부분의 위치와 움직임을 감지하는 능력, 즉 운동 감각에도 영향을 받는다. 이것이 마우스필에 연결되는데, 음식 한 조각을 씹으면서 그 크기, 모양, 질감 등을 탐색하고 확인하는 혀의 움직임을 통해서다. 이teeth의 신경 말단은 음식물의 단단함, 바삭바삭한지 질겅질겅한지, 입자의 크기 등 음식의 구조에 관한 부가적인 정보를 알려준다. 맛의 감각 인상처럼, 마우스필에 관한 신경 신호는 뇌간을 통해 간접적으로 뇌, 즉 시상으로, 그리고 거기서 몸감각중추로 간다.

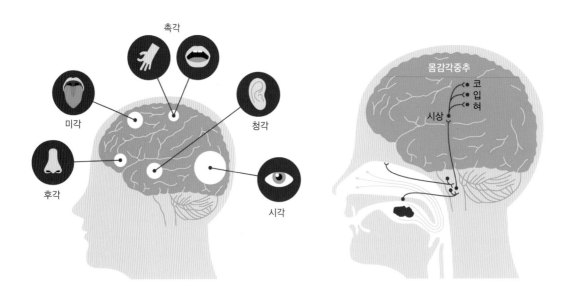

뇌의 다섯 가지 감각중추의 배열(왼쪽). 입과 코에서 음식물을 인식한 것을 뇌간과 뇌로 전달하는 신경 연결(오른쪽).

멘톨, 페퍼민트, 캠퍼는 구강의 온도가 변하지 않았는데도 입에서 냉기를 느끼도록 유도할 수 있는 물질들이다. 이 물질들이 온도-감응 신경에 영향을 끼치기 때문이다. 이 영향과 대조적으로, 구강과 같은 온도이면서, 진짜 화학적·물리적 면에서 입안의 온도를 실제로 떨어뜨리는 물질들도 있다. 물질이 침에 둘러싸여 녹는 과정에서 에너지가 필요한데, 그 에너지를 침에서 열의 형태로 취한다. 그리하여 결국 입에서 온도를 떨어뜨리는 결과를 낳는 것이다. 이런 종류의 물질로는 감미료 자일리톨과 에리스리톨을 예로 들 수 있다. 둘 다 소위 당알코올로, 거의 일반 설탕만큼 단맛을 내면서 열량은 각각 33퍼센트, 95퍼센트 적다. 자일리톨과 에리스리톨 결정은 혀에서 놀랄 만큼 강한 냉기를 유도해, 달콤한 디저트에 유용하게 쓰일 수 있다. 녹는 과정에서 온도가 떨어지는 것이므로, 이 감미료가 이미 액체에 첨가돼 있으면 이런 효과는 일어나지 않는다. 이와 반대로, 앞서 언급한 것처럼 거짓으로 냉기의 느낌을 유도하는 물질들은 이미 용해돼 있어도 그 효과를 낼 수 있다.

화학적 감도는 자극이나 고통을 유발하고 세포와 조직에 손상을 줄 수도 있는 화학적으로 유도된 반응에 대한 피부와 점막의 민감성을 표현한 말이다. 캡사이신이 든 고추, 피페린이 든 후추, 이소티오시안산염이 든 서양고추냉이와 겨자를 먹을 때, 우리 입에서는 이 화학적 감도를 '날카로운 맛'이라고 등록해둔다. 삼차 신경(뇌신경의 다섯 번째 쌍)의 말단이 영향을 받기에, 화학적 감도를 종종 삼차 감각이라고도 한다. 온도를 느끼는 것은 화학적 감도와 연관돼 있는데, 어떤 화학 물질이 마우스필과 연관된 온도-감응 신경, 통증-감응 신경과 반응할 수 있고, 혹은 잘못 인식하게 유도할 수도 있다는 면에서 그러하다. 이것은 음식의 실제 온도와 직접 관련이 없는 냉기, 열기를 잘못 인식하도록 한다. 캡사이신은 타는 듯한 느낌을 유도하는 반면, 멘톨, 페퍼민트, 캠퍼(장뇌樟腦) 등은 입에서 시원하게 느껴진다.

미각도 다른 감각과 마찬가지로 변화와 차이를 알아차리도록 특별히 미세조정돼 있다. 변화와 차이를 감지하는 우월한 능력은 한 종으로서 인간의 생존에 매우 중요한 생리적 기능이다. 또한 미각은 여러 종류의 음식과 다양한 풍미를 더 잘 알아채도록 하고 우리의 흥미를 자극하고 식욕을 돋워, 먹는 즐거움을 늘린다. 이것은 특히 맛 경험의 세 가지 측면, 즉 강도, 적절함, 적용에 각각 적용된다.

맛의 '강도'와 '맛의 역치'를 구별하는 것은 중요하다. 강도는 맛의 세기이고, 어떤 물질의 맛의 역치는 그것이 감지될 수 있는 하한선으로, 예를 들어 물질의 농도로 결정된다. 맛의 이 두 측면은 개인마다 다양하게 감지되고, 특히 나이와 연관된다. 여러 가지 맛 물질과, 그것들과 후각의 상호작용에서 생기는 시너지 때문에, 맛의 강도와 역치에 관해 분명하게 이야기하기는 어렵다. 이런 관계를 요리사와 미식가가 활용하기 시작해, 식품과 간편식을 만드는 회사가 그 효과를 극대화했다.

'적절하다'라고 표현되는 조화롭고 상호보완적인 상태라면, 개개의 맛 물질은 서로를 강화할 수 있다. 이것은 맛의 역치를 낮추는 효과가 있어, 개별 물질로 있을 때보다 섞였을 때 더 낮은 농도에서 맛 물질이 감지될 수 있다. 예를 하나 들면, 쌉쌀한 다크 초콜릿에 천일염을 약간 뿌리면 초콜릿에서 살짝 단맛이 돈다. 적절함은 또한 맛과 향의 상호작용에도 적용되어, 더 낮은 농도에서 맛과 향이 감지되도록 한다. 모든 조리법은 더 풍미 가득하다고 판단되는 음식을 만드는 데 상호보완적인 감각 인식을 섞어, 맛과 향의 이런 상호작용을 이용한다.

반대로, 우리에게 불쾌감을 주는 것들 혹은 먹을 수 없거나 해로울 수 있는 것들과 맛이 비슷한 음식들도 좋아하도록 학습하기도 한다. 우리는 일정 기간 동안 그런 음식들을 접하고 나면, 그 음식에 익숙해지고는 한다. 눈물이 날 정도로 매운 커리, 이가 시릴 정도로 찬 디저트, 혹은 뜨거운 쓰디쓴 에스프레소를 떠올리면 된다. 이런 경우에 우리는 맛과 마우스필의 센서에서 나오는 잠재적 위험 신호들에 거의 주의를 기울이지 않는데, 이 현상을 '맛 적응'이라고 한다. 이는 냄새의 경우에도 마찬가지다. 우리는 자기 집 안의 향을 거의 알아차리지 못하지만, 이웃집에 발을 들이자마자 뭔가 다른 향이 있다는 것을 알아차린다.

우리가 어떤 풍미의 인상을 한 개인의 경험처럼 이야기함으로써 상황은 더 복잡해진다. 그것은 단지 풍미의 모든 감각 요소를 아우르는 생리적인 문제만이 아니다. 거기에는 규범, 양육, 생활양식, 가치, 정체성 등과 연관된 사회적, 심리적, 정신신체적 측면도 있다. 실제 생리적 인상은 뇌에서 이전의 경험, 기억, 사회적 맥락과 합쳐져 매우 복잡한 실체로 변형된다. 매일 음식을 먹는데도, 풍미는 우리 자신과 다른 누군가에게 묘사하기 힘든 개념으로 남아 있다.

인간 진화의 과정을 거치면서, 마우스필을 비롯해 풍미의 여러 다양한 요소는 우리가 자신을 먹여 살리는 매일의 도전을 헤쳐가는 데 유용한 식재료들의 화학적, 물리적 특성에 적응해왔다. 어떻게 이 모든 미각 요소를 결합하여 다양한 효과를 낼 수 있는지 더 잘 이해하기 위해, 다음 장에서는 날것 재료와 조리 식품을 작업 재료로 삼아 그 화학적, 물리적 특성을 조사할 것이다.

마우스필: 총체적 풍미 경험의 중심 요소

총체적 풍미 경험을 이루는 모든 다양한 요소 가운데, 마우스필은 가장 홀대를 받았다. 우리는 마우스필의 기반인 촉각을 만들어내는, 먹는 일의 기계적 측면에는 거의 주의를 기울이지 않는다. 음식물이 우리가 예상한 데서 크게 엇나가지 않으면, 음식물의 느낌에 대한 혀의 사전 탐색이며 혀의 움직임인 저작 활동(씹기), 호흡, 삼킴 등은 모두 그 활동들을 의식하지 않은 채 다소간 자동적으로 진행된다. 이것은 중요한 측면이다. 마우스필은 시각, 후각, 촉각 입력에 기반한 우리의 예상에 꽤 크게 좌우되는 감각이기 때문이다. 아마 우리는 사과는 아삭하고, 김이 나는 수프는 뜨겁고, 칠리 소스는 맵다고, 혹은 품페르니켈[독일 통호밀빵]은 거친 질감을 가졌으리라 예상한다. 일단 음식이 입안에 들어오면, 이런 예상은 실제 감각 인상에 견줘 평가되며, 때로는 놀라움을 낳기도 한다.

이제 이 장의 시작 부분에서 설명한 상황으로 돌아가, 감각 기관이 우리 몸의 취약한 내부를 보호하는 역할을 좀 더 살펴보도록 하자. 우리가 무언가를 먹고 마실 때마다 이 감각계가 작동한다. 먼저, 우리는 음식이나 음료를 입에 더 가깝게 대야 할지 말지 알아보려고 시각과 후각(전비강성 통로를 거쳐)이 작동하도록 한다. 이 두 가지 감각 인상뿐만 아니라, 손가락으로 무언가를 쥘 때 혹은 나이프, 포크, 숟가락의 도움으로 살필 때의 느낌까

실험: 기대가 충족되지 않을 때

이 실험은 감자칩, 크래커, 또는 쿠키를 이용하면 잘될 수 있다. 하나는 바삭하고 다른 하나는 부드러운 음식을 준비하자. 중요한 건, 가능한 한 둘의 모양이 비슷하고 당신이나 다른 사람들이 맛을 볼 때 둘을 구분하지 못해야 한다는 점이다.

우선, 음식을 보고 입안에서 어떤 맛과 느낌이 날지 예상해본다. 그다음, 그것들을 먹고 당신의 기대가 어떻게 충족되었는지, 이것이 그것들의 맛을 인식하는 데 어떤 영향을 끼쳤는지 판단해보라.

비슷해 보이는 사과인데, 하나는 아삭하고 즙이 풍부하고 다른 하나는 건조하고 무르고 퍼석한 것으로 비슷한 실험을 할 수도 있다.

바삭한 감자칩(왼쪽)과 눅눅해진 감자칩(오른쪽). 둘은 보기에는 같고 맛도 동일하다. 하지만 그 마우스필은 완전히 다르다.

지 합쳐져서 뇌로 전달된다. 이런 정보가 뇌에서 기대, 경험, 기억 및 다른 심리적 요인과 통합되어, 먹는 일을 더 진행할지 말지 첫 결정을 내린다.

뇌가 긍정적인 신호를 보냈지만 아직 음식이 실제 구강에 들어가서 머무르도록 허락이 떨어지기 전이라면, 입술과의 물리적 접촉이 온도, 그리고 거칢 같은 다른 특성을 감지하여 그다음을 판단한다. 모든 것이 여전히 괜찮다면, 우리는 음식을 입에 넣는다. 거기서 혀와 입안은 일련의 마우스필의 감각들을 작동시킨다. 이때의 감각들은, 예를 들어 아주 뜨겁거나 차가운, 독성이 있을 것 같은, 혹은 너무 딱딱해서 씹거나 소화할 수 없는 음식을 피하도록 도와준다. 또한 음식의 온도, 크기와 모양뿐만 아니라, 그 표면의 성질까지 판단한다. 음식이 액체라면, 그 온도와 점도가 기록된다. 음식이 입에 들어가자마자 냄새 물질은 후비강성 통로를 거쳐, 전비강성 통로에 기반할 때보다 훨씬 강렬한 향의 인상을 일으키며 코에 다다른다. 아직 음식이나 음료

를 삼키기 전이라면, 뱉기에 늦지 않으며 어떤 잠재적 피해를 비켜 갈 수 있다. 하지만 때때로 이 안전장치들이 제대로 작동하지 않아, 많은 사람이 '피자 화상'[갓 구운 피자 등 뜨거운 음식을 베어 물 때 잇몸이나 입천장이 살짝 데이는 것을 가리킨다]을 겪거나 너무 뜨거운 감자 때문에 고통을 당한다.

일단 음식이 입에 들어오면, 음식에 대한 기계적 처리에 들어가 침이 흐르기 시작한다. 음식이 액체라면, 삼켜지기 전에 입안에서 몇 번 빙빙 돌게 될 수 있다. 음식이 단단하다면, 턱과 이가 음식을 씹어 작은 조각으로 분해하고 혀는 모든 것을 한데 섞는 곡예를 한다. 그와 동시에, 더 많은 맛 물질이 침에 풀려 녹으며, 구강에서 퍼지고, 맛봉오리에 잡히고, 특히 우리가 숨을 내뿜을 때 휘발성 물질은 비강 쪽으로 올라가 냄새 수용체를 활성화한다. 이러면서 맛은 더 강해진다. 혀와 턱의 운동에서 생긴 진동은 소음을 일으키고, 이는 턱뼈와 두개골을 통해 전달된다.

감각의 기능과 맛의 메커니즘에 관한 미식학의 아버지

장 앙텔름 브리야사바랭은 종종 '미식학의 아버지'로 불린다. 처음 출판된 이후 지금까지도 계속 발간되고 있는 불후의 명작《맛의 생리Physiologie du gout》(1825)[국내 출간된 한국어판 제목은 '미식예찬']에서, 그는 감각의 기능과 맛의 메커니즘에 관해 다음과 같이 이야기한다.

감각계 전반을 간략하게 훑어보도록 하자. … 눈은 인간을 둘러싼 경이를 드러내며 외부의 물체를 인식한다. … 귀는 위험에 다가간다는 징후일 수 있는 것들을 비롯하여 소리들을 듣는다. … 촉각은 아픔과 위급한 상처를 통해 우리에게 경고하기 위해 감시한다. … 후각은 해로운 물질은 늘 불쾌한 냄새를 풍긴다는 점을 고려해 음식물을 검사한다. 그다음에 맛이 결정을 담당한다. 이가 작업에 들어가고, 혀는 음식을 맛보려고 입천장과 공조하고, 위는 곧 음식의 흡수 과정을 시작한다.

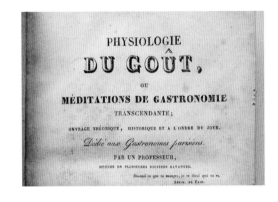

무엇이 미각 기관을 이루는지 정확하게 규명하기는 다소 어렵다. 그것은 보기보다 복잡하다. 혀는 맛의 메커니즘에서 분명 두드러진 역할을 하는데, 엄청난 근육의 힘으로 음식을 섞고, 돌리고, 압축하고, 삼킬 수 있기 때문이다. 뿐만 아니라, 혀에 산재한 크고 작은 구멍을 통해, 혀에 닿은 고체의 녹을 수 있는 작은 풍미 입자들이 침투한다. 그러나 이 모든 것으로는 충분하지 않으며, 볼, 입천장, 특히 비강(생리학자들이 충분히 주의를 기울이지 않는) 등 입 주위의 여러 다양한 기관이 결합해 맛의 인식을 완성한다.

반면, 인간의 혀가 지닌 질감의 섬세함과 혀를 둘러싸고 있는 다양한 막은 동물과는 다르게, 의도된 기능의 절묘한 속성을 잘 드러낸다. 더 나아가, 나는 동물에서 볼 수 없는 적어도 세 가지, 즉 내가 'spication' 'rotation' 'verrition'(라틴어 동사 verro에서 기원한, sweep하는)이라고 부른 움직임을 발견했다. spication은 입술 사이로 뾰족한(spike) 모양으로 혀가 튀어나올 때 일어난다. rotation은 뺨 안쪽과 입천장 사이의 공간에서 혀가 회전할 때 일어난다. 마지막으로 verrition은 입술과 잇몸 사이의 반원형 운하에 남아 있을지 모르는 부스러기들을 모으려고 혀를 위아래로 구부릴 때 일어난다.

음식 조각이 입에 들어가자마자, 기체든 액체든 모든 것은 돌아올 가망 없이 압수당하고 만다. 입술은 그 음식이 돌아갈 수 없도록 막고, 이는 그것을 잡아 부수고, 침은 그것을 푹 적시고, 혀는 그것을 엎었다 뒤집었다 하고, 한 모금의 들숨은 그것을 목구멍으로 밀어 넣고 혀를 들어 올려 그것을 아래로 내려가게 한다. 후각은 그 음식 조각이 지나갈 때 알아챈다. 마지막으로 음식은 위 속으로 던져져 좀 더 변형을 겪는다. 이 모든 작업 과정 동안, 한 조각도, 한 방울 혹은 원자 하나만큼도 철저하게 검수되지 않고는 빠져나갈 수 없었다.

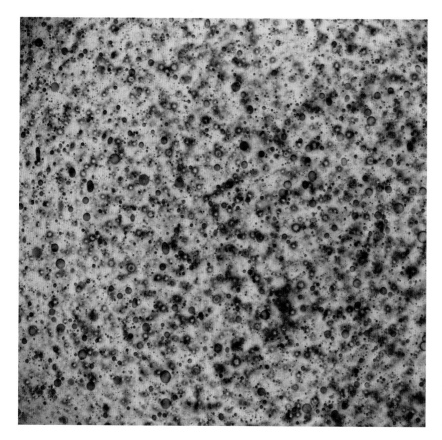

버터의 미세 구조: 노란 고체 덩어리는 지방이고 파란 작은 방울은 물이다. 작은 방울의 크기는 0.1~10마이크로미터다.

뇌는 이 모든 화학적, 물리적 과정에 전적으로 관여돼 있다. 의식적이기도 하고 잠재의식적이기도 한 심리적-생리적 메커니즘은 전반적인 풍미의 인상에 대한, 그리고 이런 인상이 신호, 즉 음식이 먹을 수 있는 건지, 영양가가 있는지, 식욕을 만족시킬지, 이 음식을 얼마나 먹어야 할지 등에 관한 신호를 보내는 방식에 대한, 복잡한 판단에 작용한다. 기억과 경험, 그리고 특정 음식에 관해 우리가 이미 알고 있는 것이 이 과정의 결과를 좌우한다.

미식학 분야에서 가장 유명한 저작 중 하나인 《맛의 생리》는 프랑스의 변호사이자 정치인인 저자 장 앙텔름 브리야사바랭(1755~1826)이 죽기 직전인 1825년 파리에서 익명으로 출판되었다. 그는 음식과 그 맛에 대한 자신만의 관찰에 의지해, 맛의 물리적 차원을 "맛의 메커니즘"으로 묘사했다. 이 책은 여러 면에서 그 시대의 스냅사진이자 개인적인 서술로, 브리야사바랭 자신은 "초월적 미식학에 관한 명상"이라고 칭했는데, 맛에 관한 기초 이론을 정립하려고 한 알려진 최초의 시도로 간주될 수 있다. 흥미로운 것은, 예를 들어 리처드 스티븐슨의 《풍미의 심리학The Psychology of Flavour》 같은 책에서 기술된 맛에 관한 당대의 이론적 정리와 그 신경학적 기초가, 브리야사바랭 책의 몇몇 사례에서 이미 전조로 나타났다는 점이다.

마우스필은 네 가지 종류의 몸감각신경 말단과 연관된 구강 상피 세포의 수용체가 인식한다. 이것은 각각 온도, 통증, 접촉, 압력에 감응한다. 이 수용체들은 피부나 근육 같은 다른 몸감각계의 수용체와 비슷하다. 하지만 입에는 다른 어떤 곳보다 더 밀도 높게 수용체가 분포해 있다. 이것은 마우스필

풍미에 관한 현대 이론

브리야사바랭의 대표작 속표지에는 영어로 다음과 같이 씌어 있다.

맛의 생리

혹은 초월적 미식학에 관한 명상

이론적, 역사적, 주제별 연구

파리의 미식학자들에게 이 책을 바친다

여러 문학 및 학술 단체 회원인
어떤 교수가

브리야사바랭이 쓴 것은 결코 요리책이 아니라는 점은 분명하다. 그보다는 '음식'과 '음식을 먹는다는 것의 의미'를, 이론적 요소에 중점을 두면서 숙고한 결과물이다. 19세기 초, 학문적 관점에서 음식과 조리법에 접근하는 것은 대담하면서도 논란의 여지가 없지 않은 움직임이었다. 브리야사바랭은 미식학자의 영역이 아닌, 식도락가와 미식가의 특권 영역을 침범하고 있었다. 학문적이고 철학적인 이 논문은 브리야사바랭이 사후에 미식학의 아버지로서 받아 마땅한 명성을 얻는 바탕이 되었다. 미식학은 객관적 관찰과 정량적 해설의 관점에서 음식과 풍미를 묘사하려는 구체적인 목적을 일깨우도록 하는 영역이다.

지난 두 세기 동안 많은 변화가 있었다. 맛과 풍미는 이제 과학적 연구와 탐구의 대상이 되었다. 생리학, 심리학, 철학, 인류학, 교육학, 식품과학, 영양학, 관능과학, 화학, 물리학 등 전통적인 분야의 전 영역뿐만 아니라, 요리 화학, 분자 요리, 신경-미식학neurogastronomy, 미식과학gastrophysics 등 새롭고 좀 더 간학문적인 일련의 영역이 음식과 음료의 이런 중요한 면들에 관한 지식을 발전시키는 데 기여했다.

리처드 스티븐슨은 《풍미의 심리학》에서 맛과 풍미라는 주제에 관해 현재 알려진 내용을 포괄적으로 설명하고, 심리학적 관측과 실험의 결과들을 요약한다. 그는 이 결과들을, 풍미에 관한 자신의 연구에서 배경이 되는 생물학 및 신경계의 구성과 관련하여 제시한다. 스티븐슨의 이론의 여러 측면을 200년 전 브리야사바랭의 저작에서 이미 전조를 보인 관찰, 성찰, 이론적 고려와 비교하는 것은 흥미롭다.

스티븐슨은 풍미의 시스템이 어떻게 기능하는지에 관한 통합적 모델을 구축했는데, 이를 기초로 다섯 가지 기능이라는 관점에서 풍미 이론을 제안한다. 이 다섯 가지 기능은, 음식을 찾는 데서 시작해 같은 지점에서 끝나는 일련의 순환적인 사건들을 이룬다. 이 고리가 펼쳐지면 마우스필이 이 이론에서 중요한 역할을 한다는 것을 명확하게 알 수 있다.

기능 1: 음식을 찾고, 확인하고, 선택하기

이 첫 번째 기능은 인간이 음식을 찾는 동기가 있다는 것을 전제로 한다. 예를 들어, 배고픔이나 갈증, 그리고 잠재적인 식량 원천을 보거나 냄새 맡는 형태의 자극, 또는 원시적인 끼니 때부터 알려진 특히 유혹적인 음식에 대한 갈망을 촉발하는 기억 등 말이다. 음식을 찾고, 확인하고, 선택하는 것은 마침내 우리가 먹을거리를 갖기 전에 밟아야 하는 세 단계다. 시각과 후각(전비강성 통로를 거치는)이 이 세 단계 모두에 관여한다. 사과로 예를 들어보자. 우리는 나무에서 쉽게 사과를 찾아낼 수 있다. 그러고 나서 이전의 경험에 의지해, 그것이 씹기에 너무 푸른 건 아닌지, 소화하기에 너무 부패한 건 아닌지, 혹은 맛있고 에너지를 줄 만큼 충분히 숙성했는지 판단할 수 있다. 이 메커니즘은 의미론적 기억(사과 같은 대상에 관한 보편적 지식)과 정서적/쾌락적 기억(사과를 좋아하는지 여부) 모두에 의존한다. 또한 후각은 초기의 경험, 그리고 대부분 단편적이고 인지(지각)적인 기억, 즉 문제가 되는 냄새가 이전에 먹을 만한 것이라고 알았던 무언가와 연결되어 있는지 여부에 의존한다. 이 두 가지 감각은 상호보완적이며 사과를 한 입 베어 물지 여부를 결정하는 데 기초를 이룬다.

기능 2: 입안의 유해한 영향을 감지하기
이 기능은 부분적으로는 마우스필(몸감각계)에, 그리고 혀에서 다양한 맛을 감지하는 능력에, 또한 부분적으로는 맛들과 이미 익숙한 마우스필의 차이를 알아내는 능력에 달려 있다. 이 기능은 우리가 중요한 영양분들을 고르도록, 예를 들어 단맛(열량), 짠맛(전해질 균형), 지방(열량), 감칠맛(단백질) 등을 인식함으로써 도와준다. 또한, 유해하거나 잠재적으로 독이 될 수 있는 음식과 음료를 감지하고 방지할 수 있도록 돕는다. 예를 들어, 쓴맛과 신맛은 독소가 있다고 우리에게 경고한다. 마우스필은 뜨겁거나 너무 차가워서 고통을 줄 수 있다고 경고하고, 따끔함이나 날카로움은 구강에 해가 될 가능성을 경고하고, 질김, 점착성, 끈적함은 질식의 위험을 경고한다. 맛과 마우스필로 인식한 것을 해석하는 능력은, 관련된 이전 경험과 비교하는 능력에 상당한 정도로 좌우된다. 이때 우리 기대에 어느 정도 충족되었는지가 중요한 역할을 한다. 머그잔으로 커피 한 모금 마셨는데 알고 보니 커피가 아니거나, 레모네이드를 마셨는데 감미료가 안 들어갔다면 그것이 어떨지, 우리는 다 알고 있다.

기능 3: 풍미의 경험을 새기고 축적하기
스티븐슨에 따르면, 이 기능에는 두 가지 측면이 있다. 첫 번째는 경험에 바탕을 둔 연상들이 특징인 의식적인 과정이다. 예를 들어, 어떤 맛은 '사과'라는 말에, 그리고 사과의 모양에 의해 연상된다. 경험은 우리가 다른 것들로부터 배움으로써 직간접적으로 축적될 수 있다. 두 번째 측면은 좀 더 잠재의식적으로 새기거나 배우는 과정으로, 실제 대상이 꼭 맛에 연결되는 것은 아니다. 이 과정은 그때 누군가 특정 맛을 좋아하는지(혹은 특정한 것을 피하고 싶어하는지) 여부 같은 감정적 요소에도 영향을 받는다.

기능 4: 음식물 섭취를 조절하기
'음식을 찾고 확인하고 선택'하는 기능 1에서와 같은 메커니즘이 여기서도 작동하지만, 음식이 이미 입안에 있기 때문에 맛, 향(후비강성 경로 포함), 마우스필이 완전히 작용한다. 이 기능에서는 식욕, 굶주림, 갈증도 한몫하지만, 다른 요소도 중요하다. 한편으로는 맛과 마우스필 사이에 의식적인 결합이 있고, 다른 한편으로는 음식의 열량(설탕, 지방)과 농도(진하기나 단단함)에 관한 지식뿐만 아니라 포만감에 대한 예상도 있다. 예를 들어 위에서 글루탐산염이 감지돼 조절된 감칠맛에서 오는 맛 인상처럼, 어떤 맛 인상은 지연된 포만감과도 연관된다. 이 단계에서는 포만감에 관한 특정 맛 신호들이 관여하는데, 이 포만감은 맛 자체뿐만 아니라 음식의 복잡성, 변이와 대비의 요소들과 관련 있다. 우리 모두는 맛있고 소화 잘

안 되는 음식을 엄청 먹고 싶어했다가 그 식욕이 금세 사그라들고 더 먹는 데 흥미를 잃어버린 경험을 해봤다. 마지막으로, 포만감을 주는 음식에 대한 기억은 포만감에 관한 약간 지연된 생리학적 신호가 뇌에 닿기 전에도 음식 섭취에 영향을 끼친다.

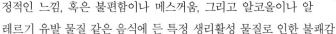

기능 5: 앞서 말한 네 가지 기능에서 배우고 이익을 얻기

앞선 네 가지 기능은 모두 학습과 기억이 맛의 중요한 측면임을 보여준다. 경험은 우리가 그것들로부터 배우고 기억하지 않으면 쓸모가 없다. 개인으로서 우리 삶뿐만 아니라 인간 종 전체의 생존과 생식 능력은 이 중요한 기능에 달려 있다. 어떤 특정 식사와 음식 맛에 관한 전반적인 기억은 보통 단기 기억이다. 포만감이나 위장이 꽉 찬 느낌, 만족감 같은 긍정적인 느낌, 혹은 불편함이나 메스꺼움, 그리고 알코올이나 알레르기 유발 물질 같은 음식에 든 특정 생리활성 물질로 인한 불쾌감 등은 우리가 의식적으로 알고 있는 풍미 인상보다 더욱 현저한 효과를 끼친다.

식사에 대한 몇몇 이런 인상이 비정상적으로 강렬하지 않다면, 그것에 관한 단기 기억은 다음 식사 전에 지워지고, 우리는 다시 기능 1에서 출발한다.

이 매우 정교하게 조율된다는 강력한 표시다. 인간의 생존에 특히 중요한 특성이다.

풍미 인상과 연관된 몸감각신경은 코에도 있는데, 점막을 자극하는 냄새를 풍기는 암모니아 같은 휘발성 화학 물질에 의해 코에서 활성화된다. 이와 비슷하게, 스파클링 와인이나 소다수의 기포에서 방출된 탄산 증기 역시 따끔거리는 느낌을 야기한다. 이와 같은 몸의 감각 인상은 들숨과 날숨으로 인한 콧속 압력 변화와 함께 향에 관한 전반적인 인식에 관여한다.

떫은맛과 고쿠미: 정확하게 '마우스필'은 아니지만 그와 비슷한 무언가

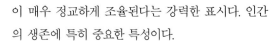

한때 '떫은맛'은 기본적인 맛의 하나로 간주되었다. 이제 우리는 이것이 마우스필과 매우 비슷한 느낌, 고농도의 타닌이 든 물질에 의해 유발되는 메커니컬한 느낌이라 하고 싶다. '떫은맛'의 잘 알려진 예는, 오래 숙성하지 않은 레드와인을 마시거나 진하게 우린 차 혹은 덜 익은 감이나 바나나를 먹을 때 드는, 입이 마른 느낌이나 들러붙는 듯한 느낌이다.

떫은맛의 느낌은 타닌을 함유한 음식이나 음료, 혀의 표면, 침 사이의 화학반응이 야기한 것이다. 타닌은 침 속의 단백질과 결합해 뭉치게 한다. 이 덩어리진 단백질은 작은 입자처럼 느껴지고, 침의 점성을 높여, 음식이 혀를 미끄러져 넘어가고 구강의 측면을 지나가도록 돕는 침의 기능을 떨어뜨린다. 또한, 떫은맛은 상피막의 단백질들이 결합할 때 점막이 수축해서 생기는 촉감으로 접촉-감응 채널들을 활성화하는 장력을 유발한다고 보는 견해도 있다.

몸감각계: 마우스필의 생리학적 기초

미국의 신경생물학자 고든 셰퍼드는 자신의 저서《신경-미식학: 뇌는 어떻게 풍미를 창조하고 그것은 왜 중요한가Neurogastronomy: How the Brain Creates Flavor and Why It Matters》에서 온도-감응, 통증-감응, 접촉-감응, 압력-감응의 신경 말단과 연관된 수용체에 관해 자세하게 묘사했다. 아래의 내용은 이 저서에 기반한다.

온도-감응 이 신경 말단은 일반적으로 소듐[나트륨], 포타슘[칼륨], 마그네슘 이온을 투과하는 TRP(transient receptor potential) 채널이라는 특수한 수용체의 도움으로 신호를 천천히 전달하는 신경 섬유에 붙어 있다. 온도-감응 신경 말단은 뜨거운 온도, 차가운 온도뿐만 아니라 통증 같은 여러 감각 인상을 조정한다. 이것은 차가 뜨거운지, 젤라토가 차가운지 우리에게 알려주는 시스템이다.

통증-감응 이 신경 말단은 온도-감응 신경 말단처럼 TRP 채널(통증 수용체라고도 함)을 가졌고, 기계적·화학적 자극, 그리고 온도에 연관된 자극에 반응한다. 이 자극들은 세포와 조직에 잠재적으로 피해를 주고 있는 것을 감지했다는 경고가 될 수 있다. 이 통증-감응 말단은 서로 다른 통증 감각들을 구분할 수 있다. 겨자와 서양고추냉이의 이소티오시아네이트에서 유발되는 '톡 쏘는' 느낌, 고추의 캡사이신과 흑후추의 피페린에서 유발되는 '타는 듯한' 느낌, 생선 가시나 매우 바삭한 빵 조각에서 유발되는 '쑤시는' 느낌 등 말이다. 섭씨 15도(화씨 59도) 아래와 섭씨 52도(화씨 138도) 이상의 온도는 통증으로 느껴진다. 온도와 통증을 인식하는 채널은 매우 밀접하게 연관돼 있어서, 때로는 감각들이 우리를 속여 온도가 변하지 않았는데도 무언가를 차갑거나(멘톨, 페퍼민트, 캠퍼) 뜨겁다고(피페린과 캡사이신) 경험할 수도 있다(화학적 감도). 또한, 통증-감응 신경 말단은 전기적 자극과 pH 변화에도 반응한다. 탄산음료와 발포 음료에서 나는 따끔거리는 신맛의 느낌은 pH-감응 수용체와 몸감각신경 말단, 이 두 가지의 조합 때문이라고 여겨진다.

접촉-감응 이 신경 말단은 신경세포막에 있는 특별한 형태의 수용체인 기계적 감응형 나트륨 채널(촉각 수용체라고도 한다)에 의해 조절되며, 온도와 통증에 감응하는 것들보다 더 신속하게 자극에 반응한다. 이들은 세포막의 기계적 변형에 반응해, 점막의 더 작은 변형, 신축 그리고 고형체의 크기, 모양, 거칠거칠함에 대한 신호를 보낼 수 있다. 접촉-감응 신경은 음식을 씹을 때뿐만 아니라, 혀가 자기自己수용 시스템(혀 움직임의 위치와 패턴을 감지할 수 있는 특별한 수용체, 자기수용체를 갖고 있다)의 도움으로 음식을 탐색할 때 활성화된다(운동 감각).

압력-감응 이 신경 말단은 혀와 턱의 빠른 움직임에 의한 진동에 특별히 민감하고 매우 신속하게 반응한다. 우리 손끝에는 0.2밀리미터의 질감 차이와 초당 250회의 진동까지 탐지할 수 있는 신경 말단이 있다.

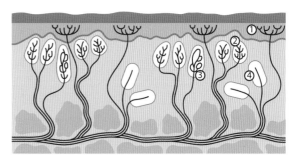

열, 차가움, 압력, 통증을 등록하는 피부의 감각계. ① 통증, ② 온도, ③ 접촉 또는 가벼운 압력, ④ 압력.

마늘, 흑마늘, 고쿠미

신선한 마늘은 특정 황 함유 물질 때문에 특유의 맛과 향을 갖는다. 이 황 함유 물질은 마늘의 알뿌리(구근)를 만져 흠이 났을 때 효소에 의해 많은 양이 생긴다. 이런 맛과 냄새 인상은 마늘에 오랜 시간 열을 가하면 대부분 사라진다.

일반 마늘을 용기에 담아 섭씨 60~80도의 온도, 70~80퍼센트의 습도에 몇 주 동안 보관하면 흑마늘이 된다. 이때 마늘은 완전히 검어지고, 아린 맛은 순해지며, 약산성에, 달콤하고, 원만한 맛이 되는데, 발사믹 식초와 타마린드 느낌도 난다. 흑마늘이 발효의 결과라고 얘기되고는 하는데, 이것은 부정확하다. 이 변신은 발효 때문이 아니라 갈변 혹은 흑변을 가져오는 저온의 마이야르 반응 때문에 일어난 것이다. 덧붙여, 마늘의 질감도 변하는데, 부드럽고 크리미하며 약간은 왁스 같은 질감을 가져서, 고쿠미를 느낄 수 있게 한다.

마지막으로, 역시나 중요한 또 다른 개념인 '고쿠미'를 빼놓을 수 없다. 현재 고쿠미가 별도의 수용체 세포와 연관된 독립적인 기본 맛인지에 관해서는 많은 연구와 논쟁이 진행되고 있다. 그러나 그것이 마우스필과 연관되어 현상학적으로 기술되고 있다는 점은 명백하다. 고쿠미こく味라는 표현 자체는 일본어이고 이걸 다른 언어로 번역하기는 어렵다. 고쿠미는 세 가지의 뚜렷하게 구별되는 요소로 구성되어 있다. 첫 번째는 두께감으로, 모든 맛 인상의 풍부하고 복합적인 상호작용이다. 다음은 연속성으로, 오래 지속하는 감각 효과가 시간에 따라 어느 정도 커지다가 천천히 줄어드는 방식이다. 마지막은 입안 가득함으로, 입안 전체에서 조화로운 느낌이 강화되는 것이다. 따라서 고쿠미는 독립적인 맛은 아닐지라도, 어느 정도는 감칠맛의 특성과 겹치면서 맛의 강화, 진실로 맛있는 음식 등과 관련 있다.

최근에 알려진 바로는, 고쿠미는 (동물의) 간, 조개, 피시소스, 마늘, 양파, 효모 추출물 같은 음식에서 발견되는 글루타티온 같은 작은 트리펩타이드가, 혀에 있는 칼슘-감응 채널을 자극함으로써 유발된다. 글루타티온 자체는 맛이 안 나지만, 쓴맛을 누르고 짠맛, 단맛, 감칠맛을 강화한다. 신맛에 끼치는 영향은 현재까지는 분명하지 않다. 가장 강력한 고쿠미를 내는 물질은, 2~20ppm 정도의 양으로도 매우 효과적일 수 있다.

감각 혼란

다양한 원천에서 비롯하는 맛의 인상들은 독립적이지도, 동시에 경험되지도 않는다. 그들은 누적되면서 상당히 시너지가 큰 방식으로 상호작용하고 결합한다. 통합된 인상은 부분의 합 이상이다. 맛과 후비강성 향의 일반적인 결합은 그 좋은 예로, 우리는 보통 후비강성 향을 콧속 감각이 아니라 입안 감각과 잘못 연관시킨다. 또, 어떤 때에는 향을 맛과 연관시키며 완전히 다른 감각 인상으로 오해하는 경우도 있다. 맛과 후비강성 향 사이의 감각 혼란은 단순히 우리가 둘 사이를 구분하기 어렵다는 사실 때문에 야기되는 것만은 아니다. 뇌가 우리를 속이고 우리가 완전히 개별적인 감각 인상을 하나의 통합된 인상이나 단일한 기억으로 종합하도록 하는 데는, 좀 더 심오한 신경학적 이유들이 있다.

베어 물 때의 소리로 판단하라

핫도그에 대한 세심한 맛보기는 마우스필을 체험할 수 있는 짧은 과정이라 할 만하다. 우선, 소시지는 삶든 굽든 반드시 표면이 뽀드득해야 한다. 소시지의 질은 그것을 베어 물었을 때 터지는 걸로 판단할 수 있는데, 우드득 소리가 들려야만 좋은 것이다. 이상적인 핫도그 번은 껍질은 얇고 바삭하며, 속은 부드러워야 한다. 또한 바삭하게 구운 양파, 사각거리는 딜 피클 조각이나 사워크라우트[독일식 절인 배추]가 들어 있을 수도 있다. 케첩이나 머스터드는 걸쭉하게 듬뿍 들어가야 한다. 렐리시[달고 시게 초절이한 열매채소를 다져서 만든 양념]에는 단단한 게르킨[피클용 열대 아메리카산 오이] 조각이 있어야 하고, 마요네즈는 부드럽고 크리미하되 묽어서는 안 된다.

뇌가 서로 다른 감각 인상을 이전의 경험과 기억에 의존해 연결하는 방식은 감각생리학자들에게 '묶기binding'로 알려져 있다. 이때 뇌는 서로 다른 감각 인상, 예를 들어 이전에 동시에 느꼈던 어떤 특별한 맛과 향을 한데 묶는다. 우리가 완전히 다른 맥락을 가진 동일한 향에 접하게 될 때, 뇌는 그것을 이전에 발생했던 것과 연관시키고, 동일한 향이 관련되었다고 결론내리고, 결과적으로 이전에 그것이 연관된 특정한 맛과 연결시킬 수 있다. 어떤 감각 인상들이 맛에 관한 것이고 혀 위에서 감지되는데도, 종종 사람들은 달콤한 향이 난다, 짠 내가 난다, 기름진 냄새가 난다고 말한다. 그래서 우리는 빨간 사과를 묘사하면서 "달콤한 향기를 품었다"라고 하는 것일 테다. 달콤함의 인상은 감각 경험을 강화하는 후각의 능력에 비례한다. 이것이 바로 달콤한 냄새가 달콤한 맛처럼 신맛을 억제하는 효과를 갖는 이유다.

이와 비슷한 '묶기' 과정으로 인해, 향과 맛은 오랫동안 잊었다고 여기던 기억을 불러일으킨다. 많은 요리사는 이런 작용을 알고 있으며, 향과 맛을 써서 어린 시절 같은 행복했던 때의 강한 기억을 일깨우는 식사를 만든다. 많은 사람에게 어머니나 할머니의 음식에 대한 뿌리 깊은 향수가 있어 일생

동안 우리와 함께한다.

'묶기'와 관련된 감각 혼란의 또 다른 예는 '공감각'으로, 한 감각 경로의 자극이 비자발적으로 완전히 다른 경로로 이어질 수 있는 신경학적 현상이다. 예를 들어, 아주 드문 경우이기는 하지만 색깔이 맛 인상을 촉발할 수 있다. 빨갛게 익은 사과의 겉모습만으로도 달콤한 맛 인상을 끌어낸다. 하지만 이런 현상과 맛에 대한 기대를 구별하기는 어려울 수 있고, 상황을 의식적으로 인식하는 것이 이 두 가지 감각 인상의 연결을 매개하는지의 여부와 그 정도는 명확하지 않다.

마우스필은 또한 '묶기'의 특성을, 그리고 다른 감각들과의 뚜렷한 상호작용을 보여준다. 예를 들어, 자극irritation[예를 들어 코에 가해지는 자극 등]은 냄새를 억누를 수 있고, 음식의 점도와 합작해 맛 인상에 영향을 끼칠 수 있다. 그리고 향은 음식의 크리미함과 온도를 경험할 때 영향을 줄 수 있다.

마우스필과 다른 감각 인상들 간의 상호작용

다양한 감각 인상은 뇌로 모여든다. 나중에 다루겠지만, 이것은 향과 맛의 경우처럼 단순히 짝을 지

어주는 문제가 아니라, 진정한 다중감각적 통합의 문제다. 그런데 거기까지 가기 전에, 먼저 우리는 마우스필이 다른 감각들과 어떻게 상호작용하는지 살펴볼 것이다. 이 상호작용이 모든 미식과 훌륭한 요리가 만들어지는 토대다.

시각, 청각, 몸감각 인상이 어떻게 통합되는지에 관해서는 많이 알려져 있다. 하지만 화학적인 감각 인상과 마우스필의 상호작용에 관한 이해는 상당히 제한적이다. 이 지식은 대부분 현상학적이며 그 신경학적 기초는 발견하지 못했지만, 주어진 맛과 마우스필을 강화하거나 억제하기 위해 이 상호작용을 실행에 옮길 수 있다. 누군가 실수로 고추를 너무 많이 냄비에 넣었거나 음식이 너무 짜다면, 이 지식이 도움이 될 것이다.

다섯 가지 기본 맛의 맛 인상을 불러일으키는 실험을 할 때, 우리는 종종 고전적인 맛 첨가물 컬렉션을 사용한다. 단맛은 일반적인 설탕(수크로스), 짠맛은 식탁염(염화나트륨), 쓴맛은 퀴닌이나 카페인, 신맛은 구연산, 감칠맛은 엠에스지 MSG(monosodium glutamate)다. 자극과 통증은 전형적으로 캡사이신이나 피페린으로 유도한다. 마우스필은 음식의 점성을 바꿈으로써, 직접 닿게 함으로써, 혹은 입안 혀의 기계적인 움직임으로 유발할 수 있다.

우리가 아래에서 '맛'이라는 표현을 쓸 때는 화학적 맛, 즉 맛봉오리가 인식하는 맛을 가리키는 것이다. '접촉'은 기계적 자극과 몸감각 인식을 가리키고, '자극'은 화학적 감도의 결과다. 아래 내용은 유스투스 V. 페르하헌과 리나 엔겔렌이 모은 일련의 연구 결과에 관한 설명에서 가져온 것이다. 여러 경우에서, 두 가지 감각 인상의 연관성은 토론을 불러일으켰고, 연구 결과가 일관되지는 않는다.

맛→접촉. 맛은 음식의 점도가 인식되는 방식에 영향을 끼칠 수 있다. 단맛은 점도에 대한 인식을 강화하고, 신맛은 그것을 줄이며, 쓴맛은 영향을 끼치지 않으며, 소금이 영향을 끼치는지 여부는 분명하지 않다.

접촉→맛. 음식의 점성이 매우 높다면, 신맛, 단맛, 짠맛, 쓴맛에 대한 맛 임계치는 높아지고[임계치가 높을수록 맛을 잘 못 느낀다] 그 강도는 줄어든다. 그 영향은 맛 물질이 들어 있는 매개물의 점도에 달렸다. 예를 들어, 기름은 맛 물질의 확산을 약화시킨다. 다른 맛들과 달리, 감칠맛은 혀의 움직임 때문에 더 강해진다. 하지만 이런 효과는 혀 뒤에 있는, 감칠맛에 민감한 부위에 맛 물질이 분포되어서 일어나는 것은 아니다.

온도→맛. 수크로스 및 다른 미각 촉진제의 맛 임계치는 섭씨 22~37도에서 가장 낮다. 즉, 이 온도 범위에서 우리는 맛을 가장 잘 볼 수 있다. 이는 음식의 온도 때문이 아니라 혀의 온도 때문인 듯하다. 게다가 어떤 실험들에 따르면, 혀의 작은 부분에서 일어난 온도 변화는 다른 맛 감각을 불러일으킬 수 있다. 예를 들어, 차가워졌던 혀의 일부를 따뜻하게 하면 단맛이 나고 혀를 10~15도까지 차갑게 하면 시고 짠 맛이 나지만, 그 효과는 사람마다 다르다. 혀끝을 따뜻하게 하면 수크로스에서 오는 단맛에 대한 민감도는 높아지지만, 다른 맛에 대해서는 그렇지 않다. 이는 따뜻함에서 기인한 단맛의 인식이 적응에 덜 민감하다는 것을 보여준다.

맛→자극. 단맛(수크로스)은 피페린과 캡사이신에 의한 타는 듯이 매운 느낌을 줄일 수 있는 반면, 신맛(구연산)과 물은 효과가 미미하며, 짠맛(염화나트륨)과 쓴맛(퀴닌)은 아무런 효과가 없다. 여기서 주목할 점은, 고농도의 소금과 퀴닌 같은 물질은 그 자체로 자극을 일으킬 수 있다는 것이다.

자극→맛. 캡사이신에 의한 자극과 통증은 단맛, 쓴맛, 감칠맛의 강도를 줄이는 반면, 신맛과 짠맛에는 아무런 영향을 끼치지 못한다. 피페린에 의한 자극의 경우, 신맛, 단맛, 짠맛, 쓴맛은 줄이지만 감칠맛에 대한 영향은 아직 조사되지 않은 것으로 보인다. 탄산음료에 의한 특별한 자극과 쏘는 듯한 느낌은 쓴맛을 줄이고 신맛을 강화할 수 있다. 이런 결과는, 일부 피실험자가 캡사이신을 적당한 쓴맛으로 경험하고 물속의 이산화탄소는 신맛을 내는 탄산을 형성한다는 점에서, 복잡하다.

향→접촉. 몇 가지 쓸 만한 연구 결과에 따르면, 향은 음식의 크리미함, 농도, 녹는 성질 같은 질감 인상을 경험하는 데 영향을 끼칠 수 있다. 예를 들어, 향이 강하면서 크리미함과 연관된 바닐라는 바닐라 푸딩에서 크리미함의 인식을 강화한다.

접촉→향. 음식의 점도를 높이면 향 인식의 정도가 약해진다. 이 실험에서, 음식에서 실제로 방출되는 냄새 물질은 점도에 의존하지 않도록 제어되었다.

향→온도. 어떤 냄새는 온도와 연관되어 인식되며, 이는 '묶기' 때문에 일어나는 상호작용이다. 예를 들어, 대부분의 향신료에서 나오는 향은 따뜻함과 연관된다.

온도→향. 일반적으로 냄새는 온도에 비례해 강해진다. 이는, 온도가 높아지면 휘발성 냄새 물질이 더 많이 증발하고 음식의 점도가 낮아져 이런 물질의 방출을 촉진하는, 순전히 물리화학적 효과일 가능성이 크다.

향→자극. 향은 보통 자극의 느낌을 억제하는 한편, 많은 향은 그 자체로 자극을 유발할 수 있다.

자극→향. 자극(예를 들어, 캡사이신에 의한)은 오렌지와 바닐라 같은 향의 강도를 억제한다. 또한, 떫은맛이 코에서의 향 감지에 기여한다는 말들도 있다.

접촉→온도. 몇몇 실험에 따르면, 입술에 진동을 주면 따뜻함을 경험하는 임계치가 높아지거나 온도에 대한 민감도가 낮아진다. 지방 함량을 늘려 점도를 높이면, 온도에 변화를 준 것도 아닌데 차가운 음식의 온도가 높게 인식된다. 이는 지방의 단열 효과 때문이라고 설명된다. 이 효과에 관한 다른 연구에 따르면, 저온의 고지방 식품은 저지방 식품보다 덜 차갑게 느껴진다. 반대로, 고온의 고지방 식품은 저지방 식품보다 덜 따뜻하게 경험된다.

온도→접촉. 온도는 점막과 혀에서 느끼는 음식의 물리적 특성, 특히 거칠거칠함과 질감에 확연하게 영향을 끼친다. 따라서 마우스필에 대한 온도의 영향은 신경학적이라기보다 주로 물리화학적 효과일 가능성이 크다.

접촉→수축. 포도씨의 타닌으로 인한 떫은맛은, 그것이 녹은 용매의 점도가 커질 때 줄어든다. 이것은 식용유 같은 윤활유가 떫은 느낌을 줄여준다는 다른 연구 결과들과 일치한다. 이런 효과는, 떫은맛을 동반하는 문지름과 저항을 윤활유가 줄여주기 때문으로 보인다.

온도→자극. 열은 캡사이신, 피페린, 산, 알코올 같은 자극과 통증을 증가시키고, 냉기는 그 반대로 작용한다.

고지방 음식이 좀 더 따뜻하게 느껴진다

여러 실험에 따르면, 음식의 온도에 대한 주관적인 평가는 지방 함량에 따라 다를 수 있다. 피실험자들에게 비슷한 제품의 두 가지 버전, 즉 고지방 제품과 저지방 제품을 먹은 뒤 그것을 어떻게 인식했는지 물었다. 두 제품의 온도는 같았지만, 피실험자들은 고지방 제품을 고온에서는 덜 따뜻하게 느꼈고, 저온에서는 덜 차갑게 느꼈다. 이는 고지방 함량의 단열 효과 때문일 수도 있다. 이것이 어떻게 이루어지는지는, 정확히 같은 온도의 냉동고에서 가져온 유지방이 풍부한 아이스크림과 슬러시 얼음 음료로 간단히 증명할 수 있다. 아이스크림이 덜 차갑게 느껴질 것이다.

자극→온도. 자극의 효과는 가끔 '뜨겁다' '타는 듯하다' '강렬하다' 같은 형용사로 묘사된다. 캡사이신에 의한 자극은 온기로 경험되고, 따라서 냉기의 느낌을 억누르도록 돕는다.

이와 같은 모든 결과를 볼 때, 맛이 그저 화학적 인상이라고만 볼 수는 없다. 맛의 인식 과정에서 몸감각 효과는 중요하고 복잡한 역할을 한다. 더 나아가, 맛의 전반적인 평가는 접촉, 촉각 운동, 그리고 점성과 온도 같은 다양한 물리적이고 물리화학적인 요소가 관여하는 능동적인 과정으로 봐야 한다. 위에서 살펴본 다섯 가지 기본 감각이 상호작용하는 방식에 따르면, 맛에 관한 우리의 직관적인 이해는 마우스필에 의해 상당히 달라진다. 음식의 질감을 바꾸면 다른 감각들을 자극할 수 있고, 반대로 다른 감각 인상을 바꾸면 마우스필에 영향을 준다.

대부분의 경우, 마우스필과 여타 맛 양상들 사이의 식별 가능한 관계들을 유도하는 메커니즘은 알려져 있지 않다. 이런 효과에 관해 신경학적, 정신물리학적, 혹은 생화학적으로 설명하는 것들이 일부 나와 있다. 일례로, 캡사이신 자극은 단맛, 쓴맛, 감칠맛의 강도에는 영향을 끼치지만 짠맛과 신맛에는 영향을 끼치지 않는데, 이는 특정 유형의 맛 수용체와 캡사이신의 결합이 여기에 연관된 메커니즘이라는 것이다. 즉, 단맛, 쓴맛, 감칠맛의 수용체는 모두 소위 'G-단백질 결합 수용체'인 반면, 짠맛과 신맛의 수용체는 이온 채널이라는 것이다.

마우스필과 여타 감각 인상의 상호작용에 관해 더 깊이 이해하면 매일의 식사와 특별한 요리 모두에 영향을 줄 수 있으며, 모든 감각이 관여하는 좀 더 흥미롭고 도전적인 요리의 개발로 이어질 수 있다. 이것에 새로운 과학적 발견, 특히 신경-미식학과 미식과학 분야에서의 발견이 큰 영향을 끼칠 것이다.

신경-미식학: 풍미는 모두 뇌 안에 있다

우리의 모든 감각은 신경계의 일부분이다. 원칙적으로 신경계는 감각들을 위해 작동하도록 고안되어, 뇌에서 감각 인상이 하나 혹은 여러 장소에 연결되도록 하는 일종의 통신 시스템이다. 이 통신 시스템의 한쪽 끝에서, 우리는 신경 말단을 볼 수 있는데, 이것은 감각 세포의 끄트머리로, 자극물에 반응하는(예를 들어, 특별한 분자 센서[수용체]의 도움으로) 신경 세포의 일종이다.

이 시스템이 어떻게 작동하는지, 우리는 시각과 후각의 예로 설명할 수 있다. 시각은 눈의 망막에서 비롯하는데, 거기에는 빛-감응 수용체를 지닌 신경 말단이 있다. 한편, 후각은 비강 상단의 상피막에서 시작하는데, 거기에는 공기로 운반되는 냄새 물질에 의해 자극되는 수용체를 지닌 신경 말단이 있다. 이 신경 말단들에서 나온 신경 섬유는 뇌간이나 뇌 자체의 중추신경계로 연결된다. 시각, 청각, 미각, 후각, 촉각, 이 다섯 감각이 각각 어떻게 기능하고 신경계와 상호작용하는지를 포괄하는 과학적인 이해 방식이 있다. 신경생리학자와 행동심리학자는 뇌가 감각 인상을 어떻게 다루는지뿐 아니라, 뇌의 이런 작용이 인지, 의식, 기억, 감정, 행동에 어떻게 연결되는지 상당한 정도까지 발견했다.

이 분야의 연구는, 개별 감각 인상이 통합되고 합쳐져 하나의 결합된 감각 경험이 될 때, 실로 흥미진진해지지만 또한 더욱 어려워진다. 맛과 향의 상호작용처럼 다른 것보다 더 잘 알려진 어떤 감각들의 상호작용에 관한 것이라 해도, 우리 지식은 매우 제한적이다. 마우스필이 몇몇 다른 감각들과 어떻

1세기에 살았던 전설적인 로마의 미식가 마르쿠스 가비우스 아피시우스는 이렇게 얘기했다. "첫 번째 맛은 언제나 눈과 함께."

프렌치프라이 먹기의 A부터 Z까지

고든 셰퍼드는 자신의 책《신경-미식학》에서 뇌의 풍미 시스템이 우리가 음식에 대해 판단할 때 어떤 역할을 하는지 설명한다. 뇌의 풍미 시스템이 작동할 때 그것을 어떻게 의식적으로 경험할 수 있는지 보여주기 위해, 그는 감자 조리법에서 가장 대중적인 것 중 하나인 프렌치프라이를 예로 든다. 미국에서 모든 채소의 소비량 중 1/4가량은 프렌치프라이 형태로 소비된다.

손가락으로 프렌치프라이를 쥐는 것부터 시작해보자. 시각은 모양, 크기, 색을 주목하고, 촉각은 프렌치프라이가 부드러운지 혹은 기름진지 알려준다. 특히, 프렌치프라이가 뜨거워서 냄새 분자가 전비강성 통로를 거쳐 코로 올라가면, 냄새의 첫인상은 희미하지만 이미 만들어지는 중이다. 프렌치프라이가 어떤 맛일지, 과거의 경험을 바탕으로 기대가 구체화되기 시작한다.

이제 프렌치프라이를 입에 넣을 차례다. 먼저, 그것은 입술에 닿고, 너무 뜨겁지 않으면 혀의 맛봉오리와 접촉한다. 혀가 프렌치프라이 표면을 통해 초기 맛 인상을 평가하는(예를 들어 소금의 유무에 대한 판단) 동안, 강렬한 냄새 물질은 후비강성 통로를 거쳐 처리된다. 이 인상이 긍정적이라면, 당신은 계속 먹고 싶을 테고 당신의 뇌는 프렌치프라이가 하나로는 충분하지 않다고 결론 내렸을지도 모른다. 이게 가염 땅콩의 맛을 떠올리게 해주지는 않는가?

다음으로, 당신은 프렌치프라이를 씹으며 겉면이 당신이 기대했던 것만큼 바삭한지 바로 알 수 있게 된다. 뇌는 맛이 입에서 내뿜어진다고 생각하겠지만 냄새 물질은 더 방출되어 비강으로 소용돌이쳐 올라오고 비후강성 통로를 거쳐 등록된다. 이제 마우스필의 좀 더 차별화된 측면이 활성화된다. 입안의 온도 센서는 프렌치프라이가 충분히 뜨거운지 아닌지 알아낸다. 이가 프렌치프라이 껍질을 물고 나면, 이제 그 질감을 탐구할 때다. 바깥쪽은 딱딱한가? 압력에 못 이겨 부서지는가? 개별 조각의 속은 우리가 완벽한 프렌치프라이에 기대하는 것만큼 탄력

있고 부드러운가? 거기에 더해 우리는, 조리된 녹말로 인한 감자의 단맛, 프렌치프라이의 염도, 유리遊離 아미노산에서 나오는 감칠맛, 표면에 마이야르 반응으로 생긴 갈색 생성물과 기름에서 유래한 맛 인상들도 알게 된다.

입술에서 입을 거쳐 목구멍 속으로 가는 여정에서, 이렇게 여러 가지가 결합된 프렌치프라이의 풍미 인상은 때로는 케첩이나 식초 같은 조미료(양념)를 통해 종종 증강되고, 때로는 음료에서 나온 별개의 인상들이 곁들여진다.

호문쿨루스: 뇌 안의 작은 사람

뇌 스캔과 뇌의 몸감각중추에 관한 상세한 매핑은 뇌에 대한 유명한 고전적 이미지를 입증했다. 한편으로는 작은 인간 모양에 신체의 감각 영역을 보여주고, 다른 한편으로는 뇌에서 감각 인상이 등록되는 영역의 배치와 크기를 보여주는 그림 말이다. 이 이미지는 캐나다의 신경외과의사 와일더 그레이브스 펜필드(1891~1976)가 처음 제시한 것으로, '작은 사람'이라는 뜻의 라틴어 '호문쿨루스homunculus'로 알려졌다. 현대적 관점에서 보자면, 오른쪽 그림에서 다양한 감각 기관의 크기는 특정 기관의 수용체 밀도를 반영한 것이다. 이 그림에 따르면, 손가락, 입술, 혀, 코, 눈에 수용체가 풍부하게 있다. 호문쿨루스는 마우스필을 비롯해 풍미의 인식이 뇌의 중요한 기능임을 분명히 밝혀준다.

피질의 호문쿨루스: 우리 신체의 각 부위에서 느끼는 다양한 몸감각의 크기가 그들 각각의 신호를 등록하는 데 쓰인 뇌 피질의 양에 비례한다면 어떠한 모습일지 표현한 현대적 삽화.

게 협력하여 작용하는지는 이미 보았다. 음식을 먹고 즐기는 것과 관련해서, 우리가 풍미라고 생각하는 것을 만들어내는 작용은 결합된 감각들의 통합이다. 이 과정을 현재 신경과학에서는 음식의 '다중감각적 통합과 복합적 인식multisensory integration and multimodal perception'이라는 전문용어로 규정한다. 이 결합된 인식들은 실제로 음식 자체에서 유래한 것이 아니라, 우리 신경계와 뇌의 산물이다. 그래서 결론은? 풍미는 모두 뇌 안에 있다!

풍미 자체가 실제로 뇌에 있다는 인식은 '신경-미식학'으로 알려진 새로운 간학문적 과학 분야의 명명으로 이어졌다. '신경-미식학'은 고든 셰퍼드가 만들어낸 용어로, 동명의 책에서 설명한 것이다. 고든 셰퍼드는 자신의 책에서, 우리의 감정, 의식, 특히 우리의 욕구와 특정 유형의 음식에 대한 선호에서 풍미가 얼마나 중요한 역할을 하는지 설명한다. 또

한, 그는 이 최첨단의 신경과학이 어떻게 우리의 행동을 특정한 신경학적 프로세스에, 심지어 우리 신경계의 배열에까지 연결하는지 보여준다. 셰퍼드에 따르면, 뇌에서 풍미의 다중감각적 통합은 또한 감정, 기억, 결정, 학습, 언어, 의식의 문제가 된다. 풍미의 역할을 알면, 우리 식습관과 선호하는 것에 영향을 끼칠 수 있다. 이렇게 신경-미식학은 우리가 어떤 음식을 좋아하는 이유를 이해하는 열쇠가 될 뿐만 아니라, 우리가 건강한 식습관을 개발하고 비만 및 여러 식이 질환의 극복에 도전하는 데 유용한 도구다.

한때, 향과 연관된 신경계 및 뇌의 작용에 관한 연구는 사고로 후각에 이상이 생긴 사람을 연구하는 데 집중되었다. 최근에는 감각 자극을 받은 건강한 피험자의 뇌에서 일어나는 많은 프로세스를 밝혀내는 데 정밀 촬영scan을 활용했다. 이 실험들

은 여러모로 신경과학에 대변혁을 가져오는 데 기여했다. 또한, 자극의 전기적 효과를 직접 측정하기 위해 뇌의 미세 신경회로를 조사했는데, 실험 동물, 특히 설치류, 개, 원숭이 뇌의 특수 영역에 전극을 놓는 방법을 썼다. 이런 유형의 연구에 동물을 쓸 때 맞닥뜨리는 윤리적 딜레마뿐만 아니라, 이 데이터가 인간 감각계의 기능에 꼭 적용되지는 않는다는 문제도 있다. 무엇보다, 중추신경계에서 풍미 인식에 연관된 부분들은 설치류 같은 비영장류에서와 인간을 포함한 영장류에서 그 배열이 같지 않다. 더 나아가, 맛 수용체는 동물의 종류type마다 다르다. 예를 들어, 생쥐는 인공 감미료 아스파탐의 맛을 느낄 수 없고 고양이는 단맛을 전혀 느낄 수 없다.

음식에 관한 물리화학적 기술과 주방에서의 그 응용은 신경-미식학과 함께 미식[좋은 음식과 적절한 조리]의 과학적 기초를 이룬다. 당연하게도, 기본이 되는 과학을 미리 알아야만 '식욕을 돋우는 좋은' 음식을 만들 수 있는 것은 결코 아니다. 하지만 우리 감각의 생리학적 과정들이 어떻게 작동하고 그것들이 풍미에 관한 우리 인식을 어떻게 형성하는지 조금이라도 안다면, 두 가지 쓸모가 있다. 첫째, 미식가에게 영감의 원천이 될 수 있으며, 둘째, 우리가 맛깔난 음식을 만들고 즐기는 것이 좀 더 풍부한 경험이 되게 해준다. 어떤 면에서는, 미술사와 회화의 유파에 관한 지식을 갖추면 미술 작품에 관한 이해가 높아지는 것과 비슷하다.

요리, 그리고 인간 뇌의 진화

지난 몇 년 사이에 출간된 저명한 과학자의 책 두 권, 영국의 영장류 연구학자 리처드 랭엄의 《요리 본능Catching Fire: How Cooking Made Us Human》[국내 출간된 한국어판 제목]과 미국의 진화생물학자 대니얼 리버먼의 《인간 머리의 진화The Evolution of the Human Head》는 우리가 먹는 음식과 그 조리법의 발견이 인간 진화, 특히 뇌의 진화에서 매우 중요한 역할을 했다는 생각을 발전시켰다. 두 저자는 인간 뇌의 크기, 우리를 동물 및 초기 인류와 구별해주는 신체적 특징, 날것만 먹는 식사에서 익힌 음식을 먹는 식사로 변화한 효과 등을 고려해, 상보적인 관점에서 주제에 접근한다. 다음은 두 연구에서 가장 핵심적인 몇 가지 설명에 기반한 내용이다.

인간의 뇌는 체중의 2퍼센트 정도로, 신체 크기에 비해 균형에 맞지 않게 크다. 반면, 돌고래를 제외한 비슷한 크기의 다른 동물들은 상대적으로 작은 뇌를 갖고 있다. 인간의 뇌가 신체 크기가 비슷한 다른 동물과 같다면, 지금보다 10배는 가벼울 것이다. 또한, 우리 몸이 사용하는 에너지의 20퍼센트 정도가 뇌가 기능하는 데 쓰인다. 이 사실은 일부 연구자들이 좀 더 일찍, 고영양·고열량 식품을 풍부하게 사용할 수 있는 것이 인간처럼 큰 뇌로 진화하는 데 절대적으로 필요한 전제조건이라는 결론을 내리게 했다.

무엇이 이런 발달을 용이하게 했을까? 그 단서는 식이 요인에서 발견할 수 있다. 인간은 일부 음식을 조리해 먹는 유일한 종이라는 점에서 독특하다. 고등한 유인원이라도 날것의 음식만 먹고, 거기서 충분히 에너지를 추출하려면 음식을 모으는 데, 씹는 데 각각 하루 24시간의 1/3가량을 할애해야만 한다. 유골들에서 발견된 도살 흔적은 260만여 년 전 우리의 초기 조상들인 호미닌hominin[분류학상 인간의 조상으로 분류되는 종족들의 총칭]이 날고기를 먹기 시작했음을 보여주는데, 먹고 소화하기에 쉽지 않았을 것이다. 추정컨대, 초기 호미닌은 날것들을 먹기 전에 자르고, 두드리고, 으깨고, 찢어서 더 작은 조각들로 줄였을 것이다. 고기와 거기서 나온 영양소와 에너지는 인간 진화에 필수였으리라 여겨진다. 하지만 호모 사피엔스는 날고기를 씹기에 알맞은 이를 갖고 있지 않았다. 예를 들어, 말린 날고기 조각을 아주 잘게 자르려면 50~70번 정도 씹는 동작이 필요하다. 쇠고기 육포를 씹어 턱이 아픈 경험을 많이들 했을 것이다.

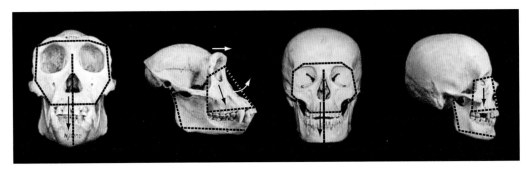

정면과 옆면에서 본, 침팬지의 두개골(왼쪽)과 인간의 두개골(오른쪽). 이 사진을 보면, 침팬지의 얼굴은 뒤로 기울어지고 돌출된 턱을 가진 반면, 인간의 얼굴은 더 작고 평평하고 이마 아래는 안으로 들어가 있다. 이런 차이는 두 종의 식이에 따른 결과를 반영한다. 침팬지는 단단하고 질기고 다듬지 않은 음식을 큰 힘을 들여 씹어야 하지만, 인간은 더 작은 힘을 들여 짧은 시간 동안 씹는다. 음식을 먹기 부드럽고 편하게 하려고, 작은 조각으로 줄이고 종종 조리했기 때문이다.

랭엄에 따르면, 큰 뇌로 발달한 것은 우리의 먼 조상이 고기 조각에서 더 많은 영양분과 에너지를 얻는 법을 배운 뒤에야 비로소 가능해졌다. 이것은 요리를 발명하도록 했다. 처음에는 타다 남은 숯불이나 불꽃 위에서, 나중에 신석기 시대에는 그릇과 냄비를 써서 요리를 했다. 랭엄은 처음에 사람들이 음식 조리를 위해 불을 쓰기 시작한 것은 이전의 고고학적 연구에서 제시한 때보다 훨씬 이르다고 보고, 190만 년 전쯤이라고 주장한다. 한마디로, 인간이 된다는 것은 요리사가 되는 것이다.

가열은 또한 날것 재료를 부드럽게 하여 재료의 구조와 영양가를 변화시킨다. 날것의 고기, 식물의 잎과 줄기, 단단한 과일, 씨앗은 모두 질기다. 고기나 식물을 불 위에서 익히면, 고기의 단백질은 분해되고 식물의 탄수화물은 젤라틴화[호화糊化]하며, 그와 동시에 맛 물질을 방출하고 가용 열량을 높인다. 결과적으로, 먹는 과정이 더 효율적이 되는데, 음식이 쉽고 소화하기 더 쉬워지고 영양가도 더 높아지기 때문이다. 랭엄은 자신의 주장을 뒷받침하려고 인간과 다른 영장류 사이의 주목할 만한 물리적[신체적] 차이점을 몇 가지 지적한다. 우리는 다른 영장류에 비해 더 작은 치아, 더 약한 턱, 더 작은 입을 갖고 있다. 또한, 더 작은 위와 더 짧은 소화관[입에서 항문까지]은, 우리가 익히고 작은 조각으로 자른 음식을 섭취하는 데 적응되어 좀 더 짧은 시간에 음식을 먹고 더 많은 에너지를 얻는다는 것을 보여준다.

인간이 요리사로서 진화했다는 또 다른 간접적인 과학적 증거가 있다. 예를 들어, 약 200만 년 전[한국어판에는 '250만 년 전'이라고 나온다], 턱을 악물게 하는 분자적 메커니즘과 연관된 인간의 근육 단백질인 미오신에 돌연변이가 생겼다. 이 돌연변이는 부드러운 음식을 씹을 때 가해야 하는 힘이 더 적은 것과 관련 있을 수 있다. 또한, 씹는 동작에서 감도가 좀 더 높아지고 마우스필의 중요성이 커진 것을 돌연변이가 반영하는 것일 수 있다.

식물성 식품을 가열해 얻는 열량은 주로 녹말에서 비롯한다. 우선, 녹말은 아밀레이스(침에도 있고 췌장에서 소장으로 분비되기도 하는 효소)의 도움으로 당으로 분해돼야 한다. 하지만 유전적 돌연변이가 인간의 진화 과정에 몇 번 일어나서, 아밀레이스 같은 효소가 입안에서는 세 배가 분비되고, 장에서는 그러한 변화가 일어나지 않았다.

이때 문제는, 유전적으로 발생한 아밀레이스 활성의 증가가 왜 장에서는 일어나지 않았는가다. 몇몇 연구자는 입안에서 중요한 아밀레이스 활성은 당에 저장된 열량을 방출하는 것뿐 아니라, 이를 깨끗하게 유지하기 위한 것이라고 본다. 침에 녹은 녹말은, 마치 풀처럼 작용하기 때문에 이 사이에 달라붙어 구강 위생이 불량해지게 한다. 아밀레이스는 녹말을 분해해 이가 깨끗하게 유지되도록 돕는다. 이론적으로는 우리가 녹말 없이 생존할 수 있다지만, 현대의 식사에서 열량 섭취의 절반가량은 이런저런 형태의 녹말에서 나온다.

리버먼은 "당신이 먹는 '법'이 당신이다"라는 대담한 문구로 브리야사바랭의 유명한 경구 "당신이 먹는 '것'이 당신이다"를 재해석해 자신의 책의 중심 가설을 간명하게 보여준다. 그의 분석에 따르면, 인간 머리의 진화는 음식 및 그 질감과 연결된다. 우리 조상들이 조리를 계속해온 덕분에 더 부드러워진 음식은 인간 두개골에 대한 진화력들evolutionary forces[변이, 자연선택 등 진화를 일으키는 힘들]을 바꾸어, 현재처럼 머리가 어깨 위에 얹힌 형태가 되게 해주었다. 그의 결론은 초기 인간의 골격과 두개골에 관한 고고학적 연구뿐만 아니라, 다른 식이 패턴을 갖는 현재 인간 및 다양한 동물의 머리 모양에 대한 조사에 기반했다. 그는 인간 머리의 진화를 다음의 주목할 만한 두 가지 조건, 즉 우리의 큰 뇌가 계속 기능하려면 매우 에너지 집약적인 식사를 해야 한다는 것, 직립보행을 하고 그래서 오랜 시간 동안 빨리 달릴 수 있다는 것과 연결한다. 원칙적으로 이 아이디어는 에너지와 관련해 고려할 사항들, 그리고 머리가 만들어지는 방법과 관련된 기계공학적 상황들(특히 씹는 기능에 해당될 때)에 달려 있다. 이 대목에서 음식이 중요하게 등장한다. 우리 식습관의 변화는 머리 모양과 구성 요소들의 기능에 직접적인 영향을 끼친다.

리버먼은 5억 년 전에 동물에서 처음 분화되어 아마 초기 포유류가 더 나은 사냥꾼이 되도록 했을, 머리의 진화에 관한 물적 증거들을 살펴본다. 인간의 경우, 우리가 걷고 팔다리를 움직이는 방식이 이 진화 과정에서 결정적 요인 중 하나였지만, 우리가 먹는 것 역시 하나의 요인이었다. 머리, 특히 구강, 치아, 혀, 인두咽頭는 음식을 맛보고, 씹고, 삼키는 데 중요한 역할을 한다. 결론적으로, 음식의 질감은 머리의 성장과 발달에 영향을 끼친다.

인간의 머리는 이마 아래로 들어간 평평한 얼굴, 상대적으로 작은 이가 특징인 반면, 유인원은 더 기다란 얼굴, 더 튀어나온 턱이 특징이다. 이런 특징은 씹을 때 두개골에서 압력이 어떻게 분산되는지를 반영한다. 리버먼에 따르면, 식습관의 변화, 특히 음식 조리에 불을 사용하면서 생긴 변화는 우리 머리 형태의 변화로 이어졌다. 부드러운 음식을 먹으면 씹는 동작이 더 적어지고 턱이 압력을 덜 주어도 되기 때문이다. 리버먼은 현대의 인간은 석기 시대의 사람보다 음식을 씹는 데 절반도 안 되는 시간이 들며, 턱 근육도 30~50퍼센트 정도 적은 힘을 써서 씹을 수 있다고 추정한다.

단단하고 질긴 음식을 씹으려면 더 큰 턱, 그리고 더 깊은 치아뿌리[치근]와 더 큰 치아머리[치관]가 필요하다. 결론적으로, 씹는 양이 더 제한되면서 인간 머리와 두개골의 형태에 영향을 끼쳤고, 얼굴의 크기와 치아의 표면적이 줄어들게 했다. 수렵채집인에서 농부로 전환한 사람들, 그리고 나중에 산업사회의 표식이 되는 생활양식을 택한 사람들의 두개골 형태에 관한 데이터에 따르면, 그들의 얼굴은 침팬지와 비교해서 덜 성장했다. 씹는 동작이 가장 강력한 영향을 끼치는 곳인 치열궁[정상적인 치아 배열이 만드는 궁형 모양] 쪽 부분이 특히 그렇다. 흥미롭게도, 빙하기 이래 우리 영구치는 유치보다 크기가 더 줄었다. 이것은, 유치는 영구치와 달리 선택압에 노출되지 않았다는 징표일 수 있는데, 영구치의 치아머리는 아이가 고체를 씹기 시작한 이후에야 발달하기 때문이다.

우리가 움직일 때 머리는 안정된 자세로 유지돼야 하므로, 직립보행과 오래 달리는 능력은 두개골의 형태에도 영향을 끼쳤다. 예를 들어, 하관이 앞으로 튀어나온 다른 영장류의 얼굴과 달리, 인간의 얼굴은 더 작고 이마보다 안쪽으로 들어가 있다. 그리고 네발 달린 친구들과 달리 인간은 주둥이를 갖고 있지 않다. 대신 인간은 아래로 향한 콧구멍과 상대적으로 짧은 내부 비강이 있는, 돌출된 작은 바깥쪽 코만 가지고 있다. 이런 결과로, 인두 역시 비교적 짧다. 이 특별한 구성은 우리의 호흡법, 그리고 들숨에 수분을 더하고 날숨을 건조하게 하는 능력에 필수적이다. 이는 우리가 장거리를 달릴 때 체온을 조절하고 효과적으로 에너지를 전환해내는 데 도움이 된다. 우리가 먹을 때, 이 짧은 인두 때문에 혀의 역할은 더 중요해진다.

요즘 우리는 자신이 음식을 얼마나 씹는지 거의 생각하지 않는다. 좀 씹어야 하는, 기대치 않았던 질감을 가진 음식이 아니라면 말이다. 씹기는 먹는 경험에서 거의 잠재의식적인 부분이 되었다. 리버먼은 그의 가장 최근 저서인 《우리 몸 연대기The Story of the Human Body: Evolution, Health, and Disease》[국내 출간된 한국어판 제목]에서, 산업적으로 조리된 음식을 점점 많이 소비하면서 인간의 머리와 몸에 장기적으로 어떤 결과를 낳을지 질문을 던진다. 그런 음식은 부드럽고 열량이 풍부한 반면 질감이 부족해지는 경향을 보이며, 그것을 먹는 데 들이는 노력은 점점 더 줄어든다. 리버먼은, 식습관과 생활양식에서 발생한 이 급격한 변화가 우리의 유전적 구성과 어떻게 일치하지 않는지 설명하고, 이것이 제2형 당뇨병과 비만이 유행병처럼 증가한 한 가지 이유라고 확인한다. 그의 결론은 우리가 잠시 멈추고 성찰하게 할지도 모른다. 우리 인간이 요리를 배운 것이 주된 이유가 되어 이처럼 진화했다면, 그리고 이 발전이 우리의 겉모습과 기능을 형성하는 데 도움이 되었다면, 우리는 자신이 먹는 음식의 영양가와 질감에 더 많은 관심을 기울여야 하지 않을까?

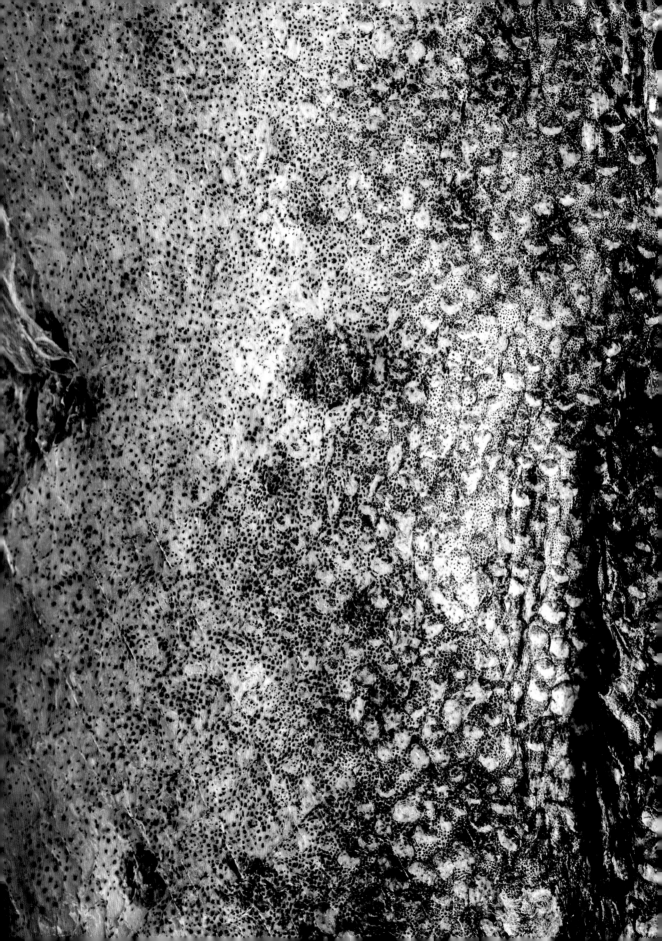

Chapter 2

우리가 먹는 음식은 무엇으로 이루어졌나

사실상 모든 음식은 생물학적 기원을 갖고 있으며 '생명의 나무'[다윈이 도입한 진화계통수를 가리키는 듯하다]에서 유래한다. 우리는 생명체 혹은 한때는 살아 있었던 그것의 일부를 먹는다. 그것들은 동물, 식물, 진균류, 조류algae 등 광범위한 원천으로부터 나온다. 박테리아조차 우리의 영양가 있는 섭취에 도움을 준다. 요구르트 같은 유제품을 먹으면서 한 번도 생각해본 적은 없지만, 거기에는 살아 있는 젖산 박테리아[젖산균 혹은 유산균]가 들었다. 더 놀라운 것은, 이 미생물들이 우리의 소화계에 자리 잡고 산다는 것이다. 이 소화계는 100조에 가까운 수의 필수 박테리아가 번성한 공동체, 혹은 인체의 총 세포 수보다 10배가량 많은 단세포 생물들의 숙주다. 이 박테리아들을 무게로 환산하면 2kg 정도 되며, 그 종류는 최대 1,000가지에 이른다.

이 다양한 공급원이 식품이 되면, 우리는 그것들을 생명체와 동일한 구성 요소, 즉 단백질, 탄수화물, 지방, 핵산 같은 구성 요소로 이루어진 원재료들로 여길 수 있다. 여기에 무기질, 미량 원소, 비타민, 무엇보다 가장 큰 비중을 차지하는 성분인 물이 추가된다.

물리학자의 눈으로 보자면, 생체 물질은 연성 응집 물질soft condensed matter이라 불리는 것으로, 유연하고 구부러질 수 있고 그 형태가 변할 수 있다. 또한, 생명체는 키틴과 칼슘으로 이루어진 내부 골격과 껍질 같은 단단한 물질을 이용해 부드러운 부분을 지지하고 보호한다. 그럼에도 불구하고, 생체 물질은 다른 무엇보다 '부드러움'이 그 특징으로, 그들의 존재 자체를 위해, 우리가 생명과 연관 짓는 기능을 해내기 위해 절대적으로 필요한 조건이다.

인간의 진화 과정에서, 마우스필을 비롯해 우리의 감각 체계는 어떤 생체 물질이 잠재적으로 식용 가능한지를 판단하기 위해 이 부드러움의 특징을 탐구하도록 특별히 고안되고 미세조정되어왔다.

본질의 변화가 일어나지 않고 어떤 식품 첨가물도 포함하지 않은 날것 재료에서 유래한 식품을 보통 자연 식품으로 간주한다. 가공식품이라 알려진 다른 식품류는, 간단한 검사만으로는 그 원형을 파악할 수 없을 정도로 변형된 원료에서 생산된 것들이다.

이 후자의 범주는 버터, 치즈, 빵과 케첩 등 천연 성분을 많이 함유한 제품들부터, 고도로 가공되고 보존제, 첨가물, 향료, 착색제가 상당히 많이 함유된 제품들까지 광범위한 식품을 아우른다. 마지막으로, 온전히 화학 물질을 모아 만든 초현대적인 합성 식품이 최근에는 현실이 되었다. 가공식품과 합성 식품이 좋은 마우스필을 남길 적절한 질감을 만들어내려면 엄청난 주의를 기울여야 한다. 주로 이것들은 제조 공정의 일부로서 만들어져야 한다. 반면, 자연 식품의 질감은 보통 그것이 유래한 생명체의 구조를 반영한다.

생명의 나무로부터 온 음식

모든 생명체에서 독성이 없는 거의 모든 부분은, 세계 어딘가에서는 인간의 식단에 포함되었다. 그럼에도 불구하고, 식용으로 간주되는 것이 무엇인지에 관해서는 그 견해 차이가 꽤 크다. 뇌, 닭발, 돼지 귀, 해파리, 곤충 및 해초는 여러 음식문화에 등장하지만, 어떤 곳에서는 전혀 발견되지 않기도 한다. 어떤 사람은 육상동물의 살코기를 좋아하는데, 또 어떤 사람은 '내장'이라고 부르는 내부 기관을 먹으며 행복해한다. 특정 식재료에 대한 선호도와 특정 문화 집단에게 익숙한 질감과 마우스필의 정도는 때때로 연결된다. 이에 관한 예로 해초를 들 수 있는데, 일본에서 해초는 주요한 식품이며 그 특별한 질감 때문에 매우 귀하게 여겨진다.

식용 가능한 생체 물질의 마우스필은 종에 따라 엄청나게 다양하며, 그것이 유기체의 어느 부분에서 유래했는지, 나이는 얼마나 됐는지, 어떤 환경에서 자랐는지에 크게 영향을 받는다. 물론 식재료를 어떻게 준비하는지도 굉장히 중요한 역할을 한다. 그럼에도 불구하고, 다수의 지배적인 조건들은 다양한 유형의 식재료의 특징이 되고, 그 조건들은 생물학적인 기원과 생리적인 기능에 의해 결정된다. 예를 들어, 바다에서 나온 음식, 특히 어류, 조개류, 해초 등의 질감은 육상생물과 여러 면에서 다르다. 이는 육상동물이나 식물과 달리, 수중생물은 자신의 몸무게를 지탱할 필요가 없기 때문이다. 또 다른 예로 식물의 질감을 들 수 있는데, 동물과 달리 돌아다닐 수 없고 자신이 자라는 곳에 묶여 있다는 점을 반영하는 질감이다.

식물

식물은 인간에게 가장 다양한 음식 공급원이다. 인간은 우리가 먹는 동물의 종류보다 훨씬 다양한 종류의 식물을 먹는다. 고등식물이라고도 불리는 관다발식물은 각각 뚜렷한 구조를 가진 뿌리, 곧은 뿌리, 덩이줄기, 뿌리줄기, 줄기, 가지, 나무줄기, 잎, 꽃, 씨앗, 열매 등의 어떤 조합으로 이루어졌다. 많은 열매는 잘 익은 베리처럼 즙이 풍부하고 부드러운 반면, 씨앗은 단단하거나 깨지기 쉽거나 기름지거나 크리미할 수 있다. 곧은뿌리와 덩이줄기는 단단하고 아삭하며 섬유질이 많은 편이고, 익히면 부드럽고 포슬포슬해진다. 채소류의 줄기와 잎은 질기고 섬유질이지만, 부드럽고 바삭하게, 혹은 단단하게 되도록 조리할 수 있다.

식재료로서 식물의 잠재력은 주로 이동성이 결여돼 있고 뿌리 내린 곳에서 생존해야 한다는 특성에서 기인한다. 지지를 위해 식물은 셀룰로스로 보강된 단단한 세포벽을 가졌는데, 세포벽은 식물의 형태와 구조를 잡아준다. 잎과 줄기, 뿌리의 차이에서 보았듯이, 식물의 모든 부분이 똑같이 뻣뻣하지는 않다. 모든 식물은 광합성을 위해 햇빛이 필요한데, 어떤 식물은 지면을 따라 성장하며 번성할 수 있지만 다른 식물은 빛에 충분히 노출되기 위해 똑바로 위로 자라야 하고 그러기 위해 충분히 단단해야 한다. 바로 이것이 식물 세포가 셀룰로스로 강화된 단단한 벽을 가지게 된 이유이지만, 이 벽이 식물의 모든 부분에서 똑같이 단단하지는 않다. 또한, 식물은 먹히지 않으려고 단단하거나 독성이 있는 조직 혹은 쓴맛을 가짐으로써 스스로를 보호한다. 반대로, 식물은 인간과 동물이 식물의 열매와 씨앗

(위) 생물학적 기원을 식별하기 쉬운 자연 식품. (가운데) 원재료를 알아볼 수 없을 정도로 변형된 재료로 만들어진 가공식품. (아래) 식품을 구성하는 순수한 물질의 예: 탄수화물, 단백질, 지방.

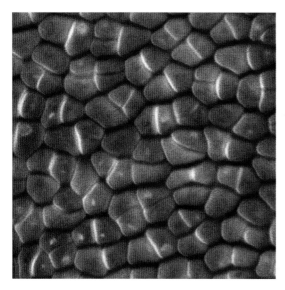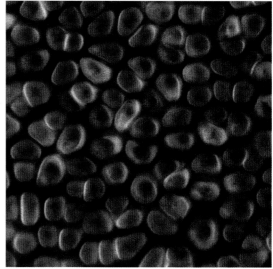

조리 전후 해초(덜스dulse)의 세포 구조. 세포의 크기는 20마이크로미터 정도다. 조리하면 세포 구조가 느슨해져 해초는 더 부드럽고 씹기 편해진다.

을 수확해서 먹는 것에 의존하기도 하는데, 그렇게 씨앗이나 열매가 흩뿌려져 종이 전파될 수 있다. 따라서 잘 익은 열매는 대개 부드럽고 맛있는 반면, 덜 익은 과일은 시고 쓰거나 매우 단단하다. 식물 세포는 기름, 녹말을 함유하는데, 이것들이 에너지를 저장하는 기능을 한다.

인간이 식물이나 그 일부분을 먹어서 충분한 영양분을 얻어내려면, 많은 식물과 그 일부분이 주방을 거치는 여정을 통해 그 질감과 마우스필이 바뀌도록 해야 한다. 때로는 간단한 기계적 처리가 효과가 있다. 자르기, 으깨기, 걸쭉하게 하기(퓌레화), 빻기는 세포벽을 일부 부수고 세포의 내용물이 나오게 한다. 그러나 가장 효과적인 방법은 가열이다. 가열과 조리는 녹말을 젤라틴화[호화]하고 세포벽을 연화시켜 식물의 조직이 더 부드러워지고 더 씹기 쉬워지게 만든다. 하지만 인간이 소화할 수 없는 셀룰로스 성분은 분해되지 않으며, 조리된 식물은 여전히 상당한 양의 불용성 섬유질을 함유하고 있다. 강낭콩에서 발견되는 혈구응집소, 카사바에서 발견되는 시안화물처럼 독성 물질을 함유한 식물들도

있는데, 그런 것들은 인간이 섭취해도 무해하도록 반드시 조리 과정을 거쳐야 한다. 식물을 가공하는 다른 방법으로는 가염, 건조, (밑간에) 재우기, 발효 등이 있는데, 이 모두는 영양 성분과 맛뿐만 아니라 마우스필까지도 바꾼다.

펙틴과 헤미셀룰로스라는 두 다당류는 세포들을 서로 결합한다. 셀룰로스와 달리 이 두 물질은 수용성이며, 실제로 많은 물과 결합할 수 있어 겔화제로 쓸 수 있다. 그것들이 물에서 가열되면 물을 흡수하고, 식물의 일부분이 작은 조각으로 분해되기 더 쉽게, 먹기에 더 부드럽게 세포벽이 연화된다. 이것은 섭씨 80~92도(화씨 176~198도) 사이의 적당한 온도에서 일어난다. 식물 유래 식품을 만드는 데 열을 이용하는 것은, 근육 단백질과 콜라겐이 작동하는 여러 방식 사이에서 미묘한 균형을 찾는 일을 포함하는 육류 조리에 비해 덜 도전적이다. 그리고 동물의 세포는 딱딱한 세포벽을 갖고 있어서, 가열하는 동안 육즙이 배어나올 수 있고 결과적으로 말라비틀어져 맛없는 고기 조각으로 만들어버릴 수 있다. 어떤 경우, 예를 들어 양배추와 시금치가 가열되는

동안 그 세포벽은 자신의 성질을 일부 유지하면서 물이 세포 바깥으로 스며 나올 수 있다. 다른 경우, 예를 들어 쌀이 익을 때는 물을 흡수할 수 있다. 가열할 때 식물은 고기보다 그 질감을 유지하기가 더 쉽지만, 식물의 훌륭한 맛 물질과 향기를 망칠 수 있다는 더 큰 위험이 있다.

진균류

진균류fungi는 커다란 생물군을 구성한다. 그들의 세포벽은 식물의 세포벽과 달리 키틴으로 강화돼 있다. 효모를 비롯해 많은 단세포 진균류는 직접 먹히는 일이 거의 없어서, 그 자체로는 마우스필에 중요하게 기여하지 않는다. 하지만 그들은 발효에서, 즉 동물과 식물에서 유래한 다른 식재료의 질감을 변화시키는 데 중요한 역할을 한다. 양송이버섯, 애느타리버섯, 표고버섯 등 더 다양하고 큰 다세포 진

균류는 포자낭과라 불리는, 땅 위에서 자라는 식용 가능한 자실체를 갖고 있다. 송로버섯은 그 포자낭과가 나무뿌리 근처의 흙 밑에서 자란다는 점에서 확실히 흔치 않다. 부서지기 쉽고 즙이 많으며 간혹 질기기도 한 자실체의 80~90퍼센트는 물로 이루어졌다. 진균류를 가열하면 액체 함량을 대부분 잃고 수축하지만, 그들의 세포벽은 수용성이 아니어서 모양을 유지하며, 조금 더 부드러워지되 곤죽이 되지는 않는다. 마른 진균류를 물에 불리면 그 모양을 거의 원래대로 복원할 수 있다. 어떤 진균류, 예를 들어 목이버섯은 수용성 탄수화물을 함유하고 있어, 가열하면 끈끈한 질감을 띤다.

양송이버섯은 마른흙 층에서 재배되며 특별한 맛과 단단한 질감을 갖는다. 이 엑스트라 드라이 샹피뇽[일반적으로 양송이버섯을 가리키는 프랑스어]이 지닌 미식에서의 가치는 종종 간과된다.

종균에서 자라고 있는 양송이버섯.

훈연하고 얼리고 간 달걀노른자와 로크포르*를 곁들인
엑스트라 드라이 샹피뇽, 엔다이브, 우마미 크렘

4인분 | 중성유 1과 2/3컵(400ml), 유기농 달걀 4, 벨기에 엔다이브 2, 사과주 식초 1큰술(15ml), 설탕, 소금,
엑스트라 드라이 샹피뇽 7온스(200g), 로크포르 또는 다나블루Danablu 치즈 1과 3/4온스(50g), 몰던 천일염

크렘 | 마요네즈 3과 1/2큰술(50ml), 진한 저지방 요구르트 100ml, 디종 머스타드 1작은술(5ml), 우스터소스 1큰술(15ml),
잘게 다진 생파슬리와 차이브 조금

하루 전날

- 네 개의 램킨ramekin[오븐에 사용할 수 있는 작은 그릇]에 오일을 균등하게 나눈다.
- 달걀노른자를 분리해 위의 램킨에 넣는다. 흰자는 따로 보관한다.
- 작은 훈연 오븐을 켠다. 혹은 오븐 용기에 훈연 칩을 넣고 가열한다.
- 램킨을 훈연 오븐이나 오븐 용기에 넣고, 불을 끄고 5분 동안 닫아놓고 기다린다. 오일에 훈연 맛이 입혀졌는지 맛을 봐 확인한다(훈연 맛이 날 때까지 과정을 반복한다). 노른자를 램킨 안의 오일에 담긴 상태로 얼린다.
- 엔다이브의 심만 남을 때까지 잎을 잘라낸다. 심은 따로 보관한다.
- 사과주 식초에 설탕, 소금 약간으로 간을 하고 엔다이브 잎과 함께 지퍼백 같은 데 넣는다. 내기 전까지 냉장고에 넣어둔다.
- 버섯을 조심스럽게 닦아 먼지나 불순물을 제거한다. 버섯을 얇게 슬라이스해 냉장고에 넣어둔다.

- 블루치즈를 바스러뜨려 냉장고에 넣어두거나, 통째로 얼려둔다.
- 마요네즈, 요구르트, 엔다이브 식초 혼합물, 겨자, 우스터소스를 섞어 거품기로 휘젓는다. 파슬리와 차이브를 넣고 섞는다.

음식 내기

- 접시에 크렘을 조금 바른다.
- 그 위에 절인 엔다이브 잎을 고루 깔고, 버섯 슬라이스를 쌓는다.
- 접시 위에, 바스러뜨린 블루치즈를 흩뿌리거나 통째로 얼린 블루치즈를 갈아서 뿌린다.
- 오일과 함께 얼렸던 노른자를 오일에서 꺼내, 위의 접시 위에 갈아서 뿌린다.
- 마지막으로, 몰던Maldon 소금[영국 에식스 카운티 블랙워터강 하구에 위치한 몰던 마을에서 생산된 천일염]을 살짝 흩뿌리고 바로 낸다. 할 수 있으면, 크루통을 얹고 차이브 꽃으로 장식한다.

갈고 훈연하고 얼린 달걀노른자와 로크포르를 곁들인 엑스트라 드라이 샹피뇽, 엔다이브, 우마미 크렘.

---

* 흔히 세계 3대 블루치즈 가운데 하나라고 일컫는다.

조류

조류algae는 다양하고 이질적인 것들이 모인 커다란 생물군을 구성하는데, 크기가 작은 단세포부터 큰 다세포까지 아우른다. 가장 작은 조류는 단세포 생물인 남세균 혹은 식물성 플랑크톤으로, 식물에 밀접하게 연관돼 있다. 대부분 동결건조된 가루 형태로 소비되는데, 스피룰리나와 클로렐라가 가장 잘 알려져 있다. 이 제품들은 주로 단백질 보충제로 쓰이거나 음식에 진한 초록색을 더하는 용도로 쓰이고, 마우스필에는 어떤 영향도 주지 않는다. 가장 큰 조류는 우리가 해초로 알고 있는 다세포 수중생물로, 1만여 종이 있으며, 대부분 식용 가능하다.

식물과 마찬가지로, 해양 조류의 세포벽은 셀룰로스나 그것과 비슷한 비수용성 탄수화물로 보강된다. 하지만 세포벽 구성에는 마우스필과 중요한 연관이 있는 수용성 탄수화물, 특히 카라지난[식품의 점착성 및 점도를 증가시키고, 유화 안정성을 증진하며, 식품의 물성 및 촉감을 향상시키기 위한 식품첨가물], 알진산염, 한천 같은 것도 포함된다. 이 탄수화물들은 가용성 식이섬유의 원료이고 많은 양의 물과 결합할 수 있어 겔화제로 적합하다. 해초 추출물은 이런 식으로 다른 식품에 질감을 더하는 데 쓰일 수 있고, 종종 요구르트와 디저트에 첨가되고는 한다. 또 다른 해양 조류, 예를 들어 슈거 켈프sugar kelp[대형 갈조류]에 든 탄수화물은 끈적거리는[점액질의] 마우스필을 만들어낸다. 자연 상태의 해초는 종에 따라 질기기도, 톡 터지기도, 아삭하기도, 부드럽기도, 단단하기도 하다. 아시아의 많은 지역에서 해초는 마우스필에 특별히 기여한다는 이유로 소중하게 여겨진다.

육상식물과는 달리, 커다란 해양 조류는 물과 영양분을 수송하기 위해 뿌리와 순환계를 발달시

해초: 슈거 켈프와 윙드 켈프.

킬 필요가 없다. 그것들에게 필요한 모든 것은 바로 주변에 있기에, 개별 세포는 스스로 건사할 수 있다. 식품으로서 그들의 역할에 이런 특성이 어떻게 반영되는지, 그 예로 자이언트 켈프giant kelp(Macrocystis pyrifera)를 들 수 있다. 자이언트 켈프는 길이가 60미터(180피트)까지 자라며, 거대한 갈조류 숲을 형성한다. 이렇게 크지만 식용 가능하며 섬세한 마우스필을 준다. 반면, 세상에서 가장 큰 식물인, 길이가 80미터(240피트) 넘게 자랄 수 있으며 전혀 먹을 것이 없는 나무 자이언트 세쿼이어에 관해서는 위와 비슷하게 얘기할 수 없다.

육상동물: 근육과 장기에서 얻는 고기

동물의 몸 구조는 돌아다닐 수 있는 능력과 그에 따른 근육과 심장 및 쉽게 접근할 수 있는 내부 에너지 저장소의 필요성을 반영한다. 근육은 근섬유 다발, 결합 조직, 지방으로 구성된다. 근섬유는 근육이 수축할 수 있게 해주고, 결합 조직은 근섬유들을 묶어준다. 동물의 근육에는 세 가지 유형[골격근, 심장근, 내장근]이 있는데, 주로 가로무늬근이고 [골격근은] 힘줄에 의해 뼈와 연결된다. 또 다른 가로무늬근인 심장근은 그 양이 적고, 먹을 수 있다. 가로무늬근은 근섬유들이 평행으로 묶인 반면, 심장근은 직선이라기보다는 근섬유들이 가지가 뻗어 있듯 얽혀 있다. 이런 차이가 각각의 마우스필에 크게 영향을 준다.

고기의 근본적인 특징은 지방과 단백질 함량이다. 에너지를 녹말의 형태로 저장하는 식물과 달리, 동물은 지방의 형태로 저장한다. 근섬유는 미오신과 액틴이라는 단백질로 구성되어 있고, 콜라겐으로 된 결합 조직 또한 단백질이다. 육상동물의 근육은 근섬유가 매우 길고 전체 근육의 길이에 달

날것의 소 심장.

소 심장 구이

6인분 | 소 심장(약 1.5kg[3파운드]) 1개, 올리브 오일, 소금, 후추

심장 고기[염통]는 다른 부위의 고기와 마찬가지로, 많은 서양 요리에서 인기가 없어졌다. 심장 고기는 유난히 영양가가 높기에 이는 안타까운 일이다. "당신이 치료하고자 하는 그 부위를 먹어라"라고 하는 옛 중국 격언을 새겨야 할 것 같다.

• 소 심장을 씻고, 바깥 부분의 과도한 지방, 단단한 조직, 정맥을 잘라낸다.
• 4~5조각으로 크게 자르고, 표면이 살짝 단단해질 때까지만 얼린다.

• 두께 1.3cm 미만으로 슬라이스한다. 고기 슬라이서가 더 편하면 그걸 쓴다.
• 키친타월로 물기를 닦고, 솔을 써서 한쪽 면에만 올리브 오일을 바르고, 올리브 오일을 바른 면을 아래로 가게 해, 음식을 내기 직전 그릴에 굽는다. 중요한 건, 고기가 아직 레어 상태일 때 팬에서 빼야 한다는 점이다.
• 소금과 후추를 골고루 뿌리고 구운 면을 위로 해서 낸다.

소 심장 구이.

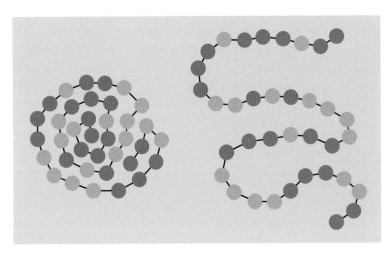

단백질의 변성과 풀림.

온다고 말할 수 있다.

　결합 조직은 콜라겐 섬유로 된 망이고, 또한 파시클과 마찬가지로 위계적으로 만들어진다. 각각의 콜라겐 섬유는 많은 원섬유原纖維, fibril로 이루어졌고, 각각의 원섬유는 트로포콜라겐이라 불리는, 나선형으로 감긴 3개의 긴 단백질 분자로 만들어진다. 개별 단백질 분자는 정도의 차이는 있을지라도 어느 정도는 화학적으로 교차결합[가교결합]되어 있다. 원섬유의 강도는, 그리고 결과적으로 전체 결합 조직의 강도는 교차결합의 수에 따라 증가한다. 고기 손질 및 조리 외에는, 교차결합의 수가 고기의 연함을 결정하는 가장 중요한 요인이다. 강한 근육과 더 나이 든 동물의 근육은 결합 조직에 더 많은 교차결합을 갖고 있다.

　짧은 시간 동안 높은 열을 가하면 고기의 원섬유는 수축하고 더 단단해진다. 역으로, 비교적 낮은 열로 천천히 조리하면 교차결합이 깨지고, 불수용성 콜라겐은 작은 조각으로 분해되어 수용성 젤라틴으로 전환되며, 고기는 더 연해진다. 이런 이유로, 강한 근육과 나이 든 동물의 근육을 연하게 하려면 오랜 시간 익혀야 한다.

　엄밀히 말하면, 젤라틴은 가수분해된 콜라겐이다. 나중에 살펴보겠지만, 젤라틴은 젤리 형태 식품을 만드는 데 쓰일 수 있다. 또한, 결합 조직은 어느 정도 지방을 함유하고 있는데, 고기의 질감에는 아주 미미한 영향만을 끼친다. 하지만 맛에는 특히 중요한 기여를 한다.

　육상동물에서 나오는 고기의 절반 정도만 골격근이다. 나머지는 일반적으로 골격근보다 훨씬 많은 결합 조직을 갖고 있는 혀, 심장, 간, 콩팥, 스위트

한다는 점이 특별하다. 콜라겐은 비교적 뻣뻣하고, 젤라틴으로 변하는 섭씨 60~70도(화씨 140~158도) 이상에서만 녹는다.

　근섬유는 결합 조직과 함께 뼈에 단단하게 붙어 있다. 그 결과, 육상동물의 날고기는 보통 질기고 탄력이 있다. 고기를 가열하면 고기 속 단백질이 변성되고, 결합 조직은 부드러워지며, 고기의 질감이 완전히 바뀌어 더 연하고 씹기 편하게 된다.

　근육의 지방 함량이 고기의 연함에 끼치는 영향은 미미하다. 고기가 얼마나 연한지 혹은 가열하면 연해질 수 있는지 결정하는 것은 콜라겐 함량과 근육의 구조다.

　근육은 결합 조직에 싸인 10~100개의 근섬유로 이루어진, 파시클fascicle이라 불리는 다발로부터 위계적으로[작은 단위가 모여 큰 단위를 차곡차곡 이루어가는 방식으로] 만들어진다. 이 파시클 여러 다발은 함께 묶이고, 힘줄로 뼈에 고정된 실제 근육을 이루기 위해 결합 조직의 더 질긴 층으로 싸인다. 근육 고기의 연함은 세 가지 요인, 즉 파시클의 근섬유가 거친지 고운지 여부, 결합 조직의 양, 근육이 약한지 강한지 여부에 의해 결정된다. 넓게 보면, 연한 고기는 약한 근육에서, 질긴 고기는 강한 근육에서

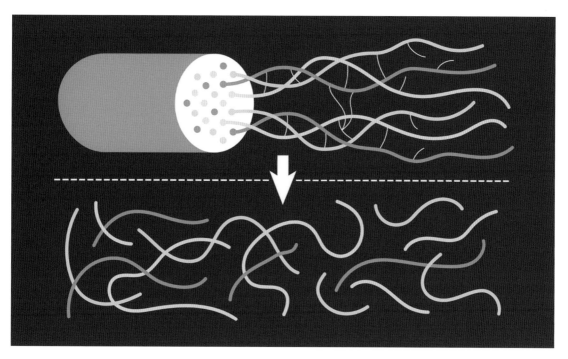

결합 조직에서 콜라겐 섬유의 구조. 섬유는 원섬유 묶음으로 구성되고, 원섬유 각각은 나선처럼 서로 감싸고 있는 3개의 긴 단백질 분자(트로포콜라겐)로 이루어진다. 온전한 원섬유에서, 개별 단백질 분자는 교차결합을 통해 화학적으로 묶여 있다. 그림 아래에서 볼 수 있듯이, 섬유를 가열하면 이 결합이 깨지고 결국 섬유는 작은 조각으로 분해된다. 이것들이 바로 수용성 젤라틴이다.

브레드[송아지, 어린 소, 양, 돼지 등의 췌장 또는 흉선], 양tripe[소 등의 위]을 비롯한 장기에서 나온다. 이 중 일부는 너무 질겨, 맛있고 기분 좋은 마우스필을 내려면 좀 더 긴 조리 시간이 필요할 수도 있다. 다른 것들, 예를 들어 양의 심장이나 콩팥은 짧은 시간 안에 볶고 굽는 소테sauté 조리법이 필요하다. 다른 내장 부위와 달리, 간은 느슨하게 결합된 세포들의 집합이라 좀 부서지는 듯한 질감을 낳는다. 오리와 거위의 간은 지방 함량 또한 높아 가열하면 일부는 녹고, 오그라들기도 한다.

알

달걀은 흰자와 노른자로 구성된다. 흰자는 11~13퍼센트가 단백질이며 나머지는 물이다. 노른자는 50퍼센트가 물, 16퍼센트가 단백질, 33퍼센트가 지질(레시틴, 중성지방, 콜레스테롤)이며, 지질은 달걀의 유화乳化성에 기여한다.

사실 노른자는 지질과 단백질 입자의 현탁액으로, 집합적으로 지단백질이라 불리며, 여러 다른 층으로 이루어진 물-단백질 매트릭스가 감싸고 있다. 마우스필의 측면에서 가장 중요한 것은 최상위 층인데, 노른자 전체는 지름 0.1마이크로미터의 무수히 많은 작은 구체로 구성되어 있고 각각 막으로 보호된다. 노른자가 익을 때 이 구체들 속의 단백질은 응고되는데, 단단해지며 완숙 달걀의 노른자가 살짝 바스라지는 독특한 구조를 갖게 한다. 노른자는 생물학적 막과 꽤 강한 특별한 단백질인 당단백질 층으로 이루어진 벽이 둘러싸고 있다.

노른자와 달리, 흰자를 가열하면 그 안의 단백질이 동질의 흰색 덩어리로 응고되기에 균일하게 단단해진다.

두 종류의 가로무늬근

원칙적으로, 가로무늬근에는 두 종류가 있고, 그 차이는 근육의 작동 방식이 반영된 것이다. 느린 연축근slow-twitch muscle[연축은 1회 자극으로 근육이 수축되었다가 다시 본래로 이완되는 활동 단위를 가리킨다][적색 근육]은 오랜 시간 동안 계속 작동하기 위해 지구력을 가져야 한다. 예를 들어, 끊임없이 움직이고 있는 동물의 근육이나 대부분의 시간을 똑바로 서 있는 동물 허벅지의 근육이 그러하다. 이런 근육은 글루코스를 산화시켜 에너지를 얻는다. 산소는 혈액 내 헤모글로빈과 연관된 단백질 분자인 미오글로빈의 도움으로 끊임없이 근육 안에서 이리저리 운반된다. 미오글로빈이 붉은색 혹은 갈색이어서, 느린 연축근은 어둡고 붉다.

반면, 빠른 연축근fast-twitch muscle[백색 근육]은 짧게 터뜨리는 듯한 방식으로만 작동하지만 더 많은 힘을 낼 수 있다. 이 근육은 미오글로빈이 산소를 운반해주기를 기다릴 수 없어서, 대신 간에서 생성되어 이미 근육에 저장되어 있는 글리코겐이라는 특별한 탄수화물을 산소 없이 산화시킨다. 글리코겐은 무색의 다당류여서, 빠른 연축근은 그 색이 옅게 된다.

가금류 중 사육한 닭과 야생 꿩의 고기들을 보면, 어떤 근육이 명확하게 알 수 있다. 두 동물 모두 허벅지살은 느린 연축근으로 진한 빛깔의 고기다. 간신히 아주 짧은 거리만 날 수 있는 사육 닭의 가슴살은 빠른 연축근으로 하얀 반면, 야생 꿩의 가슴살은 느린 연축근으로 색이 어둡다.

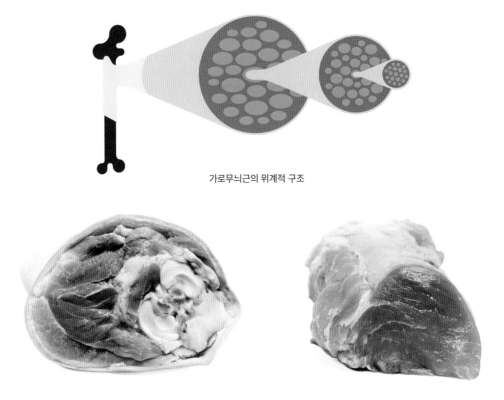

가로무늬근의 위계적 구조

생돼지고기의 단면: 정강이살(왼쪽)과 안심(오른쪽)

연화시키고 다진 고기

강한 결합 조직을 많이 가진 질긴 근육에서 얻은 고기는 두드리거나 다져서 연화할 수 있다. 이렇게 하면 조리 시간을 줄여 고기 맛을 많이 잃지 않고 익힐 수 있다. 어떤 경우에는, 쇠고기나 송아지 고기 스테이크 타르타르처럼 다진 고기를 날로 먹을 수도 있다. 널리 알려진 이야기는, 이 음식의 이름은 타르타르인 기수들이 안장 밑에 고기 조각을 넣어두고 다녀서 말을 타고 있는 동안 고기가 연화되었다고 주장한다. 진실은 좀 밋밋하다. 오늘날 우리가 아는 이 음식은, 원래 '타르타르소스와 함께à la tartare' 내던 데서 진화했는데, 이제 소스는 빠지고 이름만 남은 것이다.

우유

우유의 놀라울 만큼 복잡한 내부 구조는, 음료로 마실 때의 마우스필을 비롯해 크림, 치즈, 요구르트 등 시큼해지거나 발효된 제품 등 우유로 만들어진 유제품의 특징을 제공하는 원인이다. 이 음식들의 질감과 마우스필은 뒤에 살펴볼 것이다.

[지방을 제거하지 않은] 전유全乳는 87.8퍼센트의 물, 3.5퍼센트의 단백질, 4.8퍼센트의 탄수화물(젖당 형태), 그리고 무기질과 비타민으로 구성되어 있다. 두 종류의 단백질, 즉 카세인과 유청 단백질은 우유의 영양적 역할에서 특히 중요하다.

카세인 단백질에는 네 가지 형태가 있으며, 이들 카세인 단백질은 미셀micelle이라 부르는 작고 복잡한 구조로 무리 지어 있다. 각 미셀은 1만~10만 개의 단백질로 이루어졌고 그 지름은 0.01~0.3마이크로미터다. 미셀은 소수성[물 분자와 결합하지 않는 성질] 상호작용으로 서로 결합한 카세인 분자, 그리고 우유의 칼슘 함량에 기여하는 칼슘 이온이 묶인 더 작은 그룹으로 이루어진다. 바깥에서 보면, 카세인 분자는 미셀 위의 머리카락처럼 보인다. 이들은 음전하를 띠므로, 미셀이 서로 밀어내 함께 무리 짓지 않도록 한다. 만약 우유가 상하면 이런 전기적 반발은 약화되고, 미셀이 우유 속 지방 입자를 잡아채는 망을 형성할 때 우유는 치즈 커드curd

로 응고된다. 또한, 털 같은 카세인 분자를 잘라내는 레닛rennet[송아지의 제4위 내막에 존재하는 응유 효소, 혹은 송아지 위 속의 레닌rennin(단백질 카세인 분해 효소) 함유 물질]이라는 특별한 효소의 도움으로, 미셀은 서로 결합해 망을 이루게 될 수 있다.

유청 단백질은 황을 포함하는 개별 분자의 형태로 우유에 녹아 있다. 이 황은 조리된 우유의 독특한 향과 맛에 영향을 끼친다. 우유를 데우면 유청 단백질은 응고되지 않고, 대신 카세인 미셀에 결합한다. 하지만, 약간의 카세인만 있어도 유청 단백질은 산이 있는 상태에서 함께 뭉쳐서, 리코타 치즈를 만드는 데 쓰이는 치즈 커드 형태를 만들어낸다.

유지방은 일반적으로 지름 0.1~10마이크로미터의 큰 방울 모양으로 존재한다. 각 방울은 지질막으로 보호되므로 서로 합쳐지지 않는다. 신선한 전유라면, 액체가 몇 시간 동안 냉각되고 크림 층을 형성한 뒤에는 지방이 위로 떠오른다. 우유가 균질화되면[층이 형성되지 않도록 처리], 방울들은 지름이 1마이크로미터가량의 상당히 균일한 조각으로 나뉜다. 이것들은 너무 작아서 유동하지 않고 우유를 콜로이드 상태로 바꾼다. 또한, 카세인 미셀은 지방 방울 표면에 들러붙어 일종의 유화제 역할을 한다. 전유에서 크림만 빼내고 남는 것이 탈지유로, 지방은 적고 단백질이 풍부하다. 탈지유에서 카세인 미

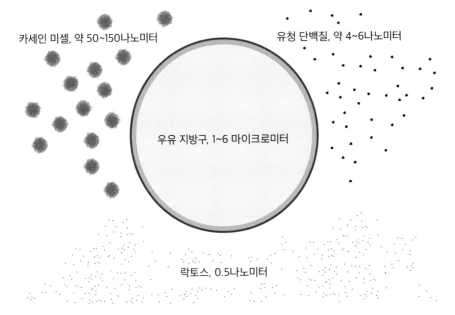

카세인 미셸, 약 50~150나노미터

유청 단백질, 약 4~6나노미터

우유 지방구, 1~6 마이크로미터

락토스, 0.5나노미터

우유 속 다양한 크기 수준의 구조들.

셀을 일부 제거하면, 예를 들어 치즈 커드의 형태인 유청으로 변하는데, 이 역시 지방 함량이 적고 유청 단백질만 함유한다.

지방 방울은 가열해도 매우 안정돼 있지만, 냉각하는 동안에는 막과 방울 군#을 함께 파괴하는 결정을 형성한다. 크림을 휘저으면, 막은 기계적으로 분해되고 지방은 응집해 버터를 형성한다. 남은 액체는, 지방은 거의 없지만 단백질은 함유하고 있는 버터밀크다.

물고기

땅에 사는 동식물과 달리, 물속 환경에 사는 데 적응해온 생물은 자신의 몸무게를 지탱할 능력을 훨씬 덜 개발했다. 해양식물, 해양동물, 조류는 그들을 둘러싼 물과 거의 같은 비중을 갖고 있어서, 물의 부력으로 인해 중력의 효과가 아주 작다. 육상동물에 비해, 물에 사는 동물은 몸을 세우기 위한 에너지가 필요 없고, 따라서 자신의 근력을 몸의 형태를 유지하고 움직이는 데 더 많이 쏟을 수 있다. 대체로 이런 생명체들에게 강력한 지지 메커니즘이 덜 필요하다는 뜻이다. 그럼에도 불구하고, 껍데기나 비늘 같은 외형 구조체가 가끔 필요하기도 하다. 또한, 물고기의 경우, 골격과 뼈 구조는 그들이 살고 있는 물의 종류와 깊이에 달려 있다. 소금물은 민물과 기수[민물에 의해 묽게 된 해수]보다 부력이 더 크기 때문에, 바닷물고기는 보통 더 무겁고 두꺼운 뼈로 된 틀을 지탱할 수 있는데, 이는 심해에서 가해지는 엄청난 압력을 견디는 데 필수다. 반대로, 민물이나 기수에 사는 물고기는 작고 가는 뼈를 많이 가지는 경향이 있다.

경골어류의 가로무늬근계 속 섬유들의 길이는 보통 2밀리미터에서 1센티미터 정도로, 육상동물의 섬유들보다 짧다. 이 짧은 섬유들은 몇몇 연약한 결합 조직 층들로 묶여 겹겹이 배열돼 있는데, 물고기가 쉽게 헤엄칠 수 있도록 뼈에서 피부 내층까지 뻗어 있다. 이것은 연어 살에서 쉽게 볼 수 있고 혹은

가로무늬근의 지그재그 구조(연어).

점이 있다. 먼저, 육상동물의 고기에는 상당히 많은 결합 조직이 있다. 두 번째로, 물고기의 콜라겐은 개별 단백질 분자 사이에 상대적으로 교차결합이 적어 더 약하다. 보통 육류의 근육은 먹기 전에 숙성을 시켜야 하지만, 물고기는 죽은 뒤에 근육이 훨씬 빨리 풀린다. 게다가 물고기의 콜라겐은 쉽사리, 더 낮은 온도에서 녹는다. 그리고 그 콜라겐이 약해서, 물고기 살은 더 부드럽고 연하며 대부분 날것으로도 먹을 수 있다. 물고기 근육의 단백질은 더 낮은 온도에서도 변성되는데, 가열했을 때 살이 마르거나 파슬파슬해지지 않게 조리하기가 어렵다.

조리된 대구의 조각 일부가 떨어져 나올 때 간접적으로 관찰할 수 있는 지그재그 패턴을 만들어낸다. 이런 구조는 별로 튼튼하지는 않아서, 물고기의 근육은 육상에 사는 동물의 근육보다 더 부드럽다. 그렇다고 물고기의 근육이 약하다는 뜻은 아니다. 반대로, 그것들은 꽤 강하다. 물고기는 육상동물이 움직일 때 헤치는 공기보다 더 저항성이 큰 물을 헤치며 빨리 움직일 수 있어야 하기 때문이다.

육상동물과 수중동물의 근육에 있는, 마우스필에 영향을 끼치는 콜라겐과 단백질에는 많은 차이

생선 알roe[어란]의 마우스필은 구조, 그리고 특히 크기에 따라 다양하다. 육상동물의 알과 달리, 생선 알은 석회화된 바깥 껍질이 없고 얇은 외막만 갖고 있다. 날치와 빙어 같은 물고기의 작은 알들을 싼 막이 단단하고, 아삭하며, 오도독한 느낌이 나는 데 반해, 훨씬 큰 연어와 철갑상어의 알들을 싼 막은 부드럽고 야들야들하다. 소금을 넣든가 해서 삼투압을 변화시키면 어란의 아삭함을 바꿀 수 있다. 개별 알들은 단백질 용액의 도움으로 알주머니에 함께 붙들려 있는데, 이 주머니를 기계적으로 제거해야 알들이 하나하나 분리된다. 알주

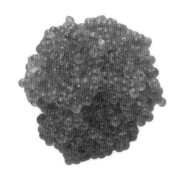

어란: (왼쪽에서 오른쪽으로) 날치, 럼피시lumpfish, 연어.

머니째로 익히면, 이 단백질은 응고되고 어란은 단단한 덩어리로 바뀐다.

연체동물과 갑각류

연체동물은 무척추동물로, 대부분 하나의 껍데기(예를 들어, 달팽이) 혹은 두 개의 반각half shell(예를 들어, 조개류bivalve)을 갖고 있다. 문어, 갑오징어, 오징어 같은 다른 연체동물은 최소한의 껍질 혹은 속껍질을 갖고 있거나, 아예 없다.

조개류는 하나 혹은 둘의 폐각근閉殼筋[흔히 관자라고 부른다]을 갖고 있다. 폐각근의 한 가지 유형은 껍데기를 오랜 기간 동안 꽉 닫은 채로 유지할 수 있고, 엄청나게 강하고 결합 조직을 많이 갖고 있다. 먹기에는 너무 단단하고 질기다. 또 다른 유형은 껍데기를 재빠르게 열고 닫을 수 있는데, 결합 조직을 더 적게 갖고 있으며 결과적으로 부드럽다. 먹을 수 있는 폐각근의 전형적인 예로 가리비의 폐각근을 들 수 있다. 이 근육은 빠른 연축근으로, 하얗고, 매우 특별한 연한 질감을 갖고 있다. 이는 가리비가 껍데기를 박수치듯 열었다 닫았다 하면서 짧은 거리를 헤엄칠 수 있는 유일한 조개류이기 때문이다.

무엇보다도 전복, 피뿔고둥, 코끼리조개(Panopea generosa) 같은 몇몇 수중 연체동물은 이동과 음식 섭취에 쓰이는 근육성 발 혹은 수관水管을 갖고 있다. 이들 근육은 매우 질기고, 가열하면 더 질겨진다. 이것들을 먹기 좋게 하려면, 조리하기 전에 근육을 두드려 연화하거나 아니면 아주 얇게 썰어 초밥이나 회로 낼 수도 있다. 이러면 근육은 아삭하거나 오도독한 마우스필을 가질 것이다.

홍합, 대합, 굴 같은 몇몇 조개류의 폐각근은 작고 질기며, 기본적으로 먹을 수 없다. 대신, 대부분 위와 아가미로 이루어진 그 나머지 부위를 먹는다.

갑오징어, 맛조개, 멸치.

스캄피새우(Nephros norvegicus).

오래 익히면 질겨진다. 콜라겐이 모든 방향에서 수축하고 근육은 액체를 잃어버리기 때문이다. 그러고 나서도 천천히 푹 끓이면 결합 조직이 분해돼 젤라틴이 되는데, 그런 뒤에야 근육은 부드럽고 연해진다. 살의 표면에 사선으로 교차해서 칼집을 내면 이 과정이 좀 더 빨라진다.

새우, 바닷가재, 스캄피새우[노르웨이 로브스터], 게 같은 갑각류는 바깥 껍데기를 갖고 있고, 대체로 그것들의 머리는 몸통에 포함된 형태를 취한다. 새우, 스캄피새우, 바닷가재 꼬리의 근육계는 매우 뚜렷하고 분절돼 있으며, 경골어류의 살보다 결합 조직을 많이 함유하고 있다. 이 때문에, 이 근육들은 물고기 근육보다 더 질기고, 더 쉽게 건조해진다. 생새우의 근육은 부드럽고 약간 비누 같지만, 익으면 단단해진다. 이것들은 살을 금세 물기 없이 퍼석퍼석하게 만드는 공격적인 효소를 많이 갖고 있어서, 바닷가재나 다른 갑각류들은 잡은 다음에 바로 먹어야 하고, 혹 좀 더 오래 보관해야 한다면 즉시 익혀놔야 한다.

따라서 굴을 한 입 먹었을 때 질감은 가리비와 매우 다르다. 굴의 안쪽은 근육이 거의 없어서, 날것의 굴은 부드럽고 물컹물컹하다. 가열하면 조금 단단해지는데, 이는 단백질이 변성되고 그와 동시에 유리遊離 아미노산을 결합하기 때문인데, 날것일 때는 이 유리 아미노산 덕분에 독특한 달콤함과 감칠맛이 난다.

문어와 갑오징어 같은 연체동물은 멸치 같은 경골어류보다 더 긴 근섬유와 더 많은 결합 조직을 갖고 있다. 이것들의 개별 근섬유는 물고기 근육의 근섬유보다 상당히 얇고, 따라서 그 육질은 단단하고 매끄럽다. 이 생물들의 특별한 질감은 많은 콜라겐 함량에서 나온다. 콜라겐은 교차결합을 형성해, 근육이 유난히 강하고, 질기고, 탄력 있게 한다. 또한, 이 특별한 근육 구조 덕에 문어와 갑오징어는 상당히 유연해 어느 방향으로도 모양을 바꿀 수 있다.

문어는 조리하기 힘든 것으로 악명 높다. 아주 살짝, 아니면 꽤 오래 익혀야 한다. 문어는 살짝만 가열하면 부드럽고 육즙을 품은 상태가 되는데, 단백질이 완전히 변성되지 않고 콜라겐은 적당히 부드러워지기 때문이다. 하지만 잘못 판단해서 조금만

곤충

전 세계 많은 곳에서 인간은 수천 년 동안 곤충을 먹어왔고, 멕시코, 태국, 콩고민주공화국 같은 많은 나라에서는 몇몇 곤충을 진짜 진미로 여긴다. 전 세계 인구의 70퍼센트가 하나 혹은 여러 형태로 곤충을 먹는다고 추정되는데도, 대부분 서양 국가에서는 이것을 여전히 괴상하고 이국적인 식습관으로 간주한다. 영양의 측면에서 보면, 곤충은 상당한 양의 단백질, 지방, 비타민을 함유하고 있어 매우 중요

벌 애벌레 구이: 완두콩과 벌

코펜하겐에 있는 '북유럽식품연구소Nordic Food Lab'의 연구자들과 요리사들은 북유럽 국가들에서 나는 식재료의 미식학적 가능성을 찾아내고 그 독특한 맛을 식별해내려는 끊임없는 탐구에 종사하고 있다. 과학자 조시 에번스와 요리사 로베르토 플로레는 곤충으로 관심을 돌려, 미답의 자원을 발견했다. 그것은 바로 벌 애벌레인데, 양봉가들은 진드기 감염 문제를 막으려고 봄철에 벌통 틀에서 애벌레를 주기적으로 버리고 있다. 이 애벌레에는 단백질과 불포화지방이 상당히 풍부하다. 그런데 왜 이걸 먹지 않는가!

이 지점에서 질감의 문제가 생겨난다. 대부분의 사람은 곤충을 먹으려 하지 않는다. 끝! 게다가 제공되는 것이 뚱뚱하고 크리미한 애벌레라면, 섭취하는 사람은 더 적을 테다. 이때 묘책은, 애벌레를 바삭하게 만들어 다른 재료들과 섞는 것이다. 한 가지 해법을 들자면, 노릇노릇 구운 뮤즐리[곡

완두콩과 벌: 생완두콩과 러비지lovage[지중해 원산의 허브인 미나리과 식물]로 만들어 차게 식힌 크리미한 수프 위에 노릇노릇 구운 벌 애벌레를 흩뿌렸다.

물, 견과류, 말린 과일 따위를 섞은 시리얼] 형태로, 벌 애벌레와 꿀, 여러 종류의 곡물과 씨앗을 결합하는 것이다.

또 하나, 애벌레를 튀길 수도 있다. 이런 식으로 조리하니, 요리사들은 팝콘을 떠올렸다. 그래서 에번스와 플로레는, 차게 식힌 크리미한 완두콩 수프 위에 구운 벌 애벌레를 뿌려 내는 아이디어를 선보였다. '완두콩과 벌Peas 'n' Bees'이라 이름 붙인 이 요리는 2014년 코펜하겐에서 열린 맛의 과학에 관한 국제 심포지엄에서 처음 선보였다.

하다. 곤충은 지속가능한 식량 원천이고, 가축보다 훨씬 효율적으로 지구의 자원을 이용한다.

바삭하고 부서지기 쉬운 외골격과 부드러운 내부 덕에, 곤충은 완벽한 마우스필을 주는 식품으로 꽤 쉽게 바뀔 수 있다. 유일한 장애물은, 일부 사람들이 가진 벌 애벌레, 메뚜기, 개미를 비롯해 다양한 곤충을 먹는 것에 대한 문화적 혐오를 어떻게 극복하느냐다.

식용 분자

"지구상 모든 것과 마찬가지로, 식품도 여러 화학 물질의 혼합물이다." 미국의 음식 저술가 겸 학자 해럴드 맥기의 이 말은, 우리가 먹는 것이 분자, 특히 단백질, 탄수화물, 지방, 핵산, 혹은 그것들을 분해해서 형성시킨 산물로 이루어졌음을 떠올리게 해준다. 단백질, 탄수화물, 지방은 영양, 맛, 마우스필

말린 메뚜기.

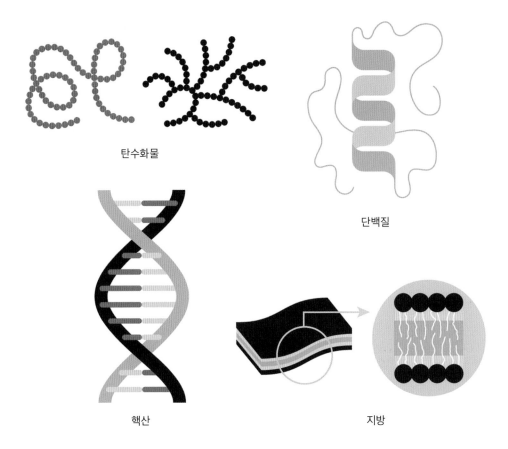

탄수화물

단백질

핵산

지방

우리가 먹는 분자: 탄수화물, 단백질, 핵산 및 지방.

에 중요하다. 반면, 핵산은 그 분해 산물인 유리free 뉴클레오티드[핵산에 결합되지 않은 뉴클레오티드를 가리킨다]의 형태로 맛, 특히 감칠맛에 영향을 준다.

단백질과 탄수화물은 상당히 큰 분자들인데, 그 분자들은 더 작은 부분으로 구성되어 긴사슬이나 교차결합 네트워크를 형성한다. 이런 분자들을 중합체라고 부른다. 단백질과 탄수화물의 중합체적 특성은, 이 분자들이 그 구조를 형성하고 그와 함께 식품의 마우스필을 주는 방식을 전적으로 책임진다. 물이 중요한 역할을 하는데, 중합체의 수용성 정도가 식재료의 구조화 방법을 전적으로 결정하기 때문이다. 탄수화물은 보통 수용성인 반면, 단백질은 수용성인 것도 있고 아닌 것도 있다. 음식에서

지방의 움직임은 물에서 그들의 상대적인 불용성과 꽤 연관이 있다. 어쨌든 지방이 용해되면, 질감에 상당히 영향을 주는 매우 특별한 구조를 형성한다.

살아 있는 물질의 단백질, 탄수화물, 지방이 가진 두 가지 특별한 성질은 그것들이 부드러운 물질을 형성하는 주된 원인이다. 그 한 가지 특성은 친수성, 소수성, 양친매성 등 분자들이 물에 대해 보이는 다양한 반응으로, 나중에 설명할 것이다. 또 하나의 특성은 이 분자들이 일반적으로 매우 크다는 것, 즉 거대 분자라는 것인데, 이 때문에 복합적인 구조를 가질 수 있고, 상호간에 그리고 물과 복잡한 연결을 이룰 수 있다.

이런 요인들의 조합과 그것들이 상호작용하는 방

식은 마우스필의 기저를 이루는 비결이다. 이를 염두에 둘 때, 음식을 만드는 것은 식재료가 가진 일반적인 특성들을 먹을 수 있고, 영양가 있고, 맛있고, 가능하다면 먹기 안전한 쪽으로 변형하도록 도와주는 일련의 과정으로 볼 수 있다. 이런 과정은 식재료의 구조를, 그 구조와 함께 질감을 경험하는 방식을 변화시킨다. 이런 일이 어떻게 작동하고 우리가 어떻게 그것을 변화시킬 수 있는지 이해하려면, 먼저 우리는 생명체에서 비롯된 식재료를 구성하는 실제 분자에 관해 더 많이 알아야 한다.

단백질

단백질은 강한 화합 결합으로 이어진 아미노산의 긴사슬로 구성돼 있다. 이 결합은 단백질을 더 작은 조각으로 자르는 다양한 효소의 작용으로 풀릴 수 있고, 그렇게 나뉜 것들 가운데 유리 아미노산과 작은 펩타이드는 영양과 맛 둘 다에 중요하다. 따라서 효소들은 식재료 자체와 그것으로 만든 음식의 구조에 영향을 끼칠 수 있다. 이러한 과정의 예로 파인애플 디저트를 들 수 있는데, 과일의 특정 효소가 펙틴을 분해함으로써 조직이 흐물흐물해진다. 이와 비슷하게, 송아지의 레닛 속 효소가 우유 속 작은 미셀의 단백질을 부수어 우유를 응고시키고, 침의 아밀레이스는 녹말을 당으로 분해한다.

단백질은 친수성 아미노산과 소수성 아미노산을 모두 포함할 수 있다. 이 때문에 단백질이 물에 잠기면 접혀서 복합적인 구조가 된다. 이 구조가 단백질의 생물학적 기능에 중요하다. 또한, 단백질은 전하를 운반할 수 있어서, 단백질이 접히는 방식은 물에 어떤 염과 산이 있느냐에 달렸다. 덧붙이자면, 단백질이 접히는 과정은 온도에 따라 다른데, 저온 또는 고온에서 대부분의 단백질은 구조 변화를 겪는다. 즉, 변성된다. 우리는 이런 효과를, 달걀을 익힐 때 흰자의 단백질 알부민이 딱딱해지거나, 세비체를 만들 때 날생선 근육의 단백질이 레몬 즙에 재워져 변성되고 풀려서 살이 더 굳어지는 데서 볼 수 있다.

결합 조직에서 나온 젤라틴처럼 수용성인 몇 가지 유형의 단백질은 많은 양의 물을 결합할 수 있다. 그래서 그 단백질들은 액체의 유동 방식을 바꿔 점성을 높이는 데 쓰일 수 있다. 어떤 환경에서는, 젤gel이라 부르는, 특별한 형태의 단단한 물질을 이룬다. 많은 양의 물을 함유한 젤은 수화겔이라고도 한다.

탄수화물

탄수화물은 다양한 당류로 이루어져 있다. 단당류로는 글루코스(포도당), 프럭토스(과당), 갈락토스가 있다. 당이 쌍을 이루면 또 다른 당, 즉 이당류를 형성하는데, 가장 흔한 것들로는 수크로스(프럭토스+글루코스, 일반적인 백설탕), 말토스(글루코스+글루코스, 맥아당), 락토스(글루코스+갈락토스, 젖당)가 있다. 당은 대부분 가열하면 안정성이 깨져 수분을 내놓는데, 이 때문에 당의 융해 성질이 바뀌어 설탕은 캐러멜화된다. 많은 당 분자는 서로 결합해 다당류라 불리는 중합체를 만들 수 있는데, 녹말의 성분인 아밀로스처럼 긴사슬을 이루거나 셀룰로스 같은 망 형태가 된다. 망은 사슬보다 더 빽빽한데, 이렇기 때문에 식물의 세포와 조직의 지지 구조는 주로 셀룰로스로 이루어진다. 나중에 살펴볼 텐데, 녹말은 사슬과 망의 상호작용에 관한 흥미로운 예다.

녹말은 선형 다당류인 아밀로스와 가지사슬 탄수화물인 아밀로펙틴 혼합물로부터 구성된다. 녹말을 이루는 두 유형의 성분이 실제로 어떻게 작동하는지 그 관계를 이해하기 위해, 이것들이 여러 다른 종류의 쌀을 조리하는 데 필요한 물의 양과 조리 시간에 어떤 영향을 끼치는지 살펴볼 수 있다. 장립종 쌀의 녹말 결정을 녹일 때는 더 많은 물과 조리 시간이 필요하다. 라이스 푸딩[쌀을 우유와 함께 뭉근하게 끓이는 일종의 쌀죽]이나 초밥에 사용되는 종류인 단립종 쌀은 아밀로펙틴의 비율이 더 높아 장립종들보다 더 부드러운 마우스필을 준다. 보통 옥수수, 밀, 쌀, 감자에서 얻은 가루 형태의 녹말은 그레이비처럼 액체를 걸쭉하게 하는 조리에 쓰인다.

적절한 조건에서 수용성이며, 물과 결합할 수 있고, 고체물의 성질을 가진 수화겔을 형성할 수 있는 다당류는 녹말 말고도 많이 있다. 과일 펙틴과, 해초에서 추출한 몇몇 다당류도 그 예다. 이런 물질들은 모두 유체의 유동 방식을 바꾸고, 점성을 높이고, 어떤 경우에는 겔을 형성하는 데 쓰인다.

어떤 효소들은 탄수화물의 결합을 해체하는 일을 촉진한다. 예를 들어, 아밀레이스는 입과 위 안의 녹말을 부수고, 펙티네이스는 사과가 과숙될 때처럼 펙틴을 분해한다.

지방

단백질이나 탄수화물과는 다르게, 지방은 그 분자들이 꽤 크기는 해도 중합체는 아니다. 식재료에서 지방은 세포나 지정된 지방 저장소의 구성 요소로, 다양한 형태를 띤다. 동물에서는 지방 조직의 형태를 띠고, 식물에서는 씨앗, 견과, 과일 안에 기름으로 저장된다.

식재료에 있는 일부 지방은 끓이고, 찌고, 푹 고고, 혹은 튀겨서 용출해낼 수 있는데, 그렇게 지방조직을 분해한다. 액체에 넣고 끓이거나 찌는 비교적 조심스러운 방법은 지방이 그 특성을 간직할 수 있게 하고, 반면 지방을 [직접] 가열하는 방식은 종종 지방을 변성시켜 그 맛을 변화시킨다. 고기에서 나온 지방은 다른 음식 재료에 맛과 질감을 더해 조리할 때 쓰일 수 있다.

'지방fat'과 '기름oil'은 같은 종류의 물질을 부르는 다른 이름일 뿐이다. 실온에서 액체인 것은 일반적으로 기름이라 일컫고, 반면에 버터처럼 고체인 것은 지방이라 부른다. 이 상phase을 결정하는 것은 지방의 포화도에 따라 많이 달라지는 녹는점의 함

지방과 기름	녹는점(섭씨)
정제 버터(소젖 유래)	96~99
쇠고기 지방	54
오리 및 닭 지방	54
하드 마가린	45
팜유	37
카카오 버터	34~38
소프트 마가린	33~43
돼지 기름	33
버터	28~38
코코넛 오일	25
팜올레인 오일	10
참기름	-5
올리브 오일	-6
포도씨유	-10
유채씨유	-10
옥수수유	-11
콩기름	-16
엉겅퀴유thistle oil	-17
해바라기씨유	-17

출처: 네이선 마이어볼드, 《현대 요리: 요리의 예술과 과학 Modernist Cuisine: The Art and Science of Cooking》(Bellevue, Wash.: Cooking Lab, 2010), 2:126.

수인데, 불포화될수록 녹는점이 낮아진다. 식물성 지방, 그리고 동물 중에서도 어류의 지방은 종종 불포화되고, 일반적으로 녹는점이 낮다. 반면 육상동물의 지방은 좀 더 포화되며 일반적으로 녹는점이 높다. 녹는점이 낮기에 조리 과정에서 불포화지방은 종종 포화지방보다 더 손실이 크고, 생선 살의

마우스필은 더 건조할 수 있다.

또한, 지방 함유 식품은 너무 오랜 시간 동안, 혹은 너무 더운 곳에 보관하면, 산화와 불포화지방의 분해로 인해 산패해 맛이 떨어질 위험이 있다.

식품의 지방은 보통 지방산으로 이루어지는데, 지방산은 글리세롤 같은 다른 분자에 둘 혹은 셋으로 결합하며, 탄수화물에도 붙을 수 있다. 기름과 지방은 종종 트리글리세라이드라 불리는 것으로 이루어진다. 많은 다양한 유형이 함께 섞이고는 하는데, 이는 그것들이 고유의 녹는점을 갖지는 않지만 어떤 온도 구간에서 녹는다는 뜻이다. 트리글리세라이드는 소수성이며 물에 섞이지 않는다. 하지만 레시틴 지질 같은 지방은 양친매성일 수도 있고, 물에서의 용해도는 상당히 다를 수 있다. 나중에 논의할 텐데, 이는 에멀션[액체가 다른 액체에 녹지 않은 상태로 있는 것을 가리킨다] 형성에서 중요한 특성이다.

지방의 녹는 성질은 음식의 마우스필에 매우 중요하다. 초콜릿을 생각해보자. 만약 초콜릿이 혀 위에서 녹지 않는다면, 그 맛이 완전히 다르게 느껴지고 다른 종류의 풍미 인상을 낳을 것이다. 바로 이것이 초콜릿을 만들 때 카카오 버터를 쓰는 주된 이유다. 카카오 버터의 녹는점은 섭씨 35도 근처로, 평균적인 실온보다는 상당히 높지만 체온보다는 약간 낮아서 입안에서 녹는다.

녹는점이 높은 지방은 음식에서 작은 결정을 형성한다. 이 작은 결정들은 겔이나 고체와 비슷한 특성을 주는 일종의 망을 스스로 조직할 수 있다. 실온의 돼지고기 지방, 버터, 마가린 등이 그 예인데, 모두 매우 넓은 범위의 온도에서 녹는다. 매우 차갑지만 않으면, 이 물질들은 매우 유연해 다른 음식의 표면에 쉽게 퍼질 수 있다.

식품 속 지방 성분은 보통 많은 다양한 형태가 혼합된 것이며, 이는 지방이 광범위한 온도에서 녹는 고체와 결정질 상을 띠면서 매우 복합적인 움직임

을 내보인다는 뜻이다. 많은 경우에, 지방의 구조는 평형 상태가 아니며 시간이 지나면서 변할 수 있다. 또한, 지방 구조의 안정성은 그 식재료를 다루는 방식에 달렸다. 그 결과로, 우리가 기대하는 바와 정반대로, 유체의 지방을 가열하면 가끔 고체와 결정질이 될 수 있다. 다시 초콜릿을 예로 들어보자. 한번 녹았던 초콜릿을 얼렸을 때, 카카오 버터는 원래의 결정질 구조로 돌아가지 않고 울퉁불퉁한 마우스필을 지닌 다른 것이 된다.

생체 연성 물질

생명체를 구성하는 모든 물질의 공통적인 특징은 원자와 분자 수준의 작은 것에서부터 온전한 유기체 전체에 이르기까지 그 구조체의 크기가 다양하다는 것이다. 다른 특징은, 생체 연성 물질biological soft material들이 상향식 접근bottom-up approach이라고 알려진, 자율형성self-organization과 자기조립self-assembly[무질서하게 존재하는 물질들이 일정한 규칙으로 인해 제어된 구조체를 형성하거나 물질들이 일정한 양식으로 배치되는 현상]에 기반을 둔 원칙에 따라 설계되었다는 점이다. 앞서 근육과 콜라겐의 예에서 보았듯이, 단백질, 지방, 탄수화물, 핵산 같은 다양한 분자적 구성 요소가 처음에 좀 더 큰 구조로 자율형성을 했다가, 또다시 그보다 더 큰 구조로 자율형성을 계속한다는 뜻이다. 그 결과는 바로 생체 물질에 고유한 성질을 부여하는 일종의 위계적 구축으로, 그것은 생명과 그 기능을 부양하는 능력의 전제조건이다. 또한, 이러한 구축을 통해, 어떤 생체 물질이 음식으로 쓰일 때 그 질감을, 특히 그 물질이 주방에서 어떻게 변형되고, 그것을 입에 넣을 때 어떻게 변하는지를 결정한다.

위계적 구축의 한 예로 세포의 복합적인 내부 구조를 들 수 있는데, 그 구조는 결국 세포핵, 세포 소

생체 연성 물질—자연 식품과 가공식품 둘 다.

기관, 섬유, 통신 시스템을 포함해 더 높은 수준의 단위를 구성하는 작은 분자와 큰 분자의 조합이다. 이 모든 것은 세포막이라는 벽에 둘러싸여 세포라는 용기에 담긴다. 세포막은 지질, 단백질, 탄수화물로 이루어진 얇고 고도로 구조화된 층이다. 여러 세포는 함께 결합해 근육, 기관, 신경계, 순환계 같은 훨씬 더 큰 독립 개체들을 형성할 수 있으며, 결국 좀 더 높은 수준의 복합성을 가진 완전한 생물로 끝을 맺는다.

생체 연성 물질은 유체와 고체의 성질을 모두 보이는, 그 둘 사이의 어떤 것이다. 이 물질들은 종종 구조화된 혹은 복합적인, 유체 혹은 거대 분자 물질이라 불린다. 그것들은 유체를 닮았는데, 유연하고 모양이 쉽게 바뀔 수 있고 환경에 적응한다는 면에서 그러하다. 또한, 그것들은 고체를 닮았는데, 탄력 있고 잘 휘어지고 매우 강하고 일반적으로 모양을 유지할 수 있다는 면에서 그러하다. 이 모든 형질은 생명체의 기능에 필수적이고, 중합체로 구성되어 있기 때문에 발현되는 것이다. 중합체들은 일반적으로 단백질, 지방, 탄수화물 같은 큰 분자들로부터 자기조립된, 긴사슬형 혹은 가지사슬형의 거대 분자다.

연성 물질의 매우 특별한 성질은 상향식 설계 원칙에 따른 자기조립으로 인해 생기는 것이다. 어느 한도 안에서 스스로 고치거나 치료할 수 있는데, 다른 물질에서는 볼 수 없는, 생명체의 고유한 능력이다. 한번 생각해보자. 만약 컴퓨터가 바닥에 떨어진 뒤 하드웨어의 작동 불량을 저절로 고칠 수 있다면, 건물 외부가 스스로 청소하고 폭풍으로 인한 피해를 수리할 수 있다면, 얼마나 환상적일지 말이다. 자율형성된 연성 물질은 죽어 있든 살아 있든, (아마도 외부의 힘에 의해) 파괴된 뒤에 종종 자체적으로 그 구조를 다시 세울 수 있다. 우리는 이 원리의 작동을 주방에서 몇 번이고 마주할 것이다. 예를 들어, 혼합 재료를 만들 때, 설탕, 소금, 산을 첨가할 때, 재료를 휘젓고 가열하고 냉각할 때 등 마우스필을 극적으로 바꿀 수 있는 모든 과정에서 말이다.

생체 연성 물질이 가진 특성의 원인과, 결과적으로 그것들이 음식의 질감에 끼치는 특별한 영향을 제대로 이해하려면, 우리는 가장 간과된 성분의 역할을 탐구해야 한다. 물 말이다.

물을 얼마나 가지고 있을까?

물은 생명이고 생명은 물이다. 우리가 아는 모든 형태의 생명체는 액체 상태의 물에 의존한다. 인체도 대부분 물로 이루어졌다. 우리가 아직 자궁에 있을 때는 체중의 95퍼센트, 아이 때는 75퍼센트, 성인이 되면 60퍼센트가 물이다. 심지어 노년에 죽음을 맞은 뒤 시체도 여전히 50퍼센트가 물이다.

우리가 먹는 모든 것은 다양한 양의 물을 포함하며, 한때는 살아 있었던 유기체에서 유래한 식품의 생물학적 기원을 반영한다. 날것 재료는 대부분 물로 돼 있다. 신선한 고기의 수분 함량은 70퍼센트이며 과일, 채소, 곰팡이의 수분 함량은 70~95퍼센트다. 또한, 조리된 식품은 적정한 양의 물을 함유한다. 예를 들어, 밥과 삶은 달걀의 수분 함량은 73퍼센트이고, 빵은 35퍼센트 정도, 버터는 16퍼센트인데, 말린 크래커와 비스킷은 단지 5퍼센트 정도의 물만 함유한다.

액상 식품의 수분 함량은, 거의 물로 된 식품부터 물이 전혀 없는 올리브 오일 같은 액체까지 상당히 다양하다.

식재료의 구조는 간혹 그것의 수분 함량을 판단하기 어렵게 만들고는 한다. 단단하고 신선한 당근이 전유만큼, 즉 88퍼센트 정도 물을 함유하고 있다고 누가 짐작하겠는가. 아삭하고 과즙 가득한 사과 부피의 25퍼센트가 공기라고 누가 생각했겠는가.

식재료	물 (퍼센트: 무게 기준)	식재료	물 (퍼센트: 무게 기준)
토마토, 상추	95	딸기, 껍질콩, 양배추	90~95
당근	88	달걀흰자(노른자)	88(51)
사과, 오렌지, 포도	85~90	비트, 브로콜리, 감자	80~90
생가금육	72	생선	65~81
쇠고기 살코기	60	생돼지고기	55~60
치즈	37	흰빵	35
잼	28	꿀	20
말린 과일	18	버터, 마가린	16
녹말	13	중력분	12
건파스타	12	분유	4
맥주	90	전유	88
과일 주스	87	위스키	60
올리브 오일	~0		

출처: T. P. 쿨테이트, 《식품: 그 성분의 화학Food: The Chemistry of Its Components》 (Cambridge: Royal Society of Chemistry, 2002); J. W. 브레이디, 《식품 화학 개론Introductory Food Chemistry》(Ithaca, N.Y.: Cornell University Press, 2013).

물: 상태가 안정적인 동시에 다재다능한

모든 생명체는 액체 상태로 상당한 양의 물을 함유하고 있으며, 그 존재 자체가 물에 달려 있다. 사실 물은 우리가 먹는 식재료 가운데 단연코 가장 주된 성분이며, 신선 과일과 채소의 총 무게에서 90퍼센트까지 차지할 수 있다.

물의 몇 가지 특성

그 어떤 물질도 물에 필적할 만한 놀라운 안정성을 갖지 못한다는 점에서, 물은 유일무이하다. 이는 수소 결합을 형성하는 물 분자의 독특한 능력 덕분이다. 이는 물이 높은 녹는점과 끓는점을 갖고 있다는 뜻이다. 물은 액체 상태에서, 믿을 수 없을 정도로, 어떤 면에서는 얼음보다 훨씬 더 잘 뭉친다. 실제로 개별 물 분자는 서로 결합하려 하며, 기름과 지방처럼 수소 결합이 없는 분자와는 섞이지 않으려 한다. 그렇기에, 기름과 물의 혼합물은 섞으려고 특별한 노력을 하지 않는다면, 분리된다.

순수한 물은 섭씨 0도에서 얼어 단단한 얼음 결정을 형성한다. 이런 특성은 물을 함유한 모든 식재료에서 매우 중요하다. 특정 물질에서는 모든 수분이 같은 온도에서 얼지는 않는다. 수소 결합 망이 대부분 붕괴된 상태에다, 물의 약 0.5퍼센트까지는 너무 단단하게 결합되어 얼거나 녹을 수 없기 때문이다. 또한, 생체 물질은 일종의 부동액으로 기능하는 다수의 물질을 갖고 있다. 이 효과는 '어는점 내림'이라는 근본적인 물리화학 법칙에 기반한다. 액체인 물에 녹은 소량의 물질들, 예를 들어 소금, 설탕, 탄수화물, 단백질은 어는점을 섭씨 0도 아래로 낮추는 효과가 있다. 예를 들어, 식탁염($NaCl$)이 포화 상태로 녹아 있는 물은 영하 21도에만 녹는데, 이런 현상은 냉동고가 발명되기 전에 아이스크림을 만들 때, 이 초저온의 용액에 통을 담가 그 통 안에서 재료를 얼리는 식으로 활용되었다. 생체 물질의

세포에는 다양한 물질이 녹아 있어 냉기에 대한 저항력을 높여, 추운 날씨에 얼음 결정이 생기지 않고 따라서 세포가 파괴되지 않는다.

주방에서 우리는 어는점 내림을 이용해 소르베[셔벗]와 아이스크림 같은 음식을 만들 수 있다. 이런 음식은 저온에서 액체 상태의 물을 함유하고 적은 수의, 그리고 비교적 크기가 작은 얼음 결정을 가져 더 나은 마우스필을 준다. 잘 알려진 두 가지 '부동액'은 설탕과 알코올이다. 또한, 얼음 결정의 크기는 아이스크림 혼합물을 급랭해서 줄일 수 있다. 불행히도, 이 작은 얼음 결정을 냉동고에 한동안 놔두면 다른 형태로 재결정화하고 그 과정에서 서로 결합해 더 큰 결정이 돼, 디저트의 마우스필에 영향을 끼칠 것이다.

표준 기압에서 순수한 물의 끓는점은 섭씨 100도다. 이 끓는점은, 설탕이나 소금 같은 다른 물질을 더하면 높일 수 있다. 이것이 효과를 보는 예로, 과일 즙과 설탕을 함께 끓여 젤리를 만드는 경우를 들 수 있는데, 끓는점은 물이 점차 증발하면서 높아진다.

다른 물질들은 물을 어떻게 받아들일까

수소 결합을 일부 형성할 수 있거나 극성[전하가 양극으로 분리되어 어느 한쪽을 결합하거나 밀어내는 성질] 부분을 가지는 물질들은 물에 녹을 수 있다. 이런 성질을 물을 좋아한다는 뜻인 '친수성'이라고 한다. 많은 양의 물과 결합할 수 있는 설탕이나 어떤 단백질들, 그리고 과일 펙틴과 밀가루 녹말 같은 탄수화물이 그 좋은 예다. 물을 받아들이는 스펙트럼의 다른 쪽 끝에는, '소수성' 혹은 물을 싫어하는 물질들이 있다. 이런 물질은 수소 결합을 형성할 수 없고, 극성화되지 않으며, 따라서 물에 거의 녹지 않는다. 그 예로 올리브 오일과 유단백질(카세인)이 있다. 마지막으로, 두 가지 다른 부분, 즉 친수성과 소수성을 동시에 가진 분자들로 이루어진 물질

들이 있다. 그것들은 물에 대한 혼합된 반응을 가지기에, 양친매성 물질이라 불린다.

양친매성 물질들은 기름과 물을 모두 결합해 이른바 에멀션을 형성할 수 있고, 따라서 유화제라고 불린다. 이런 효과는 마요네즈에서 달걀노른자의 레시틴이 식용유, 식초와 함께 결합할 때 나타난다. 마요네즈의 구조는 기름, 식초, 레시틴의 자기조립(수중유형水中油型 에멀션oil-in-water emulsion)이라 볼 수 있는데, 이는 마요네즈의 마우스필을 결정한다. 또한, 이 효과는 겨자씨 껍질에 있는 양친매성 당단백질이 비네그레트[기름과 식초가 결합한 형태의 소스]의 결합제로 쓰일 때 작용한다.

생체 물질들은 지질과 일부 단백질, 탄수화물을 비롯한 양친매성 분자를 많이 함유하고 있다. 이 분자들은 이온, 소금과 함께, 보통 많은 양으로 존재하는 물이 지방과 일부 단백질 같은 소수성 물질들과 연합하도록 돕는다. 결과적으로, 물질의 구조와 안정성은 한편으로는 수소 결합을 형성하려는 물의 성향, 그리고 다른 한편으로는 물과 다른 물질의 결합 강도 사이의 균형에 의해 결정된다. 이와 같이 물의 독특한 성질은 음식의 마우스필을 만들어가는 데 간접적이지만 매우 중요한 역할을 한다.

물은 다른 물질들과 어떻게 상호작용하는가

물은 생명에 필수적이지만 음식의 수분 성분이 문제가 될 수 있고, 물이 있을 때만 생장할 수 있는 미생물 때문에 부패를 일으킬 수 있다. 물의 활성이라 표현되는 것의 크기는 물의 총 함량이 아니다.

물의 활성은 그 분자들이 얼마나 접근 가능한지에 따라 달라진다. 물 분자가 이미 단단한 결합을 이루고 있으면, 그 활성은 더 낮다. 말린 생선 같은 식품도 20퍼센트 정도 수분은 함유하고 있는데, 이

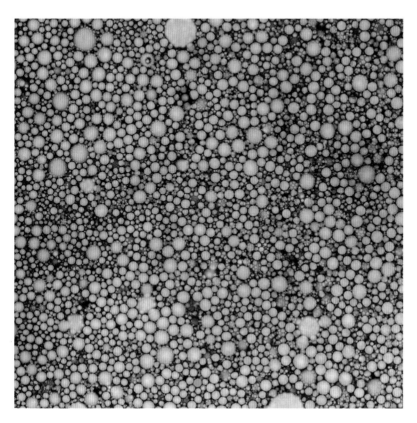

마요네즈, 수중유형 에멀션의 현미경 사진. 구형들은 보통 2~5마이크로미터 크기의 기름방울들로, 중간중간의 푸른 부분은 물이다.

물은 강하게 결합되어서 생선은 완전하게 보존되며 세균이 번식할 수 없다. 이와 비슷하게, 지방 같은 성분의 분해를 돕는 많은 효소가 물의 활성에 의존한다.

식품이 물과 결합하는 또 다른 방법으로 다량의 물을 결합할 수 있는 특별한 물질을 사용하는 것이 있는데, 그 물질은 식품 속 물을 끌어당기기 위해 경쟁한다. 가장 잘 알려진 것은 설탕, 다당류 같은 탄수화물, 그리고 소금이다.

다당류에서, 글루코스 같은 개별 당은 500개 이상의 물 분자와 반응할 수 있다. 이런 반응을 통해, 99퍼센트 이상 물로 이루어진 수화겔을 형성할 수 있다. 이런 류의 수화겔을 우리는 일종의 스펀지라고 생각해볼 수 있다. 거기서 다당류는 벽을 지어 튜브와 빈 공간으로 이루어진 그물망에 물을 결합해놓는다. 수용성 단백질은 거의 다당류처럼 작동한다. 그 표면에는 물을 결합할 수 있는 화학기[특정 성질을 지닌 분자 단위]를 가진 아미노산들이 압도

적으로 많이 있다. 그 결합 정도는 이온 함량과 물의 산도에 크게 달렸다. 물의 pH(수소 이온 농도)가 감소하면[산도가 증가하면] 결합하는 물의 양은 증가한다. 또한, 풀리고 변성된 단백질은 한데 뭉치지만 않으면 보통 더 많은 물과 결합할 수 있다. 그러한 예로, 달걀이 응고돼 스크램블드에그가 되거나 고기를 볶을 때 육즙이 나오는 경우를 들 수 있다. 소금에서 나오는 작은 이온들은 단백질이 물과 결합하는 능력을 증가시키지만 어느 지점까지만이다. 소금 농도가 너무 진하면 단백질은 침전할 텐데, 소금 이온이 물과 결합해 스스로 용해된 상태로 남을 것이기 때문이다. 일반적으로 음식을 조리할 때 이렇게 될 정도로 소금을 많이 넣지는 않는다. 하지만 햄 같은 음식의 경우, 적당한 양의 소금이 들어가면 근육 단백질이 더 많은 물과 결합할 수 있어 고기는 촉촉해진다. 이와 대조적으로, 바욘 햄Bayonne ham[하몽, 프로슈토처럼 돼지고기 뒷다리를 발효시켜 만드는, 프랑스 바욘 지역에서 유래한 생햄] 같은 음식의

유화제의 분무 건조.

표면에 소금을 뿌리거나 문지르는 것은 [돼지고기의] 수분을 빼내는 데 도움을 줘 방부 효과를 낸다.

탈수: 물 제거하기

물의 함량과 활성을 변화시키는 데 쓰이는 상당히 다양한 또 다른 공정들이 있다. 종종 그 공정들은 음식의 질감에 영향을 끼친다. 탈수가 가장 일반적인 방법이다. 반대로, 건조식품을 요리에 넣기 전에 액체를 포함하게 하려고 습윤, 담그기, 수화, 재수화의 방법을 쓸 수 있다. 재수화는 꽤 자연적으로 일어날 수 있다. 예를 들어, 우리가 감자칩이나 말린 과일 같은 음식을 입에 넣을 때 그러하다.

날것 재료를 건조시키는 것은 수분을 끌어내는 한 방법이다. 제거되는 수분의 정확한 양은 걸린 시간, 주위 공기의 습도, 날것 재료 자체의 특성에 따라 달라진다. 수분 제거에 쓰이는 방법은, 공기 건조, 진공 포장, 여과, 전자레인지 탈수, 오븐 가열, 분무 건조, 동결 건조, 압출 등을 비롯해 꽤 많다.

분무 건조는 액체를 되도록 감압해 뜨거운 공기 덩어리 속으로 불어넣어, 물이 기화하여 건조된 입자들이 가루눈(가루 속 개별 입자의 크기는 보통 100~300마이크로미터)처럼 떨어지도록 하는 방법이다. 이 과정은 종종 상업적인 유화제를 생산할 때 이용된다.

동결 건조는 이미 얼린 물질 주위의 압력을 그 물질의 수분이 승화할 정도까지 낮추면 일어난다. 즉, 물질의 수분이 얼음에서 바로 수증기로 바뀌는 것이다. 그렇게 건조된 물질을 으깨거나 갈아 가루로 만들 수 있다. 이 과정을 이용해 만든 대표적인 제품이 바로 인스턴트커피다.

압출은 혼합물을 밀어내는 과정을 동반하는데, 즉 물과 녹말을 함유한 압출물을 천공판 혹은 그와 비슷한 금형die(鐵印鑄型)을 통과시키는 동시에 가열해 물을 증발시켜, 잘 휘어지는 유연한 덩어리로 만드는 것이다. 그런 뒤에는 건조되어 경화되고 그

보존 기한이 매우 늘어난 유리glass 상태[비결정 고형물]가 될 수 있다. 이런 탈수 과정을 성공적으로 수행하는 것은 유리 상태로의 전이가 얼마나 잘 제어되는지에 달렸다. 이 상태는 온갖 종류의 제품에서 지극히 정상적인 상태이므로, 나중에 다시 살펴볼 주제다. 이런 것들로는 빵 껍질, 딱딱한 사탕, 냉동식품 등이 있는데, 이 모두가 엄밀하게 얘기하면 '유리'인 것이다.

날것 재료에서 수분을 끌어내는 방법은 이외에도 많다. 재료들을 소금이나 다른 물질, 즉 특정 중합체나 탄수화물처럼 물과 잘 결합하는 물질이 든 용액에 담글 수도 있다. 삼투는 이 작업을 제어된 방식으로 수행하는 데 쓰일 수 있다. 즉, 음식은 물만 통과시키는 반투막에 의해 물과 결합하는 물질에서 분리된다.

이 모든 방법은 날것 재료에서 물의 활성을 감소시킨다. 하지만, 물이 모든 생체 물질에서 필수 성분임을 감안하면, 이런 감소는 구조적 변화로 이어져 궁극적으로 마우스필에 영향을 끼칠 수 있다.

물의 활성을 낮은 수준으로 만든다고 해서 수분이 제거된 식재료의 내부 구조가 꼭 같아지지는 않는다. 건조에 이은 재수화를 비롯한 일부 복합적인 공정에서는, 수분을 첨가해도 식재료를 원래 상태로 되돌리지 못하는데, 이는 비가역적인 무언가가 일어났기 때문이다. 이와 비슷하게, 일련의 탈수 과정이 일어날 때 그 순서를 바꾸면 다른 결과가 나타날 수 있다. 이 요인은 설탕, 소금, 혹은 알코올에 미리 재워둔 말린 채소에서 적당하게 바삭한 마우스필을 만들어내는 데 매우 중요하다.

탈수 자체는 물론, 그것이 이루어지는 방법 또한 날것 재료의 구조에 큰 영향을 끼친다. 물을 제거하면 재료에 든 탄수화물과 지방을 응축하는 효과가 있고 결정 혹은 유리 상의 좀 더 단단한 구조를 낳기 때문이다. 그것들의 세부적인 구조는 물을 제거하는 과정이 어떠했는가에 달렸다.

가공식품

고기, 채소, 생선, 과일, 버섯 같은 식재료로 음식을 만들 때, 우리는 각기 특유한 생체 조직의 구조를 알아챌 수 있다. 하지만 우리의 식단에는 가공식품으로 분류되는 많은 다른 종류의 제품이 들어 있다. 이것들은 직접 천연 재료들로, 혹은 생체 물질 추출물들로 만든 것이다. 그 작업의 목적지는, 그것들이 맛있고, 기분 좋은 마우스필을 주거나 요리에 새로운 요소를 도입하고, 덤으로 상하지 않게 하는 쪽으로 그것들을 변형하는 것이다.

과일 주스, 시럽, 육수broth를 비롯해 많은 다른 음료와 액상 식품 대부분은 어쨌든 아주 조금만 가공된 것이다. 맥주, 와인, 피시소스, 간장 같은 다른 것들은 매우 많이 가공되어서 원래 재료의 구조가 어땠는지 흔적을 찾을 수 없다. 다양한 천연 재료에서 생산되는 치즈, 빵, 케첩 등 점성이 있거나 고형인 많은 식품도 마찬가지다.

다른 제품들도 그 기원에서 멀리 떨어져 있다. 마요네즈, 물과 기름의 에멀션, 혹은 아이스크림뿐만 아니라, 펙틴과 과일 즙으로 만든 젤리를 생각해보

라. 식품의 첫 원천이 되는 생명의 나무에서 이보다 더 멀리 떨어져 나올 수 있을까? 앞으로 살펴보겠지만, 답은 '그렇다'이다.

합성 식품: '음音 조합식 요리'

우리는 잠재의식 속에서, 음식을 생물학적 기원을 가진 어떤 것으로 떠올린다. 그 음식이 어떤 식으로 가공된 것이든 아니면 가공되지 않은 날것 재료든 혹은 그 추출물의 형태든 말이다. 하지만 요리 하나 혹은 식사 전체를 완벽하게 인공적으로, 천연 재료에 있는 분자를 정확히 복사한 순수한 화학 물질을 이용해 만들면 어떨까?

분자 요리의 아버지 중 한 명으로 여겨지는, 프랑스의 물리화학자 에르베 티스는 자신이 차세대 요리 트렌드라고 인정한 '음 조합식 요리note-by-note cuisine'의 대변자가 되었다. 그는 어떤 고기, 생선, 채소, 과일, 버섯, 혹은 해초도, 심지어는 이 천연 재료에서 나온 복합 추출물도 쓰지 않는 음식 만들기 방법을 '음 조합식 요리'라고 한다. 대신 순수한 화

SF음식: 풍부한 영양, 전무한 마우스필

해리 해리슨의 과학소설 《치워! 치워!Make Room! Make Room!》(1996)에는, '소이soy'(대두)와 '렌틸lentil'(렌즈콩)의 합성어인 '소이렌트soylent'라 불리는 제품이 언급된다. 그것은 미래에 인구 과잉, 식재료의 부족, 사회 기반 시설의 붕괴로 인한 식량 부족 문제에 대한 해법인 것으로 보인다. 그 책에서 소이렌트는 대두와 렌즈콩으로 만든 햄버거 패티 형태를 띠는 것으로 나오는데, 거의 패러디처럼 소개된다. 모든 인류의 영양적 요구를 충족시키는 인공 음식에 대한 핵심 아이디어는 이제 현실이 되었다. 그것은 2014년에 처음, 소설의 선구자에 영감을 받고 그 이름을 따 시장에 나왔다. 소이렌트는 가루 형태로 판매되는데, 가루는 물에 유화시켜 액상 식품으로 만든다. 그 제품은 인간의 영양적 요구를 충족하는 데 필요한 양과 형식으로, 모든 필수 단백질, 아미노산, 탄수화물, 지방, 무기질, 비타민, 미량 원소 및 식이 섬유를 함유한다. 하지만 소이렌트만으로 살아간다면 얼마나 지루하겠는가. 그 질감은 재미없을 뿐 아니라 결코 변하지도 않으니 말이다.

학물 자체만을, 혹은 화합물의 형태로 활용한다. 이 물질들은 실험실이나 공장에서 화학적 공정에 따라 합성할 수 있다. 혹은 생체 물질에서 추출할 수 있다. 이 아이디어가 이상해 보일 수도 있다. 하지만 정리하자면, 이 가장 순수한 형태의 분자들의 기원을 논의하는 것은 무의미하다. 기원에 관계없이 그것들은 늘 동일하다. 음식은 오로지 화학 물질로도 구축할 수 있으며, 그 영양 성분과 건강 증진 특성에 세심하게 주의를 기울여 온전히 '음 조합식 요리'로 구성된 식단으로 충분히 살아갈 수 있다.

에르베 티스는 이런 식으로 마련한 음식과 전자 음악의 유사점을 밝힌다. 전자 음악은 악기로 연주되지 않고 개별적으로 합성된 소리로 이루어지는데, 이 소리들을 함께 모아 한 곡을 만들어내는 것이다. 이와 비슷하게, 요리사는 모양, 맛, 향, 색, 질감의 요소, 그리고 삼차 신경 자극물 등을 만들어내는 화학적 성분들을 이용해 음식을 설계할 수 있다. 그것들은 교향곡의 음들처럼 한데 섞여서 풍미의 모든 측면을 포함하는 식사가 된다.

에르베 티스에 따르면, 원하는 색, 맛, 냄새, 그리고 삼차 신경 자극을 끌어내려고 물질들을 함께 섞는 것은 특별히 어렵지는 않을 것 같다. 또한, 응고, 겔화, 유화 기술을 써서 단순한 질감을 만드는 것도 비교적 쉽다. 이런 기술들은 이미 두부, 게맛살,

세이탄seitan[밀고기] 같은 다양한 제품을 통해 알려졌다. 질감과 마우스필에 결정적인 역할을 하는 좀 더 복잡한 구조적 요소를 복제해내는 것은 더 큰 도전을 안긴다. 하지만 에르베 티스는 아마도 기술 발전으로 문제가 해결될 수 있으리라 생각하고, 생물 원천으로부터 이미 얻을 수 있는 재료의 단순한 인공적 복제가 목표가 되어서는 안 된다고 강조한다. 그가 "완전히 새로운 풍미의 대륙a whole new continent of flavor"이라고 부르는 것을 발견하는 일은 훨씬 더 흥미로울 것이다. 따라서, 사이펀 플라스크로 요리용 거품을 만들고 급속 냉동에 액화 질소를 사용하는 것이 분자 요리의 품질 보증 마크가 되었듯이, 완전히 새로운 맛과 질감을 주는 놀라운 요리의 창조법을 발견하는 일은 '음 조합식 요리'만의 두드러진 특징이 될 것이다.

'음 조합식 요리'의 지지자들은 음식 섭취에서 얻는 미식 경험과 종합적인 즐거움에서 마우스필이 필수적인 차원이라고 인정한다. 따라서, 이런 식으로 음식을 조리하는 것과, 풍미의 인상과 마우스필에 특별히 주의를 기울이지 않은 채 그저 인체의 영양적 요구만을 충족시킬 목적으로 개발된 영양소, 비타민, 무기질 등의 혼합물을 혼동하지 않는 것은 어마어마하게 중요하다.

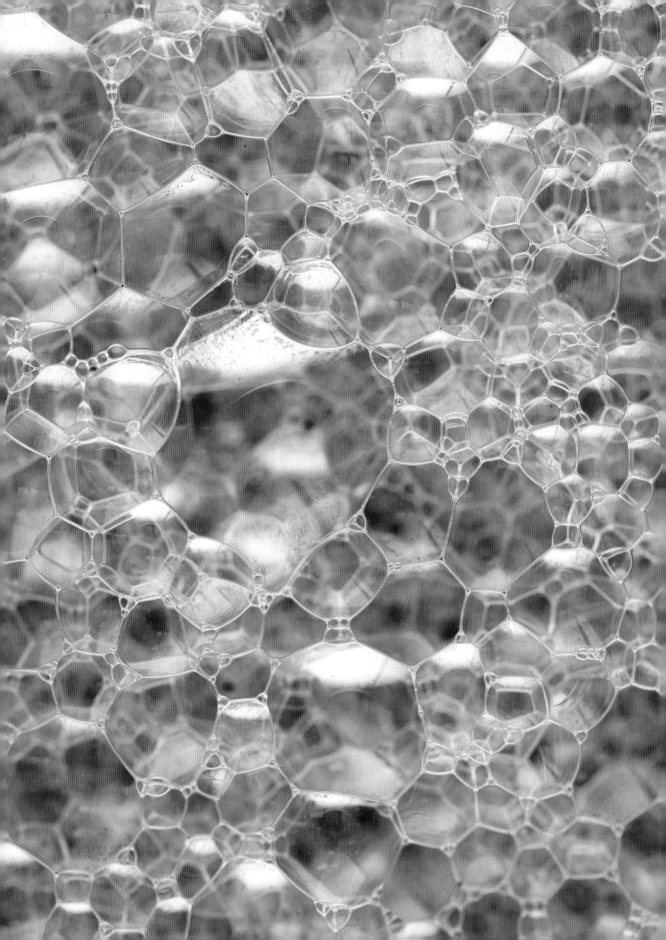

Chapter 3

음식의 물리적 특성: 형태, 구조, 질감

모든 음식은 위계적으로 구축된 유연한 연성 물질이라고 볼 수 있는데, 이 물질들은 다양한 방식으로 물과 관련된 많은 다른 종류의 분자로 이루어진다. 특정 음식의 질감은 당시의 물리적 상태, 그리고 그 상태와 연관된 물리적 특성에 의해 결정된다.

식재료에 가한 모든 작용은 식재료의 물적 형태와 구조, 그리고 결과적으로는 그것의 마우스필에 영향을 끼친다. 가장 단순한 수준에서, 형태와 크기는 칼, 블렌더, 믹서, 거품기, 강판, 틀 같은 기구를 쓰는 기계적 조작에 의해 주로, 매우 분명하게 영향받는다. 이 밖에도, 열에 노출하거나 설탕, 소금 혹은 산성 액체를 첨가해 식재료에 함유된 물의 활성을 바꾸면, 겉보기에 가장 뚜렷한 변화가 재료에 일어난다. 식재료의 질감에서 중심이 되는 물리적 구조는 그것들을 다루는 다음과 같은 방법에 의해 변형된다. 삶기, 오븐에 굽기, 가열, 양념에 재우기, 푹 끓이기(시머링simmering), 소테sauté 하기, 훈연, 건조, 숙성, 염장, 발효, 겔화, 유화, 거품 내기, 냉동, 기타 다른 공정들 말이다.

식재료와 이미 조리된 음식 사이에 일어난 극적인 변화는, 결정질에서 유리 상으로, 고체에서 액체로, 혹은 액체에서 기체로 가는 것 같은 상 전이를 수반한다. 좀 더 미묘한 변화로는 복합적인 액체, 겔, 반고체 물질 및 거품의 형성이 일어나는데, 여기에는 다른 상phase들이 동시에 존재하며, 조리된 음식은 식재료와는 전혀 다른 성질을 (특히 마우스필에 관해서) 갖는다. 많은 경우, 이런 변형에는 유화제, 겔화제, 검gum 같은 첨가물이 필요한데, 이 물질들은 모두는 물과 특별한 관계가 있다. 더 자세한 내용은 이 장에서 뒤에 다룰 것이다.

이 모든 변화를 통틀어 '요리 변형culinary transformation'이라고 부르는데, 이는 사실 음식 조리를 멋지게 표현하는 말일 뿐이다. 요리 재료를 상전이 시킬 가능성은 너무 많기에, 요리 예술은 맛과 마우스필을 변화시키는 방법을 탐구하는 데, 아직 상상해보지 못한 방법으로서 쓰일 수 있다. 이런 관점에서 보면, 음식의 조리는 식재료 가공을 비롯한 다른 많은 기술보다 더 요구 사항이 많은 일로 간주될 수 있다. 음식의 구조와 그것을 바꾸는 방식의 상호작용뿐만 아니라 구조, 가공, 감각 인식 사이의 관계에도 달려 있으므로 그렇다.

구조와 질감

음식의 물리적 상태와 '구조'는 음식의 물리적 구성과 연관된 모든 것, 즉 음식의 분자 및 다른 부분들이 가장 작은 것부터 가장 큰 것까지 어떻게 합쳐지는지로 정의할 수 있다. 이론적으로 보면, 우리는 다소간 정량적인 방식으로 구조를 관찰, 측정, 기술할 수 있다. 구조의 어떤 측면은 육안으로도 볼 수 있는 반면, 다른 측면들은 특별한 장비를 써야만 볼 수 있을 정도로 작다. 재료는 고체, 액체, 기체, 혼합물, 에멀션이든 상관없이 비중, 비열, 점성 같은 특성을 갖는다. 또한, 음식의 겉모습과 형태는 풍미 경험의 시각적 측면에서 매우 중요한 물리적 속성이다. 예를 들어, 크고 둥근 사과, 작고 울퉁불퉁한 호두, 투명한 젤리 조각, 혹은 코코아 가루의 겉모습은 모두 다른 기대를 불러일으킨다.

음식의 물리적 상태와 구조는 물적 실체로서 내재한 성질인 반면, 음식의 '질감'은 우리의 모든 감각, 특히 마우스필로 그 식품을 경험할 때 '그거다'라고 느끼게 하는 무엇이다. 종종 '질감'과 '마우스필'은 거의 바꿔 써도 되는 단어인 듯 여겨지지만, 사실 질감은 우리가 음식의 마우스필을 특징지을 때 가장 중요한 개념이 된다. 간단히 말하면, 질감은 마우스필의 대상이자 마우스필에 의해 인식되는 음식의 구조적 측면이다.

일반적으로 우리는 음식이 입에 다다를 때에만 그 구조를 알아챌 수 있어서, 어떤 음식의 구조와 질감을 융합하려 한다. 우리는 젤라토가 이 사이에서 바스라질 때에만 그것이 작은 얼음 결정을 가진 다면적인 음식임을 깨닫고, 젤리가 입천장에 눌리고 입안의 온기에 녹을 때에만 그것이 부드럽고 녹을 수 있는 음식임을 안다. 또한, 그레이비가 혀에 닿아야만 그것이 잘 섞였는지 덩어리졌는지 알아낸다.

한때 개인 연구자들과 식품산업의 전문가들은 질감에 대해 서로 다른, 종종 불분명한 정의를 사용했다. 식품산업 일부에서는, 제품의 질감에서 결함이나 비일관성을 가능한 한 최소화하는 데 도움이 되는 용어를 사용하고자 했다. 지난 몇 십 년 만에, 연구자들은 음식의 질감을 특징짓는 합당하고 정확한 어휘를 찾아내고 "크리미한creamy" "질긴tough" "잘 부러지는brittle" "끈적끈적한gummy" 같은 기술어에 명쾌한 정의를 내렸다. 이는 정량적 감각 실험을 수행하는 데서나 식품산업 쪽에서 사용하는 데 모두 중요하다. 그 결과, 질감의 기술에 바탕이 되는 서로 다른 규정요인parameters의 정의는 더 명확해졌고, 특정 음식에 긍정적인 감각 요소를 더하는 데 질감을 쓰는 것이 매우 중요해졌다.

우리는 4장에서, 질감을 서술하는 매개변수를 좀 더 자세하게 살펴보고 마우스필과 직접적으로 연결할 것이다. 이 매개변수 중 몇몇은 실험실에서 정량적으로 측정될 수 있는 단지 기계적인 특성이다. 다른 매개변수들은 좀 더 느슨하게 정의되고 개인의 감각 인상을 통해 정성적으로 잘 결정될 수 있다. 마우스필은 특히 중요하지만, 또한 다른 무엇보다 시각과 청각이 관련된다. 이 모든 것은, 음식이 입안으로 들어와 구강의 침과 온도[열]를 접하게 될 때 그리고 혀에 의해 움직여지고 씹힐 때 질감이 바뀐다는 사실 때문에 복잡해진다. 뿐만 아니라, 그 어떤 사람도 똑같은 방식으로 이 기계적 과정을 수행하지 않는다. 씹는 속도와 힘에 따라, 빨리 씹는 사람에게는 어떤 음식이 딱딱하고 잘 부러지는 듯 느껴지지만 천천히 씹는 사람에게는 그 음식이 부드럽고 유연하게 느껴질 것이다.

많은 종류의 음식은 평형 상태에 있지 않고 자연적으로, 때로는 빨리, 어떤 때는 느리게 변화를 겪는다. 이는 품질의 유지라는 측면에서 중요성을 가진다. 요리를 만든 직후 바로 먹는 식당에서는 작동하는 것이, 이용 전에 장시간 보관되어야 하는 상업적으로 생산된 제품에서는 작동하지 않을 수 있다.

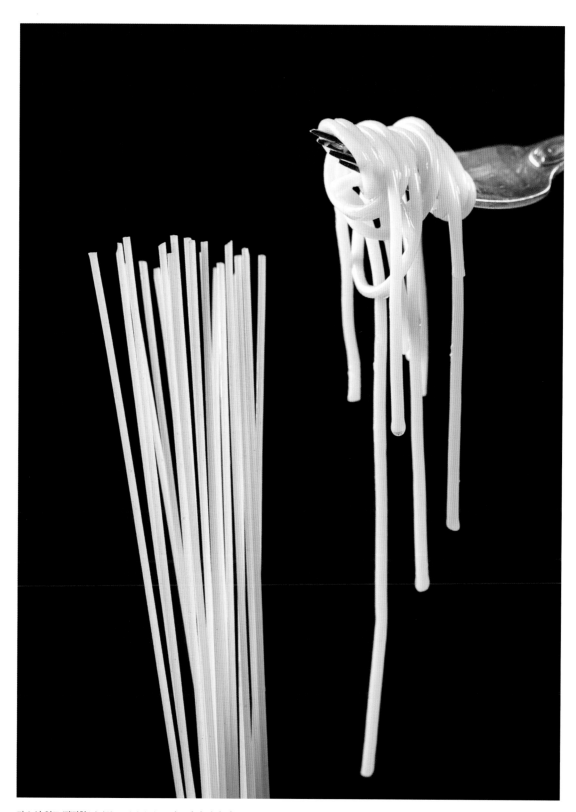

가소성 있고 뻣뻣한(단단한, 조리하지 않은) 파스타와 탄성 있는(부드럽고, 조리한) 파스타.

예를 들어, 빵에서 일어나는 질감의 변화 같은 것들은 종종 가공식품의 소비 기한을 결정한다.

고체, 액체, 기체로서의 음식

식재료와 조리된 음식을 비롯한 모든 물질의 구조는, 그 형태가 고체이든 액체이든 기체이든 그것의 물리적 상태와 관련된 고정적 특성이다. 하지만 구조가 늘 평형 상태에 있는 것은 아니며, 시간이 흐르면서 상 변화가 일어날 수 있다. 또한, 외부의 힘에 의해 동역학적으로 바뀔 수 있다. 예를 들어, 설탕 결정 같은 단단한 고체는 이 사이에서 바스러질 수 있다. 버터처럼 더 부드러운 고체는 입안에서 모양이 변하거나 팬 위에서 녹을 수 있다. 과일 즙 같은 액체는 흐를 수 있다. 향 물질은 기체 분자 형태로 식품에서 방출될 수 있는데, 이 기체 분자는 콧속으로 들이마셔져 소용돌이칠 수 있다.

평형 상태에 있는 순물질의 상태를 정의하기는 비교적 쉽다. 물이 전형적인 예일 텐데, 고체일 때는 얼음이고, 액체일 때는 흐르고, 수증기는 기체다.

고체를 우리는 종종 식탁염 같은 결정 형태로 접하는데, 분자들이 서로 연결돼 고정된, 잘 배열된 분자 구조를 가졌다. 반대로, 결정 구조가 없는 비결정성 물질로 혹은 캐러멜 같은 유리 상태로 존재하는 고체는 분자 수준에서 무질서해질 수도 있다. 비결정성 물질에서 분자들은 서로 잘 연결돼 어느 정도 고정되지만, 때로는 분자들이 오랜 기간에 걸쳐 스스로 위치를 옮길[변위] 수 있는데, 그러면 고체는 매우 점성이 높은 액체처럼 흐르게 된다. 유리 상태가 다소 이상한 것으로 보일지라도, 이는 많은 다른 음식과 그 마우스필의 특성에 매우 중요하다. 초콜릿, 하드 캔디, 빵 껍질, 건조 파스타, 가루 및 냉동식품은 모두 유리 상태인 음식의 예다.

액체는 분자 수준에서 무질서하다. 분자들은 부분적으로 서로 결합되어 있지만, 어느 정도는 자유롭게 움직일 수 있다. 액체는 흐를 수 있는데, 진한 시럽의 경우에서처럼 종종 믿을 수 없을 만큼 천천히 흐른다.

기체에서 분자들은 서로 접촉 없이 자유롭게 흐르고 멀리까지 움직일 수 있는데, 일부 분자가 빠져나와 콧속으로 들어갈 때 이런 일이 일어난다. 조리된 식품은 기체 상태로는 없지만, 휘핑크림, 머랭, 수플레 및 베이킹 제품을 비롯해 많은 음식에는 엄청난 양의 공기가 들어 있다. 또한, 공기는 사과를 비롯한 많은 식재료에서 전체 부피의 25퍼센트를 차지하는 중요한 구성 요소다.

또한 **액정**liquid crystal이라 불리는 순물질은, 전형적인 고체와 액체 상태 사이 어디쯤에 있는, 중간상 mesophase으로 알려진 구조를 지녔다. 많은 지방이 액정을, 일례로 세포벽 안에 혹은 초콜릿의 카카오 버터에 형성할 수 있다.

더 복합적인 상태들

우리 음식 가운데 단지 몇 가지만이 같은 상태에 있는 물질들로만 이루어져 있다. 이것들은 흔히 와인, 맥주, 기름 같은 유체이거나, 순수 지방 그리고 캐러멜 형태의 설탕 같은 고체다. 하지만 일반적으로 우리가 먹고 마시는 대부분의 음식이 다양한 상태에 있는 물질의 혼합물임을 감안하면, 상황은 곧바로 더 복합적이게 된다. 예를 들어, 드레싱, 소스, 맥주 거품에는 두 가지 상태가 있고, 버터와 다크 초콜릿에는 세 가지, 파르페와 밀크 초콜릿에는 네 가지, 버터크림에는 다섯 가지 상태가 있다.

어떻게 같은 식재료에 다른 상태들이 공존할 수 있는지를, 우리는 일부 물고기 근육의 작은 기름방울, 단단한 젤리의 물 주머니, 혹은 에멀션 속 두 액체의 혼합물 같은 간단한 예를 통해 배울 수 있다.

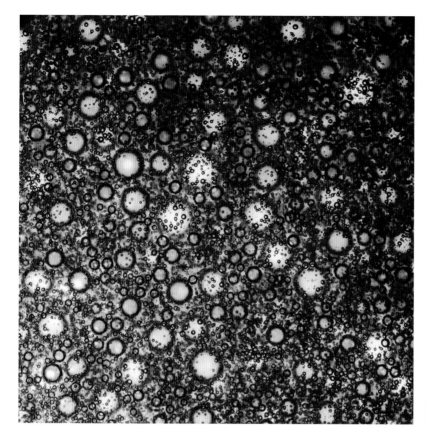

머랭의 현미경 사진. 옅은 부분이 기포인데, 가장 큰 것은 80마이크로미터 정도다.

다른 구조들의 예로는 거품 같은 것들, 즉 기체와 액체 혼합물로 이루어져 고체처럼 움직이는 것들이 있다. 요구르트와 커스터드 크림 같은 어떤 것들은 반고체 상태에 있다. 마지막으로, 겉보기와는 달리 겔처럼 진짜 고체인 물질들이 있다.

물리화학의 관점에서 보면, 식재료의 상태와 물리적 구조는 원칙적으로 그 구성 성분들, 혹은 다른 재료에 용해되거나 섞일 때 접촉하는 물질들 간의 다양한 물리적 상호작용과 분자력에 의해 결정된다. 종종 서로 경쟁하는 이 힘들은 추가 요인들에 의해 상당한 정도로 결정된다. 이것들은 용해성 염salt에서 전하된 입자들의 존재 여부, 산과 염기의 균형에 의해 정해지는 산도, 혹은 설탕과 대형 탄수화물 분자 같은 중합체, 물과 기름에서 연관 유화제의 혼화성(다른 물질과 혼합할 수 있는 능력) 정

도일 테다. 때로는 미세한 변화만으로도 재료의 구조를 실질적으로 바꿀 수 있다. 예를 들어, 조리할 때 물에 소량의 염화칼슘을 넣으면 채소가 더 단단해지고, 레몬 즙은 유단백질을 응고시키거나 크림 소스가 덩어리지게 하고, 약간의 레시틴은 마요네즈에서 기름과 식초의 혼합물을 안정화시키고, 펙틴은 과일 디저트나 젤리를 굳히는 데 도움이 될 것이다.

우리는 종종 어떤 액체, 용액 혹은 혼합물의 마우스필을 나아지게 하고 싶어서 좀 더 균질하고 점성 있거나 꽤 단단하게 만든다. 이를 달성하는 데는, 증점제, 안정제, 유화제 및 겔화제를 쓰는 많은 전통적인 방법이 있다. 이것들은 식품이나 음료의 혼화성, 점도(진하기) 및 상태를 바꿀 수 있다.

용액 및 혼합물

가장 단순한 혼합물은 물, 기름이나 알코올에 여러 다른 물질이 들어간 용액이다. 일반적으로, 그러한 물질은 용매 안에서 개별 분자로 흩어져 있다. 특정 물질이 하나 혹은 여러 종류의 액체에 녹을 수 있는지 여부는, 그 물질의 분자들이 용매 속 분자들과 어떻게 상호작용하는지에 달렸다. 이 상호작용들이 순조로우면 그 물질은 녹을 것이고, 그렇지 않다면 침전되거나 분리될 것이다. 2장에서 설명했듯이, 물에 녹은 물질은 어는점을 낮출 수 있다.

염화나트륨의 이온 결정인 식탁염과 수크로스 결정으로 이루어진 백설탕은, 물속 분자와 결합하려는 이온과 극성 분자로 이루어져 있어서 물에 쉽게 녹는다. 반대로 고체 지방은 물에 녹지 않는데, 지방은 물과 결합할 수 없기 때문이다. 이는 기름 같은 액체 지방에도 적용된다. 결과적으로, 기름과 물의 혼합물은 분리된다. 하지만 어떤 지방은 알코올에는 쉽게 녹는다.

물과 알코올 같은 액체들은 매우 혼화성이 있다. 식초 같은 산을 약간 물에 넣어도 혼화성이 변하지는 않는다.

한 물질이 특정 액체에 녹을 수 있다 해도, 녹을 수 있는 양의 한계, 즉 '포화'가 있다. 용해도는 특히 온도에 따라 달라진다. 예를 들어, 실온에서는 물 1리터에 과립당 1컵(200g) 혹은 식탁염 1과 1/2컵(360g) 정도까지만 녹을 수 있다. 또한, 기체는 액체에 녹을 수 있으며, 그 용해도는 온도와 압력 둘 다에 좌우된다. 예를 들어, 실온과 표준 기압에서는 물 1리터에 이산화탄소 1.7g(900ml에 해당)까지만 녹을 수 있다. 이런 조건들은 거품이 이는 샴페인이나 스파클링 미네랄 워터 한 잔의 톡 쏘는 마우스필에 매우 중요하다.

어떤 환경에서는, 한 용액에서 한데 섞일 수 없는 물질들인데도 서로 섞일 수 있다. 그중 한 물질이 현탁액을 유지할 수 있을 정도로 충분히 작은 입자 형태일 때, 즉 기체나 액체 속에 작은 액체 방울이나 고체로, 혹은 고체 속에 매립될 만큼 작은 입자로 존재한다면 말이다. 이런 혼합물은 마우스필과 관련해 매우 특별한 성질을 지녔으며 앞으로 좀 더 자세히 살펴볼 텐데, 우선은 입자들을 설명해야 한다.

입자, 가루 및 압출 물질

물질들은 기포, 작은 액체 방울 혹은 미립자와 가루의 형태를 한 작은 입자들로 이루어지고는 한다. 이 입자들은 단독으로 있거나 다른 물질들 사이에 흩어져 있을 수 있다. 여기서는 우선 가루를 살펴보고, 에멀션과 관련해서 작은 방울 그리고 기포와 관련해서 기체 입자를 나중에 다룰 것이다.

분유, 허브, 향신료 같은 일부 식재료와 첨가물은 건조 과정을 거치는데, 그 저장 수명[보존 기한]을 연장할 목적으로, 그리고 특별한 최종 용도를 위한 기능성을 높이기 위해서다. 건조식품의 수분 함량은 거의 모든 물이 제거되었을 때 남는 것으로 정의된다. 물이 생물학적 기원을 가진 모든 것에서 가장 필수적인 구성 요소라는 점을 감안하면, 모든 물을 제거하는 것은 많은 경우에 불가능하다. 말린 생선과 말린 과일이라 해도 15~20퍼센트까지, 분유는 5퍼센트 정도 물을 함유하고 있다.

고형의 건조식품, 특히 식물에서 추출한 것은 미립자나 가루 형태로 갈아낼 수 있다. 액체 식품의 고체 성분은 이전 장에서 설명한 대로, 분무 건조, 동결 건조, 압출에 의해 분리할 수 있다.

가루는 그 형태로는 거의 먹지 않는데, 건조하고 입자의 크기에 따라서는 오도독한 마우스필을 가질 수 있기 때문이다. 말토덱스트린과 기름 혹은 지방으로 만들어진 것들은 예외인데, 혀에서 녹고 지방의 맛을 낼 수 있기 때문이다. 올리브 오일이 든, 폭신하게 느껴질 정도로 고운 분말 형태가 그 예에 해당한다. 인간의 마우스필은 7~10마이크로미터의 작은 입자에 감응한다. 그보다 큰 입자는 혀 위에서 꺼끌거리거나, 이 사이에서 오도독하는 느낌을 줄 것이다. 우리는 이런 느낌을 그라니타[과일, 설탕, 와인 등의 혼합물을 얼려 만든 얼음과자]나 결정화된 아이스크림에서 쉽게 접할 수 있다. 입자들이 입속 침에 녹거나 붙들려 있을 수 없으면, 함께 덩어리져서 혀 위에서 퍼슬퍼슬하거나 까끌까끌한 느낌을 줄 것이다. 이런 이유로, 대부분 가루는 액체나 고체 같은 다른 상에 분산 상태로 소비된다. 이런 혼합물들의 특징은 식품으로서의 기능성, 특히 마우스필을 전적으로 결정한다.

미립자 용액: 분산(물)

분산물은 어떤 상의 작은 입자들이 일관되고 연속적인 다른 물질 안에 혼합된 것이다. 액체 혹은 고체 형태의 입자들이 기체, 액체, 혹은 고체에 분산되어 있는 것이다. 분산물인 식재료, 예를 들어 크림, 과일 즙, 혹은 초콜릿 우유 등은 대부분 연속상인 물에 든 고체 입자로 이루어져 있다. 버터, 마가린 및 몇몇 다른 식품에서는 작은 물방울이 고체상에 분산되어 있다. 다크 초콜릿에서 연속상은 카카오 버터이고 고체 입자는 설탕이나 코코아 가루인데, 이는 하나의 고체가 다른 고체에 분산된 예다. 분산물에서 미세구조의 크기는 그것을 구성하는 분자의 크기와 육안으로 볼 수 있는 것의 크기 사이 어디쯤이다. 이 구조들의 규모는 매우 작지만, 분산물의 질감이 부족하지는 않다. 반대로, 우리는 크리미함 같은 매우 흥미로운 마우스필로 그것들을 경험할 수도 있다.

현탁액은 액체에 고체 입자가 분산된 것이다. 입자들의 크기가 보통 1마이크로미터 미만으로 충분히 작다면, 입자들은 그 밀도가 액체와 달라도, 액체에 붙들린 상태로 있을 수 있다. 이런 종류의 현탁액은 '콜로이드 용액'이라고도 한다. 콜로이드 용액은 안정적이어서, 입자들이 함께 뭉치지(집합, 응집) 않는다면, 입자가 밀도에 따라 액체의 아래로 가라앉거나 위로 떠오른다. 우리는 보통 원유에서, 즉 우유에서 지방 입자가 크림처럼 위에 떠 있거나, 초콜릿 우유에서 코코아 입자가 아래로 가라앉았을 때 이런 현상을 본다. 현탁액의 다른 예로는 녹은 초콜릿(녹은 카카오 버터에 분산된 카카오 가루가 든 결정질 지방)과 크림(우유에 분산된 고체 지방)을 들 수 있다. 현탁액의 마우스필은 녹아 있는 입자들의 크기에 달려 있다. 입자가 작아질수록 현탁액은 더 부드러워지고, 진해지고, 균일해진다. 입자들이 극도로 작지만 않다면, 현탁액은 불투명하다. 일부 현탁액에서 입자들은 시간이 지나면서 침전하는 경향이 있다. 이것은 오래 열을 가하는 방법 등으로 액체의 양을 줄여서, 혹은 지방, 녹말이나 겔화제로 연속상을 걸쭉하게 해서 방지할 수 있다.

에멀션은 작은 액체 방울들이 다른 액체에 분산돼 있는 특별한 유형의 현탁액으로, 작은 방울들을 오랜 시간 동안 붙들어놓기 위한 조치들이 취해진다. 에멀션은 작은 방울의 크기가 작아질수록 그 안정성이 커진다. 에멀션은 마우스필과 음식 조리에서 꽤 특별한 역할을 하기에, 별도로 설명하도록 한다. 많은 소스와 크림 및 드레싱이 에멀션이다.

겔은 특별한 유형의 분산물로, 많은 양의 액체(일례로 물)상이 붙들려 있는 고체상으로 이루어졌다. 원칙적으로 겔은 고체로, 일반적으로 긴 분자들이 그물망 형태로 서로 결합할 때 형성된다. 물을 함유한 겔의 예로는, 젤라틴, 펙틴, 혹은 해초에서 추출한 다당류(알진산염, 카라지난, 한천)를 물에 더해 만든 것을 들 수 있다. 용해되어 결합한 분자들로만 이루어져 있으면 겔이 투명하지만, 입자들까지 있다면 불투명할 것이다.

안정제

우리는 안정제(증점제, 유화제, 겔화제 포함)라 불리

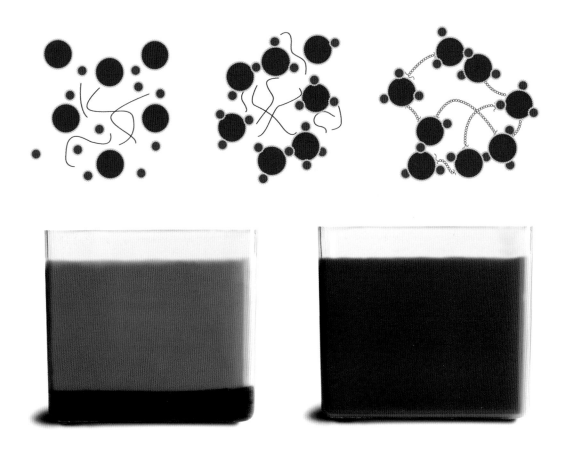

(위) 초콜릿 우유 속에 코코아 입자가 분산돼 있는 현탁액. 그림 왼쪽에서 오른쪽으로 가면서, 안정제가 어떻게 입자들을 느슨한 그물망 속에 결합시켜 아래로 가라앉지 못하도록 하는지 보여준다. (아래) 왼쪽은 안정제가 없는 초콜릿 우유, 오른쪽은 안정제로 카라지난을 쓴 초콜릿 우유.

는, 광범위하고 느슨하게 정의된 물질의 도움으로 현탁액과 겔을 안정화시키는 것에 관해 종종 이야기한다. 이 용어들의 사용이 명확하게 구별되지는 않는데, 동일한 물질이 상황에 따라서 그것의 여러 능력들 가운데 어느 하나로서 작용할 수 있기 때문이다. 예를 들어, 초콜릿 우유 안에 붙들린 코코아 입자가 침전되지 않게 하는 데 쓰일 수도 있고, 샐러드드레싱 안의 기름과 식초가 두 층으로 나뉘지 않게 하는 데 쓰일 수도 있다. 가공식품에서 원하는 질감을 만들어내기 위해, 여러 다양한 안정제들을 조합하여 사용하기도 한다. 예를 들어, 로커스트빈검과 잔탄검은 종종 쌍으로 쓴다. 그들 각각은 주

로 증점제로 쓰는데, 함께 쓰면 겔화제로 작용한다. 또한, 로커스트빈검은 아이스크림에서 해동과 동결을 견디는 능력을 향상시키려고 카라지난과 혼합해서 쓴다.

증점제, 응고제 및 효소

증점제는 액체를 점성 있게 만들어 더 느리게 흐르도록 하는 물질이다. 걸쭉해진 액체와 고체의 특성을 지닌 진짜 겔을 나누는 실질적인 경계는 없다. 음식의 질감을 바꾸기 위해 증점제를 사용하는 것은 주방에서 가장 자주 쓰는 방법 중 하나다.

증점제가 없으면, 보통 소스 등의 액체를 가열할

때 온도를 낮추거나 냉각하는 것만으로도 걸쭉하게 할 수 있는데, 이것은 종종 향 물질의 손실, 예기치 않은 맛의 변화로 이어질 수 있다. 증점제가 있다면, 온도, 산도 등과 관련한 환경조건을 고려하면서 신중하게 골라, 질감을 만들어내기 위해 쓸 수 있다. 가장 잘 알려진 증점제는 녹말로, 물을 흡수해 부풀어 오른다. 또한, 펙틴과 젤라틴도 물과 잘 결합해 액체의 점도를 증가시킨다. 또한, 이 증점제는 더 높은 농도에서, 가능하면 다른 젤화제와 함께 써서, 젤을 안정화시킬 수 있다. 빵 부스러기, 달걀 노른자, 우유는 더 복합적인 증점제다.

응고제는 용액 속 물질들이 합쳐지게 하거나 젤의 형성을 돕는 첨가물이다. 일반적으로 음식을 하면서 고체로 만들 때 응고제를 쓴다. 응고 과정은, 녹아 있는 분자나 입자 사이의 인력을 변화시키고 함께 뭉칠 수 있도록 하는 이온이나 산에 의해 일어나고는 한다. 이런 예로, 발효 버터로 만들기 위해 젖산균을 크림에 넣거나, 치즈 커드를 만들기 위해 젖산균을 우유에 넣는 것, 그리고 두부를 만들기 위해 두유를 응고하는 데 염화마그네슘(간수)의 도움을 받는 것 등이 있다.

효소는 양성 효과와 음성 효과를 모두 낼 수 있다. 일부 효소는 응고 또는 젤 형성의 활성화를 돕는 반면, 다른 효소들은 그것을 분해하거나 그 형성을 막을 수 있다.

에멀션과 유화제

에멀션은 두 가지 액체, 특히 물과 기름의 혼합물이다. 물과 기름은 그 자체로는 혼화성을 갖지 않는다. 그것들을 함께 흔들면, 수면에 더 가벼운 기름이 놓여 떠다니는 형태로 빠르게 다시 분리된다. 어떤 환경조건에서는 물과 기름이 혼합되게 할 수도 있다. 한 가지 방법은 작은 물방울을 기름의 연속상에 삽입하는 것(버터나 마가린 같은 유중수형

유화제를 썼을 때(왼쪽)와 유화제를 안 썼을 때(오른쪽)의 기름과 물 혼합물.

water-in-oil 에멀션)이고, 다른 방법은 작은 기름방울을 물의 연속상에 삽입하는 것(마요네즈 같은 수중유형oil-in-water 에멀션)이다. 또한, 유중수중유형oil-in-water-in-oil 에멀션처럼 좀 더 복합적인 에멀션을 만들 수도 있다. 어떤 종류의 에멀션이 형성되는지는, 두 액체의 비율, 그것들을 결합하는 데 사용한 공정, 그 형성 과정에 첨가한 물질 등 여러 요인에 달렸다.

모든 경우에, 상대적으로 안정적인 에멀션을 만들려면 물과 기름을 함께 결합시킬 수 있는 첨가물이 필요하다. 2장에서 설명했듯이, 그러한 물질은 양친매성 분자일 수 있는데, 그 분자의 한쪽 끝은 수용성으로 물과 결합하고 다른 쪽은 지용성으로 기름과 결합한다. 더 자세히 말하면, 이 분자들은 물과 기름 사이의 표면장력을 낮춤으로써 작동한다. 달걀의 지방과 단백질이 일반적으로 유화제로 쓰인다.

수중유형 에멀션은 물속에 작은 기름방울이 분산된 모습으로 그려볼 수 있다. 이때 그 작은 방울의 표면은 유화제 분자가 덮고 있는데, 그 소수성 끝단은 기름을 향하고 친수성 끝단은 물을 향해 있다. 그 표면적은 전체 에멀션의 부피에 비해 아주 아주 작아서, 안정화하는 데는 아주 소량의 유화제만 필요하다.

에멀션에서 그 작은 방울의 크기와 모양은 환경조건의 전 영역에, 특히 유화제의 종류 및 기름과 물의 관계에 좌우된다. 온도 역시 결정적인 요인이다. 에멀션의 두 작은 방울이 서로 가까워지면, 그것들은 더 큰 방울을 형성하려고 결합할 수 있고, 결국 에멀션을 불안정하게 만든다.

일반적으로, 보통의 에멀션은 안정적이지 않고 자발적으로 형성되지 않는다. 기계적으로 함께 섞고, 젓고, 흔들 때만 생긴다. 그럼에도, 어떤 것들은 꽤 오래 지속되기도 해서, 실제로 식품으로 쓸 때도 안정적인 것으로 여길 수 있을 정도다. 잘 알려진 예

로 균질 우유를 들 수 있는데, 주로 맑은 물과 투명한 유지방의 혼합물로, 두 성분이 분리되는 경우는 있다 해도 극히 드물다.

에멀션에서 특이한 점은 그 유동성이 개별 성분의 유동성과 매우 다를 수 있다는 것이다. 예를 들어, 두 액체의 에멀션은 고체의 특성을 띠어, 마우스필에 큰 영향을 끼칠 수 있다.

[기름과 물의] 접점에서 활성인 수많은 천연 유화제와 물질은 다양한 재료와 식재료에 존재한다. 이런 예로, 모노글리세라이드, 디글리세라이드, 극성 머리 부분을 지닌 레시틴 같은 지질, 또한 일련의 양친매성 단백질과 다당류를 들 수 있다. 이런 물질들이 천연 재료에 많은 이유는, 생체 물질이 양친매성 물질의 도움으로 조직되기 때문이다.

복합적 유체

에멀션은 복합적 유체라 불리는 다양한 종류의 물질 중 하나인데, 이 복합적 유체는 액체와 고체 둘 다와 비슷한 특성을 지녔다. 분산물과 마찬가지로, 이 유체들은 그 크기가 단일 분자 수준부터 육안으로 볼 수 있을 수준까지의 규모로 구조화된다는 것이 특징이다.

각각이 주로 단순한 분자로 구성된 두 가지 액체의 에멀션에서, 그 구조는 다른 상 안에 분산돼 있는 한 상의 작은 방울들의 분포, 작은 방울의 크기에 의해, 그리고 아마 서로 결합하는 방식에 의해 결정된다. 이 구조의 특성들이 에멀션을 복합적인 유체로 만드는 것이다.

또 다른 유형의 복합적 유체는 매우 크고 상대적으로 복잡한 분자, 특히 중합체, 혹은 더 작은 분자들의 총합 혹은 집합으로 이루어진다. 복합적 유체는 거대 분자들이나 분자들의 집합이 구조를 변경하는 속도에 따라 달라지는 몇 가지 특별한 유동성을 갖는데, 이는 유체의 유동 속도와 관련 있다. 이로 인해 아마 '케첩 효과'로 잘 알려진 몇몇 놀라운

기름과 물을 결합하기

기름과 물을 성공적으로 결합하려면, 양친매성 분자를 유화제로 사용해서 자연적으로 일어나는 기본 원리를 모방해야 한다. 모든 세포막은 지질이라는 양친매성 분자들 두 겹으로 이루어져 있는데, 그중 수용성 끝단은 세포 바깥쪽이나 안쪽으로 향하고 지용성 끝단은 서로 마주 보게 향한다. 이렇게 하여, 세포 바깥쪽 혹은 안쪽에 있는 물과 분리시키고 세포 안팎의 주변 환경 사이에 튼튼한 '벽'을 세우는 것이다. 잘 알려져 있는 지질 중 요리에 널리 쓰이는 것으로는 달걀노른자에 풍부한 레시틴, 그리고 식물성 기름, 견과류, 씨앗, 어유에 든 몇몇 포화지방산 및 불포화지방산 등이 있다.

에멀션에서 물과 기름의 접점만 유화제로 덮여 있으면 되기에, 결과적으로 보통 아주 극소량의 유화제로도 많은 양의 물과 기름을 섞기에 충분한데, 상황에 따라 달라지기는 해도 보통 1퍼센트 미만이면 된다. 에멀션은 작은 규모에서 보면 혼성인데, 이는 일반적으로 에멀션이 어떤 상의 작은 방울이 다른 상에 들어 있는 형태로 이루어져 있기 때문이다. 이 작은 방울들의 크기는 0.01마이크로미터에서 100마이크로미터까지다. 방울들이 작을수록 에멀션은 더 안정적이다. 큰 방울을 포함한 에멀션은 흔히 분리되고 층을 형성하는데, 이는 방울들이 합쳐지고 중력이 물과 기름 중 밀도가 더 높은 물은 바닥으로 끌어당기고 기름은 위쪽에 남겨두기 때문이다. 맑은 액체로 이루어진 에멀션은 방울이 아주 작다면 투명할 테지만, 방울이 크면 빛을 분산시키기 때문에 불투명할 것이다.

지난 몇 년 동안 매우 많은 양의 물을 기름에 결합시킬 수 있는 특수한 유화제를 만들 수 있게 되었다. 그 결과 최대 90퍼센트의 물을 함유한 에멀션이 나왔다. 이를 통해 제조업체는, 실온에서는 고체이지만 입안에서는 녹는 마가린 같은 저지방 제품을 만들어낼 수 있게 됐다.

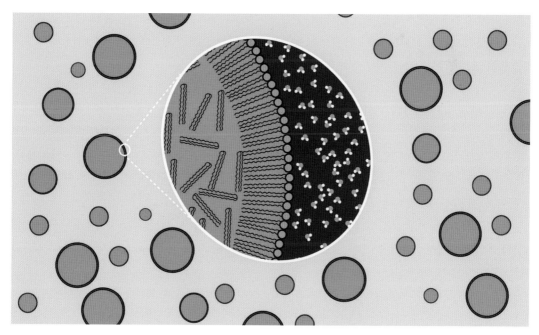

수중유형 에멀션. 작은 기름방울은 물과 기름의 접점에서 활성인 양친매성 유화제에 의해 안정화된다.

케첩 효과

우리는 대부분 진득한 케첩을 병에서 꺼내려고 애써봤지만 다 소용없다가, 몇 번 세게 흔들자 케첩이 갑자기 묽은 액체처럼 순식간에 뿜어져 나오는 걸 경험해봤다. 마치 케첩의 점도가 극적으로 줄어든 것처럼 말이다. 이 묘한 현상은 잔탄검이라 불리는 일부 긴사슬 탄수화물 분자 때문에 일어난다. 케첩 병이 그대로 서 있을 때 케첩의 점도가 매우 높은 이유는 케첩의 잔탄검이 물과 결합하고 긴 잔탄검 분자가 뒤엉켜 있기 때문이다. 하지만 병을 흔드는 것과 같은 매우 강한 힘이 케첩에 가해지면, 분자들은 곧게 펴지고 갑자기 서로 미끄러지게 된다. 이를 두고 우리는 '액체가 전단박화shear-thinning를 나타낸다'고 하는데, 전단력shear force[물체 안의 평행면에 크기가 같고 방향이 서로 반대가 되도록 작용하는 힘으로, 이로 인해 미끄럼 현상이 일어난다]이 흐름의 방향으로 작용할 때 점점 묽어지는 현상이다. 일부 젤리를 휘저을 때도 같은 효과가 입증된다. 젤리는 빠르게 휘젓는 동안 점도가 줄어들고, 천천히 휘저으면 다시 진득해진다.

효과를 낳는데, 케첩은 병을 뒤집어도 쉽사리 흘러나오지 않지만, 병을 격렬하게 흔들면 거의 저항 없이 흘러나온다.

많은 식재료는 복합적 유체다. 에멀션뿐만 아니라, 다당류처럼 매우 긴 분자인 중합체를 함유한 혼합물들이 있다. 이 혼합물들은 매우 독특한 질감과 마우스필의 원인이 되는 특유의 유동성을 갖고 있다. 어떤 조건에서, 물과 결합하는 특별한 긴사슬 분자를 지닌 액체, 즉 젤화제로 알려진 물질은 액체가 고체 겔을 형성하도록 할 수 있다.

겔

겔화는 너무 액상이어서 좀 더 단단해져야 하는 음식, 혹은 겔 안에 박으면 가려질 수 있는 별로 좋지 않은 마우스필을 주는 작은 입자들로 이루어진 음식의 질감을 바꾸는 데 가장 흔히 쓰이는 효과적인 방법이다. 음식 속의 겔은 주로, 겔화제 역할을 하는 긴 분자들(보통 다당류나 단백질)에 의해 형성된다. 이 분자들의 양이 적으면 서로 충분히 접촉할 수 없어 액상으로 남아 있지만, 점도는 더 높일 수 있다. 결과적으로, 겔화제는 적게 쓰여야 소스나

케첩에서처럼 증점제 역할을 한다. 농도가 더 높아지면, 긴 분자들은 서로 교차하여 결합해 삼차원의 그물망을 형성할 수 있다. 이런 망은 경도, 뻣뻣함, 탄성, 바삭함 등 고체 물질에서 보이는 것과 비슷한 특성을 갖는다. 이 망은 액체와 함께 실제 겔을 형성한다. 많은 겔화제에서 특별한 점은, 그것들이 1퍼센트 미만의 농도에서도 겔을 형성할 수 있다는 것이다.

겔화: 얼리기

gelare는 '얼리다'라는 뜻의 라틴어 동사다. 젤라틴을 함유한 고기를 익힌 뒤 그 즙을 식힐 때, 즙은 겔을 형성한다. 이 방식으로, 모든 젤리의 '어머니'로 추앙받는 전형적인 아스픽aspic[육즙으로 만든 투명한 젤리로, 차게 식혀서 먹는다]이 만들어진다. 간텐かんてん(한천의 일본어)이, 차게 하거나 얼린 도코로텐ところてん, 즉 많은 한천을 함유한 홍조류 추출물을 끓여 만든 일본 음식을 가리킨다는 점은 흥미롭다. 아마도 간텐은 우연한 발견이었을 것이다. 추운 날 바깥에 놔뒀던 남은 도코로텐이 따뜻한 물에 있었다면 다시 녹았을 수 있음을 발견했던 것이고, 이어서 수분이 날아가자 더욱 순정하고 효과가 좋은 겔화제가 되었다.

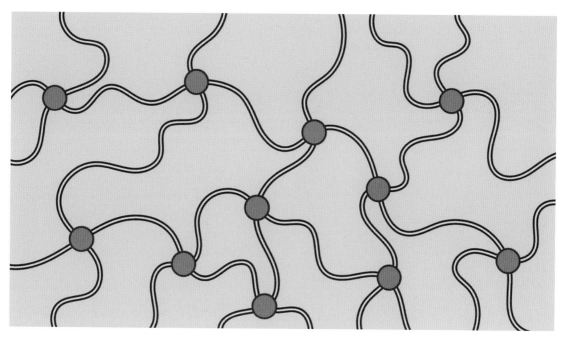

긴 분자들의 그물망으로 이루어진 겔. 그것들은 특정 자리에서 물리적 힘이나 화학적 결합에 의해 함께 묶인다.

겔이 매우 특이한 식재료처럼 보일지도 모르겠지만, 일상적인 식재료 중에도 많다. 기술적 관점에서 말하자면, 빵, 치즈, 조리된 달걀, 두부도 모두 겔이다.

겔의 특성은 겔 구성 분자의 성질, 예를 들어 크기나 전기적 성질에 달렸는데, 이런 성질은 겔의 구성 분자들이 서로 교차하여 결합하는 방식을 결정하기 때문이다. 분자들이 결합(하는) 자리의 수는 분자의 크기가 커지면 따라서 많아진다. 그 수가 많아지면 겔은 더 빽빽해지고, 수가 적어지면 겔은 더 부드럽고 유연해진다. 겔을 이루는 액체와 용해된 물질의 유형 또한 그 움직임에 영향을 끼치고, 겔의 안정성은 특히 온도와 산도에 달려 있다.

음식에 관한 한, 물 그리고 물이 든 용액이 가장 흥미로운 대상이다. 수용액으로 형성된 겔은 수화겔이라 불린다.

겔화 분자 간 결합을 만들어내는 데는, 지배적이면서도 서로 다른 두 가지 방식, 즉 화학적 결합과 물리적 힘이 있다. 화학적 결합으로 된 겔은 비가역적이어서, 한번 결합이 형성되면 쉽게 깨지지 않는다. 한 예로 달걀을 익히면 흰자가 단단해지는 것을 들 수 있는데, 냉각되어도 흰자가 다시 액체로 되돌아갈 수는 없다. 화학 결합으로 된 겔이 깨지면, 한천으로 겔화된 과일 디저트처럼 스스로 재조합될 수 없다.

물리적 결합으로 안정화된 겔은 전기적 힘의 도움으로, 혹은 긴 겔화 분자가 얽힐 때 생성될 수 있다. 이런 유형의 겔은 온도, 이온 농도, 산도가 변할 때 종종 가역적 방식으로 움직인다. 때로는 물리적으로 결합된 겔은 흔들거나 휘저어 결합이 깨지면 스스로 '치료'하기도 한다. 요리에 쓰이는 일반적인 겔은 물리적 결합으로 이루어진다. 가장 잘 알려진 예는 젤라틴으로, 분말이나 시트 형태로 판매한다.

겔의 결합 형성은 오랜 시간이 걸리고 온도에 따라 달라질 수 있다. 어떤 겔은 시간이 지나면, 그리

수분 함유 겔 두 가지. 왼쪽은 한천으로 만든 것, 오른쪽은 젤라틴으로 만든 것.

고 낮은 온도에서는 딱딱해진다는 뜻이다. 어떤 경우에는 특정 혼합물을 차가운 물에 넣으면 겔화가 촉진될 수 있고, 뜨거운 물이 더 좋은 경우도 있다. 일부는 열에 따라 가역적인데, 즉 가열하면 녹을 수 있고 다시 냉각하면 겔로 재형성된다는 뜻이다. 대부분 겔은 겔화되는 온도보다 녹는점이 높다. 예를 들어, 한천 겔은 섭씨 85도에서 녹지만, 섭씨 38도 아래로만 온도를 낮추면 다시 겔이 된다.

동물 콜라겐 추출 단백질로 된 젤라틴 말고는, 전통적인 가정용 겔화제와 증점제는 대부분 다당류로 이루어져 있다. 이것들은 식물의 연성 조직(펙틴, 녹말, 아라비아검), 박테리아(젤란검) 및 해초(한천, 카라지난, 알진산염) 등 많은 재료에서 추출된다. 이 가운데 식물의 탄수화물에서 추출한 녹말은 아마 가장 흔하게 사용되는 요리용 증점제일 테다.

또한, 셀룰로스를 화학적으로 처리해 생산한 메틸셀룰로스, 설탕을 세균 발효해 생산한 잔탄검 등처럼 인공적으로 합성해서 생산하는 겔화제는 꽤

많다. 또한, 많은 변형 녹말도 상업적으로 이용할 수 있다.

일부 국가에서는, 자연적으로 발생하지 않은 혹은 생체 물질에서 추출한 겔화제에 대해 식품 첨가물임을 밝히도록 한다. 역사적인 이유로, 유럽에서는 젤라틴과 녹말을 식품 첨가물로 표시하지 않아도 되는 반면, 미국에서는 제품 라벨에 표시해야 한다.

여러 종류의 겔화제와 증점제는 각각 독특한 성질을 갖고 있어서 다양한 용도로 쓰인다. 따라서 특정한 온도 구간이나 특별한 산도처럼 특정 상황에서만 원하는 효과를 내는 첨가물도 있다. 펙틴과 알진산염을 비롯해 어떤 겔화제들은 딱딱한 겔을 형성하려면 칼슘 같은 특정 이온 염이 있어야 한다. 가끔은, 원하는 결과물을 얻기 위해 이런 물질들을 조합해서 사용해야 한다.

겔의 특성은 겔 형성에 사용한 겔화제에 크게 달려 있어서, 적절한 겔화제를 선택하는 일은 매우 중

사과 '퍼지fudge'

재료 | 가급적 붉은 껍질의 사과를 갓 짜낸, 거르지 않은 즙 2컵(500ml), 펙틴 1큰술(15g),
구연산 1과 1/2작은술(7.5g), 과립당 2컵(400g), 글루코스 4와 1/2큰술(100g)

이 '퍼지'는 사과 즙과 펙틴으로 만든 단단한 젤리다.

• 사과 즙을 펙틴, 구연산, 설탕 1/4컵(50g)과 섞는다.
• 액체 혼합물을 끓이고 나머지 설탕과 글루코스를 넣는다. 온도를 섭씨 107도까지 올린다. 불을 끄고 얇은

팬에 붓는다. 완전히 식을 때까지 놔둔다.
• 혼합물이 식었을 때, 이 사과 '퍼지'를 작은 조각으로 자른다. 마무리로, 조각들을 약간의 구연산 가루가 혼합된 설탕으로 코팅할 수 있다.

사과 '퍼지'.

요하다. 특히 중요한 몇 가지 고려 사항은 겔의 녹는점, 동결이나 해동 시 안정성, 반투명/불투명 여부, 깨진 뒤 다시 자기조립할 수 있을지 여부, 흔들었을 때 점도가 영향받는지 여부, 흐르는지 여부(시너레시스syneresis)[이액離液. 겔의 액체가 빠져나오는 현상], 특정 맛 물질 함유 여부 등이다.

겔의 녹는점은 마우스필에 매우 큰 영향을 끼친다. 어떤 식품은 겔이 입안에서 녹을 때 더 매력적이다. 육상동물에서 유래한 젤라틴으로 만든 아스픽은 섭씨 30~40도의 녹는점을 갖는 반면, 어류에서 추출한 젤라틴으로 만든 것은 더 낮은 녹는점을 갖는다. 우리는 펙틴으로 겔을 형성한 잼과 마멀레이드 같은 다른 음식들에 대해서는 입안에서 단단한 상태 그대로 있기를 기대하는데, 이것들은 섭씨 70~85도의 녹는점을 갖는다.

해초 추출물인 알진산염, 한천, 카라지난은 수화겔을 형성하는 겔화제라는 특수한 범주를 구성한다. 어떤 면에서, 이 겔화제들은 온도 안정성 및 효소 분해와 관련하여 다른 것들보다 낫다. 알진산염을 쓰는 구형화 과정 같은 새로운 기술들을 요리에 적용하고자 하는 현대 요리modernist cuisine 및 분자 요리 지지자들은 열광적으로 이 겔화제들을 활용했다.

수분을 함유한 식재료의 겔 형성 과정에서 관건

맥주의 기포, 맨 위에 거품 층이 있다.

해진 것으로, 그 과정에서 매우 작은 기포를 집어넣으려면 매우 강도 높은 수고를 들여야 한다. 작은 기포 안의 기압이 큰 기포 안의 것보다 크기 때문에, 가장 작은 거품이 터져 섞임으로써 거품의 질감을 바꾸기 전에 원하는 정도로 거품을 만드는 것은 시간 싸움이 된다.

거품 속 기포가 터지지 않으면서 서로 미끄러지기는 어렵기 때문에, 결과적으로 거품은 쉽사리 흐르지 않는다. 이 때문에, 거품은 그대로 유지돼 뿔을 형성할 수 있고 숟가락에 혹은 혀와 입천장 사이에서 압착되는 데 저항할 수 있다. 액체가 천천히 없어질 때 거품은 부서지기 쉬워지고, 기포는 터지고, 결국 무너져버린다. 이런 효과는 커다란 맥주 거품이 시간이 지나면서 사라지는 맥주잔에서 쉽게 볼 수 있다.

거품의 마우스필은 한편으로는 기포의 수와 크기가, 다른 한편으로는 액체의 단단함이 결정한다. 어떤 것은 매우 부드럽고 유연하며, 다른 것은 바

은 물을 겔화제와 결합하는 것이다. 이를 고려하면, 물의 성질을 바꾸는 주변 환경, 예를 들어 이온의 존재 및 산도 등이 겔의 성질과 안정성을 바꿀 수 있다는 것은 명백하다. 또한, 설탕, 소금, 알코올처럼 물을 결합할 수 있는 다른 물질들도 함께 경쟁하면서 겔을 불안정화할 수도 있다.

거품

거품이란 액체를 휘저음으로써 기포를 넣어 빳빳

블랙 커런트black currant 즙으로 색을 낸 마른 머랭.

세 가지 방식의 거품

동네 커피숍은 거품을 자세하게 들여다보기에 좋은 장소다. 당신은 케이크에 휘핑크림을 얹을 수 있고, 에스프레소 표면 위에 올라오는 '크레마'를 맛볼 수 있으며, 카푸치노 위에 떠 있는 다른 종류의 거품[크림]을 떠먹을 수 있다. 이 세 가지의 거품은 저마다 뚜렷하고 기분 좋은 마우스필을 지녔다. 또한, 거품은 향 물질을 함유하고는 하는데, 방울이 터지거나 거품이 무너지면 향 물질이 나온다.

각각의 거품은 세 가지 다른 과정이 작동한 것이다. 진득한 크림이 단단해질 때까지 휘핑하면, 지방구 fat globule로 이루어진 망에 기포가 갇힌다. 따라서 이 크림은 무겁고 크리미하며 부드럽다. 커피콩에는 로스팅 과정에 형성되는 표면활성 물질과 이산화탄소가 있다. 이 물질들은 공기와 뜨거운 증기가 분쇄 원두에 압착될 때 액상 커피의 위층까지 올라오는 작은 방울들을 만들어내도록 돕고, 이것은 얇은 거품 층, 즉 좋은 에스프레소의 상징인 크레마를 만들어낸다. 카푸치노의 경우, 뜨거운 증기가 우유를 거쳐 가면서 카세인과 유청 단백질에 안정화된 방울이 형성되는데, 이 거품을 커피 위에 스푼으로 얹는다. 지방 함량이 너무 많으면 거품이 무너지므로, 카푸치노 거품을 만들 때는 보통 탈지유나 저지방 우유를 쓴다.

두터운 거품 층이 있는 카푸치노 한 잔.

삭하여 쉽게 부서질 듯하고, 또 어떤 것은 꽤 단단하다.

거품과 그 작은 기포들은 적당한 지방, 단백질, 유화제(예를 들어 달걀노른자나 우유 같은 것)를 써서 점도를 높이거나 유화함으로써 안정화할 수 있다. 유화제는 기포의 표면장력을 감소시키고, 함께 터지거나 섞이지 못하게 한다. 주방에서 리덕션[오래 끓여 진하게 만드는 과정]의 결과물로 나온 액체는 충분한 지방과 단백질을 함유하고 있어서, 최소한 음식을 내는 데 걸리는 짧은 시간 동안은 거품을 안정화할 수 있다. 이국적인 예로는, 패류貝類의 액체로 만든 거품을 얹어 장식한 요리가 있다.

거품에게 최악의 적은 액체의 손실이다. 중력에 의해 끌어내려지거나 물을 따라낼 때, 공기가 너무 건조해서 증발할 때 그렇게 된다. 비눗방울은 유화제인 비누로 안정화된 얇은 물막으로 구성되어 있는데, 정확하게 같은 문제를 안고 있다. 그 해결책은 물을 유지할 수 있는 물질, 예를 들어 액체의 점도를 증가시키는 겔화제 같은 물질을 첨가하는 것이다. 반대로 알코올 같은, 액체를 희석하는 물질들은 거품을 불안정하게 해서 아주 소량만 첨가해야 한다. 거품에 기름을 첨가하는 것은 좋은 아이디어가 아닌데, 기름방울들은 인접한 방울들의 공기층 사이에 다리를 놓는 경향이 있어서, 방울들이 터지

바삭한 프렌치프라이, 껍질 벗기기 및 모든 것

재료 | 신선하고, 녹말이 많고, 껍질을 안 벗긴 감자, 쇠기름, 아주 고운 소금

완벽에 가까운 프렌치프라이를 만드는 레시피다. 쇠기름에 튀기는데, 쇠기름은 녹는점이 높고 맛 물질을 더하는 포화지방으로 이루어졌다. 감자의 껍질을 꼭 남겨둬야 한다.

- 감자를 꼼꼼하게 씻고, 껍질 쪽 두께가 1.5cm 정도 되도록 쐐기꼴(웨지wedge)로 자른다. 녹말이 나오지 않을 때까지 물에 헹군다. 6시간 정도 찬물에 담가놓는다.
- 큰 냄비에 옅은 소금물을 담고 감자 조각에 균열이 막 생길 때까지 끓인다. 약간의 균열이 생긴 조각들이 가장 바삭한 프렌치프라이를 만든다.
- 껍질 부분이 바닥에 가게 해서 감자 조각을 베이킹 트레이baking sheet 위에 한 층으로 놓고, 12시간 정도 냉장 보관한다.
- 쇠기름을 녹이고 체로 고형물을 걸러낸다.
- 쇠기름을 섭씨 130도까지 가열하고, 황금색이 될 때까지 감자를 튀긴다. 기름 온도를 유지하기 위해 한꺼번에 많은 감자 조각을 튀기지 않도록 한다.
- 감자 조각들을 베이킹 트레이에 놓고 완전하게 식힌다.
- 음식을 내기 바로 전에, 쇠기름을 섭씨 185도까지 가열한다. 감자 조각들이 바삭해지고 황금색이 날 때까지 다시 한 번 튀기고, 키친타월에서 기름을 뺀 뒤 아주 고운 소금을 뿌려 바로 낸다.

면서 더 큰 방울로 결합하기 때문이다.

마른 머랭은 기포 사이의 액상이 딱딱해진 거품이다. 이것은 다음과 같이 해서 만들 수 있다. 우선, 물이 대부분인 달걀흰자에 설탕을 넣어 치댄 뒤, 이 혼합물을 따뜻하게 데워 물을 증발시키면 머랭은 딱딱해진다. 달걀흰자에 첨가하는 설탕이 많을수록, 증발되는 물이 많을수록, 머랭은 더 단단하고 바삭해진다.

거품은 종종 소스 등의 액체를 고정시키고, 베이킹 음식들을 좀 더 솜털처럼 폭신하게 만드는 데 쓰인다. 원론적으로 볼 때 베이킹 음식에서 반죽은, 구워지기 전에는 부드러운 거품이고 오븐에서 나온 뒤에는 단단한 거품이라고 볼 수 있는 것이다. 스펀지케이크처럼 가볍고 공기가 많은 몇몇 케이크는 탄력 있고 스펀지 같은 거품이라 할 수 있다. 수플레는 또 다른 유형의 단단한 거품이다.

음식이 형태, 구조 및 질감을 바꿀 때

녹말이 풍부한 일반적인 감자는, 식재료 자체의 물리적 성질이 그 형태, 구조, 질감의 변화를 거친 뒤에 진짜 맛깔스러운 음식, 즉 따뜻하고 바삭한 프렌치프라이로 바뀌는 방법을 설명하기에 좋은 예다.

완벽한 프렌치프라이를 만들 때 관건은, 감자의 녹말에서 수분 함량, 특히 각 조각 내부와 표면에서 수분 비율을 조절하는 것이다. 단계별로 해결 방법이 있다. 먼저, 감자 조각을 부서지기 직전까지 익혀서 수분 함량을 최대화하고, 감자의 녹말을 젤라틴화하여 부드럽게 한다. 감자가 식으면, 단단한 겔의 성질을 띤다. 그러고는 바깥은 더 이상 물기가 없지만 속은 여전히 많은 수분을 함유한 상태가 되도록 말린다. 그다음, 너무 뜨겁지 않은 기름에 푹 담가

음식의 형태와 질감이 바뀔 때, 감자에서 프렌치프라이로.

튀겨, 표면에 남은 수분을 마저 제거하여 원하는 바삭함을 간직한 유리 상태의 특성을 띠도록 한다. 마지막 단계가 가장 중요한데, 좀 더 뜨거운 기름에 감자 조각을 한 번 더 튀기는 것으로, 유리 같은 가장 바깥층이 촉촉한 안쪽과 분리되고 살짝 부풀어 오르게 하는데, 안쪽 수증기가 바깥쪽으로 압력을 가하기 때문이다. 이제 프렌치프라이가 먹을 수 있을 정도까지 식으면, 안쪽의 축축한 겔이 수축하면서 바삭한 바깥쪽과 안쪽 사이에 살짝 공기층이 생긴다. 이 공기층은, 안쪽의 수분이 유리 층 속으로 스며드는 속도를 늦춰, 프렌치프라이가 탄력 있고 유연해지게 한다. 이제, 문제는 타이밍이다. 프렌치프라이를 재빠르게 내는 것, 그리고 그 질감이 눅눅해지기 전에, 여전히 바삭하고 맛있을 때 먹는 것 말이다.

Chapter 4

질감과 마우스필

앞서 살펴보았듯이, 음식의 물리적 질감은 우선, 그 생물학적 원천의 구조를 일정 정도 유지한 식재료를 기반으로 하는지, 아니면 기름, 물, 추출물의 혼합물처럼 다른 순수 성분들을 조합한 것인지, 전적으로 합성한 것인지에 달렸다. 다음으로, 구조는 주방이나 공장에서 어떻게 처리되는지의 함수다. 마지막으로, 일단 음식이 우리 입안에 들어오면 변화가 일어나는데, 이런 변화들은 이, 턱, 혀의 도움을 받은 기계적 작동인 씹기 때문이거나 침과 온도로 인한 화학적 혹은 화학물리적 변화 때문이다. 이런 변화들로 인한 경험은 종종 우리가 입안에 든 음식에 얼마나 빨리 작용을 가하는지에 달렸다.

이런 변화들은 모두 마우스필이 음식의 질에 관한 우리 판단에 어떻게 영향을 끼치는지에 관여한다. 그 질감의 의미를 이해하려면, 우선 먹는 일의 기계적 측면을 살펴보는 것이 유용할 것이다.

음식을 씹을 때, 우리는 '미각 근육'을 쓰고 있다

혀와 턱의 근육은 입안에서 기계적인 과정 전반을 수행하도록 발달되어왔다. 먼저, 앞니가 음식을 단단하게 잡아 잘라낸 뒤, 송곳니가 그 조각을 고정하고, 마지막으로 어금니가 부수고 갈기 시작해서 맛과 향 물질이 나오고, 음식은 침과 함께 삼킬 수 있을 정도로 작은 입자가 된다. 이런 일이 일어나는 동안, 혀는 곡예 같은 움직임으로 음식을 더듬어보고, 뒤집고, 돌리고, 특히 액체가 포함돼 있다면 음식을 이 사이에 놓고, 마지막으로 이와 입술 혹은 뺨 사이에 붙은 조각을 찾을 수 있어야 한다. 씹기는, 음식을 작은 조각으로 자르고 이것들을 침과 결합해 삼키기 쉬운 구형의 음식(한입 덩어리)으로 만드는 데 모두 기여한다.

음식을 충분히 씹었다는 것을 마우스필로 알 수 있을 때, 혀는 이로부터 음식을 받아 구형의 음식을 인두 뒤쪽으로 밀어넣는 최종 작업을 한다. 이제, 음식이 기도로 빠지지 않고 확실하게 식도로 잘 내려가게 하는 가장 복잡하고 잘 조율된 과정이 필요하다. 우리가 음식을 삼키는 동안 상당 부분 자동적으로 일어나는 일들이 있다. 입을 닫으면 날숨을 촉발해 향 물질의 마지막 샷이 후비강성 통로를 거쳐 코로 들어가는 것이다. '미각 근육'에 의해 조절되는 이런 기계적 과정을 거쳐, 모든 감각, 특히 마우스필은 최대한도로 가동될 것이다.

앞니와 송곳니로 음식을 잡고 깨무는 것은 대칭적인 과정이다. 놀랍게도, 실제로 음식을 씹는 일은 어금니 사이에서 리드미컬하게 일어나며 비대칭적이다. 우리는 한쪽에서는 씹고 다른 쪽에서는 균형을 맞추고, 씹는 쪽에서 작업이 계속되도록 혀는 음식을 움직여주고, 아래턱에도 옆쪽으로 움직임이 있다. 비대칭적인 씹기의 여러 장점 가운데 하나는 더 많은 힘이 음식에 가해지게 한다는 것이다.

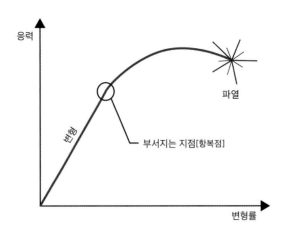

음식 한 조각의 응력-변형률 곡선. 음식에 작은 힘만 가해졌을 때는, 가해진 힘(응력)과 변형의 관계가 직선이다. 힘이 상당히 커지면, 음식은 부서지기 시작해 응력이 멈춰도 원래 형태로 돌아오지 못한다. 더 많은 힘이 가해지면, 음식은 파열되고 조각난다.

가죽만큼 질긴

과일 가죽fruit leather은 물리적인 면에서 가소성이 좋으며 꽤 질겨서 가위를 쓰는 것이 잘라내는 가장 쉬운 방법이다. 과일 가죽은 많은 양의 설탕으로 조리한 과일 퓌레로 만든다. 프라이팬에 황산지를 깔고 퓌레를 펼쳐 발라 6밀리미터보다 얇은 층을 만들고 섭씨 50도에서 10시간 동안 혹은 고체가 될 때까지 말린다. 과일 가죽은 매우 강한 과일 향과 맛을 지녔고, 이보다 씹기 어려운 것을 찾기 힘들 정도로 질기다.

음식을 만들어 먹기 전 초기에 재료를 손질하는 일, 예를 들어 작은 조각으로 자르거나 가열하는 것은, 힘을 덜 들이고 씹을 수 있게 해주고, 영양가 있는 물질은 더 많이 나오게 해준다. 한편, 침에 있는 효소들은 음식을 삼키기 전에도 그 분자들을 분해하는 작업에 들어간다. 그 최종 결과로, 기계적인 작업이 적어진다.

사람의 이가 감지하는 질감은, 음식의 구조가 얼마나 균일한지에, 특히 표면과 내부 구조 사이에 차이가 있는지에 달렸다. 초콜릿 웨이퍼[기포가 많은 얇은 과자] 사이에 샌드위치처럼 소프트크림을 채워 넣은 과자를 상상해보라. 당신이 그 과자를 막 물었을 때 딱딱한 느낌이 드는 이유는 부드러운 속은 쉽게 무너지지만 딱딱한 초콜릿을 이가 깨기는

힘들기 때문이다. 그럼, 반대를 상상해보자. 두 겹의 빽빽한 크림 층이나 거품 사이에 초콜릿 웨이퍼를 채워 넣은 과자의 질감은 어떨까. 이가 부드러운 층을 쉽게 깨물 수 있어서, 과자 전체가 부드럽게 느껴질 것이다. 당신이 안쪽의 초콜릿 웨이퍼까지 깨문 후에라도 말이다.

질감은 무엇인가

몇 년 동안 음식의 질감을 표현하는 방식에는 많은 변화가 있었다. 더 혼란스럽게도, 질감과 구조를 나타내는 표현들은 거의 호환이 될 정도로 쓰였다. 폴란드 태생의 미국인 식품과학자 알리나 수르마츠카 슈체시니아크는 질감에 관한 연구, 우리가 무엇을 먹을지 결정하는 데 질감이 어떤 영향을 끼치는지에 관한 연구의 개척자로 알려졌다. 그녀는 질감을, 그리고 그와 함께 마우스필을, 다음과 같이 정의했다.

• 음식의 감각적인 성질, 결국은 인간만이(혹은 다

음식은 얼마나 강한가: 탄성, 가소성, 점탄성

음식을 씹는 주된 이유 가운데 하나는 음식을 작은 조각으로 잘게 부수는 것이다. 이 작업은 음식의 물리적 구조와 힘의 작용을 견디는 능력에 달려 있다.

단단한 음식을 기계적으로 부숴야 할 때, 우리는 음식의 형태에 변화를 일으키고, 결과적으로 작은 조각으로 부수는 힘(장력과 응력)을 써야 한다. 약한 힘은 일반적으로 탄성 변형을 일으키는데, 힘이 가해졌던 물질에서 그 힘이 제거되면 물질은 다시 원래 형태로 돌아간다. 우리는 단단한 캐러멜이나 질긴 고기 조각을 씹을 때 이런 현상을 볼 수 있다. 더 큰 힘이 가해지면, 재료에는 소성 변형이 생기는데, 이때는 힘이 제거되어도 원래 형태로 돌아가지 못할 수 있다. 고기 한 조각을 힘들게 씹고 또 씹을 때 이런 효과를 확인할 수 있다. 더욱 큰 힘을 가하면 재료가 파열될 수 있다. 음식을 부서지게 하는 게 어느 때인지는 파열이 음식을 관통해서 일어나는지 여부에 달렸으며, 그 여부는 다시 전적으로, 식재료의 경도와 인성[질김]에 달렸다. 비스킷이나 날것의 사과처럼 단단한 식품의 경우, 파열이 식품을 관통해서 일어날지 결정하는 것은 바로 힘의 강도다. 좀 더 유연한 재료의 경우, 그 효과는 변형이 일어나는 정도에 달렸다. 예를 들어, 결합 조직이 많은 단단한 채소나 고기 조각을 베어 물 수 있는 것은, 이가 아래턱의 횡적 움직임의 도움을 받아 음식을 조각들로 찢을 때뿐이다.

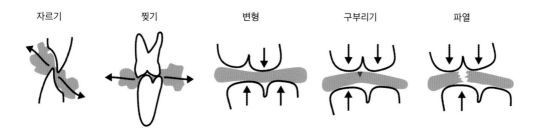

씹기의 기작. 그림은, 이가 어떻게 음식 조각을 자르고, 변위 응력을 만드는지 보여준다.

른 생명체도) 인식하고 묘사할 수 있는 성질이다. 질감의 어떤 특성들만 물리적 방법으로 측정할 수 있고 그 측정의 결과는 감각적인 해석이 필요하다.

• 다면적 성질이므로, 단일 척도를 가지고 단단하다거나 크리미하다고 묘사할 수 없다.
• 분자부터 현미경 수준까지 모든 수준에서 음식의 구조에 달려 있는 어떤 성질이다.
• 촉각과 압각 등 몇몇 감각에 의해 인식되는, 매

우 중요한 어떤 성질이다.

이 정의는 널리 받아들여졌다. 질감의 정의에 관한 가장 권위 있는 연구는 맬컴 본의 《식품의 질감과 점도Food Texture and Viscosity》로, 본은 다음과 같이 압축해 정의했다. "어떤 음식의 질감 관련한 특성들은, 그 음식의 구조적 요소에서 생겨나는 물리적 특성들의 그룹이 주로 촉감에 의해 느껴지고, 어떤 힘의 영향 아래 음식의 변형, 붕괴, 흐름과 관련

히브리어 성경 속 질감

히브리어 성경에는, 완벽한 음식 원천인 만나manna에 대한 언급이 있다. 사막을 헤매는 동안, 이스라엘 사람들은 40년간 매일 만나를 먹었다고 한다. 출애굽기에 묘사되기를, 만나는 하느님이 만든, 곱고 싸래기 같은 것으로 매일 아침 땅 위에 서리처럼 나타났다. 하얀 고수풀씨를 닮았고 인간에게 필요한 모든 영양이 담겨 있다고 했다.

그 맛은 꿀 케이크 같다고 묘사된 만나는, 하지만 질감과 그 변화는 부족했던 것 같다. 이스라엘 사람들은 불만스러워했고 그 결과 이렇게 울부짖기 시작했다. "우리가 먹을 고기가 있다면 좋을 텐데!! 우리는 이집트에서 공짜로 먹었던 물고기를 기억한다. 또한 오이, 멜론, 리크, 양파와 마늘도. 하지만 이제 우리는 입맛을 잃었다. 우리는 만나 말고는 어떤 것도 못 봤다!"

있으며, 질량, 시간 및 거리의 함수에 의해 객관적으로 측정된다는 것이다."

이 정의에 따르면, 우리가 질감이 감각 특성의 집단임을 인정하려면 실제로 그저 질감이 아니라 '질감 요소들'이라고 해야 한다. 그러나 이 책에서는 간단히 '질감' 혹은 '마우스필'이라는 단어를 계속 사용할 것이다. 그다음으로, 우리는 질감을 설명할 때 연관되는 많은 다른 변수를 살펴볼 것이다. 그러면 상당히 다양한 질감이 있고, 그것을 설명하기 위해 많은 표현이 필요하다는 점이 분명해질 것이다.

질감, 그리고 마우스필을 정의하기 어렵게 하는 것은, 몇몇 질감 요소는 측정할 수 있는 물리적 차원을 가지는 반면, 다른 요소들은 인간의 감각 인상 및 음식의 구조에 대한 인식과 연관될 때만 의미를 가지기 때문이다. 결국, 어떤 질감이 경험될 때 그것을 측정된 물리적 특성과 상호 연관시키기는 힘들다. 50여 년 전, 화학자 H. G. 뮐러는 우리가 '질감'이라는 용어를 버리고, 대신 한 물질의 흐름 특성과 관련된 물리학의 한 분야인 유변학, 그리고 물질들의 기계적 행동을 인식하는 것을 다루는 심리학의 한 분야인 촉각-미학hapthaesthesis을 언급해야 한다고 제안했다. '촉각의haptic'는 주로 감각과학

자들이 우리가 날것 재료와 음식의 표면 구조를 어떻게 느끼는지 묘사할 때 쓰는 용어다.

질감과 마우스필을 위한 많은 단어

몇몇 나라와 문화에는 질감과 마우스필을 표현할 단어가 많은 반면, 다른 곳에는 비교적 적다. 정확하게 그 수치를 제시하기는 힘든데, 단어들이 하나 이상의 뜻을 가질 수 있기 때문이다. 조사들에 따르면, 질감을 묘사하는 어휘가 가장 풍부한 언어는 일본어로, 406개의 별개 용어가 있다. 호주에서는 105개의 단어를 쓰고, 미국에서는 78개 단어만 쓴다. 이런 큰 차이에도 불구하고, 질감이 그 세계의 모든 부분에서 가장 중요한 개념임을 입증해주는, 많은 언어에서 공통인 정량적 조사 결과가 있다.

스웨덴의 음식 연구자 비르예르 드라셰가 1989년에 이를 지적했다. 그는 22개의 언어를 연구해, 같은 의미를 지닌, 질감 요소들에 관한 54개의 단어를 발견했다. 이 단어들은 6개의 범주, 즉 점성, 가소성, 탄성, 압축성, 응집성, 접착성으로 분류된다.

미국 및 유럽의 많은 국가에서 질감 관련해 가장 자주 쓰이는 단어는 '바삭한crisp'이다. 일본에서는 '단단한hard'이다. crisp, juicy, soft, creamy, crunchy, hard는 미국, 호주 및 일본에서 질감 관련해 가장 흔히 쓰이는 용어다.

질감의 중요성

여러 실험에 따르면, 다양한 식재료로 만든 퓌레를 맛보는 블라인드 테스트에서 젊은이 그룹의 40퍼센트만이 그 재료를 정확하게 식별할 수 있었다. 나이 든 그룹의 경우, 식별 성공률은 30퍼센트 정도로 떨어졌다. 재료별 식별률에는 엄청난 차이가 있었다. 예를 들어, 젊은이 그룹의 80퍼센트 이상이 퓌레로 만든 사과, 딸기, 생선을 골라낼 수 있었던 반면에, 쇠고기는 40퍼센트, 오이는 8퍼센트, 양배추는 4퍼센트만이 골라낼 수 있었다.

마우스필에 두는 비중을 보면, 꽤 많은 차이가 사회적으로 추동되며 젠더와 관련이 있다. 잘 교육받고 부유한 사람들, 특히 그 범주의 여성들이 마우스필을 가장 강조하는 것으로 보인다.

마우스필을 위한 단어들

일본에서는 음식의 질감에 대한 인식 수준이 높다. 입안에서 음식이 어떻게 느껴지는지(구치아타리口あたり), 혀 위에서는 어떻게 느껴지는지(시타자와리舌触り), 이의 움직임에 음식이 어떻게 저항하는지(하고타에歯ごたえ)는 모두 별개의 개념이다. 덧붙여, 'crisp'에 대해 일곱 가지 다른 단어로 설명할 만큼, 질감에 관한 다양한 용어가 있다.

사람들이 음식에 대해 불평할 때

고객이 식료품점이나 시장에서 구입할 제품에 대해 불평하거나, 식당에서 식사하는 손님이 요리에 불만을 표할 때, 따져보면 그건 거의 마우스필 때문일 수 있다. 우리가 어떤 음식의 맛이 나쁘다며 불평하는 경우는 거의 없다. 그보다는, 수플레가 무너졌고, 고기는 너무 질기며, 프렌치프라이는 눅눅해졌고, 빵은 말랐으며, 커피는 미지근하고, 겨

자는 쏘는 맛이 없다는 둥의 얘기를 한다. 또는, 그저 간단하게 "맛없다"고 말한다. 맛과 향기 같은 화학적 감각보다는, 질감과 연관된 충족되지 않은 기대를 설명하는 것이 훨씬 쉽다. 덧붙여, 질감은 식재료가 가진 신선함 및 적절한 밑손질과 관련된 경우가 많다.

음식 평론가 및 마우스필

스탠퍼드대학교의 언어학 및 컴퓨터공학 교수인 댄 주래프스키는 '계량[컴퓨터 활용] 미식학computational gastronomy'으로 알려진 새로운 학문의 주창자다. 그는 음식, 레시피 및 사람들의 식습관에 관한 정보를 추출하기 위해 컴퓨터 응용프로그램들로 인터넷상에서 활용 가능한 빅데이터를 채굴한다. 주래프스키는 《음식의 언어: 언어학자, 메뉴를 읽다The Language of Food: A Linguist Reads the Menu》[한국어판의 부제는 '세상에서 가장 맛있는 인문학']의 한 부분에서, 온라인상의 식당 리뷰 100만 건을 분석한 결과(디저트에 관한 것을 비롯해)를 설명한다.

그랬더니, 디저트에 관한 리뷰어의 묘사는 은근한 성적 함의를 가진 것으로 해석될 수 있는 표현으로 가득 차 있다는 것을 곧바로 알 수 있었다. 이런 연결은 향기, 맛, 소리, 또는 겉모양보다는 마우스필에 초점을 맞춰 가장 강하게 이루어진다. 관능적인 느낌이 강한 전형적인 단어로 자주 보이는 것은 "비단 같은silky" "윤기 나는satiny" "즙이 가득한juicy" "젖은wet" "크리미한creamy" "끈적거리는sticky" "연한smooth" "(진물처럼) 흘러나오는oozing," "스펀지 같은spongy" "녹이는melting" "뜨거운hot" 등이다.

또한, 주래프스키는 여성 리뷰어들이 남성들보다 디저트 메뉴를 언급할 가능성이 크며 대체로 긍정적으로 묘사한다고 지적했다.

주래프스키에 따르면, 이런 리뷰들에서 디저트를 묘사하는 단어의 선택은 미국 광고에서 보이

실험: 퓌레로 만든 음식의 정체를 알아낼 수 있을까?

퓌레로 만들어 체에 거른 음식의 정체를, 사람들이 눈을 가린 채 오로지 맛으로만 그 원재료를 알아낼 수 있을까? 이를 밝히기 위해 고안된 다양한 실험이 있다. 보통 체중 범위의 젊은 사람들은 일반적으로 다양한 음식의 41퍼센트만을 식별해낼 수 있다. 과체중인 사람들은 좀 더 나은 결과로, 50퍼센트를 정확하게 구별해낸다. 하지만 보통 체중 범위의 나이 든 사람들은 약 30퍼센트의 정확도로 퓌레의 재료를 알아맞혔다. 음식별 식별률의 차이는 엄청나다. 보통 체중 범위의 젊은 사람들 중 약 80퍼센트는 사과와 생선을 식별할 수 있고, 약 50퍼센트는 당근과 레몬을, 약 20퍼센트는 쌀과 감자를 식별할 수 있다. 하지만 4퍼센트만이 양고기와 양배추를 식별할 수 있다. 특히 마지막 발견이 놀라운데, 대부분의 사람이 양배추를 매우 독특한 맛과 연관시키기 때문이다.

이와 비슷하게, 특정 음식을 식별해내는 데 질감이 얼마나 중요한지 알아보기 위해 다양한 주스로 쉽게 실험을 해볼 수 있다.

다섯 가지의 다른 원재료를 써서 다섯 가지의 다른 젤리를 만들고, 비교를 위해 물만 넣은 하나를 더 추가해보자.

채소, 과일, 물로 만든 여섯 종류의 젤리

재료 | 당근, 블랙 케일, 딸기, 비트, 생강, 물, 젤란검이나 한천 3/4작은술(3.6g), 식용 색소

- 다섯 가지 다른 재료로 각각 즙을 내, 1/2컵 (125ml) 분량을 만든다. 또한, 순정한 물 1/2컵 (125ml)도 따로 계량해놓는다.
- 젤란검[포도당, 글루콘산, 람노스가 규칙적으로 반복된 곧은사슬 모양의 다당류] 1/8작은술(0.6g)을 다섯 가지 즙과 순정한 물에 각각 넣은 뒤, 모든 재료에 같은 색깔의 식용 색소를 넣는다. 모든 액체를 2분

동안 끓인다. 살짝 저은 뒤, 따뜻한 액체를 틀에 부어 식힌다. 액체가 식고 모양이 잡히면, 젤리를 작은 입방체로 자르고 이쑤시개와 함께 낸다.
- 이제, 각 젤리의 원재료가 무엇인지 맛만으로 분간할 수 있는지 시험해보자. 또한, 색깔별로도 실험을 계속해보자.

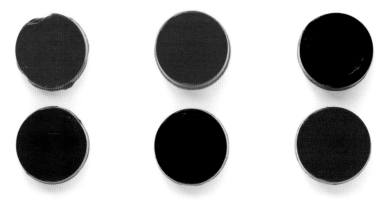

(왼쪽 위부터 시계 방향으로) 물, 당근, 블랙 케일, 딸기, 비트, 생강으로 만든 붉은 젤리.

는 전형적인 어휘와 일치한다. "부드러운soft" "끈적거리는sticky" "크리미한creamy" 그리고 "흠뻑 젖은 dripping wet". 이 모두는 음식의 쾌락주의 요소를 강조한다.

질감을 묘사하는 법

아래는 알리나 수르마츠카 슈체시니아크의 질감 분류를 기반으로 질감 및 마우스필을 묘사하는 데 쓰이는 다양한 표현을 개관한 표다. 이 표는 질감 분류에서 물리적 면과 감각적 면의 관계를 보여준다. 예시의 도움으로, 우리가 질감의 여러 성질을 어떻게 알아내고, 또한 어떻게 강화하고 아마도 바꿀 수 있는지 나중에 설명할 것이다. 질감 묘사의 분류는 더 어렵게 되는 것은, 질감 묘사의 표현을 고체/반고체에 적용할 때와 액상 음식에 적용할 때 달라지고는 하기 때문이다. 그리고 이런 상들의 경계가 모호해지고는 해서, 이런 표현들은 하나 이상의 의미를 가질 수 있다.

고체 및 반고체 음식

표에서 고체 혹은 반고체 음식의 질감 분류는 물리적, 기하학적, 그리고 다른 척도들에 따라 나눈 뒤, 가장 자주 쓰이는 대중적 표현으로 어떻게 묘사될 수 있는지 제시했다.

고체 음식의 질감 특성 분류

척도	많이 쓰는 표현
물리적 특성	
경도	soft, firm, hard
응집도	crunchy, brittle, tender, tough, mealy, pasty, gummy
점도	thin, thick
탄력도	plastic, elastic
점착도	sticky, gooey
기하학적 특성	
입자 크기	grainy, coarse, fine, grating, sandy
입자 모양	fibrous, stringy
입자의 공간적 방향성spatial orientation	crystalline
기타 특성	
수분 함량	dry, wet, watery, moist
지방 함량	oily, fatty, greasy

출처: A. S. 슈체시니아크, 〈질감은 감각 특성이다Texture is a sensory property〉, 《음식의 질과 선호도 13 Food Quality and Preference 13》(2002): 215-225.

사과는 왜 아삭할까?

익지 않은 사과는 보통 단단하고 딱딱한데, 펙틴이 프로펙틴이라는 독특한 형태를 취하기 때문이다. 사과가 익으면, 프로펙틴은 펙티네이스 효소가 촉매로 작용하는 가수분해 과정에 의해 수용성 펙틴으로 변환된다. 펙틴은 겔을 형성하여, 딱딱한 세포벽을 가진 사과의 세포들을 매우 강하게 결합시킨다. 결국, 사과는 익을 때까지 딱딱한 채로 있지만, 익으면 이제는 딱딱한 대신 아삭해진다. 사과 부피의 25퍼센트 정도는 공기인데, 세포 전체에 고르게 분포돼 있어서 사과가 아삭할 수 있게 해준다. 이와 비교해, 배의 공기 함량은 5퍼센트밖에 되지 않는다. 사과는 아삭하기에 이로 가하는 압력에 처음에는 저항하지만, 충분한 힘이 가해지면 무너지고 터진 세포에서 즙이 뿜어져 나오거나 스며 나오면서 파열된다. 우리가 사과는 아삭하고 즙이 가득하다고 특징짓는 것은, 즙이 나오면서 함께 부서지는 데 저항하는 마우스필 때문이다.

사과의 펙틴 함량은 완전히 익었을 때 가장 크다. 사과가 지나치게 익으면, 펙틴은 겔을 형성할 수 없는 펙틴산으로 분해된다.

사과가 점점 더 과숙되면 펙틴의 양이 감소해 세포를 함께 묶어두기 어려워진다. 이때 사과 속 공기는 큰 주머니를 형성하고, 사과를 베어 물면 세포들은 쉽사리 서로 미끄러진다. 따라서 무르게 느껴질 것이다. 사과를 베어 물 때 세포들이 쉽사리 분해되지는 않으면서 그저 미끄러져 옮겨지기 때문에, 더 이상 육즙 가득하게 느껴지지 않는다. 액체 함량이 줄어들지 않았는데도 마르고 퍼슬퍼슬하게 느껴지는 것이다.

우리가 잘 익은 사과 혹은 많이 익은 사과를 껍질째 통으로 구울 때, 사과 안에 커다란 공기 주머니가 있으면 엄청난 힘으로 갑자기 팽창해 껍질이 터져버릴 수도 있음을 알아야 한다.

아삭한 사과(왼쪽)와 무르고 퍼슬퍼슬한 사과(오른쪽)

경도

'경도hardness'는 어떤 물질을 특정 방식으로 변형하기 위해 가해져야 하는 힘의 양에 관한 물리적 표현이다. 물질이 딱딱할수록 더 많은 압력을 가해야 한다. 감각적인 측면에서, '경도'는 큰어금니 사이의 고체 음식 혹은 혀와 입천장 사이의 좀 더 부드러운 음식을 꾹 누르는 데 필요한 힘에 관한 표현이다. '연성softness'은 그 반대이며 쉽게 누를 수 있는 음식을 묘사한다.

'아삭한crisp' '바삭한crunchy' '파삭파삭한crackly' 같은 단어의 뜻은 정의하기 어려워, 서로 다른 다양한 종류의 음식을 묘사할 때 임의로 쓰이고는 한다. 이는 특정 물질의 경도에 대한 우리의 인식이 촉각, 시각, 청각 인상을 연결하고 혼합한다는 것을 의미한다.

아삭함crispness이라는 용어는, 얇지만 딱딱한 재료(예: 감자칩, 빵 껍질, 구운 씨앗)뿐만 아니라 다공질의 딱딱한 재료(예: 머랭)에도 쓰인다. '아삭한' '바삭한' '파삭파삭한'은 임의로, 마르고 부서지기 쉬운 음식(예: 감자칩, 토스트, 쿠키, 시리얼)에도, 젖었거나 마른 음식(예: 생채소나 살짝 찐 채소, 사과와 배 같은 날것 과일)에도, 속보다 겉이 더 딱딱한 음식(예: 겉이 딱딱한 빵, 프렌치프라이, 파이, 키쉬)에도 쓰이고는 한다.

응집도

'응집도cohesiveness'는 물질의 응집력에 관한 물리적 표현이다. 따라서 물질이 부서지기 전에 변형될 수 있는 정도를 가리킨다. 감각의 측면에서, 어떤 음식의 응집도는 그것이 조각나기 전에 얼마나 압축되어야 하는지를 뜻한다. 어떤 종류의 응집도는 '질긴tough' 혹은 '쫀득한gummy'으로 표현된다. '가죽 같은leathery'이라는 말은 꽤 '질기고' '쫀득한' 식품을 묘사할 때 쓴다. '부드러운tender'이라는 말은 씹어서 조각이 되는 데 저항이 거의 없는 식품을

물질	점도
휘핑크림	0.02
날달걀노른자	0.09
시럽	0.96
크렘 프레슈	2.9
그릭 요구르트	3.0
마요네즈	12.1
꿀	18.3
누텔라	28.1
치약	43.8
마마이트	43.9

(주) 점도는 Pa×s-1 단위로 표현되며, 10헤르츠, 섭씨 25도 조건에서 측정했다.
출처: C. 베가 & R. 메르카데-프리에토, 〈요리의 생물물리학: 섭씨 6X도 달걀의 특성에 관하여Culinary biophysics: On the nature of the 6X°C egg〉, 《음식 생물물리학 6 Food Biophysics 6》(2011), 152-159.

특징지을 때 쓴다. '단단한firm'이라는 말은 씹는 것을 보통 정도까지 견딜 수 있는 식품을 가리킬 때 쓴다. '바삭한crunch'이라는 말은, 쿠키처럼 한 번에 더 작은 조각으로 조금씩 부서질 수 있고 그 조각들을 연이어 씹을 때마다 저항이 더 적어지는 식품에 쓴다. 'crunch'와 'crisp'는 종종 바꿔서 쓴다.

'질긴tough'은 음식이 삼켜질 수 있도록 조각나게 씹는 데 드는 에너지와 연관된 물리적 용어다. 질김을 경성 및 탄력성과 떼어내 생각할 수는 없다. 감각의 측면에서, 질김은 어떤 식품의 일정한 조각을 일정한 속도로 씹는 데 드는 시간과 연관된다.

'쫀득한gummy'은 음식의 고체 조각을 작은 조각이 되도록 씹는 데 드는 에너지와 연관된 물리적 용어다. 쫀득한 음식은 딱딱하지는 않지만, 꽤 큰 응집력을 지닌다. 감각의 측면에서, 쫀득함은 유연한

식품이 더 작은 조각으로 줄어드는 데 대한 저항이 그 특징이다. 따라서, 어떤 음식을 삼키기에 충분히 작은 조각이 되도록 씹는 데 드는 시간의 양과 연관된다.

점도

'점도viscosity'는 흐르는 액체 안에서 분자들끼리의 마찰에 관한 물리적 표현이다. 즉, 물질의 유변학적 성질에 관한 서술이다. 점도에 관한 또 다른 정의는, 액체에 전단력이 가해졌을 때 흐르는 것에 저항하는 액체의 성향과 관련돼 있다. 어떤 식품의 점도는 그 질감 및 마우스필과 떼어놓고 생각할 수 없다. 액체 말고 다른 물질에서 '흐르는 것'을 이야기하는 것은 좀 이상해 보일지도 모른다. 하지만 대부분의 음식에서 액체와 고체 사이에는 명확한 경계가 없다. 이런 상태는 식재료와 조리된 음식이 대부분 두 가지 특성을 모두 가질 수 있는(외부적으로 힘이 얼마나 빠르게 가해지느냐에 달렸다) 연성 물질로 이루어져 있다는 데 기인한다. 그리고 자연스럽게 마우스필은 입, 혀, 이의 움직임에 음식이 지배되는 것과 늘 연관돼 있다. 예를 들어, 숟가락으로 액체를 떠서 입속으로 가져갈 때 우리는 물과 꿀의 커다란 차이를 알아챈다.

점도 자체로는 식재료의 마우스필을 묘사하기에 충분하지 않다는 것은, 점도는 거의 같은데 서로 다른 마우스필을 가진 크렘 프레슈[젖산을 첨가해 약간 발효시킨 크림]와 그릭 요구르트를 비교하면 설명할 수 있다. 어떤 액체의 점도는 때때로 흥미로운 방식으로 작용한다. 예를 들어, 복합 탄수화물(잔탄검)로 진해진 케첩의 점도는 흔들고 큰 힘을 가하면 낮아진다.

탄력도

'탄력도springiness'는 변형되었던 어떤 물질에서 힘을 제거할 때 원래 모양으로 돌아오는 속도에 관한 물리적 표현이다. 감각의 측면에서 탄력성은, 예를 들어 혀에서 압력이 멈춘 뒤에 얼마나 빨리 음식이 원래 모양으로 돌아오는지를 가리킨다.

접착도

'접착도adhesiveness'는 어떤 물질이 다른 물질에 얼마나 잘 붙는지, 반대로 붙어 있던 물질로부터 얼마나 쉽게 떨어지는지에 관한 물리적 표현이다. 감각의 측면에서, 접착도는 혀, 이 혹은 입천장에 붙어 있는 음식을 떼어내기 얼마나 쉬운지를 가리킨다.

액체 음식

액체 형태 음식liquid foods의 질감에 관한 서술은 일련의 범주들로 나뉜다. 각각의 범주에 속하는 음식별로 쓰이는, 질감에 관한 전형적인 표현이 많이 있다. 이런 표현 대부분은 감각 경험의 복잡성을 반영하고 심리적인 요소와 생리적인 요소를 포함한다.

다양한 반고체 음식과 탄산화, 거품 형성, 겔화 및 온도 차이에서 비롯하는 여러 다른 질감 요소를 포함하는 음료는, 예를 들어 특별한 라미나르 커피laminar coffee에서처럼 놀라운 효과를 보여줄 수 있다.

농도

'농도consistency'는 여러 다른 맥락에서 쓰이는, 형편없이 정의된 표현이다. 종종 '점도'의 동의어로 쓰이고, 다른 경우에는 일반적으로 마우스필과 모든 질감 특징을 설명하는 데 쓰인다.

코팅

입을 코팅coating하는 질감은, 지방과 기름이 많은 식품, 크림, 식물성 기름, 동물성 지방, 버터, 마가린, 코코넛 지방, 카카오 버터 및 유지방이 많고 크리미한 치즈의 경우에 특히 두드러진다. 이런 질감은 녹

범주	전형적 표현
점도 관련 용어	thick, thin, viscous, consistency
연성 조직 표면의 느낌	smooth, pulpy, creamy
탄산화 관련 용어	bubbly, tingly, foamy
바디감 관련 용어	heavy, watery, light
화학적 효과 용어	astringent, burning, sharp
구강의 코팅 관련 용어	mouth-coating, clinging, fatty, oily
혀 움직임에 저항할 때	slimy, syrupy, pasty, sticky
후감afterfeel: 입	clean, drying, lingering, cleansing
여파aftereffect: 생리적	refreshing, warming, thirst-quenching, filling
온도 관련 용어	cold, hot
축축함 관련 용어	wet, dry

출처: A. S. 슈체시니아크, 〈질감은 감각 특성이다〉, 《음식의 질과 선호도 13》 (2002): 215-225.

는점이 입안의 온도 바로 아래일 때 최대한도로 끌어올려진다.

다즙성

다즙성juiciness은 과일을 씹을 때 액체를 방출하는 과일의 성질(과일이 압력에 얼마나 빨리 무너지는지와 관련), 흐르는 즙의 양, 그리고 그것이 침의 생성을 얼마나 자극하는지와 통상적으로 연관돼 있다. 또한, 이 용어는 많은 양의 육즙과 액체 지방을 간직하도록 '손질된 고기'를 특징짓는 데 쓰인다.

크리미함

크리미함creaminess은 정의하기 어려운 질감 특성으로, 특히 이것은 시각, 후각, 미각 및 마우스필이 모두 연관된 여러 감각을 포함하기 때문이다. 이 감각들 가운데 시각이 있다는 게 놀라울 수도 있지만, 시각의 효과를 입증하는 것은 쉽다. 예를 들어, 광택이 없고 밝은색의 캐러멜은 반지르르하고 어두운 색의 캐러멜보다 더 크리미하다고 인식된다.

'크리미한'이라는 표현을 다양한 종류의 음식에 쓴다는 점에서, 크리미함은 특별하다. 하지만 음식 전문가와 정식 교육을 받지 않은 감식가 모두 무언가 크리미한지 아닌지에 대해 대부분 일치된 의견을 갖는다는 것이 특징이다. 이것은 크리미함이라는 느낌이 매우 기본적인 인상임을 의미한다. 다른 미각 감각과는 달리, 우리는 결코 크리미함에 질리지 않을 것 같다는 점이 또 다른 특징이다.

크리미함은 음식이 점막에 닿아 흐르고 마찰하는 방식과 점도를 결합한 질감으로, 때로는 부드럽고 벨벳 같지만, 기름지거나 건조하거나 거칠지는

셀러리악이 든 라미나르 커피

5인분 | 셀러리악 1개

가루와 휘핑크림 | 셀러리악 씨앗 1큰술(6.5g), 인스턴트커피 가루 1큰술(3.5g), 유기농 휘핑크림 3/5컵(150ml)

우유와 캐러멜이 든, 얼음처럼 차갑고, 연하고, 공기층이 많은 커피 | 황설탕 1/2컵(100g), 양질의 추출 에스프레소 1과 2/5컵(350ml),
전유 2/5컵(100ml), 잔탄검 1/8작은술(0.5g)

가루와 휘핑크림

- 셀러리악 씨앗들을 6시간 동안 물에 담가 불린다.
- 셀러리악 씨앗들을 30분 동안 물에 삶은 뒤, 오븐이나 건조기에 넣고 2시간 동안 섭씨 65도에서 말린다.
- 말린 셀러리악 씨앗들을 기름을 두르지 않은 납작한 팬에 향이 날 때까지 볶는다. 그런 다음, 인스턴트커피 알갱이들을 넣는다.
- 위 혼합물을 그라인더spice mill에 넣고 곱게 간다.
- 크림이 부드럽게 뿔이 설 때까지 휘핑한 뒤, 냉장한다.

우유와 캐러멜이 든, 얼음처럼 차갑고, 연하고, 공기층이 많은 커피

- 작은 냄비를 약불에 올려놓고, 바닥에 황설탕cane sugar을 뿌리고, 약불에 캐러멜라이즈되도록 한다.
- 따뜻한 에스프레소 1/5컵(50ml)을 캐러멜에 붓고 불을 끈다. 함께 저어 시럽을 만든 뒤 한켠에 두고 식힌다.
- 우유를 에스프레소 4/5컵과 섞는다. 캐러멜 시럽의 3/4을 넣어 향을 내고 식힌다.
- 내기 전에, 위 혼합물을 큐브 얼음과 함께 흔들어 차게 하고 얼음은 걸러낸다.
- 우유가 든 커피에 잔탄검을 뿌리고, 잔탄검이 완전하게 녹을 때까지 핸드 믹서로 섞는다. 냉장고에 놔둔다.

뜨겁고 진한 셀러리악 커피

- 셀러리악 껍질을 벗기고, 작은 조각으로 자른 뒤, 즙을 2/5컵(100ml) 분량으로 낸다.
- 남은 에스프레소 2/5컵(100ml)을 셀러리악 즙과 섞는다. 남아 있는 캐러멜 시럽 1/4을 넣는다.
- 내기 바로 전에, 혼합물을 섭씨 90도로 데운다.

음식 내기

- 유리잔 5개 각각의 바닥에 뜨거운 셀러리악 커피를 넣는다. 그다음, 그 위에 얼음처럼 차가운 에스프레소와 우유, 캐러멜 시럽을 3cm만큼 조심스럽게 붓는다. 맨 위에 휘핑크림을 2cm 얹는다. 마지막으로 씨앗 혼합물을 뿌린다.

셀러리악이 든 라미나르 커피.

굴을 좋아하시나요?

많은 사람이 바로 까서 먹는 생굴을 최고의 식욕 자극제라고 여긴다. 이때 질감은 정말 중요한 것이지만, "굴은 바다 같은 맛이 너무 난다"라거나 아직 살아 있는 것을 먹고 싶지는 않다는 이유로 굴을 전혀 먹지 않는 사람도 있다. 하지만 굴에 관한 가장 부정적인 평가는, 굴이 점액질이며 살이 탱글탱글하고 베어 물 때 불쾌하다는 것이다. 우리는 굴의 외투막, 아가미, 폐각근 및 내장까지 모두 먹는다. 이것이 가리비와 다른 점인데, 우리는 일반적으로 가리비에서 커다란 폐각근만 혹은 알까지 먹는다. 가리비는 단단하고, 살짝 젤리 같고, 균일한 질감을 가졌는데, 우리는 이걸 기분 좋은 마우스필과 연관 짓는다.

생굴을 베어 물었을 때 싱싱한 바다의 맛은 온전히 살리면서 점액질은 느껴지지 않게 마우스필을 바꾸는 것은 어렵지 않다. [수란을 만들듯이] 굴을 살짝 삶는 것이 그 방법인데, 그렇게 하면 굴은 약간 수축하고 좀 더 단단하게 표면을 유지하면서도 속살은 여전히 날것 그대로다. 굴을 살짝 삶으려면, 끓는 물에 굴 살을 넣기만 하면 된다. 혹은 따뜻한 오븐에 굴을 통째로 넣어 굴 자체의 육즙으로 익혀도 된다. 후자는 굴의 맛을 가능한 한 최대로 보존하는 방법이다.

생선 요리에서 굴의 질감에 대한 저항을 걱정할 필요 없이 생굴의 맛을 담아내는 아주 간단한 방법은, 생굴을 얼린 뒤 요리가 나가기 바로 전에 접시 위에 얼린 굴을 갈아서 내는 것이다.

도쿄에 있는 미슐랭 2스타 레스토랑 '에디시옹 코지 시모무라Édition Koji Shimomura'의 오너셰프인 시모무라 코지는 각각 다른 질감을 내는 굴 요리를 만들었다. 시모무라 씨는 일본의 기술 및 날것 재료에 관한 정보에서 영감을 얻은 프랑스식 요리를 제공한다. 시모무라가 과학적 원리에 입각하여 맛있고 건강한 음식을 준비하는 새로운 방법을 개발하려고 연구자, 특히 일본 기업 아지노모토의 가와사키 히로야 박사와 협업하기로 한 결정은 이례적이다.

시모무라 씨는 굴 크림을 바닥에 깔고, 젤라틴으로 진득하게 하고 레몬 즙으로 간을 한 해수로 만든 젤을 부순 것 위에 살짝 삶은 굴을 올린다. 그러고는 맨 위에 구운 천연 김을 약간 흩뿌린다. 바닥은 크리미하고, 젤리는 부드럽고 탄력 있으며, 살짝 삶은 굴의 바깥은 단단하고 안쪽은 미끈하고 크리미하고, 김 가루는 바삭하다. 이 모든 것이 어우러져 질감의 교향곡을 이룬다.

부순 해수 젤 위에 살짝 삶은 굴을 얹고 김을 흩뿌린 요리.

않다고 묘사된다. 또한, 크리미함은 음식이 침과 섞이는 방법과 속도, 그리고 그 결과 만들어지는 음식 덩어리의 크기와 연관된다. 점도만으로 식품의 크리미함을 조절할 수는 없지만, 일반적으로 점도를 높이면 녹말을 함유한 음식의 질감을 좀 더 크리미하게 한다. 아마도 진화의 과정에서 우리는 크리미한 음식을 즐기도록 설계된 것 같다. 크리미함은 그 음식이 상당히 지방 함량이 높고 칼로리가 풍부하다는 지표가 될 수 있기 때문이다.

사람들은 대부분 크리미함을 음식의 지방 함량과 연관시키지만, 반드시 그렇지만은 않다. 예를 들어, 지방 함량은 상당히 다양한데도 동일하게 크리미한 질감을 가진 유제품을 만들 수 있다. 그 맛의 인상은 지방이 입속, 특히 혀의 표면에 퍼져나가는 방식, 그리고 휘발성의 향 물질이 지방 분자의 막에서 흘러나오는 방식에 의해 좌우된다. 지방 함량이 충분해야 하지만 과해서는 안 되는데, 그러면 복합적인 크리미한 질감보다는 지방이 많은 질감을 내기 때문이다. 신경-미식학에서는 크리미함을 복합적 질감의 특성이라고 본다. 점성에 대한 촉각감뿐만 아니라, 냄새, 색깔, 그리고 지방이 음식에서 작은 구의 형태로 어떻게 만들어지는지에 대한 인식까지도 포함한다.

유제품에서 크리미함은 우유에 있는 작은 지방 입자와 관련 있다. 지방은 많은 향 물질이 용해되는 곳이기도 해, 크리미함의 경험을 맛과 향의 경험과 따로 떼어놓기는 힘들다. 또한, 지방은 고유의 맛을 지녔다. 크리미함에 필수인 물리적 구성 요소는 음식이 입속에서 움직일 때 작은 지방 입자가 서로 미끄러지는 능력과 연관 있다는 의견도 있다. 이런 효과는 볼 베어링의 기능에 비유되기도 했다. 저지방 유제품에서 원하는 정도의 크리미함에 도달하는 것은 특별한 도전이 될 테다.

한 연구에 따르면, 크림치즈 같은 더 단단한 종류의 식품의 크리미함을 인식할 때는 그 질감의 촉감 요소가 지배적인 반면, 요구르트나 푸딩 같은 액체 및 반고체 식재료에서는 맛과 향에 주로 영향을 받는다. 따라서, 바닐라처럼 크리미함과 연관된 맛 물질, 향 물질은 푸딩에서 크리미함을 더 잘 인식하도록 할 수 있다. 모든 경우에, 종종 우리는 둘 다 부드럽고 풍부한 뒷맛을 지닌 크리미함과 마우스필을 연관시킨다.

마지막으로, 음식이 작은 조각으로 나뉠 때 입안에서 일어나는 변화와 크리미함을 떼어놓을 수는 없다. 마실 수 있는 맛 좋은 요구르트는 크리미하다고 경험되는 반면, 물, 레모네이드, 크랜베리 주스, 개별 입자를 느낄 수 있는 분말 현탁액 같은 여러 액체 음식들은 크리미하다고 여겨지지 않는다.

이와 같은 서술은 상당히 이상화되었고, 많은 종류의 음식이 좀 더 복잡하고 비선형적인 방식으로 활동한다. 어떤 환경에서는 음식이 탄성 있는 혹은 가소성 있는 고체처럼 움직이고, 다른 환경에서는 흐를 수 있는 액체처럼 움직인다. 이는 점탄성 viscoelasticity이라고 한다. 짧은 시간 동안 빠르게 작용하는 힘을 받으면 점탄성 물질은 고체처럼 움직일 테고, 긴 시간 동안 느리게 작용하는 힘을 받으면 끈적한 액체처럼 흐르거나 살살 움직일 것이다. 일단 그런 물질이 흐르기 시작하면, 힘이 제거되어도 원래의 모양으로 돌아가지 않을 것이다. 점탄성을 띠는 움직임은 특히 서로 얽힌 긴사슬 분자와 중합체로 이루어진 물질에서 일반적이다. 힘이 빠르게 가해지면, 분자는 풀어질 시간이 없고 물질은 탄성을 띠는 방식으로 움직일 것이다. 하지만 긴 시간 동안 느리게 힘을 받으면, 분자들은 서로 미끄러질 수 있고 물질은 흐를 테고 변형은 영구적이다. 수화겔은 이것이 어떻게 움직이는지 보여주는 좋은 예다. 또한, 지방, 물, 공기의 복합적 혼합물도 점탄성을 지닐 수 있다. 이 경우에, 오랜 시간 동안 힘이 가해질 때 스스로 비가역적으로 변화시키고 흐를 수 있는 것은 그들의 미세구조다. 마가린, 케이크, 아이스크림, 채소, 과일 및 몇몇 치즈는 점탄성을 내보일 수 있다.

질감 바꾸기

요리 기술의 가장 중요한 목표는 음식의 성질을 바꿔 씹을 때 조각조각 나눠지게 하여 그 맛을 높이고 영양가를 극대화하는 것이다. 가장 좋은 예는, 식재료를 더 씹기 좋도록 삶는 것이다. 그러면 채소와 육류의 경우에는 둘 다 결합 조직의 세포 구조가 파열된다. 그런데 역설적이게도, 씹기 더 쉬워지는 이유는 그것이 아니다. 삶은 채소는 씹었을 때 더욱 손쉽게 변형되는데, 이는 삶는 과정이 식물 섬유질의 셀룰로스를 부드럽게 해 덜 뻣뻣하게 만들기 때문이다. 이와는 반대로, 가열된 고기는 결합 조직 콜라겐이 변성해서 더 뻣뻣해지고 부수기 더 쉬워진다. 이때 우리는 고기가 더 부드러워졌다고 말한다. 물론 결합 조직이 많아서 상당한 힘을 가해 변형을 일으켜야만 이가 그것을 씹어 조각낼 수 있는 몇몇 종류의 고기도 있다.

Chapter 5

마우스필 제대로 즐기기

우리는 음식을 만들 때마다, 그 음식이 특별한 질 감과 더불어 마우스필을 가지도록 자신만의 인장을 남긴다. 가정의 주방은 물론이고 식품 공장에서도 마찬가지다. 그렇게 하는 가장 확실한 방법은 열을 사용하는 것으로, 결국 그것이 요리 기술의 기본이다.

원하는 질감을 얻기 위해 식재료의 성질을 바꾸고 음식을 먹기 바로 전까지 보존하는 일은 꽤 어려울 수 있다. 상업적으로 음식을 만드는 경우라면, 운송도 해야 하고 슈퍼마켓 진열대에 오래 놔둬야 할 수도 있다. 또한, 음식이 입안에 들어가기 바로 전, 최종 단계에서 생기는 변화까지 고려해야 한다. 이 모든 경우에, 음식이 입안에 들어가 마우스필이 작용할 때 어떤 일이 일어나는지 감안해야 한다. 여기서 질감은 온도, 침, 효소, 씹는 방식에 영향을 받는다.

또한, 이것은 액체와 부드러운 고체의 흐름 속성에 관한 연구, 즉 유변학 지식이 중요해지는 지점이다. 우리는 음식이 구강 안에서 어떻게 흐르는지 혹은 혀, 입천장 및 이의 작용을 받은 뒤에 어떻게 흐르는지 느낄 수 있다. 그 음식이 찐득한지(시럽처럼), 미끌미끌한지(얇은 젤리처럼), 지방이 많은지(기

름처럼) 알아챈다. 음료 같은 액체 음식은 다소 빠르게 흘러들어가 입안을 가득 채운다. 에멀션 같은 반고체는 좀 더 천천히 흐르고 점성과 탄성이 동시에 작용하며 움직인다. 고체는 전혀 흐르지 않지만, 때때로 침에 용해되거나 녹고, 혹은 혀와 이의 작용으로 작은 조각으로 잘린다.

음식 조리, 요리 기술 및 미식학은 맛있고, 흥미롭고, 영양가 풍부한 음식을 만들기 위해 식재료를 다루는 데 중점을 둔다. 이 모든 것은 처음에는 주방에서, 그다음에는 입안에서 일련의 긴 변형의 과정을 거치면서 마우스필을 갖게 할 방법을 찾는 것을 포함할 수밖에 없다.

주방에서 이루어진 많은 공정은 되돌릴 수 없는 비가역적인 것이다. 감자가 삶아지면, 그걸 식힌다 한들 원래 상태로 되돌릴 수는 없다. 마찬가지로, 익어서 단단해진 달걀이 다시 액체가 되지는 않을 것이다. 또한, 식재료를 여러 가지 공정으로 처리할 때 그 공정의 순서를 바꾸면 같은 결과가 나오지 않을 수도 있다. 한 가지 예로, 우유나 크림이 든 소스에 산성 물질을 넣는 것을 들 수 있다.

주방에서 이뤄지는 각각의 공정은 임의로 바꿀 수 없고 결과물은 자신이 선택한 진행 방식에 달

렸다는 것을 요리사가 이해했을 때, 단순히 음식을 만드는 것에서 완전히 다른 수준으로 올라간다. 이것이 바로 우리가 '레시피대로'라고 부르는 것이다.

식재료 변형하기

식재료 자체의 원래 물적 특성을 고려하면서 식재료는 대개 시간이 지나면서 변한다는 것을 인정해야 한다. 결국, 식재료는 생명체에서 유래했고, 효소와 미생물 그리고 수많은 화학반응 혹은 수분이나 휘발성 성분의 증발에 의해 분해되거나 변형될 수 있다. 식재료를 주방에서 음식으로 변모시키기 전에 잡거나 수확하고, 저장하고, 보존 처리[훈연 등으로]를 하는 것은, 신선함을 유지하기 위한 시간과의 경쟁 혹은 맛 물질이 제대로 발달하는 데 필요한 보관 기간을 판단하는 문제가 된다.

많은 사람이 제철 식재료로 음식을 하고 싶어한다. 신선한 식재료는 맛있으면서 다양한 비타민과 영양소도 함유하고 있다. 그럼에도, 우리가 먹는 많은 것은, 그것의 부패하기 쉬운 성질은 줄이고 질감과 영양은 늘리고, 씹고 소화하기 좋게 만들거나 특정한 맛 인상을 가져오는 등 다양한 방법으로 다룬 신선한 식재료에서 유래했다는 점에서만 신선하다. 결국, 우리가 좋은 맛 및 흥미로운 마우스필과 밀접하게 연관 짓는 많은 식재료는, 말 그대로 신선한 것은 아니고, 광범위하게 가공된 것이다. 잘 숙성된 치즈에서 발효, 유제품에서 산 첨가souring, 과일과 채소의 절임, 피클로 만들기, 건조, 그리고 육류와 어류의 훈연 등이 그 예다.

둘째, 음식 조리에 들어가는 물리적 공정 및 식재료와 그 성분의 관계는 마우스필에, 그리고 맛과 향 물질의 방출에 중요한 영향을 끼친다. 식재료 자체는 일정량의 물과 기름을 함유한다. 그것들은 친수성, 소수성, 양친매성 방식으로 작용하고, 조금 더

첨가하기도 한다. 반대로, 물은 환원 작용 및 다양한 형태의 탈수에 의해 제거될 수 있다. 온도와 압력 같은 열역학적 변화도 영향을 끼칠 수 있다.

마지막으로 특히 중요한 것은, 조리된 음식의 구조와 질감이 고정된 상태에 있는 경우는 거의 없으며 시간이 지나면 변하리라는 사실을 아는 것이다. 따뜻한 음식은 차가워질 수 있고, 차가운 식품은 주변 온도에 가까워질 수 있다. 음식은 오래돼 상할 수도 있고, 구성 성분이 분리되거나 혼합되는 단순한 변화를 거칠 수도 있다. 기름과 식초 드레싱은 보통 얼마 지나지 않아 분리되고, 얼음은 냉장고에서 꺼내거나 입안에 넣으면 녹고, 빵은 마르며, 프레시 치즈[모차렐라, 리코타 치즈처럼 숙성되지 않은 생치즈]에서 훼이whey[유청]는 커드curd[응유]로부터 분리된다. 따라서, 음식 조리에서 시간은 중요한 요소다. 그리고 누군가 이런 시간 중심의 공정을 거꾸로 돌려 그 음식이 원래 가졌던 구조와 질감에 도달하는 일은, 당연히 일어나지 않는다.

질감은 음식의 정적인 혹은 분자적 구조뿐만 아니라, 다른 힘을 받았을 때 음식이 변화를 겪는지, 변형되는지, 작은 입자로 쪼개지는지 혹은 흐르는지 같은 동적인 조건도 아우른다. 또한, 질감은 몇 가지 요인에 의해 입안에서 변화된다. 즉, 음식의 원래 구조, 침에 의해 음식과 분해물이 부드러워지는 과정, 삼켜지기 전에 음식이 입안에 머무는 시간 등의 요인 말이다.

또한 마우스필의 측면에서, 음식에 가해진 다른 영향들을 고려하면서 그 음식은 정의되고 판단된다. 우리가 어떤 것이 끈적끈적하고, 기름지고, 오돌토돌하고, 축축하거나 말랐다고 말할 때, 그것은 음식 자체만큼이나 우리의 손가락, 입술, 입과 음식의 상호작용에 대한 인식을 묘사하는 것이기도 하다. 와인은 혀와 침샘을 적실 수 있기에 우리는 와인이 촉촉하다고 느낀다. 하지만 우리 입이 테프론으로 돼 있다면, 와인이 마르다고 느낄 것이다.

음식	질감 변화	원인
빵의 연한 속	단단함 증가, 탄력도 감소.	녹말 노화, 녹말에서 글루텐으로 습기 전달.
빵 껍질	바삭함 감소, 질김 증가.	빵 속에서 껍질로 습기 이동.
버터와 마가린	단단함과 알갱이 됨 증가, 퍼지는 정도 감소.	지방 결정의 성장, 결정 형태의 변화, 망 결합의 강화.
숙성 치즈	단단함과 부서지기 쉬움 증가, 탄성 감소.	효소에 의한 변화.
초콜릿	알갱이 됨 발전.	카카오 버터의 결정 구조 변화.
	표면 '꽃'(흰 점들).	설탕과 지방이 표면에서 결정이 됨.
크래커	바삭함 손실.	공기 중 습기 흡수.
신선 과일	연화, 시듦, 바삭함 손실, 다즙성 손실.	펙틴 저하, 호흡, 멍, 습기 손실 및 팽압, 중간박막층 약화.
아이스크림	알갱이 굵기 증가.	얼음 결정 커짐.
	버터 같은 느낌 증가.	지방 소구체 무리 짓기.
	모래 같은 느낌 증가.	락토스 결정화.
	잘 바스러짐 증가.	부족한 단백질 수화 작용.
마요네즈	에멀션 깨짐.	지방 결정화.
신선육	초기에 질김 증가.	사후 경직.
	후기에 질김 감소.	자가 분해.
가공 머스터드	누수(시너레시스).	입자들의 집적.
피클	연화.	효소와 미생물에 의한 분해.
파이	껍질은 바삭함을 잃고, 속은 마름.	속에서 껍질로 습기 이동.
	속이 새어 나감.	겔화제에서 누수(시너레시스).
패류	연화 그리고 무름.	효소에 의한 분해.
당과	결정도, 점착도.	설탕이 무정형에서 결정질 상태로 변화.
신선 채소	질겨짐.	세포벽에 목질소(리그닌) 퇴적(아스파라거스, 껍질콩) / 설탕에서 녹말로 전환(껍질콩, 단옥수수).
	연화.	펙틴 저하, 수분 상실(토마토).
	패임.	냉해(피망, 껍질콩).
	아삭함 상실.	습기 손실 및 팽압 손실(상추, 셀러리).

출처: M. 본, 《음식 질감과 점도: 개념과 측정Food Texture and Viscosity: Concept and Measurement》 2판(San Diego, Calif.:Academic Press, 2002).

스시[후토마키]를 둘러싼 김은 입에서 마르게 느껴지는데, 이는 김이 침샘에서 수분을 끌어내기 때문이다. 지방이 입에서 기름지게 느껴지는 이유는 지방이 침과 잘 섞이지 않고 입안에서 덩어리지거나 막을 형성하기 때문이다. 우유 얼음은 오돌토돌하게 느껴지는데, 이것은 그 안의 물 결정이 너무 커서 혀와 이가 인식할 수 있기 때문이다. 물과 기름은 윤활유처럼 느껴지는데, 음식이 입안에서 쉽게 움직이게 하고 음식의 다양한 성분을 녹이고 부드럽게 하는 데 도움을 주기 때문이다.

열과 온도

음식이 조리되고 있는 화로, 오븐, 그릴, 스토브 혹은 최신의 수비드 조리기는 주방에서 예나 지금이나 늘 가장 중요한 설비였고, 앞으로도 그럴 것이다. 날것 재료를 먹을 수 있는 음식으로 바꾸는 데 열을 이용하는 것은 조리 기술과 건강하고 영양가 있는 식단의 기본이다. 온도를 조절하면서 재료를 가열하는 것은 질감을 바꿀 잠재력이 가장 큰 주방 작업 가운데 하나다. 달걀을 익히고, 채소를 찌거나 스테이크를 굽는 것을 생각해보라. 정반대의 과정, 즉 냉각이나 냉동으로 열을 빼앗는 것 또한 마우스필에 현저한 영향을 끼친다. 예를 들어, 젤리를 굳게 하거나 액체 혼합물을 아이스크림으로 바꾸는 것 등이 그러하다.

주방에서 식재료의 온도를 높일 때는 전도, 대류, 복사에 의한 열전달이라는 세 가지 다른 기술을 사용한다. 달걀을 물에 삶을 때, 전도는 주변의 뜨거운 물로부터 직접 열을 전달한다. 이와 비슷하게, 단단히 밀봉한 비닐 주머니에 든 재료들은 따뜻한 수조에서 수비드로 조리될 수 있다. 팬fan이 장착된 오븐에서 열전달은 대류에 의존해 따뜻한 공기를 순환시켜 음식 주변에 골고루 퍼뜨린다. 보통의 오븐에서 복사는 베이킹, 로스팅, 그릴 굽기와 수반된다.

그릴 위에서, 복사는 가장 중요한 과정이다. 복사된 열은 먼저, 아주 빠르게 스테이크의 표면에 흡수되어 브라우닝[구워서 겉면이 갈색이 되도록 하는 것]과 바삭한 껍질을 형성하는데, 이는 육류의 맛과 향을 결정짓는 주요 원천이다. 열전달 속도가 더 느린 전도에 의해 열은 스테이크의 표면에서부터 안쪽으로 전달된다. 이 두 과정의 균형이 결과를 결정한다. 그릴로 굽는 과정에는 많은 화학 공정이 일어난다. 예를 들어, 아미노산을 열분해하면 방향족 알데하이드를 형성하고, 마이야르 반응은 일련의 맛 화합물들을 만들어내며, 캐러멜화는 고기를 갈색으로 변하게 해 시각적 매력을 더하고 푸란이라는 유기 화합물을 만들어 맛과 향 모두를 돋운다.

열분해

'열분해pyrolysis'라는 말은, '불'을 뜻하는 그리스어 'pyro', '분리하다'를 뜻하는 그리스어 'lysis'에서 유래했다. 이 과정은 산소가 없는 상태에서 고열을 사용해 유기물을 분해한다. 이 분해는 음식의 물리적, 화학적 성질을 변화시키고, 비가역적이다.

온도 조절

온도계가 수세기 동안 조리 도구 키트에 포함돼 있었지만, 요리사들은 끓는점과 어는점에서 물이 어떻게 작동하는지에 관한 자신들의 지식에 의존해 매우 정확하게 온도 조절을 해왔다. 대부분 식재료는 수분 함량이 높은데, 이것은 따뜻하게 하기와 차갑게 하기에 대한 원료의 반응을 결정한다. 이런 이유로, 레시피가 [구체적인 온도 없이] '재료를 끓는점까지 조리해야 한다'라고만 언급해도 대체로 충분하다. 거품이 일기 시작하면 끓는점에 도달했다는 것이 쉽게 보이기 때문이다. 사실, 이 언급은 정확한 지시는 아니다. 실제 끓는점은 액체의 조성에 따라 높아지거나 낮아지기 때문이다. 예를 들어, 맑은 육수와 크리미한 수프는 다른 온도에서 끓기 시작할 것이다.

지방이 작동하는 방식도 온도의 지표가 되었다. 뜨거운 기름은 시어링[강한 불에 표면을 재빨리 굽는 것], 튀김 등을 할 때 꽤 잘 조절된 온도를 유지하는 데 쓰인다. 다른 지방들은 각각 다른 녹는점, 발연점, 끓는점을 갖는데, 특히 지방이 포화 상태인지 불포화 상태인지, 그리고 얼마나 순정한지에 많이 좌우된다.

수비드 기법

온도의 중요성과 공정의 전개 방식에 중점을 둔 화학 분야는 요리 기술과 역사적으로 오랫동안 연관을 가져왔다. 하지만 지난 몇 십 년 사이에 분자 요리가 출현하면서, 좀 더 정확하게 온도를 측정하고 제어하는 기술 개발에 박차를 가했다.

수비드 기법은 식재료를 비닐 주머니에 넣고 진공 밀봉한 뒤 온도를 제어한 따뜻한 수조에 담가, 그 재료를 일반적으로 조리할 때보다 훨씬 더 오래 가열하는 것을 기본으로 한다. 1960년대부터 산업

분자 요리

어떤 면에서는, 대중의 상상 속 분자 요리와 가장 가깝게 일치하는 두 가지 방법, 즉 급속 냉동을 위해 액체 질소를 사용하는 것과 수비드 수조에서 정밀한 온도 조절을 하는 것은 분자 수준의 설명이나 이해와는 실제로 거의 관련이 없다는 점에서 역설적이라 할 수 있다.

용 식품 보존에 쓰던 이 기술은, 1974년 프랑스에서 고급 주방에 처음 도입되어, 거위나 오리의 간을 익힐 때 그 질감과 색깔을 간직하면서 무게는 총량의 50퍼센트가 아니라 5퍼센트만 잃게 했다. 아방가르드 레스토랑에서 이 기술이 처음 선보인 이래로, 수비드 조리법은 서서히 가정의 주방에도 진출했는데, 그것은 다양한 가정용 전자제품이 발명된 덕분이었다.

원론적으로, 수비드 조리법은 매우 간단하다. 식재료를 비닐 주머니에 넣고 진공 밀봉한다. 그 주머니를 일정한 온도로 정확하게 조절하여 물을 순환시키는 컨테이너 안의 따뜻한 수조에 넣는다. 열은 전통적인 오븐에서 일어나는 복사와는 정반대인 전도에 의해 전달된다.

수비드 조리법은 육류를 저온에서 슬로쿠킹하기

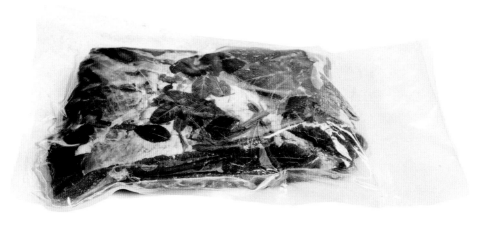

수비드 주머니 안의 밀간 된 고기.

쇠고기 등심

재료 | 스테이크 고기(안심, 채끝, 혹은 비슷한 고기) 1인당 8온스(220g), 소금과 후추, 세이버리[지중해 연안이 원산지인 향과 맛이 강한 허브], 세이지, 로즈마리, 라임 등의 생허브, 오리 기름, 쇠기름 혹은 버진 올리브 오일

부드러운 고기를 빨리 튀겨내거나 수비드 주머니에 넣어 조리하는 요리는 그다지 많지 않다. 게다가 부드러운 고기는 수비드 주머니에서 그 맛의 일부를 잃는다는 문제가 있다. 여기서 소개하는 레시피는, 저온에서 천천히 구우면서도 최상급의 부드러운 쇠고기로 완벽한 스테이크를 만드는 법이다. 이것은 수비드 기법에 의존하지 않고도 할 수 있다.

• 고기를 소금과 후추로 충분히 밑간 하고, 스테이크 고

기를 허브와 함께 구이용 선반roasting rack에 둔다. 고기 주위로 공기가 자유롭게 순환할 수 있는 게 중요하다.
• 오븐을 섭씨 90도로 예열하고, 오븐에서 30~45분 동안 굽는다. 고기 내부 온도가 섭씨 54도가 되면 꺼내서 포일로 싼다.
• 음식을 내기 직전에, 스테이크를 높은 온도의 오리 기름, 쇠기름 혹은 버진 올리브 오일에 재빠르게 시어링 한다.

수비드로 슬로쿠킹한 쇠고기 양지머리

재료 | 쇠고기 양지머리 2kg, 좋은 올리브 오일 3/4컵+1과 1/2큰술(총 200ml), 마늘 2쪽, 소금, 생세이지 잎 10~12개, 월계수 잎 1개, 통후추 15알

• 고기를 다듬고, 날카로운 칼로 지방에 칼집을 낸다.
• 올리브 오일을 작은 냄비에 모두 붓고, 마늘 몇 쪽을 손으로 으깬 뒤 냄비에 넣는다. 잠시 동안 끓도록 놔두고, 올리브 오일이 마늘 맛을 충분히 흡수하면 마늘을 건져낸다.
• 고기 양쪽에 소금을 문지르고 마늘 향을 입힌 올리브 오일도 양쪽에 바른 뒤, 나중에 브라우닝을 위해 약간의 올리브 오일을 남겨 둔다.
• 세이지, 월계수 잎, 통후추와 함께 고기를 진공 주머니에 넣고 봉한다.
• 수비드 수조를 섭씨 57도로 맞추고, 주머니를 담근 뒤 타이머를 5~7시간으로 맞춘다.
• 고기를 꺼내고 남은 올리브 오일로 브라우닝을 한다.
• 고기를 5cm 크기[좁은 면]의 정사각형 모양으로 자르고 적당한 가니시를 곁들여 낸다.

수비드로 슬로쿠킹한 쇠고기 양지머리.

위해 채택되었다. 그 이유는 무엇보다 그 조리법이, 최종 산물의 질감이 육즙 가득하고 부드럽게 되도록 최적화하기 때문이다.

수비드 조리의 또 다른 이점은 진공 밀봉된 비닐 주머니가, 식재료가 원래 가진 천연 즙을 잃지 않도록 해준다는 것이다. 또한, 비닐 주머니 속 밑간에 향신료 및 맛 물질을 넣어 긴 시간의 조리 과정 동안 음식 전체에 완전히 스며들게 해 조리된 음식의 맛을 한층 강화할 수도 있다.

수비드 조리는 일반적으로 육류는 섭씨 55~60도에서, 생선은 이보다 살짝 낮은 온도에서, 그리고 채소는 살짝 높은 온도에서 한다. 이렇게 낮은 온도가 세균 관련해 문제가 없는 것은 아니다. 진공 포장은 공기를 차단해서 호기성 세균이 음식을 부패시키지 못하도록 한다. 하지만 따뜻한 물에 오래 담그는 것은 혐기성 세균에게는 이상적인 환경을 제공한다는 의도치 않은 결과도 낳는다. 이것을 피하는 몇 가지 가능한 방법은, 주방용 가스 토치로 고기의 겉면을 시어링하거나 고기를 주머니에 밀봉하기 전에 고열로 재빠르게 갈색으로 익히는 것이다.

수조에서의 조리 시간은 식재료와 원하는 결과에 따라 크게 달라진다. 부드러운 쇠고기, 양고기, 돼지고기 덩어리를 익히려면 보통 4~8시간이 필요한 반면, 질긴 조각들은 며칠씩 익혀야 할 수도 있다. 생선은 보통 30분 정도, 채소는 2~4시간 걸린다.

비닐 주머니 안에 엄청난 양의 수분이 빠져나갈 길 없이 고일 수 있다는 것을 알아야 한다. 이렇기에, 오리 다리나 가슴살처럼 껍질이 붙은 고기는 이런 식으로 익힐 수 없다. 온도가 너무 낮아 껍질을 부드럽게 할 수 없고 축축하고 끈적끈적해져 불쾌한 질감이 되고 만다.

또한, 고기에서 자연적으로 나오는 효소는 섭씨 50~55도를 넘지 않으면 슬로쿠킹의 과정을 거치면서 고기를 좀 더 부드럽게 하는 데 도움을 준다.

육류를 수비드 조리할 때 가장 큰 문제는 갈색이 나지 않는다는 게 아니라, 바삭한 껍질이 없다는 것이다. 이 효과를 일으키는 마이야르 반응은 보통 섭씨 50~60도에서는 아주 천천히 일어나지만, 110~170도에서는 아주 빠르게 일어난다. 이렇기에, 일단 수비드 조리가 완성되면 짧은 시간 동안 그릴이나 주방용 가스 토치를 이용해 고기를 브라우닝한다.

부드럽고 육즙 가득한 고기

우리가 고기 한 조각을 씹을 때, 맛있는 육즙은 첫 번째 베어 물 때 나올 것이다. 다즙이라고 표현하는, 지속적으로 나오는 더 많은 육즙은, 우리가 고기를 계속 씹을 때 나오는 지방과 젤라틴에 의한 것이다. 그것들은 입안을 코팅하고 육즙 가득한 마우스필을 끌어낸다.

수비드 기법은, 설령 그것이 말도 안 되고 맛이나 마우스필이 나아지게 하는 데 전혀 도움이 되지 않을 때에도 모든 종류의 고기 조리에서 유행이 되었다. 부드러운 고기 부위의 조리에 수비드 기법을 쓰는 것은 주로 미학적인 이유로 이루어진다. 한 조각의 고기가 완벽하게 육즙 가득하고 거의 겉면까지 레어로 핑크빛이 돌게 할 수 있기 때문이다. 그런 다음 재빠르게 브라우닝을 해서, 얇고 맛 좋은 껍질을 만든다.

한 번 가열한 뒤에 고기 한 덩어리가 얼마나 부드럽고 육즙이 풍부하게 될지는 근육의 양과 결합 조직의 양 사이의 섬세한 조화에 의해 정해진다. 이 균형은 고기의 구조, 조리 온도, 가열 시간 등에 달렸다. 그 구조는 우선 동물의 나이에 의해 결정되고, 그다음으로는 고기의 부위에 의해, 그리고 숙성 여부와 숙성 방법에 따라 결정된다.

결합 조직의 콜라겐은 고온에서 빠르게 수축하고 즙을 방출해 고기는 더 단단하고 건조해진다. 일반적으로 섭씨 70도 이상의 고온에서 오랜 시간 동안 천천히 가열할 때에만, 콜라겐이 젤라틴으로 분해돼 고기가 더 부드럽고 연해진다. 근육의 단백질은 고기를 가열할 때 변성되고, 이는 고기가 형태는 더 단단하고 육질은 더 부드럽게 되도록 돕지만, 일부 육즙은 빠져버린다.

요약하면, 수비드 기법을 이용한 저온 슬로쿠킹은 특히 질긴 고기에 유용하다고 할 수 있다. 그것은 결국 온도와 시간의 적절한 조합을 찾아내는 문제다.

병이나 캔 안에서의 질감

양념을 첨가해서 조절할 수 있는 맛이나 향과는 달리, 식재료의 질감과 마우스필은 단순히 몇몇 종류의 '질감용 농축물'을 첨가하는 것만으로 바꾸기는 쉽지 않다. 이상적으로는, 원하는 질감이 식재료의 구조 안에 내장되거나 조리되는 방식에 의해 새롭게 만들어져야 한다. 질감을 바꾸는 데 가장 자주 쓰는 첨가물은 증점제, 안정제, 겔화제, 에멀션 등이다. 아마 이 가운데 가장 잘 알려진 것은, 소스와 과일 즙을 걸쭉하게 하는 데 쓰는 감자 녹말과 옥수수 녹말일 테다.

가공식품에 쓰이는 수천 가지의 첨가물 가운데 10퍼센트 정도는 요구르트 같은 액체 혹은 반고체 물질의 농도와 질감을 바꾸는 것들이다. 식재료에서 질감을 빼앗아가는 것과 비교할 때, 병이나 캔에 담긴 첨가물을 써서 질감을 만들어내는 것은 비교적 간단하다. 이 첨가물들의 특징은, 원하는 효과를 내는 데 소량만 필요하다는 것이다. 질감(을 만들어내는 일)은 큰 사업이다. 대형 다국적 기업 중 다수가 식품회사로, 질감을 조절하는 첨가물을 생산하고 식품 과학기술을 이용해 이 첨가물을 특별한 질감을 가진 제품에 통합한다.

녹말: 매우 특별한 종류의 증점제

녹말은 주방의 고전적인 품목으로, 가장 일반적으로 사용되는 증점제 중 하나다. 녹말은 식물 안에, 특히 씨앗과 식용 뿌리(예를 들어 쌀, 밀, 옥수수, 감자) 안에 탄수화물의 형태로 저장된 에너지 역할을 한다. 전 지구적으로 보면, 녹말은 사람이 소비하는 열량의 50퍼센트가량을 차지한다. 녹말은 두 종류의 다당류, 즉 아밀로스와 아밀로펙틴으로 이루어지는데, 이것들은 식물 조직에서 작은 녹말 과립에 단단하고 깔끔하게 한데 묶여 있다. 여러 다른 식물마다 그 크기와 모양이 다양하다. 쌀의 녹말 과립은 일반적으로 작고(약 5마이크로미터), 밀의 것

녹말 속 두 가지 다당류. 아밀로스(왼쪽)와 아밀로펙틴(오른쪽).

은 다소 크며(20마이크로미터), 감자의 것은 훨씬 더 크다(30~50마이크로미터).

녹말 과립은 다양한 단백질로 덮여 있는데, 이들 단백질의 특성이 물 흡수량 그리고 효소 작용에 대한 저항을 온전히 결정한다. 이들 단백질은 물과 결합할 수 있다. 저온에서, 단백질 함량이 높은 녹말은 단백질이 적은 녹말보다 물을 흡수하는 성향이 더 크다. 단백질이 물과 결합하면 녹말 과립이 서로 달라붙도록 해서, 녹말이 더 많이 물을 흡수하지 못하도록 한다. 이런 이유로, 단백질을 많이 가진 녹말이 덩어리를 형성하는 경향이 있는 것이다.

아밀로스와 아밀로펙틴의 비율은 식물마다 조금씩 다르다. 아밀로스는 보통 녹말의 20~25퍼센트를 차지하는데, 그 비율이 85퍼센트까지 높아질 수 있다. 예를 들어, 완두콩의 녹말은 60퍼센트가량의 아밀로스를 포함한다. 반대로, 거의 전부 아밀로펙틴으로 이루어진 녹말(찰녹말이라 한다)도 있다. 이런 종류의 녹말은 찹쌀, 옥수수, 보리, 녹두 등에서도 발견된다.

이 두 종류의 다당류는 녹말이 증점제로 쓰일 때 서로 다른 역할을 한다. 둘 다 서로 결합된 많은 글루코스 단위로 이루어졌다. 아밀로스에서는 긴사슬 형태를 취하고, 아밀로펙틴에서는 커다랗게 가지를 뻗은 망 형태를 취한다. 단일 아밀로펙틴 분자는 최대 100만 개까지 글루코스 단위를 함유할 수 있다. 겔을 형성할 때, 아밀로스 분자는 물과 결합해 서로 얽힌 구조를 형성하는 반면, 매우 큰 아밀로펙틴 분자는 서로 떨어져 좀 더 조밀한 구조를 만들어 낸다. 이것은 카사바 뿌리에서 유래한 녹말인 타피

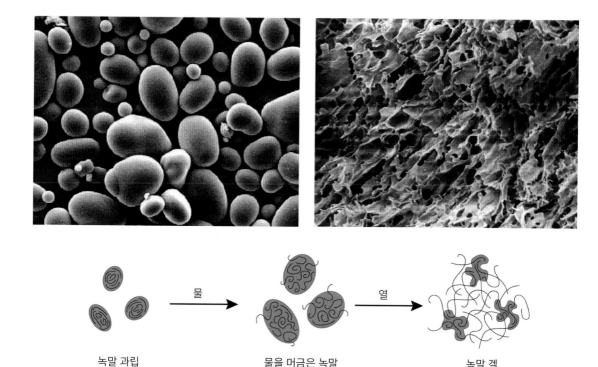

녹말 과립　　　　물　→　　　물을 머금은 녹말　　　열　→　　　녹말 겔

(위) 생감자(왼쪽), 조리한 감자(오른쪽)의 전자현미경 사진. 생감자의 녹말 과립 크기는 보통 30~50마이크로미터다. 조리하면 물을 흡수해 분해되고 녹말은 젤라틴화한다. (아래) 겔 형성을 위해 가열할 때 녹말 과립이 물을 흡수하는 과정.

감자 녹말은 뭔가 특별하다

생감자에서 유래한 녹말은 특별히 좋은 증점제를 만드는데, 이는 아밀로스 분자들이 더 길고 녹말 과립들이 다른 녹말보다 더 크기 때문이다. 감자 녹말은 짭짤한 소스나 달콤한 소스를 걸쭉하게 하는 데 매우 유용하지만, 그 과립이 커서 옥수수 녹말이나 쌀가루를 썼을 때보다 더 울퉁불퉁하게 덩어리진다. 다행히 손쉬운 처방이 말 그대로 당신 손에 있다. 격렬하게 저으면 감자 녹말 과립을 깨뜨릴 수 있기 때문이다. 또한 익은 감자를 써서 감자 가루의 형태로 녹말을 만들 수도 있다. 감자 가루는 일부 단백질과 섬유질을 가지고 있어서 감자 녹말과는 다른 증점제 성질을 지닌다.

오카의 경우에 볼 수 있는데, 타피오카는 아밀로펙틴을 83퍼센트 함유하고 믿을 수 없을 만큼 빡빡하고 점도가 높은 겔을 만드는 데 쓰인다.

모든 녹말 과립은 찬물에 녹지는 않지만 물을 흡수할 수는 있어, 수분 함량을 30퍼센트까지 늘린다. 더 높은 온도에서는 상황이 현저하게 바뀐다. 이것이 감자로 매시드 포테이토를 만들고, 곡물로 죽을 만들 수 있는 이유다. 섭씨 55~70도에서, 녹말 과립은 풀어지기 시작하고 점점 더 많은 양의 물을 흡수한다. 과립의 질서 정연한 구조는 섭씨 100도면 완전히 분해된다.

아밀로스 함량이 큰 녹말은 물을 더 잘 흡수한다. 감자 녹말은 아밀로스가 풍부해서 물과 결합하는 놀라운 능력을 지녔다. 따라서 감자 녹말은 아밀로펙틴 함량 비율이 높은 옥수수 녹말보다 더 좋은 증점제다. 녹말 과립은 생감자에서보다 100배 크기로 부풀어 오를 수 있다. 으깬 감자는 감자 양의 세 배에 달하는 물과 쉽게 결합하고도 모양을 유지할 수 있다.

녹말 과립이 물을 흡수할 때, 일부 아밀로스 분자는 액체로 스며 나와 액체와 결합해 되직하게 하기 시작한다. 이 긴 분자들은 점차 서로 얽히고 부분적으로는 녹말 과립을 잡아채 이동성이 떨어지게 한다. 이 두 가지 효과는 용액의 점도가 커지게 한다.

아밀로스 분자의 농도가 충분히 높으면, 그리고 온도가 충분히 낮으면, 그 결과로 만들어진 아밀로스 분자들의 망은 뻣뻣해지고 고체를 닮기 시작할 것이다. 겔이 형성된 것이다. 이 과정에서 녹말 과립이 풀어지고 물을 흡수하는데, 이를 젤라틴화[호화]라고 한다. 이 겔을 휘저으면, 아밀로스 분자들의 망은 부서져 조각나고, 녹말 과립은 깨지기 시작해, 점도는 떨어질 것이다. 그러나 냉각되면 아밀로스 분자들의 네트워크가 다시 형성돼 겔은 부분적으로 재구성되겠지만, 녹말 과립 자체는 깨진 채 남아 있다. 이런 효과는, 밀가루를 넣고 끓이고 저어서 그레이비를 걸쭉하게 하고 포리지[곡물죽의 한 종류]를 식히는 것 등으로 우리에게 익숙하다.

녹말의 젤라틴화는 또한 온도나 수분 함량 이외의 조건에도 영향을 받는다. 앞서 설명했듯이, 녹말 과립이 얼마나 제대로 남아 있는지는 그것을 감싼 단백질에 달렸다. 지방 또한 젤라틴화를 조절하는 역할을 한다. 이것은 루roux를 만들 때 중요한 요소로, 동일 비율의 밀가루와 버터가 녹말 과립이 수분을 흡수하는 것을 제한한다.

녹말 겔을 식히고 한동안 놔두면, 겔은 더 단단해지고 고무 같아지며 물이 스며 나온다. 이 때문에, 찬물에 녹지 않는 아밀로스 분자들이 결정체 같은 구조로 스스로 재구성되기 시작하는데, 이 구조는 녹말 과립 본래의 조밀한 구조와는 다르다. 이 과정은 노화retrogradation라 불린다. 어쨌든 이것이 빵을 냉장고에 보관해서는 안 되는 이유다. 우리는 빵을 이렇게 보관하면 퀴퀴해지고 마른다고 얘기하지만, 문제를 정확히 파악하지 못한 것이다. 빵 맛이 안 좋아진 것은 물을 잃었기 때문이 아니라, 녹말이 노화를 겪었기 때문이다. 아밀로스 분자들이 결정화하고 물을 밀어낼 때, 이 경우에는 시너레시스가 일어날 수 있다. 이 현상은 또한 녹말로 걸쭉해진 그레이비에도 일어날 수 있다. 그레이비가 식고 일정 시간 동안 놔둬 굳어지면, 물이 새어 나와 표면에 고일 수 있다.

노화는 녹말을 함유한 냉동식품에서도 일어난다. 이는 음식이 해동될 때 액체가 방출되는 결과를 낳는다. 파이를 채운 속이 새어 나가는 것이 그러한 예다. 아밀로펙틴 함량이 더 큰 녹말을 써서 어느 정도까지는 노화를 막을 수 있다. 그리고 아밀로펙틴의 노화가 일어나면, 아밀로스의 경우와는 달리 가열함으로써 되돌릴 수 있다. 케이크와 빵 제품은 특정 지방과 유화제를 함유해서 노화를 겪지 않을 수도 있다. 이는 지방 분자들이 녹말의 결정화를 막기 때문이다.

빵 반죽처럼 녹말로 채워진 겔을 굽고 건조시키면 녹말이 유리 상태를 형성하게 할 수 있다. 이 유리 상태는 갓 구운 빵 껍질, 쿠키 혹은 감자 칩의 특징적인 바삭한 질감에 꼭 필요하다.

에멀션과 유화제

에멀션은 원칙적으로 서로 섞이지 않는 두 가지 액체로 이루어진 특별한 유형의 혼합물이다. 에멀션은 두 액체를 완전히 흔들어 한 액체의 작은 방울이 다른 액체에 붙들려 있게 됨으로써, 물리적으로 형성된다. 이 방울들은 짧은 시간 동안 혹은 긴 시간 동안 현탁액 상태로 있을 수 있지만, 결국 방울들은 합쳐지고 두 액체는 다시 분리될 것이다. 주방에서 가장 흔히 볼 수 있는 에멀션은 물 기반 액체(물, 식초 또는 레몬 즙), 기름 기반 액체(기름 또는 지방)의 혼합물이다.

일상적인 요리에서 가장 흔히 쓰는 에멀션 두 가지는 버터와 마가린으로, 둘 다 비슷하게 기름이나 지방 80퍼센트와 물 20퍼센트로 이루어져 있다. 엄밀히 말하면, 둘 다 유중수형 에멀션으로, 이 경우 지방은 그 안에 분산돼 있는 물방울과 연속상을 이룬다. 버터는 포화지방산이 우세한 동물성 지방으로 만드는데, 우유 속 지질 및 지단백질 같은 천연

천연 유화제를 함유한 재료

재료	유화제
달걀흰자	단백질
달걀노른자	인지질(레시틴)
아마씨	아마겔(다당류)
분유	카세인 및 유청 단백질
겨자씨	겨자 점액(및 다당류)
대두	인지질 및 단백질
유청 분말	유청 단백질

출처: P. 바럼Barham 외, 〈분자 요리: 신흥 과학 분야Molecular gastronomy: A new emerging scientific discipline〉,《화학 리뷰 Chemical Reviews》110 (2010): 2313-2365.

유화제의 도움으로 물과 현탁액 상태로 있다. 이와 반대로, 현재 생산되는 마가린은 주로 불포화 식물성 지방으로 만들어지는데, 유단백질과 레시틴 같은 천연 단백질로 만든 유화제나 상업적인 유화제를 조금 첨가한 지방이다. 다른 일반적인 요리용 에멀션으로는 비네그레트, 마요네즈, 그리고 다양한 소스와 드레싱 등이 있다. 가정 주방에서 쉽게 쓸 수 있는 유화제로는 달걀, 꿀, 겨자가 있다.

많은 순정 유화제는 식품 생산을 위해 산업적으로 생산된다. 그것들은 일반적으로 특정한 최종 제품에 사용하는 데 최적화하도록 설계된다. 특히 상업용 베이킹에서 그러한데, 케이크용 유화제는 빵 부스러기의 부드럽고 즙이 많은 본성은 유지하면서 부피를 늘리고 안정화할 수 있다. 어떤 유화제는 솜털처럼 폭신하고 안정된 케이크 크림을 만들 때 쓰고, 또 다른 유화제들은 바삭한 구조이지만 뚜렷한 지방층은 없는, 겹겹이 벗겨지는 페이스트리의 반죽에 넣는 마가린을 만들 때 필요하다.

겔과 겔화

액체를 걸쭉하게 하고, 적절한 양과 적당한 조건에서는 겔을 형성하는 물질이 많이 있다. 이 물질들 대부분은 과일, 해초, 고기 및 생선 등 다양한 식재료에서 자연적으로 발생하며, 그 형태 그대로 쓰이거나 순수한 물질로 추출된다. 다른 겔화제들은 효소와 박테리아의 이용을 비롯해 화학 및 생명공학 기술의 도움으로 인공적으로 생산된다. 이들 모두 많은 양의 물을 결합하는 우수한 능력을 지녀, 음식에 질감을 더하고 모양을 유지하는 데 도움을 준다. 또한, 입안에 들어간 뒤에 방출될 향 물질 및 맛 물질을 결합하는 데 도움을 준다.

검gum은 물과 잘 결합하고, 드물게는 겔을 형성하는 또 다른 종류의 물질이다. 무엇보다 그들의 특별한 능력은 액체를 매우 점성이 있고 단단하게 해 안정화하는 것이다. 검은 그 특성과 원천 재료에 따라 폭넓게 다양하다. 식물에서 추출한 로커스트빈검, 구아검, 아라비아검, 세균 발효로 생산된 잔탄검과 젤란검, 그리고 식물성 재료로부터 화학적 공정을 통해 제조된 메틸셀룰로스 등이 그 예다. 나중에 더 자세히 설명하겠지만, 이 검들은 때로는 특별히 고안된 겔화제와 함께 작용한다.

물과 결합하고 상당히 균질한 겔을 형성하는 여러 겔화제의 효력은, 액체가 첨가되는 방식과 당시 온도에 따라 달라질 수 있다. 일반적으로 겔화제는 적은 양의 물에 완전히 녹인 뒤에 나머지를 넣는 것이 가장 좋다. 일단 물을 대부분 넣으면, 겔화제는 부풀어 오르고 겔이 형성되기 시작한다.

알진산염 같은 몇몇 겔화제는 칼슘 이온이 있을 때에만 겔을 형성할 수 있다. 또한, 어떤 종류의 펙틴은 칼슘이 있을 때 딱딱한 겔을 형성할 수 있다. 많은 식재료(예를 들어, 요구르트 같은 유제품)는 자연적으로 발생하는 칼슘 이온을 가지고 있어서, 칼슘 이온이 염화칼슘이나 젓산칼슘의 형태로 첨가되기

마가린: 오랜 역사를 지닌 복합 에멀션

마가린은 그저 오래된 어떤 스프레드가 아니다. 마가린은 그 역사 속에서 많은 변화를 거쳐왔다. 150년 전 안전하고 비싸지 않은 버터 대용품으로 시작한 그 기원부터, 낮은 콜레스테롤 식단을 따르는 사람들이나 동물성 식품을 피하는 사람들이 옹호하는 음식, 건강상 문제를 야기했던 음식에 이르기까지 말이다. 그리고 최종적으로, 가정용 조리와 산업용 가공식품 모두에 폭넓게 쓰이는 복합 에멀션이라는 현재의 형태가 되었다. 그 과정에서 마가린을 완성한 것은 거대한 현대 유화제 산업을 시작한 그 불꽃이었다.

마가린 이야기는 경쟁이 어떻게 경제적, 역사적으로 크게 영향을 끼칠 수 있는지 보여준다. 19세기 중반부터 유럽에서 산업화가 발달하면서 식품 가격이 급등했다. 저렴한 버터 대체재가 필요했는데, 얼마간은 군대와 저소득층의 수요를 충족하기 위해서였다. 그렇게 해서 1866년, 프랑스 황제 나폴레옹 3세는 값싼 대체재를 생산할 수 있는 사람에게 상을 내리겠다고 발표했다.

아마도 황제는 죽은 그의 사촌 나폴레옹 보나파르트의 사례에서 영감을 받았던 것 같다. 보나파르트는 군대가 전쟁 중에 식량을 가지고 갈 수 있게 식량을 보존하는 안전한 방법을 발견하는 사람에게 상을 내리겠다고 한 적이 있었다. 1809년 그 경쟁의 승자는 니콜라 프랑수아 아페르였는데, 그는 음식을 조리한 뒤 유리병에 넣고 밀폐해 보존한다는 아이디어를 냈고, 그 기술은 곧이어 캔을 사용하는 것으로 조정되었다. 50년이 지난 뒤 루이 파스퇴르는 열이 식품 속 미생물을 죽이기 때문에 아페르의 아이디어가 효과가 있다는 것을 밝혀냈다.

버터 대체재를 찾는 경쟁의 승자는 프랑스인 화학자 이폴리트 메주무리에였는데, 그는 1869년 약간의 우유와 물을 섞은 쇠기름으로 만든 제품으로 특허를 받았다. 그는 이것을 올레오마가린이라 불렀는데, 훗날 '마가린'으로 줄여 불렀다. 이 단어의 기원은 다른 프랑스인 화학자 미셸 외젠 슈브뢸의 연구에서 찾을 수 있다. 1813년, 슈브뢸은 포화지방산인 마르가르산을 발견했는데, 훗날 이것은 그저 팔미트산과 스테아르산의 혼합물인 것으로 밝혀졌다. 마가린의 발명이 바로 인기를 얻지는 않았고, 한 네덜란드 회사가 1871년에 특허를 사들인 뒤에야 마가린을 대규모로 제조할 수 있었다. 마가린 생산은 버터를 만들고 남은 탈지유를 엄청나게 과잉으로 갖고 있었던 네덜란드, 독일, 덴마크 같은 농업 국가에서 급속하게 발판을 마련했다.

정확히 말해, 마가린은 유중수형 에멀션으로, 동물성 지방이나 식물성 기름을 탈지유나 탈지분유, 물과 함께, 그리고 맛을 더하고 방부제 역할을 하기 위해 소금까지 섞은 혼합물을 가열해 만든다. 유단백질은 유화제 역할을 하여, 마가린을 뻣뻣하게 하고 버터와 비슷하게 약간 신맛을 내게 해준다. 다음으로, 혼합물은 매우 빠르게 결정화되도록 만들어지고 원하는 농도[점도]가 될 때까지 기계적인 혼합과 반죽을 한다. 원래의 제품은, 1919년에 덴마크에서 발명된 혁명적인 유화제를 첨가한 오늘날의 버전만큼 안정되고 균일하지는 않았다. 이 매력적인 이야기는 '마우스필과 마가린'이라는 글상자(122쪽)에서 다시 설명한다.

동물성 지방에서 식물성 지방으로 변화하기까지는 오래 걸리지 않았는데, 그것이 생산 비용을 절감했기 때문이다. 식물성 기름을 사용하는 가장 큰 단점은 그것이 주로 불포화지방으로 구성되어 있다는 점인데, 이는 실온에서 고체가 아니라는 뜻이다. 이 문제는 수소와 촉매제 니켈을 써서 수행하는 수소화라는 공정의 발견으로 해결됐다. 불포화지방의 이중 결합을 완전히 혹은 부분적으로 끊고, 녹는점을 높이고, 기름을 더 굳게 하는 과정이 수반된다. 하지만 수소화가 모든 이중 결합을 분해하지는 않으며, 그 과정 중에 지방산 사슬은 이중 결합 주위에서 스스로 감쌀 수 있다(시스cis- 형태에서 트랜스trans- 형태로 변한다). 이런 트랜스 결합을 가진 지방산을 트랜스지방산이라 한다. 이것들은 불포화되어 있는데도 지방을 굳히는 데 도움을 준다. 이런 방식으로 생산된 고전적인 하드 마가린은 트랜스지방산을 20~50퍼센트 함유할 수 있고, 이는 마가린을 좀 더 안정되게 하는 동시에 산패할 가능성을 줄였다. 나중에 살펴볼 텐데, 여기에는 불과 20여 년 전에야 확인된 부작용이 있다.

마가린은 색이 거의 없는 원료의 조합으로 만들어져서, 그 결과물은 버터를 닮지 않은 창백한 흰색이다. 하지만 소비자는 노르스름한 색을 띠는 것으로 빵을 바르거나 음식을 튀기는 데 익숙해져 있었다. 결국 마가린 제조사들은 마케팅에서 문제에 봉착했다. 그들이 우선 찾아낸 해결책은 노란색 식용 색소를 첨가하는 것이었다. 이런 조치는 커다란 논란을 촉발했는데, 특히 낙농업자들이 1970년대까지 마가린과 제대로 전쟁을 벌였던 북아메리카에서 그랬다. 식용 색속의 사용은 마가린에 반대해 끈질기게 로비를 벌인 버터 및 유제품 생산의 옹호자들이 공격하기에 딱 알맞은 이슈였다. 그들의 문제제기는 성공적이었고, 인공 버터라 부르는 것에 식용 색소를 넣는 것은 많은 국가에서 불법이 되었다. 캐나다에서 마가린 판매는 제1차 세계대전 직후부터 종전까지의 짧은 기간을 제외하고 1886년과 1948년 사이에 사실상 완전히 금지되었다. 미네소타와 위스콘신의 미국 낙농 거점에서는, 노란 마가린의 판매가 1960년대 중반까지 금지되었다. 캐나다의 온타리오 주는 1995년, 퀘벡 주는 2008년이 되어서야 이 제약을 풀었다.

초기의 귀했던 시절, 그에 대한 반대 움직임과는 별도로, 마가린의 명성과 인기는 지난 150여 년간 진화 과정에서 부침을 겪었다. 건강 관련한 두 가지 이슈가 특히 눈에 띄게 영향을 끼쳤다. 첫째, 1960년대에 소비자들이 많이 사용하던 고지방 음식의 해로운 효과에 대해 대중적 관심이 커진 결과, 많은 사람이 버터를 마가린으로 대체했다. 마가린은 식물성 기름으로 만들어져서, 어떤 경우에는 더 건강한 선택이 될 수 있다. 더 많은 불포화지방을 함유하고 완벽하게 콜레스테롤이 없기 때문이다. 그러나 잘 알려진 옥의 티가 하나 있었다. 앞서 설명했듯이, 마가린의 녹는점을 높이려고 수소화를 써서 마가린을 단단하고 더 안정적으로 만들었다. 이것은 괜찮았지만, 그 결과 남은 트랜스지방산에서 두 번째 걱정거리가 시작되었다.

1990년대 중반 덴마크에서 트랜스지방산이 잠재적으로 해로운 영향을 끼칠 수 있다며 의문이 제기되었다. 트랜스지방산은 튀김과 다양한 패스트푸드에서 가장 흔하게 발견되지만, 다른 음식들에서도 적은 양(1~5퍼센트)이 자연적으로 발생한다. 그런 음식으로는 버터와 치즈, 다른 유제품들뿐만 아니라 양고기 (반추동물의 위에서는 박테리아의 활동으로 트랜스지방산이 형성된다)도 있다. 2013년 두 명의 덴마크 의사 예른 다이어베르와 스틴 스텐더는 식품에 트랜스지방산이 있으면 동맥경화증과 심장 혈전의 위험을 높일 수 있음을 보여주었다. 그 결과, 1년 뒤 덴마크는 전 세계에서 처음으로, 산업적으로 생산된 트랜스지방산이 2퍼센트 이상인 원료를 함유한 식품의 판매를 금지했다. 다른 많은 나라는 이후 비슷한 통제를 시행하거나 그 과정 중에 있으며, 현재 생산되는 마가린은 더 이상 트랜스지방산을 함유하지 않는다.

마가린 제조사와 패스트푸드 제품 및 수많은 다른 품목의 제조사가 적절한 농도와 안정성을 주는 데 트랜스지방산 대신 무엇을 썼는지 알고 싶은 사람들도 있을 테다. 많은 곳에서, 간단하게 더 많은 포화지방을 첨가하는 유혹을 참고, 대신 포화지방과 다양한 불포화지방산의 혼합물을 쓴 것으로 밝혀졌다.

이제 마가린은 마침내 믿을 만하고 다용도인 요리 재료로 확고히 자리를 잡았다. 보통의 소비자는 일반적으로 다용도로 쓸 만한 마가린 제품을 고를 텐데, 대부분 식물성 기름에 기반한 것들이다. 튀김과 베이킹에 흔히 쓰이는 것들은 지방을 80퍼센트 정도(30퍼센트 정도가 포화지방) 함유한 고형의 제품이다. 덧붙여, 스프레드용 마가린, 액체 마가린도 있는데, 이것들은 불포화지방을 더 많이 함유하고 있고, 소프트 마가린의 경우에는 특히 다불포화지방polyunsaturated fat이 많다. 가장 지방이 적은 것은 10퍼센트 미만을 함유한 제품이고, 특별한 유화제가 있어야만 그런 제품을 제조할 수 있다.

마가린은 공장에서 제조된 상품이지만, 여러 면에서 버터만큼 '자연적'이다. 그리고 우리는 왜 애초에 그것이 발명되었는지 잊어서는 안 된다. 그것은 값싸고 칼로리가 풍부한 음식을, 특히 기근과 전쟁 시기에 버터를 구할 수 없거나 살 만한 여유가 없는 많은 사람이 접할 수 있도록 하기 위해서였다. 안타깝게도 한때 그 제조 방식이 해로운 트랜스지방산의 형성을 초래했지만, 그 문제를 인식하고는 바로잡았다. 또한, 마가린은 콜레스테롤 저감식을 하는 사람들 및 윤리적 이유로 동물성 제품을 피하는 사람들에게 버터 대체재로서 그 가치를 입증했다.

전에도 어느 정도 겔화가 일어날 수 있다. 경수硬水 또한 겔화에 영향을 끼칠 수 있는 칼슘 이온 및 포타슘[칼륨] 이온을 함유하고 있다. 어떤 겔(예를 들어, 한천+펙틴)들은 가열될 때만 형성되고, 또 다른 겔(예를 들어, 알진산염+젤라틴)들은 실온에서 만들어진다. 그러나 또 다른 종류의 겔(예를 들어, 한천+젤란검)은 휘저어질 때 액체 겔이라는 것을 만들어낸다. 액체 겔이 흐를 때, 쉽게 침과 섞이고 결과적으로 맛 물질의 방출을 촉진한다.

가정 요리에 일반적으로 쓰는 여러 겔화제와 검은 두 그룹으로 나눌 수 있다. 하나는 차갑게 혹은 액체 형태로 쓸 수 있는 종류고, 다른 하나는 고온을 견딜 수 있는 종류다. 차가운 겔은 전형적으로 펙틴, 젤라틴, 카라지난, 로커스트빈검, 구아검, 잔탄검을 기반으로 한다. 가열할 수 있는 겔은 한천, 젤란검 및 메틸셀룰로스로 만든다. 알진산염은 찬 음식과 따뜻한 음식 모두에 쓸 수 있다.

어떤 겔의 마우스필과 맛은 '깔끔하다'고 묘사

마우스필과 마가린: 덴마크에서의 산업 성공기

이것은 식품 첨가물부터 정전기 방지제까지 아우르는 광범위한 제품군을 생산하는 거대 다국적 기업으로 성장한 가족회사를 설립하는 데 한 개인의 비전, 기술적 식견(전문 지식)과 사업 추진력이 얼마나 중요한지 잘 보여주는 이야기다.

1869년 버터의 대체재로 마가린을 발명한 이후, 이 유중수형 에멀션은 서구 세계 전반에서 중요한 필수 식품이 되었다. 초기 제품들은 품질 변동이 심하고 전반적으로 품질이 떨어졌지만, 시제품을 쇠기름, 탈지유, 물로 만든 첫 번째 시도 뒤에도 식물성 기름을 이용한 실험들이 이어졌다. 적절한 유화 시스템이 발명된 뒤에야, 마가린은 좋은 마우스필을 갖고 조리에 쓸 만한 질감을 갖췄다. 이것은 덴마크의 발명가이자 기업가인 에이나르 비고 슈(1866~1925)의 덕이 아주 컸다.

이 주제를 깊이 캐본 사람들은 마가린의 대규모 상업 생산을, 식료품 도매업자이자 제조업자인 오토 묀스테(1838~1916)와 연관 지을지도 모른다. 오토 묀스테는 1883년 덴마크에 처음으로 마가린 공장을 짓고, 1894년 영국에 세계에서 가장 큰 마가린 공장을 세운 사람이다. 하지만 거기에는 뭔가 더 있는데, 오토의 이야기는 그와 몇 년 동안 연관돼 있던 슈의 이야기와 얽혀 있다.

슈는 경력 초기에 묀스테의 회사에서 회계 담당 보조로 일했다. 거기서 2년 동안 일한 뒤 1886년, 그는 연봉을 1,000덴마크크라운에서 1,200덴마크크라운으로 올려달라고 요구했는데, 그는 자신의 값어치가 그만큼 되지 않는다는 답변만 받아들었다. 슈는 즉시 회사를 관뒀다. 이 개성 강한 두 사람이 결국 충돌하고야 마는 상황이 이것으로 마지막은 아니었다.

두 사람은 1888년 정말 우연히 다시 마주쳤다. 당시 슈가 일하던 한 금융 기관이 있던 런던의 거리에서였다. 묀스테는 그에게 맨체스터 근처에 새롭게 설립한 마가린 공장의 회계 책임자 자리를 제안했다. 슈는 그 제안을 수락했고, 1년이 안 돼 공장 운영을 맡았다. 일은 잘돼갔고, 5년 뒤 묀스테는 런던 바로 외곽에 세계에서 가장 큰 공장이 될 또 다른 공장을 짓기로 결정했다. 그는 자신의 야심찬 계획의 결실을 맺는 것을 슈에게 의지하고 건설 감독을 맡겼다. 공장은 1894년에 열었고, 슈가 책임자였다.

그 성공은 대부분 슈의 공이었다. 그는 거의 20년 동안 매우 성공적으로 공장을 운영해오다, 갑작스레 사임했다. 1907년에 슈와 형제가 특허를 얻은, 슈의 획기적인 발명품에 대한 라이선스를 놓고 오랫동안 벌여온 분쟁 때문이었다. '이중 냉각 드럼'이라 불리는 이 기계는 마가린 제조에 혁명을 일으켰는데, 냉각수 없이 연속 공정으로 에멀션을 생산할 수 있도록 설계되었기 때문이다. 그 결과, 마가린 스프레드는 더 좋은 맛과 더 나은 점도를 유지할 수 있었고, 비용은 덜 들었다.

사임 몇 년 전인 1908년, 슈는 유틀란트 반도의 우엘스민데에 있는 아름다운 저택 팔스고르를 구했지만, 여전히 영국에서 일하고 있었다. 1912년 묀스테와 헤어지고, 그는 은퇴해 가족과 함께 팔스고르

에이나르 비고 슈. 마가린 생산용 유화제를 처음 발명한 사람.

로 갔다. 하지만 지주이자 취미 농부의 평범한 삶은 나날을 채우기에는 상당히 불충분했다. 묀스테가 사업 수완을 가졌듯이, 슈의 재능은 풍부한 창의력과 기업가정신 쪽이었다. 이 욕구를 충족시키기 위해, 그는 사유지의 농장 건물에 작업실을 차리고 더 나은 마가린을 생산하는 다른 방법들로 다시 한 번 실험을 시작했다. 6년 뒤, 슈가 세계 최초로 산업용 유화제를 발명하면서 돌파구가 생겼다.

그는 기름 속 두 가지 다른 지방산(리놀레산inoleic acid과 리놀렌산inolenic acid) 혼합물을 가열해, 기름과 물을 균질하고 안정된 에멀션으로 결합해 좋은 마우스필을 내는 제품으로 만드는 데 성공했다. 이 발명은, 튀김을 할 때 튀지 않고 대신 버터처럼 거품이 나는 개량형 마가린을 만드는 데 쓰였다. 덧붙여, 기름 사용량을 줄여 수분 함량을 높이고 비용도 절감할 수 있었다.

슈는 이런 종류의 에멀션을, 바깥쪽에 기름의 상을 안쪽에 물의 상을 지녔다고 묘사했다. 아주 작고 안정적인 물방울은 거의 마법 같은 에멀션 오일로 코팅되어 식물성 기름 안에 들어가 있다. 이 발명을 기반으로, 슈는 1919년에 에멀션 A/S라는 회사를 차렸다. 이것은 전 세계 최초로 식품산업용 유화제 생산을 전용으로 하는 공장이었다.

이 유화제의 발명 및 연관된 특허는 마가린 생산 방법의 개선뿐 아니라, 현재 베이킹 제품, 초콜릿, 유제품, 마가린, 마요네즈 및 드레싱에 쓰이는 모든 유화제 제품군이 생산될 길을 닦았다. 이 모든 것에서 유화제는 고유의 마우스필을 만들어내고, 제품의 맛과 기능성, 품질을 유지하는 데 중요한 요소다.

1925년 슈가 죽고, 아버지와 함께 유화제 개발 촉진에 관심을 쏟았던 아들 헤르베르트 슈가 사장이 되어 회사를 세계적 기업으로 탈바꿈시켰다. 1949년, 그는 팔스고르와 합작할 연구 개발 회사 넥서스 A/S를 설립했다. 그는 아이가 없었기에, 1957년에 슈 재단을 설립했다. 그 재단은 결국 회사의 소유주가 되어 계속 회사를 운영하며 부동산도 유지했다.

슈의 성공적인 경력이 남긴 유산은 국제적으로 인정받는 최첨단 유화제 생산 현장인 팔스고르에서 오늘도 계속되는 작업이다. 팔스고르는 바닷가의 아름다운 공원 같은 경관을 지닌 유서 깊은 땅에 자리 잡고 있다. 이 기업은 단일 특허로 성장한 가족회사에서 시작해 먼 길을 지나, 이제는 5개 대륙에 자회사를 두고 있으며 전문 유화제 생산에서 세계적인 선두 업체로 인정받는다.

겔화제나 검	특성	사용	마우스필
한천	차게 하면 굳음. 열가역적 겔 형성. 탁하고 매우 부서지기 쉬운 겔.	증점제, 안정제 및 겔화제.	깔끔함.
알진산염 (알진산나트륨)	칼슘 이온 있을 때 굳음. 찬물에 녹음.	증점제, 안정제(예: 아이스크림과 빙과) 및 겔화제(예: 마멀레이드). 구형화에 씀.	깔끔함, 오래 남음.
카라지난	다소 맑고 부서지기 쉬운, 단백질 함유 겔 형성. 로타-카라지난은 칼슘 이온 있을 때 탄력 있는 겔 형성.	증점제, 안정제 및 겔화제(예: 요구르트와 초콜릿 우유 같은 유제품).	크리미함, 깔끔함, 오래 남음.
젤라틴	식히면 매우 맑고 잘 휘고 탄력 있는 겔 형성. 열가역적.	전 범위의 식품에 쓰는 겔화제.	깔끔하면서 오래 남음, 끈적함.
젤란검	겔화 특성은 한천, 카라지난 및 알진산염과 비슷. 섭씨 120도까지는 안정.	증점제 및 안정제.	깔끔함, 크리미함.
구아검	찬물에 쉽게 녹음. 천천히 흐르는 불투명 액체 형성.	증점제(예: 케첩, 드레싱) 및 안정제(예: 아이스크림, 반죽).	오래 남음, 부드러움.
아라비아검	물에 쉽게 녹음. 산성 환경에서 고농도일 때 불투명하고 점도 높은 액체 형성. 캔디에서 설탕이 결정화하지 못하도록 함.	증점제(예: 와인검, 소프트 캔디, 시럽), 유화제 및 안정제. 글레이즈에서 결합제. 향 첨가물 및 식용 색소의 매개	오래 남음, 끈적함.
로커스트빈검	탁하고 탄력 있는 겔 형성. 특히 잔탄검과 결합할 때.	증점제 및 안정제. 냉동 및 해동 향상(예: 아이스크림). 빵 반죽에 부드러움 및 탄력도 더함.	오래 남음, 끈적함.
메틸셀룰로스	가열하면 부풀고 걸쭉해짐. 맑음.	안정제, 유화제 및 증점제(예: 아이스크림).	깔끔하면서 오래 남음, 끈적함.
펙틴	설탕 함량이 높은 신 음식에서 맑은 겔 형성. 어떤 종류의 펙틴들은 칼슘 이온이 있을 때 강한 겔 형성.	증점제(예: 아이스크림, 디저트, 케첩) 및 겔화제(예: 마멀레이드, 잼, 캔디). 에멀션과 어떤 음료들에서 안정제.	끈적하고 오래 남음.
녹말	따뜻한 물에서 부풀어 오르고 녹음. 불투명.	다양한 식품에서 증점제.	끈적하고 오래 남음.
잔탄검	찬물과 따뜻한 물에 모두 녹음. 맑은 겔(로커스트빈검과 함께), 천천히 흐르고 복합적인 액체(전단력 감소를 띠는) 형성. 열가역적.	다용도 증점제(예: 소스, 샐러드드레싱) 및 안정제.	오래 남음, 매끈하면서 끈적함.

출처: P. 바럼Barham 외, 〈분자 요리: 신흥 과학 분야〉, 《화학 리뷰》 110 (2010): 2313-2365; 네이선 마이어볼드, 《현대 요리: 요리의 예술과 과학Modernist Cuisine: The Art and Science of Cooking》 vol. 4 (Bellevue, Wash.: Cooking Lab, 2010).

된다. 이런 표현은 잘 정의되지 않으려니와 제품의 시각적 영향과도 분리하기 어렵다. 이 경우에, '깔끔한'이라는 말은 아마 단순하고 복잡하지 않은 마우스필과 맛으로 이해될 수 있을 것이다.

펙틴

펙틴은 거의 모든 육상식물에서 발견되는 수용성 복합 다당류인데, 주로 과일, 특히 요리용 사과와 감귤 껍질에 있다. 어떤 의미에서 펙틴은 식물의 세포를 함께 묶어 구조를 제공하는 접착제의 하나다. 펙틴 함량은 과일이 완전히 익을 때 절정에 이른다. 덜 익은 과일의 프로펙틴이라는 펙틴은 물에 녹지 않으며, 너무 익은 과일에서는 효소에 의해 분해된다.

펙틴 함량은 식물의 종류에 따라 꽤 다양하다. 사과(특히 야생에서 자라는 것), 블랙 커런트(특히 안 익은 것), 크랜베리, 모과 및 말린 자두에는 펙틴이 많은 반면, 체리, 딸기, 포도 같은 과일에는 펙틴이 적게 들었다.

펙틴 분자는 물에 녹았을 때 음전하를 띠고, 서로 밀어낸다. 겔을 형성하려면 이런 반발력을 제어해야 하는데, 설탕을 넣어 해결할 수 있다. 설탕은 물을 결합해, 펙틴 분자가 서로 더 강하게 붙어 있게 한다. 산을 넣는 것도 해볼 만한데, 산은 전기적 반발력을 떨어뜨린다. 또 다른 선택지는 양전하를 띠는 칼슘 이온을 첨가하는 것인데, 음전하를 띤 펙틴 분자를 결합할 수 있게 해준다.

펙틴은 다양한 겔화 특성을 지닌 여러 형태가 있어서, 위의 세 가지 선택지 가운데 어떤 것을 골라 쓸지는 어떤 상황에 있는 어떤 종류의 펙틴인지에 따라 달라진다. 메톡실 함량이 높은 것들이 빳빳하되 탄력 있는 겔을 형성하려면 산성 환경과 일정한 당 함량이 필요하다. 60~80퍼센트 메톡실을 함유한 과일로 사과와 감귤류 껍질이 있다. 딸기처럼 메톡실 함량이 적은 것들은 당과 산이 없어도, 부러지기 쉬운 빳빳한 겔을 형성하게 해주는 칼슘 이온만 있으면 겔이 될 수 있다. 이런 종류의 겔은 더 높은 온도에서 녹고, 메톡실 함량이 높은 것들보다 더 낮은 온도에서 겔을 형성하는데, 좀 더 천천히 완성된다. 칼슘 이온을 더 많이 첨가할수록 녹는점이 높아진다. 펙틴 함유 식재료를 단단하게 만드는 칼슘 이온의 능력은 익히거나 절인 채소의 단단함을 보전하는 데 도움이 되는데, 천일염이나 구연산칼슘을 넣기만 하면 된다.

상업적으로 펙틴을 만들 때는, 주로 레몬과 라임 껍질에서 그리고 즙을 짜내고 남은 사과 찌꺼기에서 산과 알코올을 써서 추출한다. 이것은 보통 가루나 액체 형태로 판다.

펙틴은 잼과 마멀레이드를 완성하고 겔과 캔디에 쓰일 과일 즙을 굳히는 데 쓸 수 있다. 또한, 저지방

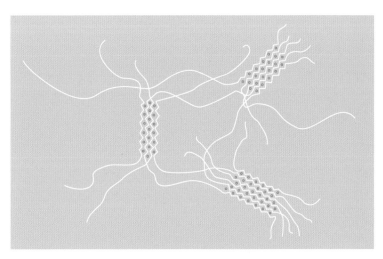

물에서 펙틴이나 알진산염으로 형성된 겔. 개별 다당류 분자 간 결합은 뾰족뾰족한 '달걀 판' 구조로 표현했다. 붉은 점은, 몇몇 경우에 칼슘 이온을 첨가해 겔을 안정화할 수 있음을 나타낸다.

요구르트와 베이킹 제품을 안정화하고 크리미한 마우스필을 주는 데에도 도움을 줄 수 있다. 소르베에 넣으면 얼음 결정이 크게 형성되는 것을 막을 수 있다.

대부분의 과일 젤리, 마멀레이드 잼 종류는 설탕, 산 및 펙틴으로 걸쭉해진다. 사과에서 나온 펙틴은 탄력 있는 겔을 만드는 반면, 레몬 껍질에서 나온 펙틴은 좀 더 잘 망가지고 부러지기 쉬운 겔을 만든다. 겔을 형성하려면, 혼합물에 펙틴이 0.5~1퍼센트, 설탕이 60~65퍼센트 있어야 하고 산도가 pH 3.5보다 낮아야 한다. 또한, 혼합물은 수크로스가 분해돼 글루코스와 프럭토스가 되어 충분한 비율의 물을 결합할 수 있도록, 끓여야 한다.

다른 겔화 과정과 달리, 과일 즙 등을 사용한 펙틴 기반 겔을 만들 때는 충분한 양의 물이 증발하고 펙틴과 당의 농도가 정확하게 맞춰질 때까지 혼합물을 가열해야 한다. 이 과정은 펙틴의 농도가 너무 높아 겔이 너무 끈적거리게 되지 않도록 조심스럽게 이루어져야 한다. 식으면, 사용된 펙틴의 종류에 따라 섭씨 40~80도에서 겔이 형성된다. 메톡실 함량이 낮은 펙틴은 최저 온도에서 굳는다.

펙틴으로 만든 겔은 깔끔하고 기분 좋게 오래 남는 마우스필을 주며, 입안에서 쉽게 부서져 맛 물질과 향 물질의 방출에 영향을 끼친다. 젤라틴으로 형성된 겔과 달리, 펙틴으로 굳은 겔은 입안에서 녹지 않고 섭씨 70~85도에서만 녹는다.

젤라틴

젤라틴은 콜라겐에서 유도되는 단백질로, 콜라겐은 모든 동물의 조직에 구조를 부여하는 결합 조직의 주요 성분이다. 포유류에서 콜라겐은 전체 단백질 질량의 25~35퍼센트를 차지한다. 동물의 콜라겐 대부분은 근육보다는 피부와 뼈에 있다. '콜라겐'이라는 단어는 '붙이다'라는 뜻의 그리스어 kólla에서 유래했는데, 우리가 얘기하려는 젤라틴의 기능은 이 어원에 어울린다. 콜라겐과 달리 젤라틴은 물에 녹아 겔을 형성한다.

결합 조직을 형성하는 콜라겐의 강도는 단백질 분자가 화학적으로 연결되는 정도에 달렸는데, 이 과정은 트로포콜라겐 분자[나선처럼 서로 감싸고 있는 세 개의 긴 단백질 분자]의 교차결합이라고 알려져 있다. 어떤 동물이 근육을 쓰면, 콜라겐은 더 강해지고 나이가 들면서 근육이 더 단단해지게 한다. 이와 비슷하게, 중노동을 하는 데 필요한 근육 역시 더 단단해진다. 갓 태어난 동물은 느슨하게 결합된 콜라겐을 함유하고 있는데, 이는 쉽게 젤라틴으로 분해된다. 어린 동물의 고기일수록 더 연한데, 이는 콜라겐 함량이 적어서가 아니라 콜라겐이 교차결합을 적게 했기 때문이다.

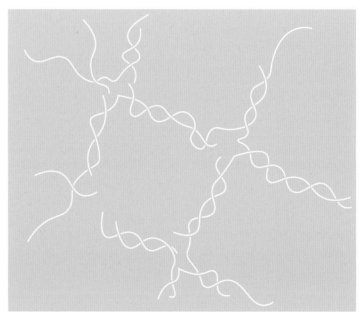

젤라틴으로 만든 겔.

상업적으로 생산한 젤라틴은 주로 돼지껍질에서, 그보다는 적지만 쇠고기 껍질과 뼈에서도 추출한다. 결합 조직을 최소 섭씨 70도로 오랫동안 가열해 트로포콜라겐 사이의 교차결합을 분해하면, 개별 분자를 구성하는 세 개의 원섬유가 풀리고, 바깥쪽 물로 스며 나오는 젤라틴을 형성한다. 이 과정은 비가역적이며 트로포콜라겐은 재구성될 수 없다. 일단 섭씨 15도 아래로 식히면, 젤라틴 분자는 복합체 총량의 최대 99퍼센트까지 많은 양의 물을 함유한, 좀 더 열린 구조로 응집한다. 이 구조가 젤이며 일부 고체의 특성을 보인다. 이 젤이 동물 고기, 가금류 혹은 물고기에서 추출한 즙을 냉각해 만들어진 경우, 아스픽aspic이라고 한다. 젤을 섭씨 30도 이상까지 가열하면 다시 녹아 물을 방출할 것이다.

젤라틴의 특성들은 젤라틴이 식품에서 어떻게 쓰일 수 있을지를 전적으로 결정한다. 젤라틴은 찬물에 녹을 수 있어서 가루나 시트 형태로 사용하기 매우 쉽다. 하지만 따뜻한 액체에서는 녹기만 할 뿐, 혼합물이 다시 차갑게 될 때까지 젤은 형성되지 않는다. [가열했다가 식히는] 한천으로 만든 젤과 달리, 젤라틴 젤은 젤라틴이 녹았던 온도에서 굳는다. 액체를 굳히려면 젤라틴이 총량의 최소 1퍼센트 이상은 되어야 한다. 정말 뻣뻣한 젤을 만들려면 약 3퍼센트가 필요하다.

젤라틴으로만 만든 젤은 투명하고 탄력적이다. 젤라틴 시트는 가루보다 공기 방울을 덜 가두기에, 특별히 투명한 젤을 만들 때 쓴다. 물론 젤의 시각적 외양은 다른 성분이 투명한지에도 영향을 받는다.

소금은 젤라틴 분자 간 결합을 약하게 해 젤을 약하게 만드는 반면, 설탕은 젤라틴에서 물을 끌어내 보다 단단한 젤을 형성하도록 한다. 유단백질과 알코올도 더 강한 젤을 형성하도록 돕는 쪽이다. 하지만 알코올이 30퍼센트 이상이면 젤라틴끼리 서로 모여 단단한 덩어리가 되어 젤이 부서진다. 젤라틴은 [펙틴 기반 젤이 산의 도움을 받는 것과 달리] 산에 많이 영향을 받지 않는다. 하지만 젤라틴으로 만든 젤은 얼릴 수 없다. 굳어 있는 젤을 휘저으면 녹기 시작하고, 이걸 다시 굳히려면 섭씨 37도 이상으로 가열한 뒤 다시 냉각해야만 한다.

젤라틴은 과일 디저트, 무스, 와인검 및 많은 저지방 식품 등 다양한 제품을 굳히는 데 쓰인다. 파파야, 파인애플, 생강 등으로 만든 몇몇 식물 주스는 젤라틴을 분해하는 효소들을 함유하고 있어서, 그 효소들을 변성시키기 위해 먼저 데워져야만 젤라틴으로 굳힐 수 있다.

젤라틴으로 젤을 만들 때 가장 큰 장점 하나는 그 젤이 사람의 정상 체온인 섭씨 37도 근처에서 녹는다는 것이다. 말 그대로 입안에서 녹는 것이다. 그 결과, 그것들은 탄력 있고 오래 남는 기분 좋은 마우스필을 준다.

해초로 만든 매우 특별한 수화겔

복합 다당류로 이루어진 겔화제인 한천, 카라지난 및 알진산염은 식품산업에서 광범위하게 쓰이며, 최근 유럽과 북아메리카에서는 미식가의 주방으로까지 들어왔다. 아시아 요리에서는 이런 겔화제, 특히 홍조류에서 추출한 한천은 수세기 동안 기본 품목이었다. 유럽에서는, 이름에서 알 수 있듯이 홍조류 바닷말red alga carrageen(Chondrus crispus)에서 유래한 카라지난이 전통적으로 푸딩을 진하게 만드는 데 쓰인다.

한천

한천은 두 가지 다른 다당류인 아가로스agarose와 아가로펙틴agaropectin의 복합적인 조합으로, 홍조류 [주로 우뭇가사리과]를 삶은 뒤 따뜻한 여과수를 동결 건조해 추출한 것이다. 상업적으로는 가루, 과립 혹은 가는 실 형태로 팔리고, 종종 젤라틴의 식물성 대체재로 쓰인다. 한천은 차가운 물에는 녹지 않지만, 끓는 물에서는 쉽게 용해돼 열가역적 겔을 형성할 수 있다. 겔을 형성하기 위해, 한천은 우선 찬물에 불려 부드럽게 한 다음 끓는점까지 가열하고, 이어서 섭씨 38도 아래까지 식힌다. 겔은 일단 굳으면, 최소한 섭씨 85도까지 가열하기 전에는 다시 녹지 않는다. 휘저으면 한천으로 만든 고체 겔을 액체로 바꿀 수 있지만, 얼릴 수는 없다. 젤라틴으로 만든 겔과 달리, 한천으로 만든 겔은 덜 끈적끈적하며, 깔끔하고 아삭한 마우스필을 주고, 입안에서 녹지 않으면서 모양과 단단함을 유지한다. 이 마지막 특성을 이용해, 겔 조각들을 따뜻한 음식에 넣어 구조적 흥미를 더하고 맛 물질을 추가로 방출할 수 있다. 또한, 한천은 젤라틴보다 훨씬 낮은 농도에서 겔을 형성해, 99.5퍼센트까지 물을 함유한 혼합물을 굳힐 수 있는 어마어마한 능력이 있다. 하지만 펙틴이나 젤라틴과 비교할 때 한천을 사용해 만든 겔은 한 가지 단점이 있다. 덜 깔끔하고 거친 질감을 가지며 쉽게 부서진다는 것이다. 알진산염과 달리, 한천은 이온이 있다고 해서 영향을 받지는 않으며 산성 환경도 견뎌낸다.

카라지난

카라지난은 홍조류에서 추출한 많은 복합 다당류에 적용되는 포괄적인 용어다. 카라지난이 만드는 겔화의 특성은 종류마다 크게 다르며, 그 작용은 온도, pH, 이온(특히 칼륨과 칼슘)의 유무 등 주변 환경의 영향을 받는다. 어떤 것은 나선 구조로 구부러질 수 있는데, 이 나선 구조는 느슨하게 서로 연결해 망을 이룰 수 있다. 세 가지 중요한 유형의 카라지난이 있는데, 두 가지는 겔화제로 쓴다. 첫째는 카파κ-카라지난으로, 강하고 빳빳한 겔을 형성한다. 둘째는 로타ι-카라지난으로, 분해된 뒤에도 스스로 재조립할 수 있는 좀 더 부드러운 겔을 형성한다. 셋째는 람다λ-카라지난으로, 유일하게 찬물에 녹을 수 있고, 겔을 형성할 수는 없지만 특히 유제품에서 단백질을 유화하기에 적합하다. 카파-카라지난과 로타-카라지난으로 만든 겔은 액체를 끓는점까지 가열한 뒤 식히면 형성된다. 두 종류 모두 열가역적인데, 섭씨 70도 근처에서 녹으며 60도 근처에서 다시 굳는다. 이 카라지난들은 물에 0.8~1퍼센트, 우유에 0.3~0.5퍼센트 농도로 들

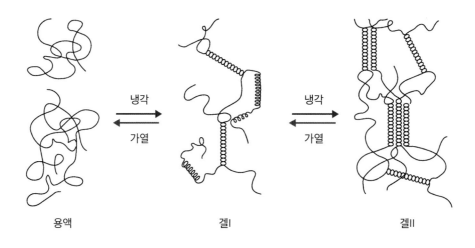

용액   겔I   겔II

냉각 / 가열

한천이나 카라지난으로 만든 두 가지 종류의 수화겔(I, II)

작은 방울과 구체: 질감의 신세계

한천은 아시아 요리에서 수세기 동안 증점제나 겔화제로 쓰였다. 어떤 의미에서, 한천은 1998년 요리사 페란 아드리아에 의해 재발견되었다. 아드리아는 지금은 문을 닫은 스페인의 엘불리el Bulli 레스토랑에서 독창적인 현대 요리와 분자 요리를 내세운 것으로 유명하다. 한천 겔은 젤라틴으로 만든 것보다 지방이 적고 기름진 느낌도 적으며, 또한 덜 부서진다. 이런 특성들 및 녹는점이 높다는 특성은, 파르미자노 스파게티, 감자 젤리 및 와인 식초 스낵칩 같은 상상력 가득하고 참신한 요리를 만드는 데 최대한 이용되었다.

2003년부터 아드리아는 관심을 알진산염으로 돌려 새로운 응용법들을, 특히 구형화spherification라는 기술에서 발견했다. 이 과정은 새로운 분자 요리와 아방가르드 요리의 트레이드마크가 되었다. 아드리아는 칼슘 이온을 함유한 유체에 알진산염 용액을 떨어뜨리면 작은 방울(구체) 모양을 한 알진산나트륨 겔을 비교적 쉽게 만들 수 있다는 것을 발견했다. 어떤 경우에는, 한정된 짧은 시간 동안 방울 안에 액체를 가둘 수 있다. 아드리아는 이로부터 영감을 받아 더 커다란 구체로 실험을 했고, 첫 번째 인공 노른자와 구체형 라비올리를 만들어냈다. 곧이어 목록에 인공 캐비어, 구형의 풍선, 국수, 과일 즙을 함유한 방울 등이 추가됐다.

2005년, 역逆구형화 방법이라는 것의 발명으로 주요한 돌파구가 생겼다. 이 기술은 구체의 형성을 정밀하게 제어할 뿐만 아니라, 너무 산성이고(pH 5 미만), 알코올 농도가 너무 높거나, 이미 칼슘 이온을 함유한(예: 우유 제품 및 올리브) 액체를 사용할 수 있도록 해준다. 일반적인 구형화 방법에서는, 방울의 내용물까지 겔이 되기 전에 겔화를 멈추는 것이 어렵다. 어느 정도까지는 할 수 있는데, 칼슘 이온을 함유한 액체에서 새로 형성된 구체를 재빨리 제거하고 그걸 순정수에 깨끗이 씻어내면 된다. 반면 역구형화 공정에서는, 칼슘 이온을 함유한 액체를 알진산염 용액에 떨어뜨림으로써 방울 주변에 껍질을 형성하게 한다. 알진산염은 이 젤리 층을 통과할 수 없기에, 구체의 내용물은 유동적인 상태로 남는다.

요리의 관점에서 볼 때, 구체는 식사에 특이하고 종종 놀라운 질감을 가져올 몇 가지 특출한 기회를 제공한다. 껍질은 단단하고 안쪽은 액체여서 구체는 음료에 흥미로운 충만감을 더하고, 생선 알과 비슷한 아삭한 마우스필과 함께 완전히 다른 맛을 전해주거나, 파파야 맛이 나는 '달걀노른자'처럼 놀랍게 새로운 효과를 창출해낼 수 있다.

페란 아드리아와 그의 형제 알베르트는 이러한 요리 분야의 발견에서 상업적 가능성을 보았고, 함께 텍스투라스Texturas라는 회사를 설립했다. 이 회사는 현재 모든 계열의 증점제와 겔화 제품을 시장에 내놓고 있다. 이 회사는 알진산염과 한천 말고도, 카라지난, 젤라틴, 메틸셀룰로스, 젤란검, 잔탄검 및 분자 요리에 다양하게 응용할 수 있는 수많은 유화제와 복합 제품도 생산한다.

그들의 사업이 전도유망하다는 건 쉽게 알 수 있다. 텍스투라스 레이블이 붙은 매력적인 유리병에 담아 엘불리의 마법 같은 분위기로 감싼 알진산염을 판매하면, 일반 식품 등급의 알진산염 가격이 현저히 올라간다.

어간 혼합물로 형성된다. 로타-카라지난으로 만든 겔과는 달리, 카파-카라지난으로 굳힌 겔은 얼린 뒤 해동하면 겔의 안정성이 떨어진다. 아이스크림이 녹는 속도를 늦추는 데는 0.02퍼센트 카라지난이면 된다. 또한, 카라지난은 저지방 혼합물에서도 수중유형 에멀션과 비슷한 마우스필을 주며, 아이스크림에서 얼음과 설탕 결정이 형성되지 않도록 해 이 사이에서 모래처럼 꺼끌거리는 느낌이 들지 않게 한다. 단백질과 액체를 함께 붙잡을 수 있는 카라지난의 능력은 최근 고기 제품의 '디자이너 팻designer fat'이라 불리는 것에 응용되었는데, 이는 저지방 육류에서 즙을 유지하는 데 도움을 준다. 또한, 카라지난은 유제품 및 빵에 구조를 제공하고 수분을 보존하는 데 쓴다. 마지막으로, 초콜릿 우유에서 잘 알려진 효과를 내는데, 코코아 입자를 현탁액에 붙들리게 해 바닥에 고이지 않도록 하는 것이다. 카라지난은 깔끔하고 크리미한 마우스필을 준다.

알진산염

알진산염은 갈조류에서 추출한 복합 다당류 그룹이다. 알진산염은 용해성 때문에, 일상, 산업, 주방에서 쓰임새가 많고, 상업적 식품 생산 및 미식 특산품을 만드는 데 광범위하게 쓴다. 알진산염 겔의 녹는점은 물의 끓는점 바로 위에 있다. 알진산염 겔은 많은 양의 물을 결합하기에 좋은 증점제이자 안정제다. 산에 의해 쉽게 분해되지 않아 다른 안정제보다 유리하지만, 한편으로는 그 마우스필이 약간 끈적일 수 있다.

알진산나트륨은 가장 다용도이며 요리에 응용할 데가 많다. 식료품 및 특별 미식에서 흥미로운 질감을 만들어내는 데 쓰일 수 있기 때문이다. 알진산나트륨은 물에서 나트륨 이온과 알진산염 이온으로 쪼개진다. 알진산염 이온은 칼슘 이온이나 마그네슘 이온이 있으면 겔을 형성할 수 있고, 펙틴으

로 겔을 만들 때보다 더 낮은 온도에서 겔화가 일어난다. 그것은 저장 생선 및 고기, 샐러드드레싱, 과일 및 디저트 젤리, 푸딩 등 광범위한 제품에서 증점제, 겔화제, 결합제, 유화제, 안정제 역할을 한다. 또한, 파스타를 비롯해 다양한 음식이 조리될 때 그 모양을 보전하기 위해 두 가지 방식으로 도움을 줄 수 있다. 그것은 많은 양의 조리용 물을 결합하고 그것이 형성한 겔은 물리적으로 매우 안정해서 식품은 분해되거나 용해되지 않으며, 몇몇 파스타 제품에서 낮은 글루텐 함량을 보충해줄 수도 있다. 알진산염은 아이스크림의 안정제로 특별하게 쓰이는데, 결정 형성을 막고 지방이 물에서 분리되지 못하게 한다. 맥주의 거품을 안정화하는 데도 쓰인다.

최근에는 분자 요리에서 알진산염의 새로운 용도를 발견했는데, 구형화에 쓰는 것이다. 액체로 채워진 매우 작은 관이나 구체를 만드는 것으로, 이것들은 마우스필과 맛의 상호작용에 매우 흥미로운 영향을 끼칠 수 있다.

영양의 관점에서 보면, 한천, 카라지난, 알진산염은 위와 장에서 분해될 수 없는 수용성 식이 섬유로 분류된다. 결과적으로, 이것들은 실질적으로 칼로리에는 전혀 기여하지 않지만, 물과 결합하는 능력은 소화를 크게 돕는다.

검

검gum은 곡물과 채소 같은 다양한 원료에서 직접 추출할 수 있다. 검은 식품의 점도를 높이는데, 가장 중요한 검은 식물 세포에서 추출한 많은 특별한 물질(예: 로커스트빈검, 구아검, 아라비아검), 세균 발효로 생산된 다른 물질(예: 잔탄검, 젤란검), 그리고 화학 공정을 통해 제조된 물질(예: 메틸셀룰로스)이다. 이 모든 물질은 매우 효과적으로 물을 결합하여 증점제와 안정제로 쓸 수 있다. 가지를 많이

뺀은 매우 복잡한 분자들로 이루어져서, 젤란검 외의 검은, 실제 겔이 될 물질까지 있지 않으면 겔화에 쓰일 수는 없다. 하지만 아주 미량의 농도로도 이 검들은 매우 점도가 높은 액체를 형성하고 에멀션을 안정화시켜, 아이스크림 같은 식품에서 부드러운 질감을 만들어낼 수 있다. 이것들은 광범위한 온도에서 안정적이며 잘 얼지 않는다. 더 짙은 농도에서는, 검은 몇몇 종류의 캔디에서 유용한 특성인 '가소성'을 유지한다.

로커스트빈검

로커스트빈검은 캐럽나무의 열매 꼬루리에서 나온 가루인데, 수용성의 분지형 다당류를 함유한다. 가루는 물에 녹아 부풀어 올라 끈적한 덩어리를 형성한다. 이것은 에멀션을 안정화하고 다양한 범위의 식재료(예를 들어, 치즈, 샐러드드레싱, 소스)를 종종 카라지난과 함께 조합해 점도를 높이는 데 쓸 수 있다. 일반적인 겔화제와 달리 로커스트빈검 가루는 낮은 온도에서 효과적이고 따라서 아이스크림이 원치 않는 점액질 마우스필을 내지 않으면서 녹고 어는 데 저항력을 키우도록 도움을 준다. 빵 반죽에 쓰면, 부드럽고 탄력 있게 해준다. 로커스트빈검은 혼자서는 겔을 형성할 수 없다. 잔탄검과 짝을 이룰 때 다양한 온도에 걸쳐 그리고 산성 환경에서 안정한 겔을 형성한다. 로커스트빈검 가루로 점도가 높아진 제품의 마우스필은 다소 끈적끈적하고 오래 남는다.

구아검

구아검은 콩과식물 구아guar의 꼬투리에 있는 씨앗에서 유래한다. 이 검은 찬물에 쉽게 녹는 분지형 다당류다. 구아검은 최고 수준으로 점도가 높은 액체를 형성할 수 있다. 일반적으로, 옥수수 녹말이 같은 효과를 내려면 8배가 필요하다. 구아검으로 응고된 액체는 전단력 감소를 보인다. 즉, 표면과 평행인 전단력을 받으면 좀 더 쉽게 흐른다. 로커스트빈검처럼, 구아검은 겔을 형성할 수 없다. 그것은 아이스크림과 샐러드드레싱 같은 에멀션에서 증점제와 안정제로 쓰인다. 구아검으로 점도가 높아진 제품의 마우스필은 부드럽고 오래 남는다.

아라비아검

아라비아검은 다당류와 당단백질의 복합 혼합물로, 아카시아나무의 굳어진 수액에서 유래한다. 그것은 물에 잘 녹고 유화제와 안정제로 쓰인다. 또한, 시럽과 음료의 점도를 높이고 윤기 있게 하며, 마시멜로와 와인검 같은 소프트 캔디에도 쓰인다. 단단하고 달콤한 캔디에서 당이 결정화하지 않게 한다.

구아와 구아검(왼쪽), 로커스트빈과 로커스트빈검(오른쪽).

아라비아검을 함유한 제품의 마우스필은 약간 끈적하고 오래 남는다.

잔탄검

복잡한 분지형 다당류로 이루어진 잔탄검은 박테리아(Xanthomonas campestris)의 작용으로 만들어진다. 이것은 찬물과 더운물 모두에 용해되고, 0.1~0.3퍼센트의 옅은 농도로 증점제 역할을 한다. 잔탄검으로 뻣뻣해진 액체는 전단력 감소를 보이는데, 이는 잔탄검이 들어간 케첩과 드레싱을 통해 잘 알려진 효과다. 케첩이나 드레싱은 저장 중에 강하고 안정된 농도를 갖지만, 병에서 부어지거나 입안으로 들어갈 때 똑똑 떨어지지 않고 쉽사리 흐른다. 잔탄검으로 진득해진 제품의 점도는 섭씨 0도에서 100도 사이에서는 거의 변하지 않는다. 또한, 잔탄검은 아이스크림 같은 에멀션을 안정화할 수 있고, 산성에 영향 받지 않는다. 잔탄검을 함유한 제품의 마우스필은 오래 남으며 끈적함과 부드러움 사이 어딘가에 있다. 잔탄검이나 구아검은 일반적으로 글루텐프리 베이킹 제품에 첨가해, 밀가루 대체물과 녹말이 부서지지 않게 하고 씹는 맛을 더한다.

젤란검

젤란검은 박테리아(Pseudomonas elodea) 배양에서 분리해낸 신맛의 다당류를 함유한다. 그것은 젤화 특성과 용해 특성이 다른, 길고 짧은 다당류 모두를 가진 형태다. 이 다당류는 분지형이 아니지만 물에서 교차결합 네트워크를 형성할 수 있어서, 젤란검은 식품을 젤화하는 데 쓰인다. 이런 이유로, 한천, 카라지난, 알진산염 같은 더 비싼 수화겔의 대체재로 종종 쓴다. 겔을 형성하는 데 젤란검은 한천의 절반만 필요하며, 0.1퍼센트 농도면 할 수 있다. 젤란검을 먼저 차가운 물 혹은 뜨거운 물에 녹이는 것 중 무엇이 최선인지는 의견이 다르다.

어쨌든 젤화 과정에는 가열이 필요하고, 산과 칼슘이온 같은 양이온이 있어야 한다. 젤란검으로 만든 겔은 매우 단단해질 수 있고 어떤 것은 섭씨 120도에도 안정적이다. 한편 입안에서 쉽사리 깨져, 겔이 녹아 향 물질과 맛 물질을 방출하고 있다는 인상을 준다. 그것들을 휘저으면 액체 겔이 생길 수 있다. 젤란검으로 진득해진 음식의 마우스필은 깔끔하고 크리미하다.

메틸셀룰로스

'메틸셀룰로스'라는 용어는, 셀룰로스로부터 화학적 공정을 이용해 합성해서 나온 관련 제품들 무리를 모두 포괄한다. 전통적 의미의 검은 아니지만, 메틸셀룰로스는 파이 필링(속) 같은 데 증점제로도, 안정제로도 쓴다. 차가운 물에는 녹을 수 있지만 따뜻한 물에는 안 되고, 산성 환경을 견뎌낼 수 있다. 카라지난처럼, 아이스크림에서 결정 형성을 제한하는 데 쓸 수 있다. 또한, 캔디의 당이 결정이 되지 않도록 한다. 메틸셀룰로스는 가열하면 뻣뻣해지고 냉각하면 녹는, 독특한 성질을 지녔다. 메틸셀룰로스로 만들어진 음식의 마우스필은 깔끔한 것부터 끈적하고 오래 남는 것까지 다양하다.

효소가 질감에 끼치는 영향

식재료에 다량으로 다양하게 있는 효소는 분자를 분해하고 다시 고치는 독특한 단백질이다. 각각의 효소는 생명체에서 각각 본연의 기능을 수행하는데, 소화를 돕는다거나 박테리아를 방어하는 것 등이 그 기능이다. 또한, 우리가 먹는 음식 안에 있는 죽은 생체 물질을 분해하는 것도 돕는다. 일부 효소는 단백질에 작용하고, 어떤 것들은 탄수화물과 지방에 작용한다. 대부분 효소는 매우 구체적이며 특정한 종류의 분자만 표적으로 하고, 온도·염도

식물 유래 레닛으로 만든 치즈

포르투갈에서는 전통적으로 치즈를 만들 때 아티초크(Cynara cardunculus) 꽃봉오리의 암술에서 추출한 효소를 이용한다. 이 효소는 송아지 위에서 유래한 효소와 같은 방식으로 작용한다. 그것들은 지방 입자들이 함께 유지하는 그물망에서 우유 속 미셀이 결합하도록 한다.

트랜스글루타미네이스는 어떻게 작동할까

효소는 어떤 단백질의 유리 아민기와 다른 단백질의 아미노산 글루타민의 아실기 사이의 결합 형성에 촉매 작용을 한다. 단백질 분해 효소인 프로테아제에 의해 분해되지 않게 해, 그것들이 함께 결합하도록 한다. 단백질의 이런 효소 결합은 혈전 형성과 동일한 메커니즘에 따라 이루어진다.

·산도 같은 주변 환경에 매우 민감하다. 온도는 특히 중요하다. 효소는 고온에서 변성되는데, 이는 효소가 파괴되어 그 기능이 다시 복구되지 않는다는 뜻이다. 이 때문에 식품을 보존하는 방법으로 열을 이용하는 것이다. 순수한 형태의 효소는 생체 물질에서 추출할 수 있는데, 생명공학의 원리를 이용하여 생산하는 양이 점점 증가하고 있다.

효소의 사용은 식품의 구조를 바꾸고, 더불어 마우스필을 바꾸는 가장 효과적인 방법 중 하나다. 때로는 자연적으로 존재하는 효소가 스스로 그런 작업을 해낸다. 예를 들어, 육류나 생선이 숙성되거나 과일이 익도록 놔두는 경우가 그 예다. 어떤 경우에는 특정한 목적을 위해 효소를 쓰는데, 치즈 생산에 레닛을 쓰는 경우가 그렇다. 또한, 효소는 발효 공정의 핵심이며 육류 및 유제품 표면의 곰팡이는 효소가 영향을 끼친 결과일 때가 많다.

레닛의 효소 키모신은 우유를 응고시켜 치즈 커드를 형성하는 데 도움이 된다. 키모신은 카세인 단백질의 작은 입자(미셀)로부터 전하를 떼어내, 단백질이 서로 결합해 우유 전체에 그물망을 형성하고 유지방이 간힌 액체 겔을 만들도록 한다.

트랜스글루타미네이스라는 효소는 좀 더 최근에 발견된 것으로, 상업적 식품 가공과 분자 요리 둘 다에서 많이 응용된다. 이 효소는 육류와 유제품처럼 단백질을 함유한 식품을 진득하게 하는 데 쓴다. 이 효소가 일종의 접착제로 작용해, 단백질이 서로 결합하여 겔을 형성하게 하는 것이다. 트랜스글루타미네이스는 고기 조각들의 단백질이 서로 붙도

 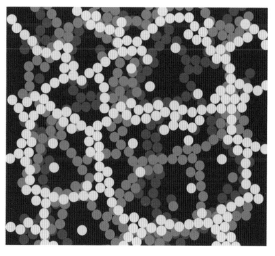

레닛을 써서 우유 속 카세인 미셀이 뭉쳐 그물망을 형성할 때 치즈 덩어리의 전자현미경 사진(왼쪽)과, 이 그물망의 일러스트(오른쪽). 그물망의 공간 속에는 유지방 구체의 자리가 있는데, 그 크기는 보통 2~5마이크로미터다.

연육

연육은 거의 전적으로 단백질로 이루어진 단단한 고체로, 이 단백질은 일반적으로 옅은 색 근육을 가진 생선 살에서 나오는데, 이것들은 녹말, 유화제 혹은 트랜스글루타미네이스와 함께 결합돼 있다. 연육 생산은 동아시아에서 수세기 전에 개발된 기술에 그 기원을 두는데, 동아시아에서는 생선 살 완자, 생선 소시지, 일본식 어묵인 '가마보코'를 만드는 데 연육이 사용되어왔다. 유대의 전통적인 주식인 게필트 피시Gefilte fish[송어, 잉어 등의 생선 살에 달걀, 양파 등을 섞어 뭉친 뒤 수프로 끓인 요리]는 가마보코와 친척이나 다름없다. 아시아 밖에서는 연육이 일반적으로 게나 새우의 모양, 질감, 색깔을 모방해 모조 게나 모조 새우로 팔리며, 종종 스시롤에 쓴다.

생선 연육은, 이것이 아니라면 경제적 가치가 낮은 어류를 이용해 생산하며, 이제 전 지구적 규모의 대형 산업이다. 생선 살은 우선 씻어서 지방, 수용성 단백질, 피, 결합 조직뿐만 아니라 원치 않은 냄새와 맛 물질까지 제거한 후 으깨서, 거의 무미한 페이스트를 만든다. 그런 다음, 녹말, 기름, 달걀흰자, 소금, 소르비톨, 향 물질, 식용 색소, 아마도 트랜스글루타미네이스 등 수많은 재료와 섞는다. 그 페이스트를 압착한 뒤 조리하거나 찐다.

생선 말고도, 돼지고기, 쇠고기, 쇠심줄 및 칠면조 고기로 다양한 종류의 연육을 만든다. 이런 종류들은 미트볼과 매우 비슷하고, 일반적으로 트랜스글루타미네이스가 들어 있지 않다. 이들 제품에 들어가는 고기는 원래 근육의 특징적이고 차별화된 조직 구조를 보여주는 반면, 결과물로 나온 연육은 균일하고 단단하며 살짝 탄력 있는 질감을 지녔다.

록 하기에(연육練肉[보통 생선, 육류 반죽으로 여러 모양, 질감을 내게 만든 것으로, 일본어 스리미擂り身로 쓴다]과 햄의 경우처럼), 다소 매력적이지 않은 '고기 접착제'라는 별명이 붙기도 했다.

겔을 분해하거나 그 형성을 억제하는 효소도 있다. 많은 요리사가 파파야나 파인애플 즙을 함유한 과일 겔을 굳히려 젤라틴을 쓰려다 실패한 경험이 있을 것이다. 그것이 실패한 이유는 단순하다. 파파야 안의 파파인, 파인애플 안의 브로멜린 같은 과일 속 효소가 단백질을, 더불어 젤라틴까지 분해하기 때문이다. 이런 과일로 겔을 만들려면 한천과 펙틴을 써야 하는데, 이것들은 탄수화물이고 이 효소들의 영향을 받지 않는다. 달리 해볼 만한 유일한 방법은 즙을 데워 효소를 변성하는 것이지만, 이러면 신선한 과일 맛을 망칠 수 있다.

식품 속 당들

수크로스, 프럭토스, 글루코스 같은 단순당 및 앞서 수화겔 형태에서 봤던 더 복잡한 당류들, 즉 탄수화물은 음식을 달게 하고 보존하고 질감을 더하는 데 필수적인 성분이다. 탄수화물의 특성은, 물을 결합해 화학적으로 덜 활성화되도록 하는 능력에서 나온다. 긴사슬의 다당류에서는, 서로 교차결합을 형성하기까지 한다. 당류는 음식의 마우스필을 원만하게 하고 균형을 맞춘다.

일반적인 가정용 설탕(수크로스) 같은 단순당을 물에 녹이면, 그 점도는 높아지지만 용액은 액체 상태로 유지되고 겔을 형성하지 않는다(고농도의 설탕을 녹여도 마찬가지다). 또한, 물에 녹은 설탕은 어는 점을 떨어뜨리는데, 이는 아이스크림과 소르베에서 얼음 결정의 형성을 막는 효과가 있다.

시럽처럼 매우 점도가 높고 끈적거리는 액체, 캐러멜처럼 부드러운 고체, 혹은 기술적으로 유리가 된 캔디처럼 딱딱하고 바삭한 고체 등은, 당(녹는점이 다른 여러 종류의 당이 있다)을 녹이고 그 용액을 졸여 만들 수 있다. 이 모두는 공통적으로 당이 결정화되지 않도록 조리된다. 여러 다른 종류의 당들은 모든 종류의 단과자를 만드는 데 쓰인다. 단과자들은 크리미하면서 부드럽고, 끈끈하고, 질기고, 끈적거리고, 모래 같고, 오돌토돌한 것부터 바삭하고 딱딱한 것까지 매우 다양한 유형의 마우스필을 갖는다. 질감은 크림 같은 여러 물질을 첨가해 조절할 수 있다.

시럽

시럽은 물에 고농도로 당이 녹아 있는 용액이다. 당과 물은 서로 결합해 매우 점도가 높은 액체를 만들기에, 당은 결정으로 침전되지 않는다. 시럽은 당을 물에 녹이거나, 일정한 당 함량이 있는 즙, 예를 들어 사탕수수 즙, 자작나무 수액이나 메이플 수액을 졸여서 생산한다. 액체를 가열하고 부피가 줄어들면 당 분자는 다양한 방법으로 화합물을 형성하는데, 일부 화합물은 갈색을 띠고 다양한 향물질을 형성한다. 일반적으로 시럽의 마우스필은 끈적끈적하고, 시럽이 얼마나 자유롭게 흐를 수 있는지는 원재료에 달렸다. 현재 시판되는 상업용 시럽 대부분은 주로 녹말(옥수수 등)에서 생산하며, 많은 제품이 프럭토스 함량이 크다.

전화당

전화당轉化糖은 이당류 수크로스의 특별한 형태로, 수크로스의 두 성분인 글루코스와 프럭토스가 분리된 상태로 들어 있다. 이 전화당은 두 가지 효과를 낸다. 전화당은 일반적인 당보다 더 단데, 프럭토스가 수크로스보다 더 달기 때문이다. 그리고 글루코스는 당이 결정화되지 않게 하기에, 아이스크림과 단과자를 만들 때 쓴다.

말토덱스트린

말토덱스트린은 녹말(카사바에서 추출한 것 등)을 가수분해해서 생산할 수 있는 다당류의 한 종류다. 일반적으로 무게가 적게 나가고 쉽게 부을 수 있는 가루 형태로 판매된다. 아주 살짝 단맛이 날 뿐 실질적으로는 거의 무미하고, 증점제로 쓸 수 있으며 아이스크림과 소르베에서 결정 형성을 막을 수 있다. 말토덱스트린은 현대 요리에 잘 녹아들었는데, 말토덱스트린이 유지류를 침과 섞일 때 맛 물질을 방출하는 가루로 변환할 수 있기 때문이다. 이렇게 하기 위해, 액체 지방이나 액체 형태의 기름을 말토덱스트린과 섞어 페이스트를 만들고 체로 거른 뒤 말린다. 좀 더 정교한 방식은 분무건조법을 써서 마치 눈처럼 혀 위에서 녹는 가루를 만들어낸다.

식품 속 지방들

지방은 고체 지방의 형태이든 액체 기름의 형태이든 음식의 마우스필에 여러 방식으로 영향을 끼친다. 이는 지방의 녹는 성질뿐만 아니라, 물 같은 액체와 함께 에멀션을 형성하는 방식에도 달려 있다. 지방은 모든 요리 재료 중에서도, 질감에 영향을 주는 데 가장 유연하게 쓰일 수 있는 재료 중 하나일 테다. 가장 흔한 것은 식물에서 유래한 마가린과 식물성 기름 혹은 동물에서 유래한 버터, 마가린, 라드, 수이트suet[소, 송아지, 양, 새끼 양 등의 콩팥과 허릿살 주변을 둘러싸고 있는 단단하고 하얀 지방질] 및 가금류 추출 기름이다.

순수한 지방 큰 덩어리는 가공식품에 거의 쓰이지 않지만, 라드와 수이트 같은 동물 유래 지방은 몇몇 요리에서 크든 작든 제몫을 한다. 하지만 지방

높은 녹는점을 가진 지방과 낮은 녹는점을 가진 지방. 각각 버터와 올리브 오일.

은 흔히 식물성 원료, 동물성 원료 모두에 있는데, 분리된 지방 축적물의 형태나 조직에 가두어진 상태를 띤다. 그러니 당연하게도 지방은, 그 성분들이 가공식품에 주는 마우스필에 영향을 끼칠 뿐만 아니라, 맛 물질과 냄새 물질의 방출을 돕는다. 낮은 지방 함량이 마우스필에 어떤 영향을 끼치는지는, 기름기가 아주 적은 고기로 만든 쇠고기 패티의 밋밋한 맛에서 잘 알 수 있다.

요리용 식물성 지방

마가린은 원래 동물의 지방에서 생산했는데, 시간이 지나면서 원료가 식물 유래의 좀 더 불포화된 기름으로 바뀌면서, 녹는점을 높이기 위해 단단해졌다. 많은 나라에서 요즘 생산되는 마가린에는 녹는점이 높은 트랜스지방산이 없다. 대신 최종 쓰임에 따라 녹는점을 맞추기 위해 식물성 기름을 조합해 만든다. 예를 들어, 소테용으로는 단단하게, 베이킹용으로는 부드럽게 만든다. 식물성 기름으로 만든 하드 마가린은 지방 함량이 80퍼센트 정도이며, 이는 버터와 비슷한 비율이다. 따라서 이 마가린은 질감 측면에서 버터 대체재로 쓸 수 있다. 물론 이 마가린이 맛에 긍정적으로 기여하는지에 관한 의

견은 분분하지만 말이다. 다른 마가린은 지방 함량이 40퍼센트뿐이며, 나머지는 물의 무게다. 이 때문에, 소프트 마가린을 가열하면 부피가 상당히 줄어 프라이에는 적합하지 않다. 하지만 공기가 많고 바삭한 베이킹 제품을 만들 때는 아주 훌륭한 선택이다.

씨앗과 견과류에서 추출한 기름은 동물성 지방보다 덜 포화되었다. 예를 들어, 올리브 오일과 유채씨유에서 불포화지방의 비율은 각각 82, 84퍼센트다. 식물성 기름은 베이킹에 쓸 수 있고, 실온에서 유동성이 있어야 하는 차가운 소스, 드레싱, 그리고 에멀션을 만들 때, 낮은 녹는점 때문에 아주 적합하다. 올리브 오일은 기름·식초 드레싱이 코팅된 마우스필을 갖게 하는 능력으로 잘 알려져 있다.

요리용 동물성 지방

동물성 지방의 중요한 원료는 젖소의 젖으로, 지방 함량이 3.5퍼센트다. 우유를 휘저어 버터로 만들면 지방 함량은 82퍼센트까지 올라가는데, 이 중 65퍼센트가량이 포화지방으로 이 함량은 소에게 무엇을 먹였는지에 좌우된다. 버터는 녹는 성질과

맛 때문에, 음식에 질감을 주려 할 때, 특히 소스와 베이킹 제품에 폭넓게 쓰인다. 정제 버터[약불에 천천히 녹여 물을 증발시켜 유지방만 걸러 쓰는 버터]와 기ghee[물소 젖으로 만든 정제 버터]는 거의 순수한 지방이다.

라드는 돼지 지방을 융출[지방을 녹여 얻는 방법]해 만드는 100퍼센트 지방인데, 이 중 61퍼센트는 불포화지방이다. 라드는 버터처럼 쓸 수 있고 한때는 베이킹 제품의 흔한 재료로 두드러지게 고기 맛을 내는 데 기여했다.

일반적으로 오리나 거위 같은 가금류의 지방 조직은 지방 함량이 98퍼센트 정도이며, 이 중 70퍼센트는 불포화지방이다. 주요 용도 중 하나는 콩피confit[오리고기나 거위고기를 자체 지방에 절여 만드는 요리]를 만드는 것인데, 라드에 고기를 저장해 보존하는 방식이다. 가장 잘 알려진 것은 오리고기 콩피confit de canard로, 소금에 절인 오리고기를 자체 기름으로 삶은 뒤 단단하게 굳힌 것이다.

수이트는 약 99퍼센트의 지방으로 구성되며, 그 중 48퍼센트는 불포화지방이다. 녹는점이 높아 굽거나 튀기기에 매우 적합하다.

생선에서 나온 지방은 불포화도가 매우 높다. 그 지방들은 녹는점이 매우 낮고 쉽게 산화해 산패한 맛을 남긴다. 이런 이유로 생선 기름은 음식의 마우스필을 내는 데 직접적으로 쓰지는 않는다. 물론 기름진 생선의 부드러운 질감은 주로 생선 기름 때문이지만 말이다.

지방과 마우스필

음식의 질감에 영향을 주는 지방의 능력은 두 가지에서 비롯한다. 첫째, 초콜릿 속 카카오 버터의 경우처럼, 지방은 결국 입안에서 녹을 수 있는 결정을 형성할 수 있다. 둘째, 지방은 에멀션의 형태로 물과 함께 복잡한 상을 형성할 수 있다. 지방은 종종 기름의 형태로 식료품에 첨가된다.

지방의 녹는점을 좌우하는 지방의 불포화 정도는 조리에 어떻게 쓰일지를 결정하고는 한다. 버터, 하드 마가린, 라드 같은 단단하고 유연한 지방은 모두 녹는점이 높고 베이킹에 아주 적합하다. 지방으로 만든 케이크와 페이스트리는 일반적으로 공기가 많이 들었고, 우리가 파이 껍질, 쿠키, 덴마크 페이스트리를 통해 알고 있는, 맛있고 한 겹씩 벗겨지고 부드럽고 바삭한 구조를 보여준다. 지방이 많은 반죽은 그 안에 작은 물방울을 잡아놓는다. 물방울은 베이킹하는 동안 증발하면서, 한 겹씩 벗겨지는 구조의 원인인 공기 주머니를 남겨놓는다. 최상의 결과를 얻으려면, 밀가루, 지방, 설탕(쓰이면)에 함께 진동을 주거나 문질러야만 잘 부서지는 혼합물이 된다. 그 혼합물이 얼마나 미세한지가 페이스트리에서 각각의 겹 크기를 결정한다.

액체 기름은 베이킹에 쓸 때 고체 지방과 다른 효과를 나타낸다. 액체 기름은 자유롭게 흐르므로, 밀가루, 설탕과 쉽게 섞이고 거의 완전히 결합할 수 있다. 그렇게 나온 베이킹 제품은 좀 잘 바스라지는 마우스필을 가진 파운드케이크와 머핀에서 볼 수 있듯이, 페이스트리처럼 얇게 벗겨지는 성질이 덜한 구조다. 소프트 마가린과 쇼트닝 혼합물은 쇼트브레드처럼 밀어 펴는 부드러운 반죽에는 적합하지 않다.

지방은 일반적으로 기분 좋은 마우스필을 주는데, 대체로 지방이 녹을 때 입안에서 퍼져나가는 능력 때문이다. 하지만 점도가 높으면, 불쾌하게 끈적거릴 수도 있다. 액체 지방은 입안에서 막처럼 퍼져 코팅된 마우스필을 줄 것이다. 이런 이유로 기름과 지방은 소스를 풍성하고 진득하게 할 때 쓰는데, 종종 크림을 써서 이런 효과를 얻는다.

초콜릿은 왜 입안에서 녹을까?

초콜릿은 카카오나무 열매의 꼬투리에 들어 있는 씨앗으로 만든다. 이 카카오 콩은 우선 어느 정도 발효한 뒤, 말리고 볶고 으깬다. 마지막으로, 압력을 가해 카카오 버터의 형태로 지방을 추출한다. 남은 고체 입자들을 빻아 카카오 가루를 만든다. 코코아 가루는 비슷한 과정을 거쳐 좀 더 높은 온도에서 가공된다.

다크 초콜릿은 카카오 가루, 카카오 버터, 설탕의 복합 혼합물로, 실온에서 고체다. 모든 종류의 초콜릿에서 개별 카카오 입자는 아주 곱게 갈려 혀에서 느껴지지 않는다. 좀 더 정확하게 말하면, 초콜릿은 졸sol 혹은 고체 콜로이드계로, 고체 분산매인 카카오 버터에 고체 입자인 설탕과 카카오 가루가 분산돼 있는 현탁액이다. 초콜릿의 아주 특별한 마우스필은 카카오 버터의 녹는 성질 때문에 생긴다.

식물과 동물에서 나온 지방은 일반적으로 서로 다른 녹는점을 가진 많은 성분으로 이루어졌다. 결과적으로, 어떤 지방은 넓은 온도 구간에서 녹는다. 버터와 라드의 경우 실로 이러하다. 예외적인 경우로, 어떤 지방 혼합물은 좁은 온도 구간에서, 거의 정해진 온도에서 녹는다. 카카오 버터는 매우 특별한 이런 지방 중 하나다. 이것은 주로, 포화지방산과 불포화지방산 모두를 함유한 세 가지 종류의 트리글리세라이드로 이루어졌다. 하지만 포화지방산의 비율이 높아, 혼합물은 입안의 정상 온도보다 살짝 낮은 섭씨 32~36도, 상대적으로 높은 녹는점을 갖는다. 이것은 대부분의 사람이 초콜릿을 좋아하고 심지어 갈망하기까지 할 만큼, 상당히 기분 좋은 마우스필을 갖게 하는 결정적인 요소다. 그리고 카카오 버터가 녹는 데는 일정량의 열이 필요한데, 이 열을 몸에서 끌어오기 때문에 결국 전체적으로는 시원한 느낌을 가져다주는 효과를 낳는다.

초콜릿의 내부 구조는 가공 방식에 달렸다. 동일한 화학 성분을 가진 초콜릿 조각이라 해도, 같은 마우스필을 가지지 않을 수도 있다. 예를 들어, 초콜릿 한 조각이 녹았다 다시 굳으면 같은 맛이 나지 않을 텐데, 이는 초콜릿이 주는 마우스필이 바뀌기 때문이다. 이렇게 되는 이유는, 카카오 버터의 지방이 개별 구조를 지닌 여섯 가지 다른 종류의 결정을 형성할 수 있고 이 가운데 한 가지만 윤이 나는 표면에 적절한 정도의 깨지기 쉬운 성질을 가질 것이기 때문이다.

베이킹과 캔디 제조에 쓰이는 초콜릿은 템퍼링tempering이라고 알려진 방법을 써서 생산된다. 이 방법은 좋은 마우스필이라고 여겨지는 구조로 정확하게 결정화되도록 해준다. 템퍼링하지 않은 초콜릿은 부드럽고 딱 부러지지 않는 반면, 템퍼링한 초콜릿은 윤이 나는 표면에, 잘 깨지고, 손가락으로 쥐고 있어도 녹지 않는다. 초콜릿을 녹인 다음 식히기 전에 작은 초콜릿 조각들을 넣으면 이런 구조가 된다. 또 다른 방법은, 초콜릿을 녹여 대리석 판 위에 붓고, 천천히 식히며 계속 주걱으로 접는 것이다. 이렇게 기계적 작용을 가함으로써 알맞은 결정이 성장하도록 촉진하는 것이다. 두 경우 모두, 물이나 증기가 조금이라도 초콜릿에 섞이지 않는 것이 중요한데, 그것들이 섞이면 잘못된 결정이 생겨, 원치 않는 입자나 덩어리가 생긴다(이를 시징seizing이라 한다). 템퍼링을 한 초콜릿은 레시틴 같은 유화제를 많이 첨가해 좀 더 안정되게 만들 수 있다.

또한, 부정확한 결정 형성은 초콜릿 표면에 보이는 흰색이나 회색이 도는 점을 만드는데, 이를 블룸bloom이라 한다. 이는 초콜릿이 너무 온도가 높거나 습한 환경에서 보관되거나, 너무 오래됐거나, 햇빛에 노출되었을 때 일어난다. 카카오 버터가 재결정화되지 않게 하려면, 초콜릿을 어둡고 건조하고 섭씨 16도 정도로 유지한 곳에 두어야 한다. 블룸은 초콜릿 속 당이나 지방이 표면으로 이동해 높은 녹는점을 지닌 결정을 형성해서 생긴다. 또한, 블룸은 초콜릿에 첨가된 견과류의 지방 때문에도 생길 수 있다. 블룸의 형성은 유화제를 첨가하거나 카카오 버터의 지방과 결합할 수 있는 다른 지방(예를 들어, 베이킹 제품에 쓰는 유지방)을 첨가해 어느 정도까지는 막을 수 있다.

다크 초콜릿과 달리, 화이트 초콜릿에는 카카오 버터, 유지방, 설탕만 들어 있다. 카카오 입자가 없기 때문에 이런 색깔이 생긴 것이다. 또한, 밀크 초콜릿은 유지방이 들어 있어 다크 초콜릿보다 가볍다. 가나슈 ganache는 초콜릿과 케이크를 채우는 데 쓰는 것으로, 초콜릿과 크림 혹은 버터의 혼합물이다. 크림이나 버터를 많이 넣을수록, 가나슈는 더 부드러워진다. 이것은 초콜릿보다 좀 더 복잡한 혼합물이어서, 가나슈를 만드는 것은 까다로울 수 있다.

문화들마다 초콜릿의 마우스필에 관해 선호하는 경향이 다르다. 예를 들어 멕시코 초콜릿은 크리미함보다는 거친 질감을 지닌 데 반해, 스위스나 벨기에 초콜릿은 일반적으로 입자 크기가 20마이크로미터밖에 안 되는 고른 질감을 보인다. 멕시코 초콜릿의 경우, 카카오 콩을 아주 곱게 갈지 않는다. 카카오를 향신료와 섞기도 하고 좀 더 큰 결정을 지닌 설탕을 함유한다. 그 결과, 크고 작은 모래가 섞인 듯한 복합적인 질감을 갖는다. 또한, 입자의 크기는 초콜릿이 흐르는 정도에 큰 영향을 끼치는데, 이는 결국 초콜릿이 녹을 때의 마우스필에 작용한다. 입자의 크기가 미세할수록 점성도는 낮아지고, 초콜릿이 녹을 때의 크리미함은 커진다. 스위스 초콜릿은 특별히 부드러운 질감으로 유명한데, 이는 1897년 로돌프 린트의 발견에 기인한다. 린트는 카카오 입자를 카카오 버터로 콘칭conching(치대기 작업과 비슷하다)하면, 초콜릿이 매우 부드럽고 풍미가 좋아진다는 것을 알아냈다. 그 뒤 린트는 이 공정을 수행할 기계를 발명했다.

아이스크림과 빙과를 코팅하는 데에는 템퍼링한 초콜릿을 쓸 수 없는데, 음식의 차가운 온도 때문에 입안 온도가 섭씨 30도 이상으로 올라가는 경우가 드물기 때문이다. 이렇게 비교적 낮은 온도에서는, 템퍼링된 초콜릿이 단단한 고체로 남아 있다. 반대로, 템퍼링 안 된 초콜릿은 섭씨 영하 18도까지 급랭하면 제대로 된 결정질 형태에 가둬지고, 카카오 버터를 결정화해 보통 섭씨 25도 근처의 낮은 녹는점을 지닌 일련의 다른 구조들을 갖도록 한다. 그 결과, 템퍼링 안 한 초콜릿 코팅은 아이스크림과 마찬가지로 입안에서 녹는다. 섭씨 18도 이하로 유지되는 냉동고에 저장되기만 하면, 초콜릿의 결정 구조는 온전히 남아 있다. 녹는점을 낮추는 다른 방법은 코코넛 오일 같은 다른 지방을 섞는 것이다.

오돌토돌한 멕시코 초콜릿(왼쪽)과 부드러운 스위스 초콜릿(오른쪽).

정말 바삭한 옛날식 크룰러

크룰러 30~40개 | 큰 달걀 2개, 과립당 3/4컵(165g), 중력분 1과 3/4컵(400g), 마가린 3/4컵(165g),
9퍼센트 라이트 크림 3~4큰술(45~60ml), 레몬 1개 분량의 곱게 간 레몬 껍질, 코코넛 오일

북유럽의 꽈배기 도넛 크룰러cruller는 전통적으로 돼지 기름[라드]에 튀겨, 식물성 기름에 튀겼을 때와는 다른 독특한 고기 감칠맛을 낸다. 그런데 대부분의 사람은 코코넛 오일에 튀긴 도넛의 덜 기름진 맛을 더 좋아한다. [크룰러 맛의] 결정적인 포인트는 라드를 매우 높은 온도까지 가열해 정말 바삭하게 튀겨내는 것이다. 소개하는 레시피는 스위스의 오래된 레시피에 기반해, 이름과 어울리는 크고 부드러운 것보다는 좀 더 작고 바삭하며 잘 부서지는 크룰러를 만든다. 두 종류의 크룰러는 완전히 다른 마우스필을 준다.

• 달걀과 설탕을 함께 잘 저은 뒤, 밀가루, 마가린, 크림 및 레몬 껍질 간 것과 함께 치댄다.

• 반죽을 2시간가량 냉장한다.
• 반죽을 2~3mm 두께로 고르게 밀어서 편다. 페이스트리 휠로 반죽을 4×7cm 정도의 편능형[길이가 다른 마름모꼴]으로 자른다.
• 각각의 가운데 긴 구멍을 낸 뒤, 한쪽 끝을 구멍으로 잡아당겨 꽈배기 모양을 만든다.
• 무거운 냄비에 코코넛 오일을 7cm 정도 깊이로 채우고, 크룰러 반죽을 넣었을 때 "촤~" 소리가 날 정도까지 기름을 가열한다. 기름이 충분히 뜨겁지 않으면, 크룰러는 바닥으로 가라앉을 것이다.
• 크룰러를 한 번에 몇 개씩 기름에 넣어 옅은 갈색이 될 때까지 튀긴다. 타공 국자로 도넛을 건져, 남은 지방을 흡수하도록 종이 타월 위에 놓는다.

정말 바삭한 옛날식 크룰러.

에이미의 바삭한 사과 파이: 물리학자의 마우스필에 대한 접근법

캐나다의 생물물리학자 에이미 로왓은 덴마크에서 대학원 과정을 밟았으며, 음식과 과학의 관계를 깊이 연구했다. 그다음 몇 년은 하버드대학교에서 보냈으며, 거기서는 완전히 새로운 일반 교육과정인 '과학과 요리'를 개설하는 일을 도왔는데, 당시 캠퍼스에서 가장 인기 있는 과정이 되었다고 한다. 에이미는 로스앤젤레스의 캘리포니아대학교 교수가 되어 '과학과 음식' 프로그램을 운영했다. 이 프로그램은 음식 연구를 통해 과학적 리터러시를, 과학 지식을 통해 조리 기술을 모두 높이려 한다. 학생과 대중은 강의를 듣고, 음식에 대한 열정과 맛을 내는 법을 공유하려는 유명 요리사와 연구자의 시연을 보려고 대거 몰려왔다.

에이미의 수많은 '과학과 음식' 프로그램 가운데 하나에서, 그녀와 그녀의 학생들은 더 나은 파이를 찾아내기 위해, 달리 말하면 완벽한 아메리칸 사과 파이를 만들기 위해 물리학을 활용했고, 그 결과는 너무 놀라워서 《뉴욕 타임스》에 실리기까지 했다.

완벽한 파이 만들기란 대체로 마우스필을 제대로 살리는 것의 문제다. 성공적으로 만들어낸 맛있는 파이는 반드시 한 겹씩 벗겨지는 바삭한 껍질에, 부드럽고 살짝 흐물흐물하면서 스펀지 같은 속으로 채워져야 한다.

바삭한 껍질은 밀가루가 물과 섞일 때 형성되는 글루텐 단백질의 그물망 때문에 생긴다. 그물망이 너무 촘촘하면 껍질이 너무 단단해지는데, 이 문제는 반죽할 때 쓰는 물의 일정 비율을 보드카나 럼 같은 술로 바꾸어 글루텐 망을 형성하지 못하게 함으로써 해결할 수 있다. 또한 맥주나 탄산수를 쓸 수도 있는데, 술보다는 덜 효과적이다.

반죽할 때 지방(버터)은 많이, 물은 약간만 넣으면 페이스트리가 제대로 겹겹이 벗겨질 것이다. 물은 지방이 많은 반죽에서 작은 물방울을 형성하는데, 껍질이 구워질 때 물방울들은 반죽 안에 작은 증기 주머니를 만든다. 이 때문에 제대로 겹겹이 잘 벗겨지는 구조로 파이가 완성된다.

파이 속의 구조도 마우스필의 측면에서 마찬가지로 중요하다. 물을 많이 함유한 사과로 속을 만들면, 굽는 동안 물은 증발하고, 사과 슬라이스가 서로 뭉그러지는 동안 파이 크러스트는 부풀어 오른다. 다 구워진 파이 안을 사과가 확실히 가득 채우도록 하려면 두 가지를 해야 한다. 먼저, 사과는 속을 촘촘히 채울 수 있도록 얇게 썰어야 한다. 그래야 수분이 증발할 때 사과 조각들 사이가 벌어질 여지가 적다. 그다음으로는, 사과의 수분 중 일부가 밀가루나 옥수수 녹말과 결합하게 되므로 파이를 채운 속 주변의 액체는 좀 더 점성이 높아진다.

마침내, 에이미와 그녀의 학생들은 껍질의 마우스필이 더 좋게 만드는 방법을 발견했다. 일반적으로, 파이 껍질은 버터, 밀가루, 설탕을 꼼꼼하게 비벼 나온 잘 바스러지는 혼합물로 만든다. 버터는 어떤 수분도 밀가루의 글루텐과 결합하지 못하게 해, 바삭하지만 너무 딱딱하진 않은 껍질을 만든다. 하지만 처음에 버터를 각각 완두콩, 아몬드와 비슷한 크기의 조각으로 잘게 자르면, 두 가지 일이 일어난다. 아몬드 크기의 버터 덩어리는 큰 공기 주머니를 만드는 데 도움을 주고, 완두콩 크기의 버터는 버터가 반죽 전체에 고루 잘 분포되게 한다.

물론, 이것이 전부는 아니다. 파이는 또한, 구울 때 일어나는 브라우닝에 기인한 살짝 구워진 기분 좋은 색깔을 띠어야 한다. 이것은 아미노산(껍질 맨 바깥에 칠하는 달걀흰자의 단백질에서 유래한)과 탄수화물(역시 껍질 맨 바깥에 칠하는 크림 속 락토스에서 유래한) 사이에서 마이야르 반응이 일어난 결과다. 파이는 너무 깊으면 안 되는데, 너무 깊으면 속이 제대로 익기 전에 바닥 껍질이 너무 오래 구워져 딱딱해질 것이다. 또한, 덮개 반죽에 구멍들을 만들어 파이 속 증기가 빠져나가 껍질이 부풀어 오르지 않게 해야 한다.

에이미의 사과 파이

재료 | 차가운 무염 버터 230g, 팬에 쓸 여분 조금 더, 중력분 2와 1/2컵(660g), 바닥에 뿌릴 여분 조금 더, 소금 1작은술(6g), 과립당 1작은술(5g), 얼음물 4~8큰술(60~120ml), 사과 약 1.5kg, 되도록이면 단맛과 시큼한 맛이 섞인 걸로

이 레시피는 에이미 로왓의 레시피에 기반한 것으로, 분량은 더블 크러스트 파이 하나 기준이다.

- 버터를 2cm 정육면체로 자른 뒤, 냉동한다.
- 물 1컵(250ml)에 얼음 한 조각을 넣은 뒤, 냉장고에 넣는다.
- 커다란 볼에 밀가루, 소금, 설탕을 넣고 잘 섞는다. 거기에 버터를 넣고 손가락으로 으깨가며 한데 섞거나 푸드 프로세서로 섞는다. 완두콩 크기의 버터 몇 조각과 아몬드 크기의 버터 몇 조각은 그 상태를 유지하도록 반죽하는 것을 잊지 말자.
- 위 혼합물에 얼음물 2큰술(30ml)을 뿌리고, 눌렀을 때 손가락 사이에서 작은 덩어리로 뭉쳐질 때까지 포크나 페이스트리 커터로 섞어 반죽한다. 필요하면 얼음물을 더 넣되, 반죽을 너무 치대지는 않는다. 너무 치대면 반죽이 심하게 딱딱해진다.
- 반죽대에 밀가루를 약간 흩뿌린 다음 반죽을 놓고 펴

서 2cm 두께의 반대기 두 개를 만든다. 반죽을 랩으로 감싸고, 단단해질 때까지 1시간가량 얼린다. 반죽을 냉동팩에 넣으면, 냉동실에서 3개월까지 보관해 쓸 수 있다.
- 황산지 위에 원형 반죽을 놓고 밀대로 민다. 바닥 반죽은 지름이 35cm이어야 하고, 덮개 반죽은 조금 더 작아야 한다.
- 파이 팬에 기름을 바른 뒤 바닥 반죽을 깐다. 사과는 심을 파내고, 껍질을 깎거나 그냥 둔다. 사과를 3mm 두께로 잘라 바닥 반죽 위에 골고루 놓는다.
- 바닥 반죽 가장자리를 살짝 넘을 정도로 덮개 반죽을 위에 놓는다. 포크로 위아래 끄트머리를 눌러, 장식용 무늬를 만든다.
- 덮개 반죽에 장식 겸 공기구멍을 몇 개 만들어, 증기가 빠져나갈 수 있게 한다.
- 섭씨 190도에서 1시간가량 혹은 덮개 껍질이 살짝 갈색이 돌 때까지 굽는다.

에이미의 사과 파이.

지방은 특히 유화제와 결합했을 때 크리미함을 강화하고, 초콜릿의 경우에서처럼 덩어리지는 것을 막아준다. 지방의 양이 많으면 다른 맛들의 강도, 예를 들어 산도를 변형하거나 줄일 수 있는데, 이는 장점이 될 수도 있고 단점이 될 수도 있다.

놀랍도록 다양한 우유의 질감

우유와 유제품은 자연 상태의 우유가 지닌 질감부터 버터밀크, 요구르트, 버터, 치즈 등의 질감에 이르기까지 광범위한 질감을 보여주는 식품군이다. 이런 다양성은 가공이 어떻게 질감을 변화시킬 수 있는지 보여주는 핵심적인 사례다. 또한 우유는 거품의 유화제 및 안정제로서 기능하며, 소스를 진득하게 하는 데에도 쓸 수 있다. 마지막이지만 중요한 것은, 이것들이 거의 모든 사람이 사랑하는 아이스크림의 주재료라는 점이다.

젖소에서 짠 신선한 우유는 물(전체의 88퍼센트를 차지)에 녹은 분자와 입자의 현탁액이다. 입자들이 함께 뭉치면 현탁액의 구조는 물론 마우스필도 극적으로 변할 수 있다. 이를 실현하는 세 가지 주요 방법이 있다. 크림을 휘저어 버터로 만들 때 표면이 변형되는 것처럼 입자의 성질을 바꾸는 것, 치즈를 만들 때처럼 효소를 도입하는 것, 입자의 전하를 바꾸는 것이다. 또 다른 가능성은, 연속상의 성질을 바꾸는 것, 예를 들어 산과 소금 함량을 바꿔서, 입자 사이의 실질 인력(引力)을 증가시키는 것이다. 이것은 우유가 시큼해졌을 때나 어떤 겔화 과정의 결과로 일어난다. 세 번째 선택지는, 적합한 겔화제로 겔을 만드는 것이다.

우유, 크림, 균질 우유

젖소의 우유는 총 3.5퍼센트의 지방을 함유한다. 지방은 주로 소구체 형태로 5마이크로미터 정도 크기인데, 0.1마이크로미터까지 작을 수도 있고 5마이크로미터까지 클 수도 있다. 지방구는 물보다 밀도가 낮으므로, 우유는 12~24시간 동안 식히면 지방구가 크림처럼 윗면에 뜨게 된다. 이 과정은 빠르게 이루어지는데, 지방구가 유청 단백질에 결합하는 경향이 이를 강화하기 때문이다. 크기가 작은 구체일수록 표면에 떠오르는 데 훨씬 더 오래 걸릴 것이다. 염소젖과 양젖에서는 크림이 훨씬 천천히 생기는데, 지방구가 더 작고 함께 묶이기 더 어렵기 때문이다.

우유를 가열하면 일부 유청 단백질이 변성돼, 크림이 물과 분리되는 속도를 늦춘다. 이것은 저온 살균 우유가 가열되지 않은 우유보다 더 작은 크림층을 형성하는 이유다.

우유에서 크림이 분리되는 것을 완전히 피하려면, 우유를 균질화해야 한다. 그 과정은 우유가 고온에서 작은 노즐을 통과하는 것인데, 이때 지방구는 평균 1마이크로미터 이하의 입자로 분해된다. 이와 동시에, 고온은 손상된 소구체를 공격했을 효소를 파괴한다. 생우유의 원래 소구체는 지질막으로 덮여 있다. 소구체들이 더 작은 것들로 분해돼 수가 많아지면, 더 작은 소구체들의 전체 표면을 다 덮기에는 지질이 충분하지 않게 된다. 그 결과, 카세인 미셀은 지방구에 결합해 비중을 증가시킨다. 더 작고 다소 무거운 이 지방구는 함께 결합하는 능력을 잃어 균질 우유에 현탁액 상태로 남는다.

휘핑크림에서 지방구는 부분적으로 부서져, 안정성과 어느 정도의 단단함을 주는 그물망 안에서 함께 뭉쳐진다.

치즈 커드의 형태처럼 카세인 미셀을 탈지유에서 제거하면, 아주 적은 지방과 유청 단백질만 함유한 유청이 남는다.

버터의 매우 특별한 마우스필

버터의 매우 특별한 마우스필은 유지방의 녹는

매우 다른 질감을 지닌 세 가지 유제품: 우유, 아이슬란드 스퀴르Icelandic skyr(요구르트), 치즈.

특성에서 비롯한다. 버터는 섭씨 15도 이상의 온도에서 점점 부드러워지지만, 30도 아래에서는 녹지 않는다. 이는 버터가 입안에 들어가면 지방이 없어지면서 점막을 코팅하고, 버터가 발린 음식과 섞인다는 뜻이다. 빵에 버터를 두툼하게 발랐을 때 매우 만족스러운 마우스필을 주는 이유다.

섭씨 15도 이상에서 부드러워진 버터는 베이킹 제품 및 페이스트리 크림 같은 다른 식품에 쓰기 쉽고, 또한 허브, 향신료 혹은 마늘 등 풍미를 돋우는 재료를 섞기에도 좋다.

일반적으로 버터는 지방이 81퍼센트이며, 여기서 51퍼센트는 포화지방, 26퍼센트는 불포화지방, 4퍼센트는 다중 불포화지방이다. 정확한 구성은 젖소에게 무엇을 먹였는지를 반영한다. 풀의 양이 많으면 다중 불포화지방의 비율이 늘어난다. 따라서, 봄과 여름의 초지에 풀어놓은 젖소의 우유는 좀 더 부드럽고 발라 먹기 더 좋은 버터를 만들어낸다. 버터의 자연적인 노란색은 당근의 오렌지 빛으로 친숙한 항산화제, 즉 카로틴 때문이다. 방목은 또한 카로틴 함량을 늘리니, 그렇게 나온 버터는 더 노란 빛을 띤다.

우유와 크림 속 작은 지방구들은 지질과 단백질로 이루어진 막에 둘러싸여 있는데, 이 막 때문에 지방구들이 합쳐지지 않는다. 우유를 휘저어 버터를 만드는 기계적인 작용은 이 막들을 조각으로 분해해, 지방구들이 모여 물방울이 갇힌 지방 고체상이 되게 한다. 따라서 버터를 만드는 과정은 대체로, 수중유형 에멀션(우유와 크림)으로 시작해서 유중수형 에멀션(버터)으로 끝낸다는 의미에서, 우유를 완전히 뒤집어놓는 과정이다. 후자(유중수형 에멀션)에서 유지방은 세 가지 형태가 있는데, 응집된 상을 이루는 유리 상태의 반고체 유지방, 결정화된 유지방, 원래 상태의 지방구다. 여러 크기의 물방울이 이 복합 혼합물에 통합된다. 결정화된 유지방은 버터가 실온에서 고체 상태로 남아 있게 해주며, 응집상의 반고체 지방은 버터가 잘 발리도록 해준다.

전통적인 버터밀크는 버터를 만들기 위해 크림을 젓고 난 뒤 남은 액체다. 그것은 전유에서처럼 약 0.5퍼센트의 지방과 약 3~4퍼센트의 단백질을 함유한다. 지금은 다른 종류의 버터밀크도 있는데, 발효시켜 만든다. 그 지방 함량은 1퍼센트, 2퍼센트 혹은 3.25퍼센트다.

버터를 만드는 방법에는 여러 가지가 있다. 어떤

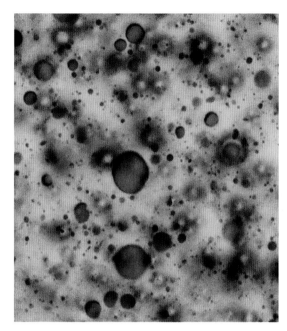

버터의 구조를 보여주는 현미경 이미지(왼쪽)와 일러스트레이션(오른쪽). 노란색 부분은 지방이며 파란색 작은 방울들은 물이다. 지방은 부분적으로 결정질이며, 부분적으로 반고체다. 작은 물방울들은 크기가 0.1~10마이크로미터.

방법은 생크림으로 시작하고, 또 다른 방법은 우선 유산균의 도움으로 크림을 살짝 발효시키는데, 이는 산미와 향 물질을 더해준다. 유럽에서는 후자의 방식이 전통적이다. 우유 젓기로 나온 버터밀크 약간을 크림에 넣어 유산균 배양을 시작한다. 배양이 이루어지는 동안, 크림은 섭씨 5도로 차갑게 유지해 일부 유지방이 결정화되도록 한다. 이 결정들은 우유가 저어지는 동안 지방구를 분해하는 데 도움을 준다. 현재 상업적으로 생산되는 버터는 일반적으로 저온 살균된 생크림으로 만든 것이며, 크림이 저어진 뒤에 배양균을 더한 것이다. 보통 버터 중량의 1.2퍼센트 소금을 더하면 맛이 강화되고 품질 유지에 도움이 된다.

정제 버터는 수분이 제거된 버터로, 순수 유지방(99.8퍼센트)에 가깝다. 매우 단단하며, 특히 고온에 강해 소테와 튀김에 적합하다. 인도의 전통적인 정제 버터인 기ghee는 지방 결정 때문에 알갱이 구조를 가졌다. 약간 갈색을 띠는데, 가열될 때 버터에 첨가된 우유의 락토스가 캐러멜라이징되면서 생긴 것이다.

대부분의 상업용 버터 대체재는 버터와 식물성 기름의 다양한 혼합물이다. 이런 것들은 비교적 부드럽고 잘 발린다.

발효 유제품

슈퍼마켓에서 쉽게 볼 수 있는 다양한 발효 유제품은 가공유가 얼마나 광범위한 질감을 갖는지 보여주는 증거다. 대부분은 크리미하고 일부는 거칠거칠하다. 어떤 것들은 약간 건조하게 느껴지고, 또 어떤 것들은 쉽게 떨어지고 반고체이며 젤리 같다.

신맛의 유제품을 만드는 데는 세 가지 주요한 방법이 있다. 첫째, 우유나 크림을 데우거나 시큼하게 해서 크렘 프레슈, 크림치즈, 코티지 치즈 같은 제품을 만든다. 둘째, 우유에 레닛을 넣어 생치즈를

발효 버터

약 5kg 분량 | 38퍼센트 유기농 크림, FD-RS Flora Danica 배양균

이 레시피는 가정에서는 쉽게 쓰기 어려운 특별한 종류의 발효 배양균이 필요하다. 또한, 일반 주방에서 다룰 수 있을 정도로 그 양을 줄여야 한다. 그럼에도 이 레시피를 이 책에 넣은 이유는, 순정 유제품을 소규모로 생산하는 장인 혹은 '가정식'으로 만든 음식을 내는 데 자부심을 가진 식당이 어떻게 발효 버터를 만드는지, 그 예를 보여주기 위해서다.

- 볼에 크림을 붓고, 섭씨 20도로 데운다.
- 크림 10리터당 1~5유닛의 FD-RS Flora Danica 배양균(혹은 다른 비슷한 배양균)을 넣는다.
- 혼합물을 실온에 8~10시간 동안 놔둔다.
- 섭씨 10도까지 식힌다.
- 유청이 분리될 때까지 믹서로 빠른 속도로 휘젓는다.
- 소금 혹은 취향에 따라 다른 양념을 넣는다.
- 버터를 깨끗한 천에 놓고 가방처럼 묶어 볼 위에 걸어놓은 뒤, 최소한 6시간 동안 실온에서 수분이 빠져나가도록 한다.
- 납지를 써서 버터를 원하는 크기의 실린더 안에 둥글게 밀어 넣는다. 감싸서 냉장고에 저장한다.

발효 버터에서 수분 빼기.

만드는데, 이 치즈는 다른 수많은 치즈의 발효와 숙성의 출발점이 될 수 있다. 셋째, 다양한 미생물, 특히 유산균과 몇몇 진균류를 이용해 우유를 발효시키고 락토스를 젖산 및 다른 물질로 전환한다. 이 방식으로 만들어진 제품에는 요구르트, 케피르, 아이슬란드의 스쿠르, 중동의 라브네labneh와 두dough가 있다.

세 가지 방법 모두 원료보다 산성을 높이고 질감을 바꿔, 점성이 높아져 반고체까지 되게 했다. 하지만 이 제품들의 지방과 단백질 함량은 매우 다양하고, 그 질감에 뚜렷한 영향을 끼친다.

지방 함량과 그것이 질감에 끼치는 효과는 주로 유제품의 크리미함에서 비롯한다. 이런 유제품으로는 우유와 우유 음료 같은 액체, 크림치즈 같은 반고체 제품, 요구르트처럼 더 단단하고 젤리 같은 고체 등이 있다. 하지만 휘저은 요구르트 같은 부드러운 겔에서는, 향 물질과 달콤한 맛이 크리미함을 경험하는 데 영향을 끼친다. 사람마다 크리미함을 매

인스턴트 천드 버터

약 225g 분량 | 38퍼센트 유기농 크림 2컵(500ml), 38퍼센트 유기농 크렘 프레슈 1컵(250ml), 소금,
말린 해초(예: 덜스) 혹은 다른 맛 첨가물(예: 허브)

- 크림과 크렘 프레슈를 한데 섞은 뒤, 실온에 1시간에서 1시간 30분 동안 놔둔다.
- 혼합물을 섭씨 10도까지 식힌 뒤, 응고되기 시작할 때까지 빠른 속도로 휘젓는다[churned]. 체로 거른 뒤 소금으로 간한다.
- 해초, 허브, 혹은 다른 첨가물들을 잘게 다진 뒤, 버터에 잘 섞는다.
- 버터를 접시에 펴거나, 실린더에 넣어 모양을 만들고 납지로 만다. 냉장한다.

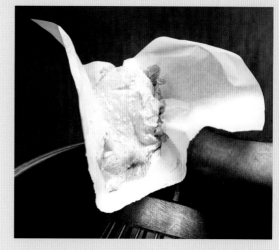

인스턴트 천드 버터.

우 다양하게 인식할 수 있다.

저지방 유제품, 특히 발효 제품에 대한 수요가 커졌지만, 그러면 제품의 크리미함은 줄어들 수밖에 없다. 부차적인 문제로는, 지용성인 향 물질들을 구강으로 들이고 그 뒤에 배출하는 것이 더 어렵다는 것을 들 수 있다. 새로 개발된 저지방 유제품의 75~90퍼센트 정도는 상업적으로 대부분 실패했는데, 소비자는 지방 함량이 더 큰 제품의 마우스필을 선호하기 때문이다.

치즈

우유로 만든 모든 제품 가운데 치즈는 다양한 형태를 띠며, 어떤 형태든 가장 뛰어난 질감을 주는 식재료일 것이다. 각각의 치즈는 단단하고 탄탄하며, 촉촉하고, 부드럽고, 크리미하고, 버슬버슬하고, 거칠거칠하고, 바삭하고, 끈적하거나 쫄깃쫄깃하다. 치즈의 다양한 질감은 매우 다양한 요인, 특히 치즈를 만드는 우유의 종류, 치즈의 지방 함량, 생산법 등에 달렸다. 또한, 치즈는 숙성되면서 변화가 생기므로, 오래된 치즈의 질감은 새로 만든 것과 상당히 다르다.

치즈는 수분 함량에 따라 부드럽게 될지 단단하게 될지 결정되는데, 수분이 많을수록 더 부드럽다. 코티지 치즈처럼 부드러운 치즈는 수분을 80퍼센트 정도, 모차렐라는 60퍼센트 정도 함유한다. 로크포르와 고르곤졸라는 반고체로, 수분을 42~45퍼센트 함유한다. 에멘탈, 체더, 그뤼에르처럼 더 단단한 치즈는 39~41퍼센트 정도 수분을 함유한다. 마지막으로, 파르미자노레자노를 비롯해 매우 단단한 치즈들은 수분을 32퍼센트 정도만 함유한다. 여러 종류의 녹인 치즈의 지방 함량도 폭넓게 다양해 크리미함에 영향을 끼친다.

말린 래디시를 곁들인 파르미자노 풍미의 훈연 치즈

약 1kg 분량 | 파르미자노레자노 치즈 200g, 비균질 우유 8과 1/2컵(2L), 38퍼센트 비균질 크림 1컵(250ml), 생버터밀크 1컵(250ml), 레닛 6~7방울, 고운 소금 2~3작은술(12~18g), 긴 래디시 10개, 귀리 짚, 서양쐐기풀, 너도밤나무 잎, 혹은 민들레 잎

뤼게오스트rygeost라 불리는 특별한 종류의 훈연 치즈는 유일한 덴마크 고유의 치즈, 아니 좀 더 정확하게는 퓐 섬 고유의 치즈라고 여겨진다. 원래는 매우 단순한 생치즈로, 소농의 전통적인 주요 식재료였다. 그러다 최근에는 좀 더 정교한 미식에서 사용되면서 진화해왔다. 이 레시피는 감칠맛을 더하는 파르미자노 치즈를 넣어, 현대적으로 변형한 것이다.

- 치즈를 거칠게 간 뒤, 우유와 함께 진공팩에 넣고 봉한다.
- 진공팩을 섭씨 60도의 수조에 5시간 동안 넣어둔 뒤, 우유만 걸러내고 치즈는 버린다.
- 걸러낸 우유를 섭씨 20도까지 식히고 크림, 버터밀크, 레닛을 더한 뒤, 치즈 커드가 형성되면 실온에서 24시간 동안 놔둔다.
- 치즈 커드를 타공 국자로 건져낸 뒤, 깨끗한 천에 놓는다. 소금으로 간한 뒤 12시간 동안 매달아두고 액체가 빠져나가도록 한다. 유청 6과 1/2큰술(100ml)을 무 요리를 위해 따로 떼어놓는다.
- 물기를 뺀 치즈 커드를 틀이나 체에 놓아 모양을 잡는다.

훈연

- 한쪽 바닥에 구멍이 있는 깡통을 이용해 연통을 만들거나, 커다란 솥, 금속 들통, 혹은 비슷한 것을 사용한다.
- 용기 안에 짚을 넣는데, 담배를 파이프에 채워 넣는 것과 비슷하게 처음에는 약간 헐겁게, 그 뒤에는 좀 더 빽빽하게 넣는다. 짚에 약간의 물을 살짝 뿌리고, 쐐기풀과 잎들을 위에 놓는다.
- 바닥의 짚에 불을 붙인다. 연기가 꽤 강해지면, 감싼 치즈를 짚 위에 놓고, 연통이나 솥을 덮고 1~2분 정도 놔둔다.
- 치즈를 꺼내 접시 위에 놓고 내기 전까지 식힌다. 보관해야 하면 냉장한다.

무

- 래디시를 건조기에 넣고 섭씨 40도에서 5~8시간 동안, 혹은 완전히 쪼글쪼글해질 때까지 말린다.
- 따로 떼어놓은 유청(6과 1/2큰술)에 적절한 양의 소금을 넣어 8퍼센트(중량 기준) 소금물을 만들고(소금물에 다시마 조각을 넣을 수도 있다), 거기에 말린 래디시를 넣는다. 이것을 가능하면 이틀 정도 냉장한다. 래디시는 냉장고에서 오래 보관할 수 있다.

말린 래디시를 곁들인 파르미자노 풍미의 훈연 치즈.

녹인 치즈: 흐물흐물한, 질긴, 혹은 빡빡한?

어떤 구운 치즈 샌드위치가 껌을 씹는 것처럼 질기게 느껴지는 이유가 무엇인지 궁금해한 적 있는지? 화학적으로 조금 파고들면, 범인은 그 안에 들어간 치즈의 녹는점임을 알 수 있다. 어떤 치즈들, 특히 순하고 부드러운 것들이 녹으면 지방이 갇힌 균질하고 점성 있는 액체를 형성한다. 더 단단하거나 오래된 치즈는 덩어리져 녹으면서 지방을 일부 방출한다.

질감에서 상당히 차이가 나는 이유는 치즈 고형물 안의 카세인 단백질들을 결합하는 힘과 관련 있다. 이 단백질들은 지방과 수분이 빠져나가지 않도록 구조를 형성해준다. 단백질들이 얼마나 서로 잘 결합되는지는 칼슘 함량 및 연관된 칼슘 이온의 함수에 달렸다. 그리고 이 이온들이 일을 해내는 능력은 다른 요인들, 특히 치즈의 산도와 관련 있다. 치즈의 산도가 높아지거나 시큼해질수록, 즉 pH가 낮아질수록, 칼슘 이온이 단백질을 함께 결합시키기가 힘들어진다. 단백질들이 느슨하게 결합되면 돌아다닐 수 있어 지방을 제자리에 잡아두기가 훨씬 수월하지만, 어떤 지점까지만 이렇게 작동한다. 오래된 치즈에서는 락토스가 점차 젖산으로 전환한다. 하지만 치즈가 너무 산성을 띠면 단백질이 용해돼 서로 뭉치며 지방을 방출한다. 단백질 분자가 너무 강하게 결합할 정도로 산도가 높아지면, 가열해도 치즈가 흐르지 않고 통째로 녹는 수준까지 될 수 있다. 마우스필이 가장 좋게 녹는 치즈의 pH는 5.3~5.5다.

순한 체더, 모차렐라 같은 몇몇 치즈는 녹으면 질겨진다. 또한, 숙성된 진짜 파르미자노레자노 치즈가 아니라 '파르미자노 스타일' 치즈로 만든 피자에서도 치즈가 질겨질 수 있다. 진짜 파르미자노레자노 치즈로 만든 피자는 한데 뭉치려 하고 좀 더 쉽게 잘린다. 치즈가 질긴 것이 재미있을 수도 있지만 늘 그렇지는 않다. 치즈가 질겨지는 것을 최소화하는 데는 몇 가지 방법이 있다. 레몬 즙이나 타르타르산 같은 산을 약간 넣으면 도움이 되는데, 치즈를 곱게 갈아도 같은 효과가 난다. 치즈 소스를 만들고 있다면, 옥수수 녹말을 조금 넣거나 파르미자노레자노 치즈를 증점제처럼 이용하면 같은 효과를 볼 수 있고, 덤으로 맛있는 감칠맛을 풍부하게 얻을 수 있다.

이제 간단한 실험을 해보자. 친구 한두 명을 모아 기록을 비교할 수 있으면 더 재미있고, 녹은 치즈를 슬라이스할 때 손으로도 한번 시험해보면 좋다. 먼저, 빵 네 조각을 살짝 굽는다. 첫 번째 조각에는 순한 체더 치즈 조각을 얹고, 두 번째에는 같은 체더 치즈 일부를 곱게 갈아서 레몬 즙 몇 방울과 섞어 얹고, 세 번째에는 틸지트Tilsit나 에멘탈 같은 미디엄 치즈 조각을, 네 번째에는 진짜 파르미자노레자노 치즈 얇은 조각들을 얹는다. 거의 같은 양의 치즈를 네 가지 빵 조각에 쓰는 것이다. 이것들을 뜨거운 그릴 안에 놓고 녹아서 갈색이 되기 시작할 때 꺼낸다. 그러고는 각각의 맛을 보고 평가해보자. 흐물흐물한가, 질긴가, 단단한가?

파르미자노레자노 및 다양한 유형의 하우다 같은 몇몇 치즈는 오래 숙성해서, 젖산칼슘과 쓴맛 나는 아미노산인 티로신의 작은 결정들이 있다. 이것은 치즈를 씹을 때 기분 좋은 바삭한 느낌을 준다.

놀라운 달걀

달걀은 가장 널리 쓰이는 식품일 뿐만 아니라, 주방에서 볼 수 있는 가장 다용도의 재료다. 살모넬라

균에 오염되지 않은 달걀은 생으로 먹을 수 있다. 익히면 달걀의 살모넬라균이 파괴되기에, 껍데기째 삶거나 껍데기를 깨 수란을 하거나 프라이할 수 있다. 또한, 달걀은 증점제로, 유화제로, 혹은 거품을 만드는 데 쓸 수 있다. 다양한 소스에 쓰이고, 모든 종류의 베이킹 제품, 수플레, 머랭을 만들 때 필수 재료다. 노른자와 흰자는 그 조성이 매우 다르고 각각의 고유한 특성을 지녔다. 그것들은 함께 혹은 따로 사용된다.

달걀 삶기: 질감에 관한 모든 것

완벽한 반숙 달걀을 만드는 방법보다 더 폭넓게 논의된 조리 과정은 아마 없을 것이다. 달걀을 찬물에 넣은 뒤 끓여야 하나, 아니면 물이 끓고 있을 때 넣어야 하나? 물에 식초를 약간 넣어야 하나? 얼마나 오래 팔팔 끓여야 하나? 아니면, 끓는점 바로 아래 온도에서 오래 삶아야 하나? 등등 말이다. 이 모든 질문은 삶은 달걀의 마우스필에 대한 개인별 기대와 알게 모르게 연관돼 있다. 이 모든 것은 질감의 문제로 모아진다.

반숙 달걀은 무엇인가? 섭씨 6X도 달걀

반숙 달걀의 진짜 본질, 그리고 실제로 반숙 달걀이 그렇게 다양한 질감을 갖게 하는 요인이 무엇인가에 관해, 유명한 음식화학자 세자르 베가는 과학적으로 조사했다. 그의 초점은 노른자의 질감인데, 그것이 다른 무엇보다도 반숙 달걀의 눈에 띄는 특성이기 때문이다.

베가는 동료 루베 메르카데-프리에토와 함께 '섭씨 6X도 달걀'이라고 이름 붙인 것을 내놓았는데, 여기서 X는 0부터 7 사이의 숫자이고, 요리사들마다 적어도 1시간 동안 슬로쿠킹으로 달걀을 익혀 반숙 달걀을 만드는데, 섭씨 100도 끓는점보다 한참 아래 온도의 수조에서 달걀을 오래 삶는다는 뜻이다.

베가는 달걀을 조리하는 것이 복잡한 과정이며, 그 성공은 열전달 온도와 시간에 많이 달렸다는 것을 보여주면서 시작한다. 여기에는 두 가지 이유가 있다. 하나는 화학적인 것으로, 흰자와 노른자를 이루는 분자들의 겔화하는 성질과 관련 있다. 다른 하나는 물리적인 것으로, 달걀이 담긴 물의 열이 달걀의 다양한 부분으로 얼마나 빨리 전도되는지와 관련 있다.

베가는 온도와 조리 시간의 적절한 조합으로 원하는 질감을 전부 만들어낼 수 있음을 보여주었다. 그는 모두 66가지 조합을 시험하며 각각 익은 달걀의 질감을 평가했다. 섭씨 1도 정도를 바꾸는 것으로도 결과에 큰 영향을 줄 수 있는 것으로 나타났다. 문제는, 결과로 나온 질감을 특징지을 방법의 고안이었다. 그래서 베가는 점성도를 측정하여 "시럽처럼 흐르는" 혹은 "치약처럼 굳은"과 같이, 잘 알려진 다른 제품의 점성도와 비교하는 것이 가장 좋은 지표라고 제안했다. 많은 실험에 기반하여, 베가와 메르카데-프리에토는 노른자에서 원하는 농도를 얻기 위해 선택할 온도와 조리 시간의 조합을 나열한 표(단, 노른자만 해당)를 작성할 수 있었다. 해야 할 남은 일은, 흰자에서도 이와 비슷한 꼼꼼한 연구를 수행하는 것이다.

그렇게 정밀한 과학적 데이터를 수집했지만, 베가 자신도 우리 대부분이 사용하는 방법으로 달걀을 삶는 것을 더 좋아한다고 인정했다. 즉, 물을 끓이고, 냉장고에서 달걀을 꺼내 바로 끓는 물에 넣는데, 너무 많은 달걀을 넣지는 않는다. 그러면 물 온도를 급작스럽게 떨어뜨리기 때문이다. 달걀을 6분 동안 익힌 후 물에서 꺼내 흐르는 차가운 물에 식힌다.

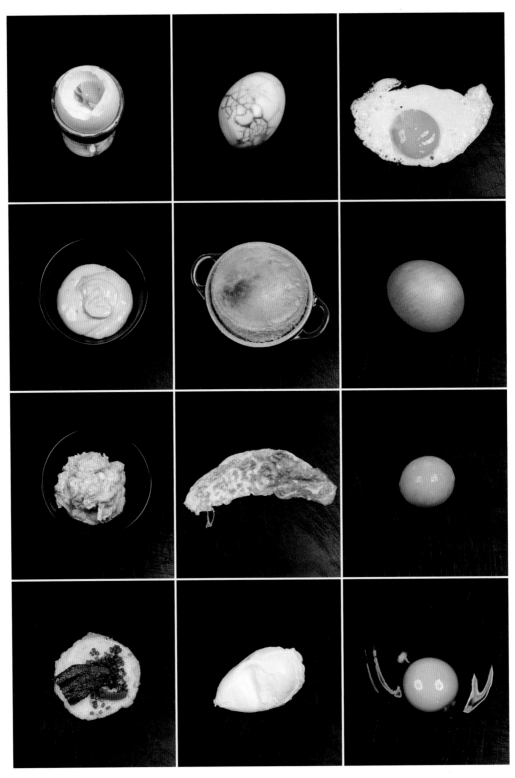

달걀을 쓰는 열두 가지 방식: (맨 위) 완숙으로 삶은 달걀, 양파 껍질과 삶아 소금에 절인 달걀, 달걀 프라이, (가운데 위) 마요네즈의 달걀, 수플레의 달걀, 식초에 절인 달걀, (가운데 아래) 스크램블한 달걀, 오믈렛, 수란을 한 노른자, (맨 아래) 프리타타, 수란, 날달걀.

달걀이 끓을 때 그 질감을 감지하기 어려운 것은, 달걀이 껍데기에 싸여 있고 그것을 깨보지 않고는 어떻게 됐는지 알 방법이 없기 때문이다. 수란이나 달걀 프라이의 경우는 그렇지 않은데, 그것이 제대로 점성도를 가졌는지 눈으로 보거나 살짝 만져볼 수도 있기 때문이다.

하지만 반숙 달걀은 무엇인가? 이것은 아침 식사 자리의 시시콜콜한 토론 주제 이상이다. 달걀은 각각 뚜렷히 다른 두 부분으로 이루어졌기 때문이다. 날것의 흰자와 노른자는 모두 단백질 및 양친매성 지방 같은 큰 고분자로 이루어진 복합적 유체다. 그것들의 특성은 온도에 연동돼 드러나고, 예를 들어 입안에서 액체에 어떤 종류의 힘이 가해지는지에 따라서도 달라진다.

달걀의 조리는 젤화 과정의 한 예로, 흰자와 노른자의 단백질은 변성되고 젤처럼 굳는다. 이 과정은 비가역적이다. 한번 젤화가 일어난 달걀은 식어도 굳은 채로 남는다. 흰자의 단백질은 노른자(섭씨 58도)보다 더 낮은 온도(섭씨 52도)에서 변성이 일어나므로, 단단한 흰자와 흘러내리는 노른자로 된 완벽한 반숙을 만들 수 있다. 하지만 이렇게 하려면 매우 정밀하게 온도를 조절하거나, 조리 시간을 조심스럽게 재며 재빨리 조리를 멈춰 달걀을 식혀야 한다.

증점제 및 유화제로서 달걀: 소스, 크림 푸딩 및 거품

달걀은 음식의 질감을 내는 용도로 다양한 방법으로 쓰인다. 음식을 걸쭉하게 하고, 유화하고, 거품을 만들어낼 수 있다. 많은 경우에 달걀은 이런 기능들 가운데 몇 가지를 동시에 충족한다.

날것의 노른자는 본디 많은 양의 물에 지방이 든 에멀션이며, 단백질과 인지질(레시틴)은 홀랜다이즈 소스와 마요네즈 같은 음식에서 유화제 역할을 한다.

노른자 성분의 절반 정도는 물인데, 물과 결합하는 노른자의 놀라운 능력은 크렘 앙글레즈에서 최대로 발휘된다. 이것을 만들려면, 끓기 전까지 데운 우유와 크림을 식혀두고 노른자 및 설탕과 함께 섞은 뒤에 원하는 농도가 될 때까지 약불에 서서히 가열해야 한다.

크렘 앙글레즈를 다른 요리(대체로 디저트)의 밑요리로 여길 수도 있는데, 노른자는 색다른 마우스필을 이끌어낸다. 크렘 앙글레즈를 얼리면 아이스크림이 된다. 녹말을 넣으면 케이크 크림이나 푸딩으로 만들 수 있다. 중탕하여 구우면, 보통 맨 위가 캐러멜 층인 크렘 브륄레가 된다.

또한, 달걀은 수프를 걸쭉하게 하는 데도 쓴다. 중국 전통 음식인 뜨겁고 시큼한 수프에는, 살짝 풀어놓은 달걀을 음식 내기 직전에 넣는다. 이 달걀은 뜨거운 액체 속에서 응고되면서 가는 연노란색 실을 형성한다. 이것은 수프를 걸쭉하게는 하지만 단단하게 결합하지는 않는다. 그것들은 버섯과 고기의 좀 더 단단한 조각과는 다른 부드러운 질감 요소가 된다.

유리 상태의, 윤기 있는 음식

유리[혹은 유리 상태]라고 알려진, 고체 물질의 특별한 범주가 있다. 이것에는 실제 고체를 특징짓는 결정 구조가 없다. 대신 그 분자들은 액체에서처럼, 질서정연하지 않지만 제 위치에 고정되어 있거나 매우 천천히 서로 지나쳐 갈 뿐이다. 그 특성들 덕에, 파슬파슬하고 바삭한 질감을 가진 음식 대부분은 유리 상태에 있고 마우스필에 특별한 효과를 끼친다. 결정체와 달리, 유리는 입안에서 깨지거나 부서질 것 같은 느낌을 주는데, 단단한 결정체를 으스러뜨리는 느낌보다는, 바삭바삭한 마우스필을 낳는다. 한 예로, 캐러멜과 결정질 사탕을 먹을 때의

후추 맛 나는, 껌 같은, 초콜릿 향의 캐러멜

500g 분량 | 38퍼센트 유기농 크림 2/3컵(150ml), 통흑후추 10알, 과립당 2/3컵(130g), 글루코스 5큰술(110g),
질 좋은 다크 초콜릿 200g

가염 캐러멜은 잊어라. 그 대신 후추 맛 캐러멜에 도전해
보자!

- 크림을 통후추, 설탕, 글루코스와 함께 끓을 때까지 가
  열한다.
- 초콜릿을 작은 조각으로 잘게 다져 바닥이 두꺼운 냄

비에 넣는다. 뜨거운 크림 혼합물을 체에 밭아 통후추
를 거르면서 초콜릿이 든 냄비에 붓는다. 섭씨 125도까
지 가열한다. 캐러멜 혼합물을 작은 실리콘 틀에 붓거
나 황산지에 길게 펴놓고 실온이 될 때까지 식힌다.
- 캐러멜을 먹기 좋은 크기로 자른다.

후추 맛 나는, 껌 같은, 초콜릿 향의 캐러멜.

대조를 들 수 있다.

유리 상태가 결정 상태보다 선호되는 때가 있지
만, 안정적이지는 않을 수 있다. 따라서 종종 음식
을 유리 상태에 가두는 방식으로 조리해야 한다.
예를 들어, 음식을 재빨리 식혀서 분자들이 서로
조직할 시간이 없도록 하는 것이다. 유리 상태는 유
리 전이 온도라고 알려진 온도 아래에서 일어난다.

유리는 실제로는 매우 점성도가 높은 액체여서, 온
도를 높여 그 점성도를 바꿀 수 있다. 캐러멜을 통
해 이를 확인할 수 있는데, 캐러멜은 가열하면 더
부드러워진다.

적절한 혼합물을 만들어, 유리 상태로의 전이에
영향을 끼칠 수 있다. 예를 들어, 유리 전이 온도가
낮은 프럭토스는 하드 캔디나 캐러멜을 만들 때 쓰

캐러멜화된 감자

6인분 │ 단단하고 매우 작은 감자들 1kg, 감자 삶을 물 1L당 소금 1큰술(18g), 설탕 1/2컵(100g), 버터 2큰술(30g)

캐러멜화된 작은 감자 한 접시가 없다면, 덴마크의 전통적인 크리스마스 식사는 완성되지 않는다.

잘 익었지만 아직은 단단할 때까지 감자를 삶아야 하고, 그런 뒤에는 껍질 바로 아래 있는 얇은 막을 살려야 하므로 껍질을 긁지 말고 조심스럽게 벗겨야 한다. 이 막은 감자를 브라우닝했을 때 감자 녹말이 스며 나와서 표면이 흐릿하고 딱딱해지지 않도록 해준다.

브라우닝 과정이 성공적이려면, 캐러멜 층이 뭉치지 않도록 높은 열을 가해야 한다. 가장 좋은 결과를 얻으려면, 매우 뜨거운 팬의 바닥에 설탕을 뿌려 막을 만들고 그것을 젓지 않고 녹도록 놔둔다. 물을 약간 섞으면 설탕을 더 고르게 녹일 수도 있다.

설탕이 녹고 (물을 섞었다면 그것이 증발했을 때) 너무 갈색이 되기 전에, 버터는 설탕 안에 녹아 들어간다. 그다음 단계가 아주 중요하다. 버터가 거품이 일면서 녹기 시작하면, 껍질 벗긴 감자를 팬에 넣는다. 그전에 가급적 감자는 차게 하고 물로 씻어놔야 한다. 차가운 감자를 넣었을 때 설탕이 굳어 캐러멜이 덩어리지지 않게 하려면, 매우 높은 열을 가해 설탕을 액체 상태로 유지해야 한다.

이제 액체 캐러멜에 감자를 적당한 시간 동안 자글자글 끓이는데, 그동안 때때로 감자를 뒤집어 바닥에 붙어 타지 않도록 한다. 버터는 캐러멜화된 감자 표면을 아름답고 빛나게 하는 데 도움을 준다.

- 감자를 씻은 뒤 냄비에 넣고, 충분히 잠길 정도로 물을 넣는다.
- 소금을 넣고 15분 동안 삶는다. 껍질을 벗기고 냉장고에 넣는다.
- 팬에 설탕을 뿌리고, 젓지 않고 캐러멜화되도록 놔둔다.
- 버터를 팬에 넣고 거품이 일 때까지 놔둔 뒤, 설탕과 버터를 함께 섞는다.
- 껍질을 벗긴 삶은 감자를 냉장고에서 꺼내 찬물에 씻고 촉촉한 정도까지만 물기가 빠지도록 둔다. 감자를 캐러멜이 든 팬에 넣고, 그 표면에 캐러멜이 덮이도록 조심스럽게 굴리고 고루 데워지도록 한다.
- 감자가 완전히 따뜻해지고, 금빛을 띠고, 거기에 쓴맛 나고 고운 캐러멜화된 표면을 띠면 마무리된다.

캐러멜화된 감자.

는 당류 혼합물의 유리 전이 온도를 낮출 수 있다. 플라스틱화라고 알려진 이 과정은 혼합물을 더욱 잘 펴 늘일 수 있고 변형 가능하게 만들지만, 무언가 씹을 때처럼 압력을 받았을 때 모양을 유지하게 하는 것은 어렵다.

물은 음식을 좀 더 가소성 있게 만드는 데 가장 중요한 요소다. 바삭한 빵 껍질이나 크래커가 액체를 흡수하면 부드러워지는 방식을 보면 쉽게 알 수 있다. 유리 상과 플라스틱 상 사이의 전이는 가역적이고, 특정 온도 구간에서 일어난다. 이런 과정은, 약간 눅눅해진 크래커를 살짝 토스트하거나 가열해서 바삭하게 할 때 볼 수 있다.

캐러멜

캐러멜은 당 분자가 가열되고 부서질 때 형성되는 여러 화합물의 혼합물이다. 캐러멜을 만드는 가장 쉬운 방법은, 물에 당을 녹인 뒤 그 혼합물을 가열하는 것이다. 어떤 종류의 당을 쓰느냐에 따라 캐러멜이 되는 온도가 달라진다. 예를 들어, 프럭토스는 섭씨 105도, 글루코스는 150도, 수크로스는 170도다. 가볍고 점성 있는 유체, 즉 시럽이 가장 먼저 형성된다.

캐러멜이 갈색을 띠는 것은 당의 중합 반응 때문이다. 이것은 혼합물을 오랫동안 가열하고 더 많은 수분이 증발할 때 일어난다. 오래 가열할수록, 색은 더 진해지고 단맛은 적어지고 쓴맛이 강해진다. 식히면, 혼합물은 고체 캐러멜이 되는데, 유리 상태다.

캐러멜은 부드럽고, 껌 같고, 파슬파슬하고, 단단하거나 바삭할 수 있는데, 캐러멜을 만들 때 가열과 냉각을 다루는, 그리고 당과 물 혼합물에 첨가되는 물질을 다루는 정확한 방법에 따라 달라진다. 달걀흰자, 크림, 우유, 버터 및 젤라틴은 당이 결정화하지 않게 하고 원하는 질감을 얻으려 할 때 쓸 수 있다. 크림을 쓰면 그 안의 지방은 캐러멜이 부드럽고 가능하면 살짝 파슬파슬해지도록 도와준다. 초

콜릿 입힌 캐러멜 같은 종류의 캐러멜은 디저트, 아이스크림 및 캔디에 쓰인다.

시럽이나 캐러멜을 만들기 위해 당을 단백질과 아미노산을 함유한 다른 재료와 가열하면, 마이야르 반응에 의해 갈색의 맛있는 물질을 일부 형성할 수 있다. 이런 화학반응들은 '캐러멜화된 감자' 레시피에서 마법을 부린다.

채소에서 나오는 천연 당은 캐러멜의 또 다른 원천이다. 양파와 리크를 서서히 브라우닝하면 마이야르 반응과 캐러멜화가 일어나, 맛을 많이 좋게 해줄 물질이 만들어진다. 이런 화합물 및 그와 연관된 맛은 푸란(견과류 맛), 아세트산에틸(과일 맛), 말톨(구운 맛), 아세트산(시큼한 맛)이다.

하드 캔디

하드 캔디는 당 혼합물을 끓여 캐러멜과 같은 방식으로 만든다. 일반적으로 과일 추출물, 견과류 혹은 감초 같은 맛 물질을 혼합물에 첨가하지만, 크림은 첨가하지 않는다. 혼합물의 끓는점은 수분 함

하드 캔디용 찬물 테스트

요리사는 종종 당과용 온도계를 써서 가열된 당 혼합물이 캔디로 만들 수 있는 상태인지 파악한다. 하지만 캔디 및 다른 종류의 과자를 만드는 데 꽤 유용한 매우 오래된 기술도 있다. 그냥 당 혼합물 약간을 숟가락에 올린 뒤, 작은 그릇에 담은 찬물에 떨어뜨린다. 가늘고 부드러운 필라멘트를 형성하면, 혼합물의 온도가 단단한 캔디를 만들기에는 적합하지 않은 것이다. 압축될 수 있는 작은 구체를 형성하면, 연한 캐러멜이나 퍼지를 만들 수 있다. 그리고 딱딱 부러지는 단단한 실을 형성하면, 이제 하드 캔디에 딱 알맞은 상태다.

유리 막이 있는 디저트

잘 알려진 디저트 크렘 브륄레는 그저 크리미한 커스터드로, 캐러멜화된 설탕 층이나 유리 막으로 덮여 있다. 주방용 토치로 가열할 때 더 빨리 녹을 수 있는 매우 고운 설탕 결정을 써야, 커스터드 부분이 익어서 단단해지지 않는다.

설탕에 조린 해초

재료 | 깨끗하게 다듬은, 젖은 윙드 켈프(Alaria esculenta) 400g, 물 1컵(230ml), 설탕 1과 1/4컵(300g)

이 간단한 레시피는 요리사 대니얼 번스와 플로랑 라데인이 그린란드에서 수확할 수 있는 천연 식재료의 새로운 쓰임을 발견하려고 일루리사트에서 모인 워크숍에서 고안했다.

• 윙드 켈프를 두 번 데친다.
• 물과 설탕을 섞어 가열한 혼합물에 켈프를 넣는다.

• 약불에서 30분 동안 액체를 졸인다.
• 켈프 엽상체(잎)를 제거하고, 줄기를 건조용 시트에 펼쳐놓는다.
• 실온에서 15시간 동안 말린다.
• 설탕에 조린 켈프는 달콤한 스낵으로 먹을 수 있고, 빙과의 곁들임으로 쓰거나 부숴서 디저트와 케이트를 토핑할 수 있다.

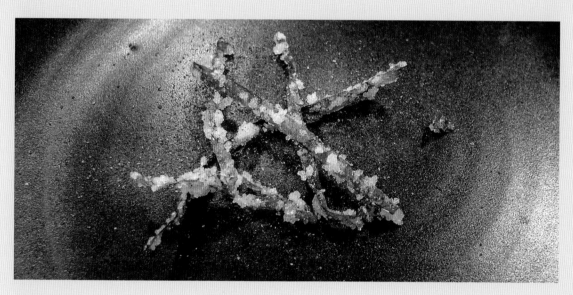

설탕에 조린 해초.

량에 달렸다. 수분이 증발하면서 끓는점은 높아진다.

하드 캔디는 수분 함량의 99퍼센트를 잃은 당 혼합물을 급속하게 식혀 유리 상태에 가둘 때 형성된다. 캔디의 단단함과 깨지기 쉬움은 사용한 당의 유리 전이 온도에 달렸다. 그 온도는 꽤 다를 수 있다. 프럭토스는 섭씨 5도, 글루코스(포도당)는 31도, 수크로스(일반적인 설탕)는 62도다. 혼합물 속 당의 유리 전이 온도는 가중 평균을 써서 정확하게 결정할 수 있다. 이 온도 아래에서는 녹은 설탕이 딱딱해지고 유리가 될 것이다. 결과적으로, 유리 전이 온도가 매우 낮은 당을 함유한 혼합물은 더 낮은 온도에서 유리로 바뀌어 좀 더 가소성 높은 물질이 된다.

솜사탕은 설탕 혼합물을 냉각하는 동안 소용돌이처럼 휘저어 만든다. 그러면 설탕 혼합물은 길고 가는 실로 이루어진 유리가 되는데, 이 실들은 뒤엉키고 대부분 공기로 이루어진 느슨한 묶음을 형성한다. 이 구조는 매우 특별한 가벼운 마우스필을 지니는데, 솜사탕이 무너져 입안에서 고체 설탕 덩어리가 될 때 끈적한 마우스필이 뒤이어 온다.

글레이즈와 퐁당

글레이즈는 가루 설탕icing sugar과 물로 만드는 토핑으로, 달걀흰자를 넣을 수도 있다. 이름에서 알 수 있듯이, 글레이즈는 종종 유리이며, 가열로 물이 증발할 때 그 상태로 안정화하는 것은 늘 설탕 성분이다.

글레이즈는 음식을 장식하는 동시에 말라버리지 않도록 한다. 또한, 글레이즈는 그 밑의 부드러운 케이크나 페이스트리와 대조되는 섬세하고 바삭한 마우스필을 줄 수 있다.

차가운 케이크 글레이즈는 가루 설탕, 물 약간, 그리고 가능하다면 달걀흰자나 시럽 등까지 넣은 혼합물로 만든다. 지방(버터나 크림)을 약간 넣으면, 설탕이 결정화하는 것을 막고 덤으로 글레이즈의 표면은 빛난다. 가루 설탕은 매우 고와서, 글레이즈에는 바삭한 결정체가 없다. 글레이즈는 그 성분에 따라 단단해질 수도 있고 약간 부드럽고 반짝이는 채로 남을 수도 있다.

열에 견딜 수 있는 글레이즈는, 로스트하거나 바비큐할 고기에 쓰는 것들처럼 설탕(혹은 가능하면 꿀)과 지방(버터)으로 만들며, 겨자나 다른 향신료와 섞는다. 글레이즈가 결정화되기보다는 유리 상태를 띠도록 글루코스를 약간 섞을 수 있다. 고기를 가열하면, 설탕과 고기 단백질이 일으키는 마이야르 반응이 맛있는 갈색 맛 물질을 만들어낸다. 설탕은 가열하면 녹기 때문에, 이런 종류의 글레이즈에 가루 형태로 쓸 필요는 없다.

퐁당fondant은 퍼지 같은 연한 고체 캐러멜과 연관된 특별한 종류의 글레이즈다. 퐁당은 케이크의 아이싱으로 그리고 과자의 필링[속]으로 쓴다. 퐁당은 설탕이나 시럽을 가열해 만드는데, 그 뒤에 가능하면 글루코스를 더해 진흙의 질감이 될 때까지 기계적인 작용을 가한다. 퐁당의 질감은 수분 함량에 크게 좌우된다. 작은 설탕 결정들이 있으면 건조하고 덩어리질 수 있고 또는 약간 흘러내릴 수도 있다.

퍼지는 우유, 지방에다 때때로 코코아나 초콜릿을 함유하기에 더 복잡하다. 그 결과, 퍼지는 지방 방울들을 갖게 된다.

바삭한 껍질이 있는 베이킹 제품

우리는 일반적으로 일부 케이크 말고 다른 베이킹 제품은 껍질이 바삭하고 크런치하거나 파슬파슬하다고 특징지을 수 있는 마우스필을 가지리라 기대한다. 이런 다양한 표현들은 우리가 껍질을 먹는 것을 경험하는 방식이 촉각, 시각, 청각 인상과 연관돼 있고 서로 섞여 있음을 말해준다.

바삭함은, 씹어서 껍질이 변형되기 전에 앞니가 껍질을 가르며 부술 때 생기는 고주파 음과 관련 있다. 이것은 좋은 껍질이라는 표시다. 크런치한 소리는, 더 잘게 조각내며 앞니가 시작한 일을 끝내는 어금니의 무자비한 작용과 관련 있다.

속은 부드럽고 껍질은 바삭한 모든 베이킹 제품에 때때로 나타나는 문제는, 짭짤한 것이든 달콤한 것이든 시간이 지나면서 액체가 촉촉한 내부에서 건조한 외부로 흘러나오기 때문에 껍질이 눅눅해지거나 질깃해지는 것이다. 수분이 좀 더 활성화되면, 껍질을 유리 상태에서 좀 더 진득하고 변형하기 쉬운 상태로 변화시킨다. 이 변화는 가역적이어서, 한번 눅눅해졌던 빵 껍질은 오븐에 다시 가열해 수분을 일부 증발시키면 다시 바삭해질 수 있다.

여러 종류의 비스킷과 쿠키는 바삭함의 전형

옛날풍의 바삭한 향신료 쿠키

재료 | 버터 500g, 과립당 2와 1/2컵(550g), 다크 콘corn 시럽 250g, 굵게 다진 아몬드 125g, 빻은 정향 1큰술(7g),
빻은 시나몬 3과 1/2큰술(25g), 포타쉬(약간의 물에 녹임) 1큰술(15g), 유기농 오렌지 1개의 껍질, 중력분 6과 1/3컵(800g)

이 레시피는 올레의 어머니가 60여 년간 사용해온 것
이다. 그것은 1950년대 리세 뇌르고르Lise Nørgaard와 모
겐스 브란트Mogens Brandt가 신문 칼럼에 실은 것으로 보
인다. 그들은 세상에서 가장 바삭한 향신료 쿠키를 구우
려면 레시피를 그대로 따라 하라고 썼다.

• 버터 정량과 설탕 2와 1/4컵(500g), 시럽 정량을 냄비
  에서 섞고, 이것들이 함께 녹아 끓을 즈음까지 가열
  한다.
• 아몬드, 정향, 시나몬, 포타쉬[칼륨을 비롯해 수용성 염을
  포함한다]를 혼합물에 넣고 휘저어준 뒤, 미지근해질 때
  까지 식힌다.
• 오렌지 껍질을 굵은 조각으로 다지고, 남은 설탕 1/4컵

(50g), 물 조금과 함께 끓인다. 그런 뒤 미지근해질 때
까지 식힌다.
• 버터 혼합물, 아몬드 혼합물 및 오렌지 껍질 혼합물이
  미지근해지면 이 모두를 밀가루와 섞어 단단한 반죽을
  만든다.
• 반죽을 잘 치댄 뒤, 지름 5~6cm의 롤로 만다.
• 반죽을 2시간 동안 찬 데 놔둔다. 나중에 쓰려면 얼릴
  수도 있다.
• 롤을 얇은 슬라이스로 썬다. 얇을수록 쿠키는 더 섬세
  하고 바삭하게 된다.
• 쿠키 시트에 황산지를 깔고 그 위에 슬라이스 반죽을
  놓는다. 슬라이스의 두께에 따라, 섭씨 200~220도에
  서 10~12분 동안 굽는다.

옛날풍의 바삭한 향신료 쿠키.

싹과 파스닙 에멀션을 곁들인, 바삭한 황소 고환 튀김

6인분

새싹 | 발아 가능한 유기농 밀 낟알 100g, 맥아 식초 1큰술(15ml), 물

소 고환 | 당근 1개, 큰 양파 1개, 드라이 화이트와인 1컵(250ml), 질 좋은 화이트와인 식초 6과 1/2큰술(100ml),
물이나 치킨스톡 1컵(250ml), 타임 잔가지들, 허브 1묶음(예: 리크의 푸른 줄기, 파슬리 잔가지), 러비지 잔가지 1개,
소금과 통후추, 효모 플레이크 1큰술(12g), 큰 황소 고환(약 600g) 1개

파스닙 에멀션 | 파스닙 250g, 물 6과 1/2큰술(100ml), 잔탄검 0.25g, 튀김용 기름 1/5컵(50ml), 소금과 갓 간 후추

튀김 | 중력분 약간, 달걀흰자, 판코 빵가루, 몰던 천일염, 튀김용 기름

이 레시피에서, 황소 고환은 풍미 가득한 별미로 탈바꿈한다.

새싹 손질하기

- 새싹은 며칠 전에 준비해야 한다.
- 밀 낟알들을 8시간 동안 식초를 조금 넣은 물에 불린다.
- 밀 낟알들을 씻고 발아 트레이에 놓는다.
- 트레이를 충분한 빛이 드는 찬 곳에 놓고, 밀알들을 하루에 두 번씩 조심스럽게 씻는데, 3~5일 동안(주변 온도에 따라 다르다), 혹은 원하는 크기로 발아할 때까지 계속한다.

소 고환 살짝 삶기

- 껍질을 벗긴 당근을 슬라이스한다.
- 양파 껍질을 벗기고 큼직하게 썬다.
- 화이트와인, 식초, 물(혹은 스톡)을 냄비에 붓고, 타임, 허브들, 통후추, 소금, 효모 플레이크 및 잘게 자른 채소를 넣는다.
- 혼합물을 10분 동안 끓인다.
- 소 고환을 깨끗한 천으로 싸서 냄비에 넣고, 크기에 따라 10~15분 동안 끓인다.
- 불을 끄고, 냄비를 30분 정도 놔둔다. 소 고환을 꺼내 약간 무게가 있는 걸로 눌러서 접시에 담아 냉장고에 넣는다.

파스닙 에멀션

- 파스닙 껍질을 벗겨 큰 조각으로 썰고, 소금 2작은술을 탄 물과 우유에 파스닙이 부드러워질 때까지 끓인다.
- 체에 밭아 물을 뺀 뒤, 냄비에 넣고 약불로 10여 분간 말린다. 갈색이 되지 않도록 한다.
- 파스닙 무게를 잰 뒤, 블렌더에 잔탄검과 함께 넣어 5분 동안 간다.
- 블렌더가 돌아가는 동안 일정량의 기름을 계속 조금씩 넣어준다.
- 소금과 갓 간 후추 약간으로 간한다.

소 고환 튀김

- 고환을 2cm 두께로 슬라이스한 뒤, 소금과 후추로 간한다. 먼저 밀가루를 고루 묻힌 뒤, 그다음에는 달걀흰자, 마지막으로 판코 빵가루를 입힌다.
- 섭씨 170도 튀김용 기름에 금빛이 날 때까지 튀긴다. 종이 위에 놓아 여분의 기름기를 빼고 몰던 천일염을 뿌려준다.

음식 내기

각 접시 가운데에 따뜻한 파스닙 에멀션을 놓는다. 맨 위에 따뜻하고 바삭한 소 고환 튀김을 올리고 주변에 새싹을 두른다. 바로 낸다.

이다. 그것들은 아주 조금만 눅눅해져도 구미가 당기지 않는다. 그것들의 진정한 가치는 마우스필로 판단되기 때문이다. 그렇더라도, 전통적인 종류의 쿠키에서 어느 정도의 바삭함이 바람직한지에 관한 의견은 결코 일치되지 않는다. 크룰러는 이 문제가 사람들을 두 부류로 나누는 좋은 예다. 어떤 사람들은 매우 작고 한입에 바삭 깨물 수 있는 것을 좋아하는 반면, 다른 사람들은 크고 어느 정도 부드러운 것을 좋아한다.

바삭한 코팅

채소, 고기, 생선의 표면은 밀가루나 빵가루처럼 탄수화물이 든 제품을 한 겹 코팅해 바삭하게 만들고는 한다. 기름에 튀기거나 지방을 두른 팬에 프라이해서 이 코팅 면을 바삭하게 할 수 있다. 대체로 우유나 달걀물이 코팅을 고정하는 데 쓰인다.

원론적으로, 두 종류의 코팅이 있다. 하나는 조리할 음식의 조각에 직접 붙는 것이고, 다른 하나는 튀김(덴푸라)으로 잘 알려진, 음식에 엉겨 붙은 껍질을 형성하는 것이다.

음식에 직접 달라붙는 코팅은, 그것이 달라붙도록 도와주는 물질을 이용한다. 빵가루를 묻히기 전에 음식을 굴려가며 밀가루를 입히는 것이 그 한 예다. 이런 물질은 마우스필에 영향을 주지 않는 것이 가장 좋다. 빵가루는 커틀릿이나 생선 필레 같은 튀긴 음식의 표면을 바삭한 황금빛 껍질로 덮는다.

음식의 표면을 코팅하는 또 다른 방법은 맥주 같은 팽창제를 함유한 반죽을 쓰는 것이다. 맥주는 노른자 푼 것과 빵가루 혼합물에 작은 이산화탄소 기포들을 형성한다. 이 기포들은 노른자의 레시틴으로 안정화된다. 튀겼을 때 바삭하고 약간 스펀지 같은 껍질 속에 기포들이 갇힌다. 이 껍질의 열린 구조는 조리되고 있는 음식의 수분이 증발하게 만든다. 이런 반죽의 전형적인 예로 채소 튀김의 튀김옷을 들 수 있다.

'판코パン粉'라 불리는, 파슬파슬하고 바짝 마른 일본식 빵가루는 이런 바삭한 코팅에 쓰기에 특히 적합하다. 판코는 특별한 방법으로 구운 빵으로 만드는데, 이 빵은 여러 번 부풀린 반죽에 전류를 흐르게 해 굽는다. 완성된 빵은 가볍고, 솜털 같고, 껍질은 없다. 빵을 바싹 말린 뒤에 얇은 조각으로 깎아낸다. 특유의 공기가 많은 구조 때문에, 판코로 만든 반죽이나 코팅은 튀김을 할 때 기름을 덜 흡수하고, 그 결과 더 가볍고 바삭한 껍질이 만들어진다.

간, 심장 및 뇌 같은 몇몇 종류의 내장 부위를 맛있는 한 접시, 요리의 모험으로 만들어내는 열쇠가 바삭한 마우스필이라는 것은 잘 알려져 있다. 동물의 생식기관 또한 먹을 만하지만, 많은 사람이 이런 생각을 혐오스럽게 보아 고려조차 하지 않을 것이다. 그럼에도 어떤 문화에서는 자궁과 고환 같은 기타 부위를 사용하는 요리들이 보편적인데, 이는 여성의 생식력이나 남성의 정력을 키우는 것과 장기를 먹는 사람들의 상징적 관계를 구축하는 전설들과 관련 있다.

음식 속 입자들

어떤 음식의 마우스필은 그 음식에 고루 퍼져 있는 입자들에 아주 큰 영향을 받는다. 입은 7~10마이크로미터만큼 작은 입자를 감지할 수 있다. 이보다 입자들이 크면, 아이스크림의 작은 얼음 결정의 경우처럼 모래 같거나 퍼슬퍼슬하다고 마우스필은 인식될 것이다. 또한, 입자들은 미트 소스 속 고기 조각, 푸딩 속 타피오카 알갱이 혹은 잘게 썰어놓은 채소처럼 육안으로 볼 수 있을 만큼 클 수도 있다. 그 입자들의 마우스필은 크기, 모양, 단단함에 따라 달라진다. 액체 방울 형태의 입자나, 고체지만 여전히 가소성 있는 상을 가진 지방은 크리미

후무스.

기름이나 다른 지방을 약간 넣으면 퓌레를 더 부드럽게 할 수 있다.

어떤 식물들은 매우 단단한 부분을 가지고 있어서 고운 퓌레로 만들기 어려울 수 있다. 하지만 후무스[병아리콩 으깬 것과 오일, 마늘을 섞은 중동 지방 음식]와 비슷한, 오돌토돌한 질감은 꽤 매력적이다. 그 과정을 쉽게 하려면, 우선 날것 재료는 조리하여 셀 구조를 느슨하게 해야 한다. 녹말 함량이 상당한 음식을 너무 심하게 퓌레화하면 녹말 알갱이를 산산조각 내, 탄력 있고 고무 같은 점도를 갖게 된다. 우리에게는 너무 세게 으깬 감자로 매우 익숙한 질감이다. 과일은 조리된 뒤 으깨지거나 퓌레화될 때 다르게 반응하는 다양한 세포 구조를 갖고 있다. 그 결과 생기는 질감은 또한 과일의 펙틴 함량에 영향 받는다.

같은 식재료(예를 들어, 케첩)로 두 가지 퓌레를 만들어 마우스필의 차이를 비교할 수 있다. 두 퓌레의 마우스필은 서로 많이 달라져서 두 종류의 다른 맛으로 인식할 수도 있다. 일례로 땅콩버터를 생각해 보자. 부드러운 버전의 맛 인상은 꺼끌꺼끌한 것과는 매우 다르다.

퓌레는 입자가 너무 크지만 않으면 소스를 걸쭉하게 하고 안정화시킬 수 있다. 작은 입자들이 녹말이나 펙틴을 함유하고 게다가 침전하는 경향이 적으면, 더 많은 물과 결합할 수 있다. 퓌레가 여전히 물과 섞이지 않은 상태라면, 물을 일부 증발시켜 섞을 수 있다. 이런 식으로, 고운 퓌레는 증점제 및 겔화제로 작용할 수 있다.

케첩은 감칠맛과 부드러운 질감의 원천으로, 이제

하게 느껴질 테고, 얼음 결정은 딱딱하고 모래 같고 크런치하기까지 할 것이다.

주방에서 일어나는 일 대부분은 식재료를 원하는 모양과 크기로 자르거나 구조를 바꾸는 데 집중된다. 우리가 썰고, 찢고, 빻고, 섞고, 퓌레로 만들고, 으스러뜨리고, 토막내고, 기계로 갈고, 누르고, 체 치고, 흔들고 하는 것 등등은 모두 입자의 크기를 바꾸는 것을 목표로 한다. 현대식 블렌더, 전기 그라인더, 푸드 프로세서가 이런 작업 대부분에서 힘들고 단조로운 일을 맡아줬다.

퓌레 만들기

식물성 재료로 부드러운 마우스필을 주는 퓌레를 만드는 것은, 그 재료의 마우스필을 근본적으로 바꿀 정도로 재료를 작은 입자로 만드는 것이다. 이것은 블렌더나 전동 그라인더로 쉽게 할 수 있다.

실험: 두 종류의 케첩

1.5kg 분량 │ 사과(껍질 깎고 심을 뺀) 225g, 완숙 토마토(유기농 통조림 토마토도 가능) 2kg, 붉은 피망 500g, 샬롯 300g,
일반 고추 4개, 혹은 카옌고추 2개, 색이 옅은 사탕수수당 1과 1/4컵(250g), 사과주 식초(거의 끓는점까지 가열) 2컵(500ml),
통정향 2개, 마늘 6쪽, 토마토 퓌레(무첨가) 150g, 올리브 오일 3과 1/2큰술(50ml), 소금

하나는 거칠거칠하고 다른 하나는 곱게 퓌레화한 두 종류의 케첩을 만든다. 그 차이를 음미해본다.

- 사과 껍질을 깎고 심을 뺀 뒤 약 1cm³ 크기로 깍둑썰기 한다.
- 싱싱한 토마토를 데쳐서 껍질을 벗긴다. 통조림 토마토는 바로 쓴다.
- 붉은 피망에서 씨와 꼭지를 제거하고 잘게 썬다.
- 샬롯을 다진다.
- 씨와 꼭지를 제거한 고추를 찧는다.
- 냄비에 설탕을 뿌리고 캐러멜이 될 때까지 가열한 뒤, 따뜻한 사과주 식초를 넣는다.

- 사과, 토마토, 피망, 샬롯, 고추, 정향을 넣고 끓인다. 그 동안 마늘 껍질을 까고, 갈릭 프레스에 넣고 으깨 냄비에 넣는다. 뚜껑을 덮지 않고 1시간 동안 끓인다.
- 정향을 건져내고, 올리브 오일을 넣는다. 혼합물 절반은 핸드 블렌더로 거칠거칠한 정도로 다진다. 나머지 절반은 매우 부드러운 퓌레가 될 때까지 간다.
- 혼합물 각각에 같은 양의 식초와 설탕을 추가로 넣고, 원하면 입맛에 맞게 소금도 넣는다. 약불에 더 졸이면 훨씬 걸쭉해진다.

두 종류의 케첩을 맛보고, 마우스필이 맛 인상에 영향을 끼치는지 여부를 평가해본다.

두 종류의 케첩: (왼쪽) 퓌레화된 것, (오른쪽) 거칠거칠한 것.

는 거의 보편적인 조미료다. 원래 케첩은 영국 선원이 유럽에 가져온 아시아 피시소스였다. 여기에 버섯, 호두, 와인 식초 및 많은 종류의 향신료를 첨가하면서 변화를 겪었다. 그래서 1750년부터 1850년까지 영국에서 '케첩'이라는 단어는 버섯이 든 다양한 걸쭉한 갈색 소스를 가리키는 일반적인 용어로 쓰였다. 19세기 초까지 아마 잉글랜드 사람은 토마토를 넣지 않았던 것 같다. 1850년 즈음, 재료로서

해초 페스토

300g 분량 | 말린 해초(예: 슈거 켈프, 퓨커스 세러터스fucus serratus, 윙드 켈프, 긴다시마 조합) 20g, 호박씨 50~100g, 아보카도 1개,
적양파 1개, 마늘 1쪽, 케이퍼 1과 1/2큰술(20g), 간 파르미자노레자노 치즈 1/4큰술(약 1g), 생파슬리나 생시금치 약간,
올리브 오일 2큰술(30ml), 소금과 후추

이 해초 페스토 레시피는 해조류 요리의 열성적인 옹호
자인 덴마크 요리사 아니타 디에츠Anita Dietz로부터 얻
었다.

페스토pesto 또한 기름 에멀션인 퓌레 혹은 소스다. 이름
은 '으깨다'는 뜻을 지닌 이탈리아어 pestare에서 유래
한다. 고전적인 형태는 싱싱한 바질, 마늘, 잣을 한데 빻은
혼합물을 올리브 오일과 휘젓고, 선택적으로 파르미자노
레자노 치즈를 갈아 넣는 것이다.
식물 조각들은 씹기에 충분히 크지만 페스토에 한데 잘
섞인 부드러운 마우스필을 주기에 충분히 작은 입자들
이다. 페스토는 빵에 바르거나 파스타 소스로 쓸 수 있다.

페스토.

- 해초를 10분 동안 물에 삶는다.
- 호박씨를 준비해둔다.
- 퓌레를 부드럽게 해줄 다른 모든 재료와 해초를 섞
  는다.
- 내기 바로 전에, 크런치함을 주기 위해 호박씨를 넣고
  젓는다.

물고기의 흔적이 거의 사라졌고, 미국에서는 좀 더
달고 더 시고 더 걸쭉하게 변형되었다.

오드득 소리가 나는 빙과

빙과를 만드는 데는 많은 방법이 있는데, 공통적
으로 얼음 결정, 기포 및 얼지 않는 설탕 용액의 복
합적인 혼합물이다. 또한, 맛을 강화해줄 과일이나
다른 재료들의 작은 고체 입자들을 함유할 수도
있다.

전통적인 아이스크림은 우유, 크림, 가능하다면
달걀, 그리고 여러 다양한 맛 물질로 만든다. 이상
적으로는, 아이스크림 자체는 크리미한 질감을 지
녀야 하고 이 사이에서 오드득 씹힐 어떤 입자도 없
어야 한다. 하지만 많은 아이스크림에는, 질감 요소
를 추가하려고 초콜릿 칩, 말린 과일, 캐러멜 혹은
견과류를 넣기도 한다. 유명한 아이스크림 브랜드
벤앤제리스Ben & Jerry's는 모든 맛에 씹을 때마다
아삭 씹히는 입자가 들어가도록 했는데, 이는 창업

건포도가 든 사고 수프

4~6인분 | 건포도 2/3컵(100g), 마데이라 와인 3~5큰술(45~75ml), 유기농 레몬 1개의 껍질과 즙, 물 6컵(1.5L), 사고 펄 혹은 작은 타피오카 펄 80g, 달걀노른자 3개 혹은 4개, 설탕 1/2컵(100g)

- 하루 전에 건포도를 마데이라[섭씨 45도 이상에서 숙성한 포르투갈 와인으로, 식전 와인으로 주로 쓴다]에 담가놓는다.
- 레몬 껍질은 크게 슬라이스한다.
- 물을 레몬 껍질과 함께 끓이고, 사고 펄sago pearl[야자나무 녹말로 만든 알갱이]을 냄비에 넣고, 격렬하게 휘젓는다.
- 냄비 뚜껑을 덮고 사고 펄을 15~20분 동안 끓인다. 레몬 껍질 조각을 건져낸다.

- 달걀노른자를 설탕 정량의 2/3와 함께 옅은 노란색이 될 때까지 잘 휘젓는다. 따뜻한 액체 약간을 달걀 혼합물에 넣고 섞어준 뒤, 거품기로 조금 저어 걸쭉하게 한다. 남은 설탕, 레몬 즙, 부드러워진 건포도가 든 마데이라로 맛을 낸다. 끓지는 않고 따뜻한 정도까지만 데운다.
- 수프를 저어 건포도를 띄우고, 수프가 따뜻할 때 바로 낸다.

건포도가 든 사고 수프.

그린란드 북부의 미식가 축제: 북극권에서 가장 북쪽의 질감

그린란드의 일루리사트에 방문하는 것은 여러 측면에서 특별한데, 그 장소와 경험은 최상급의 표현으로 가장 잘 설명된다. 일루리사트는 세계에서 가장 크고 가장 북쪽에 있는 지자체 카수이추프Qaasuitsup의 주요 도시로, 그 면적은 66만 제곱킬로미터에 이르며 이는 프랑스 전체 면적보다 크다. 이 도시는 일루리사트 아이스피오르 입구, 북극권에서 북쪽으로 350킬로미터에 있다. 일루리사트 아이스피오르는 2004년에 유네스코 세계 유산으로 지정된, 경외감을 불러일으키는 자연 경관이다. 입구의 윗부분에는, 세계에서 가장 활동적인 빙하 중 하나인 세르메크 쿠얄레크Sermeg Kujalleg가 1,000미터 높이에 이르는 거대한 빙산을 갈라놓고, 도시를 지나 너른 바다로 장대하게 항해해 간다.

일루리사트의 물과 자연 환경은 세계에서 가장 적게 오염된 것 중 하나다. 바다와 암석 지대에서 얻은 음식은 독특한 극지대의 풍미를 식탁에 가져다준다. 핼리벗[큰 넙치], 새우, 고래, 해초에 사향소, 순록, 신선초, 지의류, 시로미 및 야생 북극 허브까지 있다.

그린란드에서 최고의 호텔로 꼽히는 이 도시의 호텔 아크틱Hotel Arctic 수석 요리사는 예페 아이빈 닐센이다. 그는 호텔 내의 최상급 레스토랑 울로Ulo의 주방을 총괄하는데, 이 레스토랑은 세계의 그 어떤 레스토랑보다 가장 자연에 가깝다고 묘사된다. 사실 울로는 로커보어[로컬푸드만 먹는 사람]의 꿈으로, 예페는 음식에 대한 자신의 접근법을 담은 요리 기술로 많은 요리대회에서 우승을 거머쥐었다. 그의 요리는 공기, 피오르, 암석 지대의 순수함뿐만 아니라 그린란드 신선 산물의 진화에 포커스를 맞추고 있다. 이 순수함은 한 끼에 많아야 네다섯 가지 맛을 내는 소박함으로 표현되어, 그 땅의 척박함을 반영한다. 음식에서 자연을 볼 수 있고 그 맛에서 자연을 인식할 수 있어야 한다. 여기서 마우스필이 중요하게 대두된다.

2015년 1월, 우리 중 한 명 올레가, 호텔 아크틱의 현지 요리사들 및 다른 나라 요리사 두 명과 함께 워크숍에 참가했다. 워크숍의 목표는, 그린란드 식재료 사용의 새로운 방법을 찾아 그 지역에 새로운 경제적 활력을 불어넣고 고용 기회를 창출하는 것이었다. 우리는 그린란드의 조리법에서 드물게 쓰이는, 지역의 다양한 해초 종들에 관심을 돌렸다. 사흘이 지날 무렵, 우리는 해초 요리를 위한 12가지의 새로운 레시피를 고안해냈다. 이 레시피들은 만들기 간단하면서도, 로컬에서 만들어지지만 글로벌 시장에서 통할 잠재력이 높은, 모든 요구 사항을 만족시켰다.

이 요리 중 일부는 워크숍을 마무리하는 '미식가 저녁 식사gourmet dinner'의 메뉴로 나갔다. 여기서 요리사들은 그린란드 요리에 대한 예페의 접근법, 특히 순수함과 단순함의 조합을 보여줄 수 있었다. 이 식사는 로컬 식재료로 만든 다양한 요리의 마우스필을 예페가 어떻게 다루는지 잘 보여주었다.

메뉴는 7가지 코스로 구성되었다. 그 중간에 껍질이 놀랍도록 바삭하고, 반죽에 신선한 해수를 써서 매우 섬세하게 소금 간이 된 하얀 빵이 따라왔다. 그것은 단순함 자체였다.

첫 번째 요리는 깨끗하고 자연스러운 바다의 맛을 강조한 것으로, 그린란드 요리책의 저자 아네 소피 하르덴베르가 소금에 절인 핼리벗으로 조리했다. 소금과 천연 허브에 절여 이틀간 숙성된 핼리벗은 조직이 부드럽고 살짝 젤리 같지만 조금 단단해졌다. 날것 핼리벗의 질감은 다른 넙치류들과 마찬가지로 이틀 정도 절인 뒤에 가장 좋은데, 천연 효소가 근육을 부드럽게 하기 때문이다. 이것은 일본의 전통적인 이케지메[생선 및 여러 해산물을 잡은 후 고통을 덜며 신선도를 오래 유지하고 식감을 좋게 하기 위해 신경을 끊고

일루리사트의 한겨울 해 보기 및 미식가 저녁 식사에 나온 요리들.

즉사시키는 것] 기술과 비슷하다.

두 번째 코스는 화려했다. 요리사들은 두 개의 불붙인 조리용 토치로 그을린 신선한 핼리벗에 사과, 셀러리, 아이올리 소스(그린란드 안젤리카[쌍떡잎식물 산형화목 미나리과 여러해살이풀의 일종으로 케이크의 장식용으로 쓰이며 차, 샐러드, 오믈렛, 생선 요리 등에 활용된다]로 간을 했다) 등을 곁들인 요리를 냈다. 요리는 하얀색과 연초록을 바탕으로 깨끗하고 섬세한 모양을 띠었는데, 생선과 사과 조각의 살짝 그을린 끄트머리가 포인트가 되었다. 이것은 피오르를 떠다니는 빙산 조각들과 거의 비슷하다. 부드러운 넙치류는 아삭한 사과 및 셀러리 조각들과 잘 어울린다.

그러고 나서 우리는 메뉴에 '요리사의 서프라이즈Chef's Surprise'라고 이름 붙인 대목에 이르렀다. 미슐랭 1스타를 받은 레스토랑을 운영하는 두 명의 국제적 요리사 대니얼 번스(뉴욕 브루클린의 Luksus 레스토랑)와 플로랑 라데인(프랑스 북부의 L'Auberge du Vert Mont)은 상상력을 동원해, 쇠고기 안심, 감자, 말린 핼리벗, 그리고 워크숍에서 개발한 해초 과립 중 하나를 써서 그린란드 쇠고기 타르타르를 만들어냈다. 말린 핼리벗은 레클링에르ræklinger라 불리는 지역 특산품으로, 바깥의 차갑고 극도로 건조한 북극 공기에 말린 신선한 핼리벗 조각으로 만든다. 건조 창고에서 바로 가져온 레클링에르는 영하 25도에서도 부드럽고, 탄력 있고, 육즙이 풍부한데, 이는 핼리벗 살이 다중 불포화지방산을 많이 함유하기 때문이다.

네 번째 요리는 참고래 다다키畝き, 즉 겉면만 재빨리 살짝 구운 신선하고 붉은 참고래 조각이다. 이 다다키에는 간장에 재운 다시마 엽상체, 절인 샬롯, 훈연한 블래더랙bladder wrack[대형 갈조류의 하나]을 곁들인다. 그 위에는, 구운 핼리벗 대가리, 그을린 양파, 말린 대구, 간장, 해조류로 만든 그린란드식 육수를 흩뿌린다. 고래 고기는 연하지만 여전히 단단했다. 간장에 재운 다시마는 부드럽고 젤리 같은 반면, 훈연한 블래더랙은 일부 거친 질감을 유지해 훈연한 맛을 도드라지게 했다.

다음으로는 소금 간한 양의 염통 요리가, 실온의 달걀노른자, 튀긴 블랙 살시파이[서양우엉] 뿌리, 그을린 셀러리 퓌레, 해초 소금과 함께 나왔다. 이 요리는 서로 다른 종류의 마우스필을 선보였다. 염통은 탄력 있었지만 씹기 편했다. 블랙 살시파이 뿌리는 바깥쪽이 살짝 질겼지만, 안쪽은 아삭거렸다. 노른자는 고유한 마우스필을 가졌다. 노른자의 막이 터졌을 때, 안쪽의 유체가 다른 재료 위로 흘러나와 감칠맛이 확 퍼졌다.

이 예선전들이 지나가고, 드디어 메인 코스로 접어들었다. 메인 코스는 그린란드 남부에서 키운 매우 작고 강인한 종인 덱스터 쇠고기가 주인공이다. 매년 25마리만 잡는다. 베이컨을 구워 낸 기름으로 소테한 쇠고기 조각이 비트와 돼지감자[예루살렘 아티초크]를 곁들여 제공되었다. 슬슬 배가 찬다고 느끼기 시작했는데도, 우리는 완벽하게 부드러운 고기를 충분히 즐겼다. 그리고 예페는 요리의 맨 위에 윙드 켈프 줄기 두 개를 바삭하게 구워 올려, 무심한 듯 우아하게 마무리했다.

디저트는 얼린 진줏빛 스펠트밀이 박힌, 꿀이 첨가된 소프트아이스크림, 설탕에 조린 윙드 켈프, 그린란드산 주니퍼 잎을 담은 그라니타로, 새로운 질감 인상을 연이어 선보였다. 단단한 얼린 곡물 알갱이와 부드러운 아이스크림의 대비는 재미난 감각 인상을 만들어냈고, 윙드 켈프의 가늘고 하늘하늘한 부분을 설탕에 조린 조각은 이를 한층 돋우었다. 그라니타는 피오르를 떠다니는 작은 얼음 조각들을 떠올리게 해주었다. 이 요리에서 예페는 북부 그린란드 겨울 풍경의 정수인 아이스피오르를 포착해 그릇 안에 담아냈다.

자 중 한 명인 벤 코언이 후각을 상실했기 때문이라고 전해진다. 그걸 보충하려고, 그는 풍부한 질감과 흥미로운 마우스필을 가진 아이스크림 레시피의 개발을 주도했다.

다양한 종류의 빙과, 특히 소르베와 그라니타는 과립 구조가 그 특징이다. 소르베는 일반적으로 과일 즙, 과일 퓌레, 물, 그리고 설탕이나 시럽으로 만든다. 그라니타는 소르베와 비슷하지만 조금 더 큰 얼음 결정이 있고, 일부 알코올 종류가 들어간다. 둘 다 수분 함량이 커서 작은 얼음 결정이 많이 형성될 수 있는 좋은 환경을 제공하며, 설탕 함량은 혼합물을 기계(적으)로 휘젓는 것과 함께 그 크기를 제한하는 데 도움을 준다. 소르베는 아이스크림보다 기포가 더 적을 텐데, 이 때문에 크리미한 느낌이 좀 덜하다. 과일 펙틴이나 젤라틴 같은 겔화제는 혼합물의 어는 특성에는 영향을 거의 끼치지 않지만, 물을 결합하기 때문에 소르베의 마우스필을 부드럽게 하는 데 도움을 줄 수 있다.

소르베와 아이스크림 샘플을 같은 온도에 놓으면 소르베가 더 차갑게 느껴질 것이다. 이른바 단열이라는 잘 알려진 효과를 내는 지방이 없기 때문이다. 그러나 매우 작은 얼음 결정을 만드는 데도 좋은 온도에서 아이스크림을 만들었다면, 소르베가 좀 덜 차갑게 느껴질 수도 있다. 매우 작은 얼음 결정이 입안에서 좀 더 빨리 녹아 혀와 입천장에서 더 많은 열을 끌어냄으로써 아이스크림이 좀 더 차갑게 느껴지기 때문이다.

음식 속 기포

세포 안이나 세포 사이에 작은 주머니 형태로 공기를 함유하는 식재료가 있다. 우리는 종종 그 사실을 알아채지 못하며, 또한 많은 음식이 매우 조밀하다. 따라서 아삭한 사과가 공기를 25퍼센트 포함하고 있으며, 배는 5~10퍼센트 포함하고 있다는 것에 사람들 대부분은 놀랄 것이다.

우리는 다양한 음식 속에 휘젓거나 쳐서 공기를 넣고는 한다. 그러면 흥분되고 기분 좋은 마우스필을 주기 때문이다. 거품, 휘핑크림, 수플레, 플러피 fluffy 디저트, 머랭은 그런 많은 예 가운데 일부일 뿐이다. 어떤 경우에는, 기포 안의 공기가 크림이나 달걀흰자 같은 유동적인 음식을 더 딱딱하게 할 수 있다. 그 딱딱함은 음식이 혀와 입천장에 닿을 때 사라진다. 기포가 터지고 공기와 결합하면 음식이 흐르게 되고 매우 크리미한 마우스필을 준다. 거품 속에 가득한 기포는 거품이 입속에서 무너질 때 방출될 향 물질을 잡아 가두기도 한다. 아방가르드 주방에서는 그 어떤 식재료도 거품을 만들려는 요리사의 시도를 피할 수 없다.

거품 안정화하기

정확하게 말하면, 거품은 몇몇 종류의 기체 방울이 액체에 분산돼 있는 것이다. 원칙적으로 거의 모든 액체로 거품을 만들 수 있지만, 대부분의 경우 새로 형성된 기포는 매우 빨리 터진다. 보통은 그래서, 물과 공기 사이의 표면장력을 줄여 비눗방울을 안정화하는 방식처럼, 기포의 표면을 안정화해야 한다. 거품 속 기포는 일반적으로 그 크기가 1밀리미터 정도로 큰데, 기포 막은 마이크로미터 수준으로 매우 얇다.

물론 식품에서 기포를 안정화하려고 비누를 쓰지는 않을 것이다. 식용 양친매성 분자 같은 다른 물질들이 표면장력을 줄이는 데 도입되었다. 유화제의 경우처럼, 선택지가 많다. 어떤 면에서 보면 거품은 에멀션으로, 그 에멀션에서 유화제는 기체와 액체를 혼합할 수 있게 만든다. 유단백질이 유화제로 작용하는 우유(따뜻한 우유, 차가운 우유 둘 다) 혹은 레시틴과 양친매성 단백질을 각각 포함하는 달걀(노른자나 흰자 모두)도 쓸 수 있다. 또한, 콩 레시틴 같

북극의 질감

주니퍼 잎을 담은 그라니타 | 말린 주니퍼 잎(홍차로 대체 가능) 2작은술(10g), 물 2컵(500g), 과립당 1/3컵(75g), 레몬 즙 2작은술(10g)

설탕에 조린 윙드 켈프 | 싱싱한 혹은 얼린 윙드 켈프의 큰 엽상체 2개, 물 6과 1/2큰술(100ml), 설탕 2큰술(30g)

8~10인분

꿀로 만든 소프트아이스크림 | 우유 1컵(250ml), 38퍼센트 크림 1컵(250ml), 꿀 1/4컵과 1큰술(100g), 달걀노른자 1/3컵(100g)

크뤼즐리 | 도수 높은 흑맥주 4작은술(20g), 꿀 1큰술(20g), 버터 1큰술(15g), 누른 귀리[통째로 압착해 구운 귀리] 1/4컵(20g), 스펠트밀 플레이크 2작은술(10g), 밀 플레이크 2작은술(10g), 조각낸 헤이즐넛 2작은술(10g), 해바라기씨 2작은술(10g), 달걀흰자(휘저음) 25g

진줏빛 스펠트밀 | 진줏빛 스펠트밀 5작은술(25g)

예페 닐센은 그린란드 북부 일루리사트에 있는 호텔 아크틱의 레스토랑 울로의 수석 요리사로, 질감의 향연을 느낄 수 있는 빙과를 만들어냈다. 꿀맛이 첨가된 소프트아이스크림과, 진줏빛의 얼린 스펠트밀, 설탕에 조린 윙드 켈프, 그린란드산 주니퍼 잎을 담은 그라니타의 조합이다. 맨 위에는 그린란드 맥주와 꿀로 구운 크뤼즐리crüsli[그래놀라]를 흩뿌렸다. 단단한 곡물과 설탕에 조린 바삭한 해초, 그라니타, 소프트아이스크림에 뿌린 크뤼즐리의 병치는 질감의 대조에 관한 연구라 할 만하다.

예페의 디저트에 쓴 꿀은 그린란드 남부 나르사크에 사는 올레 굴다게르Ole Guldager에게서 얻은 것이다. 이 꿀은 특유의 꽃향기가 강하게 나는데, 주니퍼의 맛과 함께 디저트에 퍼져 독특한 성질을 부여한다.

디저트를 내기 전에 아이스크림 부분을 휘저어서 소프트아이스크림의 농도를 띠도록 하는 게 중요하다. 하지만 진줏빛 스펠트밀과 크뤼즐리는 단단하게 얼린 채로 남겨둬야 하는데, 이 요리의 독특한 마우스필은 이 조합에 기인하기 때문이다.

아이스크림 만들기

- 우유, 크림, 꿀을 끓인 뒤, 불을 끈다. 달걀노른자를 별도의 팬에 놓는다.
- 노른자를 우유 혼합물에 넣고 거품 나게 휘젓는다. 혼합물을 파코젯[급속 냉동할 수 있는 기기] 비커에 붓고 얼린다. 이 방법 대신, 약불에서 걸죽해지게 익힌 뒤 식혀서, 아이스크림 제조기의 설명서에 따라 얼려도 된다. 음식을 내기 전까지 얼린 상태를 유지한다.

크뤼즐리 만들기

- 맥주, 꿀, 버터를 냄비에 넣고 버터가 녹을 때까지 가열

한다.

- 마른 재료를 섞은 뒤, 달걀흰자를 [넣고] 휘젓는다.
- 황산지를 깐 베이킹 트레이에 크뤼즐리를 얇게 펴 바른다. 섭씨 130도에서 2~3시간 동안, 혹은 마를 때까지 굽는다. 작은 조각으로 부수고, 쓰기 전까지 밀폐 용기에 보관한다.

스펠트밀 만들기

- 진줏빛 스펠트밀이 잠길 만큼 물을 붓고 무를 때까지 끓인다.
- 식게 놔두고 냉장한다.

그라니타 만들기

- 주니퍼 잎을 찬물에 밤새 불린다.
- 물을 뺀 뒤, 물과 설탕, 레몬 즙에 넣고 끓인다.
- 혼합물을 얼리고 포크로 계속 찔러서 작은 결정으로 부순다.

윙드 켈프 조리하기

- 윙드 켈프의 가운데 굵은 줄기를 잘라내고, 엽상체가 부드러워질 때까지 끓는 물에 2~3분 동안 데친다. 그 뒤 물을 뺀다.
- 윙드 켈프 엽상체를 설탕물에 넣고 물이 완전히 증발할 때까지 조린다.
- 엽상체를 실리콘 시트에 펴놓은 뒤, 건조기에 넣어 섭씨 40도에서 8~10시간 동안, 혹은 마를 때까지 건조한다.
- 설탕에 조린 윙드 켈프를 굵은 조각으로 부수고 과립들은 밀폐 용기에 보관한다.

요리 내기

- 볼을 얼린다. 크뤼즐리와 설탕에 조린 윙드 켈프 약간을 따로 챙겨둔다. 얼음물에 차갑게 식혀둔 볼 바닥에 남은 크뤼즐리, 설탕에 조린 윙드 켈프, 진줏빛 스펠트 밀을 깐다. 그 위에 아이스크림을 얹는다.

- 디저트를 얼린 볼에 옮겨 담고, 부순 그라니타로 장식하고 따로 남겨둔 크뤼즐리 혼합물을 위에 뿌린다.

북극의 질감.

병 속 거품

기체를 액체 속에 넣는 것은 휘핑이라는 기계적 작용으로 가능하다. 요즘은 이런 작업에 전동 거품기를 쓴다. 블렌더로는 거품이 잘 만들어지지 않는데, 핸디 블렌더가 액체 표면에만 작용하도록 하지 않으면 충분한 양의 공기가 함유되지 않기 때문이다. 그게 아니면, 사이펀을 쓸 수 있는데, 사이펀은 이산화탄소나 아산화질소 같은 무미·무해한 기체를 압축해 채워 넣은 밀폐 병이다. 사이펀 안의 기체에는 일반 대기압에서와 달리, 지방을 산화하고 산패하게 하는 유리 산소가 없다는 장점이 있다. 사이펀에 이산화탄소를 넣을 경우, 액체 안에 탄산이 발생해 기포가 퍼지면 약간 신맛이 난다는 단점이 있다. 덧붙여, 이산화탄소는 아산화질소보다 물에 녹기 쉬워, 기포를 생산하는 데 시간이 더 걸린다. 아산화질소는 이산화탄소보다 지방에 더 잘 녹는다는 특별한 장점을 갖는다.

거품을 만들 액체를 사이펀에 붓고, 기체가 액체에 녹을 수 있도록 고압을 생산하는 캡슐 안에 기체를 주입한다. 그러고는 압력을 가해 액체를 사이펀에서 짜낼 때 기체가 액체 전체에 기포를 형성하고 거품이 생긴다.

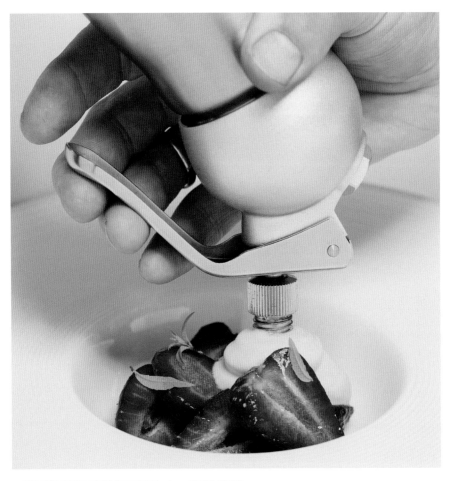

딸기 거품, 그리고 신선한 꿀과 버베나verbena를 입힌 생딸기.

은 순정 유화제나, 특정 용도에 최적화되도록 화학적으로 생산된 유화제를 더할 수도 있다.

어떤 경우에는, 유화제 첨가만으로는 안정한 거품을 형성하기 충분하지 않다. 액체가 그 자체 무게 때문에 떨어져 나와 거품이 쉽게 무너질 수 있다. 이것은 비눗방울이 터지도록 하는 것과 딱 같은 효과다. 물이 빠지거나 증발하면 기포 막이 얇아져 마침내 터지게 된다. 물이 떨어져 나가지 않도록 하기 위해, 적절한 겔화제를 써서 식품을 안정화할 수 있다. 한천, 녹말, 펙틴, 검 및 젤라틴 같은 친숙한 겔화제가 여기서 다시 자기 몫을 해낸다. 이들 증점제 각각이 맞닥뜨릴 온도에 주의를 기울이는 것이 중요하다.

거품이 불안정해질 때 그 주범은 지방인 경우가 많다. 지방은 거품 막 사이에 놓인 작은 방울로 자기 자리를 잡아, 인접한 기포들의 공기 주머니 사이에 소수성 다리 같은 것을 형성할 수 있다. 이로써 기포들이 결합해 더 큰 기포가 되게 해 결국 거품이 무너지게 만든다. 유화제는 이 문제를 완화하는 데 도움을 줄 수 있다.

미네랄워터, 맥주, 스파클링 와인처럼 탄산의 형태로 녹은 이산화탄소를 함유한 음료는 기포가 액체를 뚫고 떠오를 때 거품을 형성한다. 경계면을 안정화하는 물질이 충분하게 액체 안이나 그 표면에 존재하면(예를 들어, 단백질이나 지질의 형태로), 이산화탄소를 함유한 기포로 이루어진 거품이 날 것이다. 이 기포들은 또한 공중에 떠 있는 향 물질을 함유하는데, 이것들은 기포가 터질 때 방출된다. 음주 경험에서 거품, 특히 맥주잔 위를 덮는 거품이 중요한 것은 이 때문이다. 하지만 샴페인이나 미네랄워터의 거품은 매우 빨리 사그라든다.

두꺼운 막이 있는 거품:
아이스크림, 휘핑크림, 무스, 수플레

지방이 매우 풍부한 어떤 식품들은 자력으로 일종의 거품을 형성할 수 있다. 예를 들어 크림, 고지방 치즈, 심지어 푸아그라가 그렇다. 이런 종류의 거품에서 지방은 서로 멀리 떨어져 있는 기포를 안정화하는데, 이는 실제 거품에서 일어나는 것과 반대다. 휘핑크림, 아이스크림 및 휘핑된 버터와 마가린이 그런 경우인데, 이것들은 모두 최대 50퍼센트까지 공기를 함유할 수 있다.

휘핑크림은 다른 종류의 다양한 크림보다 더 복잡하다. 왜냐하면 그것은 사실, 기포 표면에 작은 지방구들이 저절로 붙어서 결합된, 기포가 단단하게 들어찬 그물망이기 때문이다. 휘핑크림은 고체처럼 단단해질 수 있다. 지방은 크림을 지탱하는 것이기에, 크림에 지방 입자의 비율이 최소한 30퍼센트, 가급적 충분해야만 안정적인 거품을 만들 수 있다. 덧붙여, 크림 속의 지방 입자는 기포가 잡을 수 있을 만큼 충분히 작게 쪼개져야 한다. 이때 원래 지방구에서 방출하는 유단백질이 지방구를 불안정하게 만들어, 더 큰 지방 입자를 형성하려는 경향이 커진다. 이런 이유로, 크림은 휘저어져야 하는데, 지방구가 충분히 작아져서 단단한 기포 그물망이 자리 잡기 전에 다시 뭉치지 못하게 만들기 위해서다. 이런 이유로 또한 온도가 중요하다. 크림이 차가울 때는 지방 입자들이 합쳐지기가 더 어렵다. 휘핑크림은 또한 아산화질소를 쓰는 사이펀 병의 도움으로 만들 수 있다. 사이펀 안에서, 기체는 크림 속 지방구에 용해되고, 압력이 떨어질 때는 기포가 매우 많은 크리미한 거품이 형성된다.

두꺼운 막으로 분리된 기포들로 구성된 다른 종류들의 거품으로는 빵, 무스, 수플레 및 머랭 등이 있다. 빵에서 이산화탄소 기포는 발효제를 첨가하거나 효모가 작용해 형성된다. 빵이 익으며 수분이 증발할 때 반죽의 작은 물주머니들 또한 기포를 형성할 것이다. 베이킹 제품이 일단 굳으면, 식혀도 이 기포들은 무너지지 않는다.

초콜릿 같은 재료가 들어간 무스에서는, 달걀흰

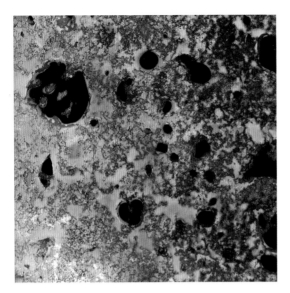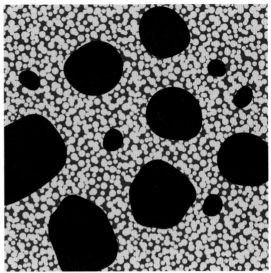

휘핑크림의 전자현미경 사진(왼쪽), 내부 구조 그림(오른쪽). 큰 방울은 공기, 그 사이 막은 중간중간 물이 배치된 지방으로 주로 이루어졌다. 방울 크기는 보통 10~100마이크로미터다.

자와 설탕 및 녹인 초콜릿의 카카오 입자를 함께 휘저은 것이 기포 사이에 두터운 막을 형성한다. 무스가 식으면, 이 막들은 더 강해지면서 무스가 더 단단하고 안정되게 한다. 무스가 입안에 들어가 기포가 터질 때, 초콜릿의 카카오 버터가 동시에 녹으며 이 디저트에 특별하고 독특한 마우스필을 가져다준다.

수플레는 아마 가장 신비에 싸인 거품 종류일 텐데, 언젠가는 무너질 것을 알면서도 이것이 무너지지 않을지 끊임없이 걱정하게 만든다. 광범위한 재료를 아우르는 다양한 수플레 레시피가 있어, 다양한 맛 인상을 가져다준다. 수플레는 짭짤한 음식만큼이나 디저트들 가운데서도 아주 쉽게 자리를 잡을 수 있다. 수플레는 보통, 달걀노른자와 다양한 재료들의 혼합물에, 휘저어 단단해진 흰자를 섞고, 오븐에 굽는다. 가열하면 수플레에 증기가 생겨, 수플레가 구워지고 있는 그릇 가장자리 바로 위로 솟아오르는 거품을 형성한다. 완성된 수플레의 특성은 베이킹 온도에 달렸다. 높은 온도에서 구워지면,

바삭한 껍질과 촉촉한 속으로 이루어진 꽤 단단한 수플레가 나올 것이다. 더 낮은 온도에서라면, 전체적으로 단단한 수플레가 된다. 제빵사가 오븐 문을 여는 등 제빵 과정에서 온도가 중간에 떨어지면, 수플레는 무너질 수 있다.

탄력 있는 거품

마시멜로에는 설탕이나 시럽, 때로는 달걀흰자와 끈적한 젤라틴 용액을 휘저어 생긴 기포가 채워져 있다. 젤라틴은 기포를 안정화하고 마시멜로의 특징적인 탄력 있는 질감을 만드는 데 도움을 준다.

머랭

머랭은 여러 종류가 있는데, 일반적으로 달걀흰자를 설탕과 함께 휘핑해서 만드는 거품을 가리킨다. 프렌치 머랭으로 알려진 유형에서는 거품이, 처음에는 달걀 단백질에 의해 안정화된 다음, 완전히 혹은 부분적으로 마를 때까지 굽는다. 구워지면서, 수분은 증발하고 설탕은 거품 막 안에 농축돼

거품을 매우 딱딱하게 안정시키는 단단한 유리 상을 형성한다. 수분이 완전히 증발해버리지 않으면, 머랭 바깥쪽은 여전히 딱딱하고 바삭하지만 안쪽은 살짝 촉촉한 채로, 부드럽고 살짝 쫀득한 마우스필을 가질 것이다.

머랭을 완전히 건조하려면, 섭씨 105도 아래의 낮은 온도에서 매우 오랫동안 구워야 하는데, 그러고 나면 수분이 다 없어졌을 때 머랭은 유리 상이 된다. 수크로스의 녹는점은 훨씬 높은 섭씨 185도여서, 설탕은 그보다 낮은 온도에서는 녹지 않고 탈수만 일어난다. 유리 상의 형성 전에 녹지 않아 생기는 설탕 결정은 결국 바드득 씹히는 질감을 주는데, 가루 설탕을 쓰면 그걸 피하는 데 유리할 수 있다.

프렌치 누가는 견과류가 든 공기 가득한 머랭으로, 매우 따뜻한 시럽을 휘저어 넣음으로써 단단하고 쫀득하게 된다.

시고 따끔거리는 기포

음료와 요리용 거품에 든 이산화탄소 기포는, 입안에서 터질 때 특정한 물리적 마우스필과 약간의 신맛을 전달한다. 또한, 실제 기포가 톡 터지면 입안, 입천장, 콧구멍에서 따끔거리는 느낌이 증폭된 촉각 인상을 유발한다. 이 따끔거리는 기포는 맛과 마우스필에 매우 중요해, 많은 음료는 이산화탄소

이산화탄소를 설탕과 결합시켜, 설탕이 침에 녹을 때 방출되게 할 수 있다. 이 탄산당은 '톡 터지는 설탕popping sugar'이라고도 불리는데, 입안에 따끔따끔하고 딱딱거리는 느낌을 남긴다. '톡 터지는 설탕'은 지방에 녹지 않으므로, 초콜릿이나 빙과 같은 간식에 들어갈 수 있다. '톡 터지는 설탕'은 이런 간식을 먹었을 때 (터져)나온다. '톡 터지는 설탕'은, 가압 상태에서 흐르는 시럽에 이산화탄소를 펌핑해 넣어 만드는데, 그런 뒤에 재빠르게 식히고 가루로 만든다. 이산화탄소 일부는 가루 안에 갇힌 채 남아 있다.

가 빠지면 순식간에 완전히 별거 아닌 게 된다. 밋밋해진 소다, 맥주, 샴페인을 누가 원하겠는가?

이산화탄소 기포는 실제로 확연히 구별되는 두 가지 방식으로 작동한다. 이산화탄소 기포는 삼차신경에 영향을 끼친다. 또한, 신맛에 반응하는 맛봉오리에 있는, Car_4라고 알려진 특정한 수용체에 의해 감지된다.

이산화탄소는 높은 온도보다는 낮은 온도에서 물에 더 잘 녹는다. 실제로, 섭씨 5도에서는 20도일 때보다 두 배가량 더 많은 기체가 녹을 수 있다. 탄산수를 소다 사이펀에 담을 때 실온에서보다 냉장고에 미리 차게 해놓으면 좀 더 효과적이다.

탄산수, 맥주, 샴페인 같은 탄산음료를 밀봉된 병에 압축해 보관할 때, 이산화탄소는 일부는 분자의 형태로, 일부는 탄산으로 액체에 녹아 있다. 병이 열리면, 이산화탄소 분자는 자연스럽게 모여 기포를 이룬다. 표면으로 올라와 터지기 전 기포가 형성되는 속도와 그 크기는 용액에 녹아 있는 입자들, 그것을 따를 유리잔의 흠집 유무, 청결도에 따라 많이 다르다. 이런 효과는 스파클링 미네랄워터에 약간의 소금이나 설탕을 뿌리면 쉽게 증명할 수 있다. 펍에서 바텐더는 보통 맥주를 따르기 전에 유리잔의 얼룩이나 그 안의 스크래치를 없애기 위해 물로 잔 안쪽을 씻는데, 그렇게 해서 너무 많은 기포가 형성되지 않게 한다. 깨끗한 유리잔 안에서 기포는 주로 잔의 벽이 아니라 가운데 형성될 것이다. 이와 반대로, 플라스틱 잔은 측면이 소수성이므로 벽을 따라 기포가 형성된다. 이런 이유로, 플라스틱 잔에 샴페인을 따라 마셨을 때와 깨끗한 유리 샴페인 잔(길쭉한)에 마셨을 때 매우 다른 마우스필을 경험한다. 후자의 경우, 잔의 가운데서 기포가 깔끔하게 솟아오르는 모습을 운 좋게 볼 수도 있다.

또 다른 결정 요인은, 용액이 양친매성 물질(예를 들어 지방과 단백질 형태로)을 얼마나 함유하고 있는가다. 이런 물질들이 액체 속에 더 많이 있을수록,

샴페인과 기네스의 기포에 숨은 신비를 파고들기

샴페인과 기네스 맥주에서 기포들이 매우 특별하고 상당히 다른 방식으로 작동하기 때문에, 이런 음료들이 그토록 매력적인 것이다. 기포와 거품은 향 물질을 전달하는데, 그 크기가 딱 알맞을 때 우리는 음료가 부드럽고 거의 크림 같다고 경험한다. 작은 기포들은 기분 좋고 부드러운 마우스필을 주는 반면, 미네랄워터의 큰 기포들은 매우 강하게 느껴진다.

샴페인을 비롯한 스파클링 와인들에서 기포의 크기를 결정짓는 것이 무엇인지에 관해서는 많은 논의가 있었다. 오랫동안 그 작동 요인이 와인 속 이산화탄소의 양과 그 확산이라고 여겨졌으나, 최근 연구자들은 실제로 기포의 크기를 좌우하는 것은 용해된 소금, 이산화탄소 분자, 무기질이라는 것을 발견했다.

기네스 맥주의 경우, 다량의 작은 기포들로 이루어진 그 특징적인 크리미한 거품을 무엇이 결정짓는지가 탐구 과제였다. 또한 더 신비로운 것은, 왜 기포들이 유리잔의 벽을 따라서는 아래로 가라앉는 반면, 가운데서는 위로 올라가는가 하는 점이다. 후자의 경우는, 스타우트보다 기포가 가벼우니 그럴 법하다. 하지만 직관에 반하는, 아래로 내려가는 움직임은 어떻게 설명해야 할까? 그 답은 액체와는 아무런 관련이 없고, 기네스가 전통적으로 내는 잔의 특별한 모양, 즉 가운데가 넓고 위와 아래가 좁은 모양과 관련이 있다. 이 기포들은 분수에서처럼 솟아오르고, 가장자리를 따라 형성된 기포들을 아래로 내려 보낸다.

기포 위로 떠다니는 장식용 해초 조각이 든 샴페인.

기포는 더 적어지고 터질 때까지 더 오래 버틴다. 그 이유는, 양친매성 물질들이 기포의 표면에 모여 표면장력을 떨어뜨리기 때문인데, 그 결과 작은 기포들의 거품 이는 소리가 난다. 이 효과를 누그러뜨리려고, 종종 구아검을 탄산음료에 넣는다. 그러면 작은 기포들이 기네스 스타우트의 질감으로 익숙한, 더 부드럽고 크리미한 마우스필을 전해준다.

공기층이 많고 얇게 벗겨지는 페이스트리

모든 페이스트리는 공기층이 많고, 얇게 벗겨지는 질감을 특징으로 한다. 페이스트리가 만들어내는 매우 특별한 마우스필은, 매우 얇고 바삭하고 단단한 낱낱의 조각, 그리고 부드럽고 유연한 느낌을 가져오는 곳곳의 공기층이 조합된 결과다. 이것들은 푀유테feuilleté 혹은 퍼프 페이스트리puff pastry라 일컬어지는 반죽의 한 종류로 만들어진다. 이 반죽의 지방 함량은 보통 35퍼센트 정도로 높다.

크루아상, 데니시 페이스트리, 프렌치 밀푀유('천개의 잎'이라는 뜻)는 얇게 켜켜이 쌓는 베이킹 제품군의 전형적인 예다. 얇게 벗겨지는 성질이 버터에서 비롯하는 밀푀유와 대조적으로, 크루아상과 데니시 페이스트리의 반죽에는 달걀, 설탕, 발효제도 들어간다. 그 결과 그것들은 더 부드러워지고 낱낱의 조각은 덜 바삭해진다.

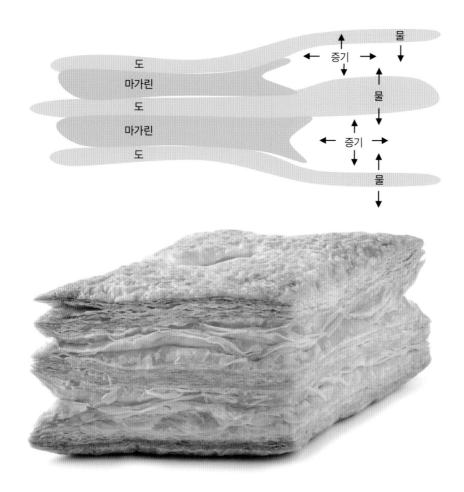

도 / 마가린 / 도 / 마가린 / 도 / 증기 / 물 / 물 / 증기 / 물

페이스트리를 구울 때 수증기가 반죽 층과 마가린 혹은 버터를 밀어 얇게 겹겹이 벗겨지는 구조가 만들어진다(위). 밀푀유(아래).

밀푀유의 마우스필을 완벽하게 하는 비결은, 반죽을 접었다가 다시 얇게 펴면서 켜켜이 버터를 집어넣는 과정을 몇 번이고 반복하는 것이다. 그러면 낱장의 수는 늘어나고, 그 두께는 점점 더 얇아져, 0.01밀리미터보다도 얇아지거나 밀가루 속 전분 알갱이 정도 두께가 되기도 한다. 몇 백 겹은 쉽게 만들 수 있는데, 알려진 바로는 1,458겹을 가진 샘플도 있다! 정말 시간이 오래 걸리는 과정이다.

페이스트리에서 최고의 질감을 이루어내려면, 가소성이 있고 적절한 농도를 가진 지방을 쓰는 것

이 중요하다. 반드시 단단해야 하고 끈적거려서는 안 되는데, 그래야 반죽 속으로 쉽게 밀려들어갈 수 있다. 하지만 반죽을 접었다가 다시 밀 때 반죽을 뚫고 나올 정도로 딱딱해서는 안 된다. 지방이 너무 부드러우면 반죽 속으로 녹아들어가려 해서, 최종 제품을 더 단단하고 덜 바삭하게 한다. 버터를 쓰면 버터의 온도가 섭씨 20도 아래가 되도록 하고, 밀고 접는 과정은 반죽을 차갑게 식힌 뒤 해야 한다.

최대의 가소성을 보존하려면, 지방이 결정화할

수 없어야 한다. 이 결정화는 적절한 유화제의 도움으로 막을 수 있다. 지방 함량을 줄인 마가린 같은 지방을 씀으로써 이 문제를 해결할 수 있다.

반죽이 구워질 때, 층층이 있는 수분은 증기를 형성해 반죽을 겹겹이 떨어뜨리고 공기층이 많고 얇게 벗겨지게 한다. 수증기는 또한 층층이 있는 지방 주위로 움직여, 반죽의 겹들이 떨어져 나가지 않게 하면서 지방을 분해한다. 이 과정에서 페이스트리의 두께는 원래보다 몇 배 커진다.

부드러움에서 딱딱함으로, 그리고 되돌리기

많은 식품이, 예를 들어 보존, 건조, 발효될 때 그 질감이 극적으로 변하면서 가공된다. 때로는 부드러운 식재료가 단단해지고, 또 어떤 경우에는 너무 딱딱해져서 먹을 수 있을 만큼 부드럽게 하려면 재가공해야 한다. 이 모든 것은 일반적으로 식재료의 영양가와 맛에 뚜렷한 영향을 끼친다.

일본의 전통 요리에서, 해산물, 특히 생선과 해초를 식재료로 해서 이런 식으로 만들어진 제품의 예들이 많다. 가장 매혹적인 두 가지 예는, 가다랑어와 다시마로 만든 것이다. 전자는 돌처럼 단단해지는 반면, 후자는 깃털보다 부드러워진다. 그것들은 세상에서 가장 단단한 식품과 가장 부드러운 식품이라는 영예를 얻었다고 당당하게 얘기할 만하다.

가쓰오부시는 복잡한 다섯 단계 공정의 최종 산물이다. 가다랑어 살코기 토막을 삶고, 염장하고,

말리고, 훈연하여, 발효한다. 수분 함량 70퍼센트의 신선한 생선이 조밀하고 바짝 마른 살코기가 되는 조심스럽고 긴 시간이 걸리는 변형 과정에서, 생선은 단단한 돌덩이가 되고 수분 함량은 20퍼센트 미만으로 줄어든다. 이 생선 조각을 먹거나 육수 내는 데 쓰려면, 두께가 인간 머리카락보다 얇은 20마이크로미터밖에 안 되는 엄청나게 얇고 가벼운 대팻밥이 되도록 대패질해야 한다. 이 대팻밥의 질감은 너무 가볍고 공기 같아서 입안에서 거의 녹을 정도다.

갓 수확한 다시마는 수분 함량이 90퍼센트다. 이 함량은 해조류를 햇볕에 말렸다가 습도가 낮은 특별한 저장고에서 숙성하는 과정에서 20~30퍼센트까지 떨어진다. 건조되어 단단해진 다시마는 그대로 먹을 수는 없고, 부드러워지고 감칠맛 물질을 방출하도록 먼저 물에 불려야 한다. 말린 다시마는 특별하게 제작된 엄청 날카로운 칼을 써서 가쓰오부시와 비슷할 정도로 얇게, 거의 비칠 정도의 두께로 저밀 수 있다. 오보로 곤부おぼろ-こぶ 혹은 도로로 곤부とろろこんぶ라 불리는 이 얇은 낱장들은 부드럽고 섬세한 마우스필을 주는데, 혀 위에서 거의 녹는다. 전통적으로 국에 넣어 먹거나 밥이나 국수와 함께 먹는다.

식재료를 잡거나 수확할 때부터 요리용으로 포장할 때까지의 이런 가공은 그 재료들의 독특한 마우스필을 강조하는, 미식 가치가 최적화된 훌륭한 예다.

세상에서 가장 단단한 식품

수세기에 걸쳐 전해 내려온 일본 음식문화는 물고기, 조개류, 해초 등 바다에서 나는 먹을 수 있는 모든 것을 이용해왔다. 그것들을 수확하고 가공하고 조리하는 방법들은 그 맛과 질감을 최적화하려고 다듬어졌다. 그런 식품 중 하나가 가쓰오부시이며, 세상에서 가장 단단한 식품으로 여겨진다.

가쓰오부시는 오래 기간 동안 변화·발전해온 특이한 수산 식품이다. 엄밀히 말해, 가쓰오부시는 고등어, 참치와 친척뻘인 가다랑어(가쓰오)를 말린 살코기일 뿐이다. 8세기에는 이 용어를 그저 말린 생선에 썼다. 1675년, 도사 유치는 가다랑어 말린 것을 훈연하고 거기에 곰팡이가 피게 놔두면 맛이 더 좋아진다는 것을 발견했다. 오늘날, 가쓰오부시는 일본의 여러 항구 도시에서 만들어지는데, 그 가운데 가장 유명한 곳은 야이즈燒津(시즈오카현), 도사土佐(고치현), 마쿠라자키枕崎(가고시마현)다.

가쓰오부시를 어떻게 만드는지 직접 알아보고픈 마음에, 올레는 이 도시 중 하나로 자칭 "일본의 어업 도시"인 야이즈로 여행을 떠났다. 시즈오카현에 있는 야이즈는 놀라운 고속열차 '신칸센'을 타면 도쿄에서 1시간 거리다. 안내자는 일본의 대표적인 감칠맛 연구자 중 한 명인 니노미야 구미코 박사였다. 그녀는 야이즈 사람 가운데, 외국인이 항구 지역 출입 허가를 얻게 해줄 사람들과 연락했다. 가쓰오 기즈쓰 겐큐조 조직의 대표인 도미마쓰 도오루는 우리를 가쓰오부시 공장, 야나기야 본점으로 데려가줬다.

우리는 운 좋게도, 한 달 동안 바다에 나가 있던 대형 어선에서 냉동된 가다랑어가 하역되는 날 도착했다. 그들은 매우 높은 가치가 있는 이 물고기를 잡으러 남태평양과 미크로네시아 주변 바다까지 항해했다.

영하 30도까지 얼려 바위처럼 단단해진 물고기는 각각 무게가 1.8~4.5kg이다. 그것들은 부두에서 바로 분류되는데, 처음에는 자동 기계로 그다음에는 한 무리의 노동자에 의해 정렬된다. 그 노동자들이 가다랑어들을 다시 일일이 손으로 조심스럽게 분류하고 나면, 가다랑어들은 가공 공장으로 운반된다.

첫 번째 단계는, 물에 담긴 가다랑어를 주위에 순환하는 기포로 해동하는 것이다. 온도는 섭씨 4.4도 이상으로 올라가지 않아야 하는데, 중요한 맛 물질인 이노신산이 분해되지 않도록 하기 위해서다. 이노신산은 완성된 가쓰오부시의 감칠맛에서 절대적으로 중요하다. 가다랑어가 녹으면, 대가리는 잘라내고, 내장은 칼로 일일이 제거한다. 이렇게 버리는 것들은 곤죽이 되도록 갈아 어장漁醬을 만드는 데 쓴다. 이제 가다랑어를 섭씨 98도의 소금물(여러 번 쓴다)에서 거의 2시간 동안 푹 삶는다. 완제품이 감칠맛을 내게 해주는 많은 물질이 이 소금물에 축적돼 있다. 그러고는 손으로 살코기를 발라내고, 다듬고, 가시를 빼고, 껍질을 벗긴다.

이제, 공정에서 가장 중요한 단계. 가다랑어를 말려 수분 함량을 65퍼센트에서 20퍼센트까지 떨어뜨리는 과정으로, 우선은 건조와 훈연을 하고, 어떤 경우에는 발효를 한다.

진짜 비법은 살코기를 훈연하는 방법에 있다. 우리의 타이밍은 여기서도 운이 좋았다. 우리가 4층 높이의 훈연 오븐이 있는 곳에 도착했을 때, 마침 훈연 장인이 각 오븐의 바닥에 놓인 히도쿠ひどく라 불리는 특별한 아궁이에 불을 지필 참이었다. 우리는 그 층의 작은 쪽문을 지나 숨을 고르고, 가파른 사다리를 내려가서 쭉 늘어선 직사각형의 대형 훈연 통에 쌓아놓은 장작에 그가 불을 붙이는 것을 볼 수 있었다. 오븐 바닥에 쪼그리고 앉음으로써 최악의 연기를 피하며, 나무가 불꽃을 내며 불이 붙기 시작하는 공기

중의 긴장감을 잠시나마 느낄 수 있었다. 그런 다음에는, 커다란 통풍구가 닫히기 전에 재빠르게 사다리를 기어 올라가 오븐을 벗어나야 했다.

두 종류의 단단한 참나무(고나라こなら[졸참나무]와 구누기くぬぎ[상수리나무])만 쓰는데, 그것들이 일본인이 가쓰오부시에서 선호하는 딱 그 훈연 맛을 내주기 때문이다. 하루에 네 번까지 장작을 채우고 불을 다시 붙인다. 회사는 영업 비밀을 아주 잘 지켜서, 오븐 안쪽은 내가 촬영할 수 없는 유일한 곳이었다.

가다랑어들을 훈연 오븐의 바닥에 쌓여 있는 철망에 가지런히 놓고 약 하루 동안 말려 수분 함량을 40퍼센트까지 낮춘다. 그런 다음 철망들을 오븐의 최상층까지 올리고 열흘 동안 훈연해 수분 함량을 20퍼센트까지 더 떨어뜨린다. 완성된 살코기는 다양한 가쓰오부시 중 하나인 아라부시荒節다. 이 가쓰오부시는 세상에서 가장 단단한 식재료로 언급되는 제품이다. 아라부시 한 덩어리는 나무 의자의 다리만큼이나 단단하므로, 이것이 어떻게 음식으로 쓰일지 궁금해하는 건 당연하다. 우리는 바로 그 질문으로 돌아갈 것이다.

아라부시는 좀 더 공정을 거칠 수 있다. 발효를 통해 탈수하여 더 강한 맛을 낼 수 있다. 이것은 시간이 걸리는 공정이고, 그 결과 나온 가레부시枯(れ)節라는 제품은 더 비싸고 수요가 많다. 불행하게도 우리가 야이즈를 방문한 동안에는 가레부시를 어떻게 만드는지 볼 수 없었다. 다음은 그 과정에 관한 설명이다.

먼저, 장시간 훈연에 노출돼 생긴 타르로 덮인 아라부시의 바깥층을 대패질하거나 긁어내고, 섭씨 28도에서 곰팡이 배양균(Aspergillus glaucus)을 뿌린다. 그 뒤로 몇 주 동안, 곰팡이 포자가 살코기 위에서 번식하고 균사체가 살코기로 파고든다. 일단 곰팡이로 덮이면, 살코기를 햇볕에 내놓고 말린 다음 곰팡이를 모두 긁어낸다. 살코기를 곰팡이 방으로 돌려보냈다가 건조를 위해 햇볕에 내놓는 과정은 1~2개월 동안 계속된다. 매 주기마다 물고기의 질은 향상된다고 여겨진다.

실제로 가레부시에는 두 종류가 있다. 하나는 살코기를 통째로 쓰며 쓴맛이 좀 더 난다. 다른 하나는 좀 더 부드럽고 더 정제된 맛이 나는데, 물고기의 옆면에 있는 검붉은 혈관을 제거했기 때문이다.

우리는 공장을 떠나, 야이즈 최고의 생선 음식점 중 하나이며 항구에 있어 어부들이 자주 찾는 허름한 식당에서 점심을 먹기 전에, 거대한 냉동고들을 재빨리 엿보았다. 냉동 가다랑어는 가쓰오부시로 만들거면 영하 30도에서 보관하고, 사시미로 먹을 거면 모든 분해 과정이 멈추는 영하 60도에서 보관한다. 또 다른 방에서 우리는 세상에서 가장 비싼 생선인 최고 품질의 참치 일부를 보았다. 어떤 의미에서 이 참치는 세계 시장에서 가격이 제대로 형성될 때까지 동면하고 있는 것이다.

아라부시는 보통 갈아서 가루로 만들고, 일본의 많은 분말 국과 가공식품, 다양한 조미료의 중요한 재료인 혼다시 생산에 쓴다. 혼다시는 아지노모토 사가 생산하는데, 아지노모토 사는 식품 대기업으로 연구원 이케다 기쿠나에의 특허를 바탕으로 설립되었다. 그는 다시마 추출물에서 글루탐산을 분리한 뒤 그 기본적인 맛을 표현하기 위해 '감칠맛umami'라는 용어를 만들었다.

가레부시를 만드는 더 길고 세심한 공정은 갈라짐이 더 적은 건조 제품을 낳는다. 그 결과, 부서지지 않고 깎아낼 수 있다.

그것을 쓸 때는, 단단한 살코기 덩어리를 뒤집힌 대패 같은 특별한 상자 위에 놓고 미는데, 대패질을 통해 극도로 얇은 포를 얻을 수 있다. 가레부시는 갓 대패질을 했을 때 최고의 맛을 낸다. 포가 아주 얇아서 기술적으로는 맛 물질인 이노신산을 98퍼센트까지 추출할 수 있다. 일본 요리에서 필수 요소인, 국물

맛을 내는 다시出し[육수]를 낼 때 이 포들과 말린 다시마를 함께 쓴다. 산화 방지용 질소가 든 밀폐 봉지에 다양한 두께의 가쓰오부시 포들을 포장한 제품을 살 수도 있다. 당연히, 포의 두께가 더 얇을수록 더 빨리 매력적인 감칠맛 물질이 우러나온다.

가쓰오부시 포들을 국이나 채소 요리, 밥에 뿌려 먹기도 한다. 음식의 뜨거운 증기를 만나는 순간, 극히 얇은 마른 포들이 수축하며 춤추듯이 움직인다. 이런 이유로 일본인은 가쓰오부시 포들을 "춤추는" 생선 조각들이라고 부른다.

가쓰오부시는 어떤 맛이 날까? 다른 무엇보다 우선 부드러운 훈연의 맛이, 다음으로는 살짝 짭짤한 맛, 그리고 감칠맛이 난다. 히스티딘histidine이라는 아미노산에서 나오는 쓴맛은 꽤 도드라진다. 감칠맛은 가쓰오부시가 글루탐산을 함유한 다시마 같은 다른 재료와 결합할 때 제대로 치고 올라온다.

세상에서 가장 부드러운 식품

세상에서 가장 부드러운 식품을 찾으려고, 우리는 일본의 주요 대도시 중 하나인 오사카 근처의 오래된 항구 도시 사카이堺로 여행했다. 사카이는 아마 사무라이 검을 벼리는 칼 대장장이들로 가장 잘 알려져 있을 테다. 이곳은 일본의 유명 주방용 칼, 요리사를 위한 칼 제조의 중심지로 남아 있다. 하지만 사카이는 다시마 전문 처리의 중심지이기도 하다.

14세기부터 수세기 동안, 교토는 '다시마 길'로 알려져 있는 1,200킬로미터 길의 종착역이었다. 다시마는 일본 북부의 홋카이도에서 수확하고 말린 뒤, 배로 쓰루가 시의 해안가 마을로 운송해, 그곳에서 1~2년 숙성했다. 그다음에는 육로로 비와 호수까지 운송한 뒤 작은 배에 실어 마지막으로 교토에 보냈다. 17세기부터는 바닷길이 확장돼 마지막 도착지가 사카이로 옮겨졌고, 사카이는 다시마 제품의 독보적인 중심지로 여겨지게 되었다.

운이 좋게도, 우리는 다시마를 가공하는 곳 중 하나에 들어갈 수 있는 허가를 받았는데, 외부인에게는 거의 주어지지 않는 특권이었다. 멋진 식기류와 칼을 파는 '고린Korin'이라는 뉴욕 시의 상점 주인 일본인 여성 사업가 사와노 사오리는, 사카이 시 산업진흥센터의 야마나카 히로키 씨와 연락하도록 해주었다. 그는 내가 동료인 기노시타 고지 박사와 함께 백 가지가 넘는 해초 제품을 만들어내는 회사인 마쓰모토 Matsumoto를 방문할 수 있게 준비해주었다.

야마나카 씨는 먼저 우리를 커다란 창고로 데려갔는데, 거기서 회사의 이사인 마쓰모토 쓰토무는 상당히 열정적으로 모든 것을 설명하면서 안내해주었다. 거기서 다시마를 숙성했는데, 그것은 완제품의 질감과 맛에 절대적으로 중요한 공정이다. 습도 조절 환경에서 섭씨 15도로 저장하며, 창고는 환상적인 바다 내음으로 가득했다.

그다음으로, 우리는 공장을 살펴보며, 쌀식초에 재운 다음 단단하게 압축한 커다란 다시마 다발의 끝을 가로질러 어떻게 전문 기계의 날카로운 칼날이 다시마를 초박층으로 저며내는지 볼 수 있었다. 그 결과는, 넓고 티슈처럼 거의 속이 비칠 듯한 담록색 도로로 곤부였다. 그것은 깃털처럼 가볍고 극도로 부드럽다.

원래 도로로 곤부는 날카로운 칼날을 이용해 해초 잎을 세로로 긁어내 가볍고 주름종이 같은 오라기들을 만들어 일일이 손으로 펴던 것이었다. 이 옛날 방식으로 만들었을 때 그 제품을 '오보로 곤부'라고 부른다. 나는 늘 이것을 어떻게 만드는지 보고 싶었지만, 가능하지 않으리라는 얘기를 미리 들었다.

그럼에도, 다른 문이 열렸다. 마쓰모토 씨로부터 걸려온 한 통의 전화는 우리가 고다 상점이라는 작은 공장을 방문할 수 있도록 주선해주었다. 그곳에서는 세상에서 가장 부드러운 식품을 만드는 기술이 여전히 전통적인 방식으로 행해지고 있었다. 심지어 우리 여정을 주관하는 야마나카 히로키 씨도 이전까지 본 적이 없다고 했다.

이것은 진정한 모험이었고 사카이 여정에서 절정의 순간이었다. 고다 상점은 도시의 구시가에 있는 전형적인 작은 집들 중 하나에 있다. 우리는 2층으로 가는 작은 계단을 올라, 두 명의 남성과 세 명의 여성이 일하는 작은 방으로 들어갔다. 그들은 부서진 판지 상자 바닥에 앉아 5세기 동안 해온 대로 오보로 곤부를 만드느라 바빴다.

오보로 곤부를 만드는 데 쓰는 다시마의 종류는 마곤부로, 상대적으로 좁은 폭에 길이는 1~1.5미터 정도 되는 잎을 가졌다. 말린 잎들은 다발로 묶어 쌀식초 양념장에 10분 정도 짧게 재운다. 양념장은 계속 되풀이해서 쓰며, 다시마에서 나온 글루탐산에서 나오는 강력한 감칠맛을 점점 더한다. 양념장은, 완성된 오보로 곤부의 달콤하고 새콤한 감칠맛의 비결이다. 미리 재워뒀다 건진 다시마는 24시간 동안 놔두는데, 그 질감이 숙련된 작업자가 줄기에서 얇은 오라기들을 깎아내기에 충분히 부드럽게 된다. 그 오라기들은 두께가 50마이크로미터 정도로, 기계로 만드는 도로로 곤부보다 두 배 정도 두껍다. 해조류의 맨 바깥쪽 층을 긁어내면, 날개의 담록색 핵이 남는다. 이것은 굉장히 인기가 많은 제품인 시라이타 곤부로, 유연하고 강하지만 실크처럼 부드럽다. 시라이타 곤부는 여러 다른 요리 가운데 오사카 근처 지역의 특산품인 '절인 고등어'로 초밥[누름초밥バッテラ] 종류를 만들 때 쓴다. 작업장 벽에는 조금씩 그 크기가 다른 직사각형 나무 조각이 여럿 걸려 있다. 그것들은 고객인 식당마다 자기만의 누름틀 크기에 딱 맞춰 시라이타 곤부를 잘라내는 데 쓰인다.

이전에는 오보로 곤부나 도로로 곤부를 직접 손으로 만들 수 있는 사카이 장인이 백여 명 있었다. 이제는 여덟 명만 남았다!

도로로 곤부에 비해, 오보로 곤부의 생산은 기계화될 수 없다. 마쓰모토 공장의 기계는 매일 거의 90kg에 가까운 도로로 곤부를 생산해내는 반면, 고다 상점의 노동자들은 매일 10kg의 오보로 곤부를 생산할 수 있을 뿐이다. 훨씬 더 적은 생산량이지만 더 엄청난 육체적 노력을 들여야 한다.

그런데 특별한 도구, 즉 다시마를 깎아낼 수 있는 독특한 칼은 어떻게 만들까? 거기에는 매우 특별한 칼날이 필요해서, 칼 대장장이로 유명한 도시인 사카이에서 그 칼들을 벼리는 이유는 명백하다. 야마나카 히로키 씨는 오보로 곤부 작업장에서 이 특별한 칼들을 만든 사람의 이름을 물어봤다. 몇 번 전화 뒤에, 오래된 칼 대장장이 리키 이즈미를 만날 자리가 주선되었다. 그는 이 분야에서 인정받는 대가로, 우리를 일깨워줄 사람이었다. 리키 씨는 다채로운 캐릭터로, 미식에 매우 관심이 있고, 한때 산타나 밴드에서 색소폰을 연주했다고 나에게 얘기해줬다.

우리는 리키 씨를, 칼날들로 가득 차 있는 그의 공방에서 만났다. 기술자들은 바닥에 앉아 칼날에 손잡이를 붙인 후 포장했다. 공방 위쪽에는 전통 일본식 식기로 가득한 넓다란 공간뿐만 아니라, 리키 씨가 요리사들과 함께 일하며 자신의 칼의 정확한 사용법을 보여주는 크고 잘 갖춰진 주방이 있다.

마침내 오보로 곤부를 자르는 데 쓰는 실제 칼날을 볼 시간이 왔다. 리키 씨가 시간을 들여 설명해준 바에 따르면, 그 칼날들은 너무 단단하지도 너무 무르지도 않아야 하는 특정 유형의 고탄소강으로 만든다. 또한, 날의 절삭면은 살짝 휘어져야 하는데, 그래야 다시마를 슬라이스한다기보다 얇게 대패질해내기 때문이다. 이렇게 하려면 노하우와 숙련된 수작업이 모두 필요하다.

나는 통역의 역할까지 하고 있던 야마나카 히로키 씨에게, 칼날 중 하나를 살 수 있을지 슬쩍 물어봐 달라고 부탁했다. 그 부탁은 정중히 거절되었다. 칼들은 비매품이었고 오로지 진정한 오보로 곤부 장인만이 쓸 수 있는 걸지도 모른다. 나는 그 거절 이면에서 엄청난 직업적 자부심을 느꼈고, 그런 칼이 외국인에게 팔릴 수 있으리라 상상하며 즐거워한 것을 약간 후회했다.

도로로 곤부는 부드럽고, 얇고, 살짝 실 같은 조직감을 가져서 국이나 두부 요리를 잘 살릴 수 있다. 오보로 곤부도 마찬가지로 부드럽다. 하지만 오라기들은 다시마의 섬유질을 따라 잘라낸 것이어서, 좀 더 단단한 질감이 있고 조리된 밥 덩어리를 감싸거나 우동면과 결합할 수 있다.

맛은 어떠한가? 즉각 느껴지는 맛은 쌀식초에서 나와 밑에 깔린 살짝 신맛과 소금의 미묘한 조합이다. 그러고는 물론 감칠맛이 치고 올라온다. 가장 흥미롭고 또 놀라운 면은 세상에서 가장 부드러운 식재료가 완전히 색다른 마우스필을 가져다준다는 점이다. 그것은 딱 솜사탕처럼 혀 위에서 거의 녹는다.

Chapter 6

질감의 세계에 한 발짝 더 들어가기

질감의 세계는 우리에게 무한한 실험 기회를 준다. 이번 장에서 우리는 다양한 재료를 선택했다. 많은 독자에게 이것들 가운데 어떤 것, 예를 들어 콩과식물, 채소, 곡물 같은 식재료는 이미 익숙한 것인 반면, 문어, 해파리, 해초 등 다소 덜 알려진 식재료도 있다. 여기서는 독자들에게 자극적인 것부터 달콤한 것까지 전 영역에 걸친 조리를 통해 이 재료들의 질감이 어떻게 바뀔 수 있는지 보여줄 것이다. 마지막으로, 우리는 껍질이나 뼈처럼 일부 특이한 재료들, 그리고 입안에서 맛의 폭발을 거의 일으키지 않는 특별한 요리들을 주목해볼 것이다.

콩과식물, 대두 및 새싹

콩과식물은 지구상의 현화식물[속씨식물] 가운데 세 번째로 큰 과다. 몇몇 종은 신선한 상태로 먹지만, '두류豆類'라 불리는 종류는 콩과식물의 말린 씨앗들로, 익혀야 먹을 수 있다. 대두는 콩과식물의 친척뻘이지만, 지방 함량이 높아 기름씨로 분류한다. 두류와 다른 씨앗들은 말린 형태로 장기간 보존할 수 있다. 말린 씨앗은 적절한 환경 아래 한

정 기간 동안 보관하면 싹을 틔우는 능력도 유지할 수 있어, 독특한 질감을 가진 신선 식품의 원료로 바꿀 수 있다.

국제연합UN은 2016년을 '세계 두류의 해'로 지정했다. 그 목표는, 두류가 등가의 동물성 단백질 공급원에 비해 더 적은 생태 발자국을 가진 지속가능한 작물로서, 그것들이 가진 영양 면에서의 특별한 이점과 경제적 가치에 관한 인식을 고취하는 것이었다.

말린 콩, 병아리콩, 렌즈콩

콩과식물을 제대로 조리하면, 딱딱하고 바삭하고 아삭하고 질긴 것부터 부드럽고 크리미하고 포슬포슬한 것까지 놀랍도록 다양한 질감을 느낄 수 있다. 콩과식물은 또한 필수 아미노산을 풍부하게 함유한 식물성 단백질의 중요한 공급원이며, 밀과 쌀 같은 곡물보다 세 배까지 많은 결합 단백질을 함유한다. 뿐만 아니라, 수용성 섬유질, 탄수화물 및 식이성 무기질을 상당량 함유하고 있다.

몇몇 콩과식물은 신선한 상태로 먹을 수 있는데, 일부는 날것인 채로 먹는 반면 어떤 것들은 익혀야 먹을 수 있다. 이런 콩류 가운데 가장 잘 알려진 것

콩류와 렌즈콩 조리에 관하여: 소금, 산, 염기

콩류와 렌즈콩이 곤죽이 되지 않게 익히려면, 물 1/2컵(120ml)에 염화칼슘을 1/4작은술(1.25g) 비율로 넣으면 된다. 이런 물에 익히면, 콩 세포의 바깥층이 서로 달라붙는 능력은 증가하는 반면, 속은 부드러워진다. 물이 경수라면, 즉 칼슘염이 너무 많으면, 콩을 제대로 푹 익히기 어려울 수 있다. 나트륨 이온을 함유한 일반적인 식탁염을 물에 넣으면, 칼슘과 마그네슘 이온을 배출시켜 조리 과정이 빨라진다. 하지만 소금은 콩 속 녹말이 젤라틴화되기 어렵게도 하므로, 좀 더 입자 상태에 머물게 되고 덜 크리미하게 만든다.

또한 산을 첨가해도 비슷한 효과를 낼 수 있는데, 이는 펙틴 분자들이 함께 뭉치도록 도와주기 때문이다. 주방에 관한 구전 지식 가운데 하나는 콩을 완숙 토마토와 함께 조리하라는 것이다. 토마토의 산성은 콩의 표면을 단단하게 하는 효과가 있어 안쪽만 부드럽게 익는다. 같은 방식으로, 식초를 약간 넣으면 쪼개서 말린 노란 콩을 완전히 익혀 걸쭉하게 만들어주므로, 오일이나 다른 지방을 넣지 않고도 크리미한 마우스필을 가질 수 있다.

반대로, 베이킹 소다를 넣거나 해서 조리용 물을 염기성으로 만들면 두류의 조리 시간을 줄일 수 있다. 염기이기 때문에 산과 반대의 효과를 내는 것인데, 펙틴 분자를 밀어내 세포벽을 부드럽게 하고 좀 더 빠르게 푹 익게 있도록 한다. 이런 효과는 병아리콩으로 후무스를 만들 때 유용하다.

은 껍질콩, 깍지콩, 붉은강낭콩, 까치콩뿐만 아니라, 완두, 깍지완두 및 슈거스냅완두다. 깍지를 벗겨 먹는 완두 말고는, 깍지째 먹는다.

대부분의 두류는 물에 불려야 하는데 그 물은 삶기 전에 버린다. 두류를 익히는 데 걸리는 시간은 삶는 시간보다는 얼마나 오래 물에 불리는지에 달렸다. 그 주된 이유는, 말린 콩의 겉껍질이 다공성[투과성]이 아니기 때문이다. 말린 콩의 경우, 물은 콩의 구부러진 쪽에 있는 작은 구멍 하나를 통해서만 들어갈 수 있다. 일반적으로, 물에 불리는 과정은 좀 큰 콩의 경우에는 최소 12시간이 걸리고, 좀 작은 콩은 다소 덜 걸린다. 그런 다음 콩을 1시간 정도 삶는다. 쪼개서 말린 콩과 렌즈콩은 얇은 삭피(seed case)을 가져서 미리 불리지 않고도 삶을 수 있지만, 1시간 정도 불리면 조리 시간을 상당히 줄일 수 있다. 더 빠른 방법도 가능한데, 말린 콩을 잠시 삶고 물을 버린 뒤 새 물에 좀 더 짧은 시간 동안 불리는 것이다. 압력솥을 사용하는 것도 시간을 절약하는 한 방법이다. 콩의 최종 질감은 얼마 동안 익히는지, 그리고 삶는 물에 뭔가 첨가했는지 여부에 많이 좌우된다.

새로운 질감의 요리 창조하기

대두는 용도가 매우 다양하며, 특별한 맛과 질감을 가진 여러 다른 종류의 음식을 만드는 데 쓰인다. 대표적인 예가 두유인데, 우유를 생치즈로 바꾸는 것과 비슷한 과정을 거쳐 두부를 만들 때 쓴다. 두유의 단백질은 황산칼슘이나 염화마그네슘 같은 특정 염을 첨가해 응고시키는데, 그 결과인 응유를 눌러[물을 빼] 고체를 형성한다. 응고를 좌우하는 조건들 및 짜낸 초과 수분의 양에 따라, 두부의 질감은 부드럽고 비단 같은 것에서부터 하드 치

강낭콩과 아삭한 채소 샐러드

곁들임 4인분 | 삶은 강낭콩 1컵(250g), 쓰케모노(절인 무, 콜라비, 어린 순무 혹은 오이) 75g, 폰즈 소스*

강낭콩은 독성 물질인 식물성적혈구응집소를 분해하기 위해 반드시 익혀 먹어야 한다. 익은 강낭콩은 겉은 단단한 채로 남아 있지만 안쪽은 부드럽고 파슬파슬하기도 해, 간단한 콩 샐러드의 주요 재료다. 특히 가까이에 미리 익혀두었다 식힌 콩이 있거나 혹은 캔에 든 콩이 있다면 비용도 거의 들지 않는다. 흥미로운 질감 대조를 내기 위해, 아삭한 채소, 특히 일본식 피클의 일종인 쓰케모노つけもの(漬物)를 섞을 수 있다.

• 강낭콩을 씻고 체에 밭아 물기를 뺀다.
• 쓰케모노를 매우 얇게 슬라이스하거나 길게 채 썬다.
• 콩과 쓰케모노를 드레싱과 함께 버무린다.

강낭콩과 아삭한 채소 샐러드(무 쓰케모노[단무지]로 만든).

---

* 만들어놓은 폰즈 소스를 쓸 수 없으면, 육수나 미소 된장 약간, 레몬 즙이나 유자즙, 요리술 및 간장을 섞어 만들 수 있다.

즈처럼 단단한 질감까지 다양하다.

좀 더 정교한 제품인 유바ゆば(湯葉)는 신선한 두유를 서서히 가열할 때 표면에 생기는 얇은 막이다. 유바는 가볍고 부드러우며, 맨 위층만 걷어내면 혀 위에서 거의 녹는다. 또한, 말려서 국에 질감을 더하거나 오이 조각 같은 채소들을 감싸는 데 쓸 수 있다.

단단한 정도에서 그 반대편에는, 두부를 발효해 만든 일종의 채식주의자 치즈가 있다. 그 질감은 더 단단해지고 더 건조해지며, 때로는 많이 숙성된 치즈처럼 강한 냄새가 나기도 한다[초두부].

또 다른 발효 제품으로는 템페[인도네시아의 전통 콩 발효 식품]가 있다. 일반적으로 템페는 신선한 대두로 만들지만, 다른 콩과식물이나 불려놓은 곡물로도 만들 수 있다. 전통적으로 템페는 물에 불리고 껍질을 까고 절반쯤 삶은 대두에 진균류 배양을 더해 생산한다. 이렇게 하면 콩 위에 곰팡이가 자라고, 거미줄 같은 가느다란 실들이 콩을 감싼다. 대두들 각각의 구조는 유지한 채 여전히 살짝 단단해서, 템페의 마우스필은 상당히 독특하다. 가느다란 실 같은 것들은 벨벳 같은 마우스필을 주는 반면, 콩알은 쫀득쫀득하다.

가장 특이한 질감을 가졌다고 여겨지는 대두 제품은 낫토なっとう(納豆)인데, 세균 배양으로 발효한 온전한 대두들로 이루어져 있다. 세균 배양은 대두들을 강렬한 감칠맛을 가진, 가는 실이 엉켜 있는 듯하고 매우 점성이 크고 끈적끈적한 덩어리로 바꿔놓는다. 하지만 조심해야 한다. 낫토는 코를 찌르는 냄새가 나서, 처음 먹는 사람에게는 큰 도전이 될 수 있다.

콩과 아티초크를 곁들인 오리 혀

4인분 | 말린 볼로티콩borlotti beans 400g, 신선한 오리 혀 200g, 소금 5작은술(30g), 완숙 토마토 2개, 세이버리 잔가지 2개, 방울토마토 800g, 발사믹 식초 6과 1/2큰술(100ml), 물, 신선한 아티초크 2개, 샬롯 100g, 올리브 오일, 소금과 후추

- 콩을 최소 12시간 동안 물에 불린다.
- 오리 혀를 씻고 다듬은 뒤, 소금을 뿌리고 밀폐해, 최소 12시간 동안 냉장한다.
- 콩 불린 물을 버린다. 콩을 냄비에 넣고 두 배 부피의 물을 넣는다. 완숙 토마토 두 개를 손으로 으깨어 세이버리, 소금과 함께 넣는다. 1시간 동안 뭉근하게 끓인 뒤, 물을 따라 버린다.
- 오리 혀를 씻고, 콩, 샬롯, 방울토마토와 함께 약불에 1시간 반 정도, 오리 혀가 부드러워지고 콩이 살짝 퍼슬퍼슬할 때까지 뭉근하게 끓인다. 라구ragout[고기, 채소를 넣고 오래 끓여 만든 스튜의 다른 이름]를 닮은 모양

이 된다.
- 아티초크의 맨 바깥 껍질과 단단한 잎을 잘라내고, 필요하면 줄기를 약간 벗겨 세로로 가늘고 얇게 자른다.
- 아티초크를 솜털과 포엽째로, 올리브 오일에 바삭해질 때까지 튀긴다. 소금과 후추로 간한다.

음식 내기

- 차게도 따뜻하게도 내는데, 오리 혀에 있는 작은 뼈를 제거한다.
- 콩 혼합물로 양념을 하고, 바삭한 아티초크 슬라이스와 함께 접시에 놓는다.

콩과 아티초크를 곁들인 오리 혀.

일본 단과자: 설탕 없이, 오로지 팥만

전통적인 일본 요리에서, 설탕은 어디에서도 찾아볼 수 없다. 심지어 달콤한 디저트나 과자 혹은 케이크에서도. 그 대신, 보통 작고 붉은 팥으로 만든 페이스트[팥소]를 감미료로 쓴다. 삶은 팥을 알갱이 느낌은 남을 때까지 으깨, 달콤한 케이크의 속을 채우는 소로 쓴다. 또한, 팥소는 한천으로 굳혀, 양갱羊羹이라 불리는 젤리를 만들 때도 쓸 수 있다. 녹차 가루로 풍미를 내기도 하는 단단한 양갱은 일본 식품점의 사탕 코너에서 팔리고, 고급 디저트를 만들 때 좀 더 정제된 버전으로 내기도 한다.

양갱, 팥으로 만든 달콤한 일본식 젤리.

끓이고 퓌레로 만든 두류와 렌즈콩은 보편적인 음식으로, 모든 소스, 수프, 스튜, 찍어 먹는 소스에 넣을 수 있다. 검은콩, 붉은콩, 갈색콩뿐 아니라, 병아리콩과 렌즈콩도 이렇게 조리할 수 있다.

인도의 달dal은 두류, 렌즈콩 및 병아리콩으로 만들 수 있다. 재료들을 삶아 진한 스튜를 만들어, 밥이나 인도의 플랫브레드[효모를 사용하지 않고 반죽해 납작하게 만든 빵]인 난과 함께 먹는다.

병아리콩은 고기 대체재, 샐러드 및 소스 등에 다용도로 쓸 수 있는 재료다. 말린 병아리콩은 익히기 전에 최소한 하룻밤 물에 불려야 한다. 삶는 물에 베이킹 소다를 넣으면 조리 시간을 20~40분까지 줄일 수 있다. 병아리콩 퓌레를 매우 기름지고 크리미한 마우스필을 주는 타히니(참깨 페이스트)와 섞어 후무스로 만들 수 있다. 좀 더 다면적인 질감을 원하면, 퓌레를 조금 더 몽글몽글 덩어리지게 놔두기만 하면 된다. 후무스는 중동과 채식주의 요리에서 주식이며, 빵에 바르거나 찍어 먹는 데 쓰이기도 한다.

새싹

식물, 특히 두류와 채소의 말린 씨앗은, 물에 촉촉하게 불리고, 필요하다면 흙, 정제솜이나 겔 같은 적당한 배지에 놓아두면 싹이 틀 수 있다. 새싹은 줄기와 작은 떡잎으로 이루어져 있다. 비트 같은 어떤 씨앗에서 난 새싹은 매우 길고 가는 반면, 대두의 새싹[콩나물] 같은 다른 새싹은 비교적 짧고 두껍다.

어떤 종류의 씨앗들은 매우 기운차서 사실상 어떠한 환경에서도 싹을 틔울 수 있다. 갓류 식물

젤란검 배지판의 밀싹.

이 그 좋은 예다. 다른 것들은 싹을 틔우기가 매우 까다로워서 필요한 수분이 어느 정도인지 정확한 양을 맞추기 쉽지 않을 수 있다. 또한, 새싹이 얼마나 오래 시들지 않고 아삭함을 지속하는지 역시 상당히 편차가 크다. 보통은 새싹을 그것이 자라난 씨앗과 함께 먹는 게 가장 좋은데, 이는 씨앗이 식용 가능한 잔뿌리를 뻗었을 수도 있기 때문이다.

신선한 새싹은 매우 아삭하고, 별다른 조리 없이, 약간의 드레싱만 곁들여 먹을 수 있다.

밀과 보리 새싹은 약간 단맛을 내는데, 이는 물에 불린 씨앗의 효소가 녹말을 당분으로 전환시키기 때문이다. 이 당분은 싹튼 식물이 자라도록 끌어줄 에너지 저장소 역할을 한다.

씹는 질감이 있는 채소

채소라는 용어는 뿌리, 줄기, 잎, 꽃, 열매 등 식물의 다양한 식용 부분을 포괄하는데, 씨앗은 별개의 것으로 여겨진다. 식물에서 특정 부분의 질감은 그것의 생물학적 기능을 반영하지만, 주방에서는 이것들을 거의 구분하지 않는다. 브로콜리와 아스파라거스를 떠올릴 때, 우리는 줄기 부분과 꽃이 피는 윗부분을 모두 전체의 일부로 여긴다. 이와 달리, 대황rhubarb 같은 경우 줄기를 열매처럼 쓰며, 종종 토마토와 피망이 열매이고 옥수수는 곡물이라는 점을 잊고는 한다.

뿌리는 식물을 땅에 단단히 고정하여 영양을 섭취하고 또 저장하기 위해 필요한 부분이다. 그래서 뿌리는 성장기에 녹말이 축적될 수 있는 영역에 단단한 섬유들을 갖는다. 그러므로 뿌리의 마우스필은 나이에 따라 결정되는데, 어릴 때는 녹말이 적어 부드럽고 아삭하며 성장해서는 녹말이 많아 질겨지고 목질화된다.

줄기는 식물이 햇빛을 향해 위로 곧게 자라도록 잡아주고, 식물 안에서 영양분과 유체가 순환하는 통로를 제공하는 역할을 한다. 이런 이유로, 줄기는 빳빳한 [섬유] 다발들을 갖고 있고, 압력을 받아 유체를 이동시키는 통로의 시스템을 갖췄으며, 이로 인해 식물이 곧게 설 수 있다. 신선한 줄기가 톡 부러진 뒤 액체가 터져 나오는 것은 식물의 이 부분이 가진 마우스필의 특징이다. 팽압[세포의 원형질이 물을 흡수해 팽창하고 세포벽을 넓히려는 힘]이 부족한 줄기나 잎은 질기고 건조하다. 처진 줄기는 찬물에 담가 다시 아삭하게 만들 수 있다. 필요하면, 줄기 가장 바깥쪽을 벗겨내 좀 더 쉽게 물이 스며들게 할 수 있다. 얼음물 기법은 줄기에만 적용할 수 있는 것은 아니고, 잘게 썬 당근, 껍질째 먹는 콩 및 무도 잠시 찬물에 담가 매우 아삭하게 만들 수 있다.

잎은 식물에서 가장 섬세한 부분이어서, 신선하고 맛있는 질감에서 먹을 수 없는 지경으로 변하는 일은 아주 갑작스럽게 일어난다. 특히 양배추, 상추, 시금치, 새싹 및 많은 허브가 그러하다. 잎은 쉽사리 주변 환경에 수분을 내주고 말라비틀어진다. 또한, 가열하거나 조리할 때 축 처지고 물러진다.

토마토, 오이, 피망, 아보카도 같은 열매 채소는 익으면 더 부드럽고 달아진다. 토마토와 아보카도 같은 경우에는, 사람들이 익은 열매의 부드러운 질감을 더 좋아하는 경향이 있는 반면, 여름호박, 가지 같은 경우에는 완전히 익기 전 아직 단단할 때 먹는 것을 더 좋아한다.

꽃은 거의 그 색깔과 모양 때문에만 먹는다. 크고 과즙이 많은 주키니 꽃은 특별한 예외인데, 섬세하고 벨벳 같은 질감을 가져서 튀기면 바삭한 튀김옷과 잘 어울린다.

조리하지 않은, 날것

최근 몇 년간 사람들이 선택한 인기 있는 라이프스타일은 생식주의다. 그 만트라[진언]는, 채식주의자 혹은 비건 식단을 따라야 하며 섭씨 40~42도 이상으로 가열하지 않은 음식만 먹어야 한다는 것이다. 그 식단에는 주로 생채소, 과일, 견과류 및 씨앗 등이 들어간다. 인간이 날것의 음식을 먹는 것이 더 진정성 있고 자연스럽다는 개념에 그 운동의 바탕을 두고 있는 것으로 보이며, 그것이 건강한 선택이라고 홍보되고 있다. 다양한 열매를 완전히 날것으로 먹는 것에 대해서는 아마 많은 사람이 긍정적으로 느끼며, 신선한 사과의 아삭한 질감을 즐길 테다. 어떤 문화권에서는 심지어 익지 않은 과일을 높게 쳐준다. 예를 들어, 익지 않은 자두와 아몬드는 신맛 없이 아삭하고 신선할 수 있다.

앞에서 설명했듯이, 우리 종은 그리고 우리 조상은 최소한 190만 년 동안 음식을 익혀 먹었다. 식물과 고기를 익힌 음식은 호모 사피엔스의 진화에서 전제조건이었다. 이런 관점에서 보면, 우리가 생식으로 전환해야 한다는 생각을 뒷받침해줄 것은 거의 없다. 온도를 섭씨 42도로 제한하는 것은 날것 재료 속 효소를 보존하기 위한 선택이었다. 이것은 일면 맞다. 하지만 이런 종류의 조리로 얻을 수 있는 건강상 이득이 무엇인지는, 입에서 시작해서 효소와 기타 단백질이 분해되는 소화 시스템을 거치는 여정에서 음식에 무슨 일이 일어나는지의 관점에서 보아야 한다. 그리고 영양 전문가들에 따르면, 날것으로 먹을 수 있는 음식은 필수 영양소, 무기질, 비타민의 필요량을 충족하지 못한다. 따라서 이 식단을 따를 경우 병에 걸릴 위험이 높아진다.

그렇기는 해도, 완전 날것의 채소는 익힌 음식과 흥미로운 대조를 보이며 아삭함, 크런치함, 가득한 즙 같은 매력적인 질감을 지녔다.

채소 다루기

채소를 익힐 때는 채소의 수분 함량이 많음을 감안하는 것이 중요한데, 익을 때 수분 중 일부를 배출하기 때문이다. 채소를 가열할 때 식물의 단단한 부분은 부드러워지는데, 단단한 식물 세포들에 산재한 펙틴과 헤미셀룰로스가 물에 녹기 때문이다. 이런 일이 어떻게 그리고 얼마나 빨리 일어나는지는 물속에 무엇이 있느냐에 달렸다. 예를 들어, 콩속 펙틴과 헤미셀룰로스는 물이 염기성이면 빠르게 녹는다. 매우 빠르게 부드러워지고 심지어 곤죽이

익지 않은 아몬드와 자두, 중동 지역에서는 고운 소금을 조금 찍어 먹는다.

즙이 풍부한 무

6인분 | 큰 무 1개, 요리술, 물, 간장

무는 다소 무시돼온 별미 식재료로, 매우 아삭해서 기분 좋게 씹히는 피클로 만들 수도 있고, 이 레시피처럼 살짝 아삭하면서도 즙은 풍부하게 삶을 수도 있다. 이 요리는 생선 요리의 곁들임으로 낼 수도 있다.

• 무 껍질을 벗기고, 가로로 3~4cm 두께로 슬라이스 한다. 무의 통통한 부분만 쓴다.

• 무 슬라이스를 물 및 요리술과 함께 냄비에 넣고, 뚜껑을 덮고 20여 분 혹은 무가 부드러워질 때까지 뭉근하게 끓인다. 요리술과 물 대신 액상 스톡을 쓸 수 있다.

• 물기를 뺀 무를 접시 위에 놓는다. 무 슬라이스 각각의 가운데에 간장을 약간씩 뿌린다. 그러면 섬유질 가닥을 따라 간장이 스밀 것이다.

될 수도 있다. 산성수는 반대의 효과를 내며, 중성 pH를 갖는 물은 중간 효과를 낸다. 물속 소금은 산성과 비슷한 효과를 내므로, 연수인 수돗물로 채소를 조리하면 더 쉽고 빠르게 익는다.

식물을 물에 익히거나 식물의 세포들이 기계적 작용에 의해 파괴될 때, 세포 속 녹말 중 일부가 스며 나올 수 있다. 오크라와 블랙 살시파이를 조리할 때 나타나는 현상으로 잘 알려져 있듯이, 녹말은 물과 결합해 끈적한 덩어리가 될 수 있다. 채소 본연의 맛을 최대한 보전하려면, 수비드 주머니에 넣고 조리하면 원래의 수분을 유지하는 데 유리하다.

채소는 다당류인 펙틴을 함유하고 있다. 염화칼슘이나 구연산칼슘 같은 칼슘 이온을 첨가해 펙틴 분자가 서로 교차결합하여 단단한 구조를 갖도록 만들 수 있다. 0.4퍼센트의 염화칼슘만 넣어도 콩, 감자, 당근 같은 채소가 익는 동안 단단하게 유지되도록 도울 수 있다. 이런 효과는 통조림 토마토의 모양을 유지하는 데 산업적으로 활용된다. 이와 비슷하게, 채소를 천일염이나 구연산칼슘 같은 칼슘염을 넣은 소금물에 보존하면 아삭함을 유지하는 데 도움이 된다.

많은 사람이 익은 채소를 별로 좋아하지 않는데,

그런 음식들은 대체로 너무 익혔을 가능성이 크다. 그러면 채소들이 본연의 아삭한 질감과 원래의 색깔을 잃고, 비타민과 무기질 및 좋은 맛 물질들이 물속으로 빠져나간다. 채소의 흥미로운 성질들을 없애버리는 방식으로 조리된 채소들을 먹는 것에 아이들이 열의를 보이지 않는 것은 그다지 놀라운 일이 아니다.

채소들을 익힐 때 석쇠에 굽거나 로스팅을 하면 아삭한 질감을 일부 보전할 수 있다. 채소는 단백질 함량이 낮아 마이야르 반응이 일어나지 않지만 표면은 캐러멜화된다.

익히는 것과 마찬가지로, 채소 절임은 채소를 조리하고 보존하는 가장 오래된 방법 중 하나다. 소금과 식초를 쓰면 식물에서 수분이 빠지게 하고, 칼슘염을 넣으면 세포벽은 더 단단해져 최종 결과물이 확실히 아삭해진다. 또한, 소금을 충분히 많이 넣으면 곰팡이나 세균의 공격을 견디는 데 도움을 줘, 보존 기한을 늘려준다.

사워크라우트나 김치를 만드는 것처럼, 젖산과 소금 때문에 생기는 자연적 발효 과정은 채소를 조리하고 보존하는 또 다른 방법이다. 이 과정을 통해, 어느 정도까지는 채소의 아삭한 특성을 유지할 수

아이들이 좋아하는 채소 요리

3~4인분 | 당근(각각 약 30g) 10개, 꿀 1큰술(20g), 검은 참깨, 흰 참깨, 카옌고추 약간, 소금

- 컨벡션 오븐을 섭씨 275도까지 예열한다.
- 껍질을 벗긴 당근에 꿀을 충분히 바른 뒤, 참깨, 카옌 고추, 소금을 뿌린다.
- 이 당근을 5분 동안 혹은 약간 거뭇하지만 크런치해질 때까지 오븐에서 굽는다.

아이들이 좋아하는 채소 요리: 여러 색깔 당근.

있다.

채소를 보존하는 또 하나의 방법은 된장이나 술 지게미처럼 이미 발효된 제품에 재워두거나, 채소를 담근 배지에서 발효 과정이 진행되도록 하는 것이다. 유명한 일본의 누카즈케는 쌀겨를 매개로 써서 만든다. 일본 요리에서 곰팡이 배양물인 고지こうじ(麹)는 간장, 된장을 만들 때 스타터로, 대중적으로 많이 쓰는 선택지다.

쓰케모노, 혹은 크런치한 요리의 기술

일본의 전통적인 요리에는 다양한 절임 식품이 있는데, 특히 채소가 많고 자두와 매실 같은 핵과류까지 아우른다. 이 절임 식품들은 쓰케모노라고 알려져 있으며 두 종류로 나뉜다. 하나는 며칠 안에 먹어야 하는 것들, 다른 하나는 특히 소금에 절일 뿐만 아니라 발효까지 시켜 몇 달간 괜찮을 것들이다. 절임은 무게가 나가고 누를 수 있는 뚜껑이 있는 항아리 안에서 할 때 잘된다. 이러면, 확실하게 절임 음식이 언제나 소금물에 잠길 수 있고 공기나 안 좋은 박테리아가 음식과 접촉하지 못하게 할 수 있다.

좋은 쓰케모노의 가장 놀라운 면은 그 질감으로, 탄력이 있으면서 동시에 아삭하다. 특히 오이, 무로 만들면 더욱 그렇다. 실제로 이런 채소 절임을 베어 물면 당신의 머릿속에서 거의 떠나갈 듯 울리는, 아삭하게 씹히는 소리를 들을 수 있다. 이런 마우스

필의 비밀은 제조법에 있다. 채소들을 소금물에 절이기 전에 수분을 제거하는 것이다. 수분 제거는 또한, 며칠 이상 보관할 수 있는 쓰케모노를 만드는 비결이기도 하다.

원재료의 수분을 절반까지 제거한다. 이것이 뜨겁고 건조한 기후에 야외에서 이루어지면 몇 주 걸릴 수 있다. 반면, 섭씨 50도 정도에서 탈수기를 쓰면 재료에 따라 4시간에서 10시간까지로 공정을 줄일 수 있다. 오이는 몇 시간이면 되지만, 커다란 무는 10시간 가까이 걸릴 수 있다. 일단 마르면, 그 모습은 채소의 약하고 비참한 버전 같아 보인다.

채소를 말린 뒤에는 소금물에 절이기 좋게 얇게 썬다. 소금물은 채소 절임을 냉장고에 더 오래 둘 수 있게 소금을 충분히 함유해야 한다. 소금물에 청주, 설탕, 향신료, 식초 및 감귤류 즙을 함께 섞기도 한다. 다시마 한 조각도 거의 언제나 들어가는데, 감칠맛 물질을 내주기 때문이다. 말린 채소는 소금물을 약간만 빨아들여도 여전히 탄력을 유지한다. 이것이 제대로 되면, 채소 절임은 놀랍도록 크런치하고 베어 물 때마다 아삭한 소리가 난다.

일본 시장의 쓰케모노.

콜라비 쓰케모노

재료 | 콜라비 600g(작은 것 3개 정도), 소금 5작은술(25g), 요리술 1컵(250g), 마른 다시마 1조각(약 10g), 설탕, 식초나 레몬 즙

배추과[십자화과]에 속하는 것들의 뿌리, 그 가운데 무, 어린 순무 및 콜라비는 모두 같은 방법으로 쓰케모노를 만들 수 있다. 아삭하고 탄력 있는 채소를 골라 조심스럽게 씻은 뒤, 줄기와 뿌리 끝을 잘라낸다. 아주 크고 좀 거친 것은 껍질을 벗긴다. 이 레시피는 아삭하고 배추 특유의 냄새가 나지 않는 절임을 만들기 위해 콜라비를 쓴다. 콜라비에는 여전히 멋진 녹색의 꼬투리가 붙어 있는데 그 귀한 맛 물질을 버린다면 안타까운 일이다. 그것을 그냥 절임물에 넣기만 하면 된다. 이렇게 만든 콜라비 쓰케모노는 냉장고에서 한두 달 보관해도 아삭한 질감이 유지된다. 이 쓰케모노는 채소와 생선 요리에 곁들임으로 먹거나, 잘게 썰어 아보카도, 강낭콩이나 병아리콩과 함께

그린 샐러드에 넣을 수 있다.

- 다듬은 콜라비를 반으로 자른다. 탈수기에 넣어 섭씨 50도에 그 크기에 따라 6~10시간 동안 말린다. 무게가 절반가량 줄도록 한다.
- 필요하면 가장 바깥쪽의 바짝 마른 테두리를 잘라낸 뒤, 6mm 두께로 슬라이스한다.
- 요리술에 소금을 녹이고, 거기에 다시마와 콜라비를 담근다.
- 설탕, 입맛에 따라 식초나 레몬 즙을 넣는다.
- 냉장한다. 몇 시간 뒤면 먹을 수 있지만, 며칠이 지나면 풍미가 더 좋아진다.

오이 쓰케모노

재료 | 오이 2개, 요리술 1컵(250ml), 물 6과 1/2큰술(100ml), 소금 2큰술(36g), 식초나 레몬 즙, 마른 다시마 1조각(약 10g)

때때로 오이 샐러드는 신선한 맛과 아삭한 질감을 매우 빨리 잃고, 축 처져버린다. 한 가지 해결책은, 절임물에 넣기 전에 오이를 말리는 기발한 일본의 아이디어를 적용하는 것으로, 그러면 샐러드는 몇 주 동안 맛을 유지할 것이다.

- 오이를 찬물에 빡빡 씻는다. 길게 절반으로 자르고, 숟가락으로 가운데 연한 부분과 씨를 제거한다.

- 탈수기에 넣어 섭씨 50도로 맞추고 그 크기에 따라 3~4시간 동안 말린다.
- 말린 오이를 6mm 두께로 어슷썰기 한다.
- 소금을 요리술과 물에 녹인다. 다시마와 오이를 절임물에 넣는다. 상큼한 풍미를 내기 위해, 기호에 따라 식초나 레몬 즙을 조금 넣는다.
- 냉장한다. 몇 시간 뒤면 먹을 수 있고, 한두 달 두고 먹을 수도 있다.

일본식 오이 샐러드.

모둠 쓰케모노.

다양한 질감의 곡물과 씨앗

곡물과 그걸로 만든 시리얼은 다양한 질감과 외형을 지닌 일군의 다양한 식재료로 이루어진다. 밀, 보리, 귀리, 호밀, 쌀, 옥수수, 기장 같은 곡물은 전 세계 요리에 등장한다. 아침 식사용 식품[주로 시리얼을 가리키는 경우가 많다], 빵, 케이크, 파스타, 가루, 포리지를 비롯한 다양한 음식이 그러한 곡물에 기반한다. 곡물의 많은 녹말 함량은 그 곡물들의 특별한 영양가에 기여하기에 우선 중요하고, 또한 다양한 종류의 마우스필의 원천이다.

한 가지 곡물을 여러 방식으로 조리해 다양한 맛을 낼 수 있다. 밀과 쌀, 두 가지 예를 자세히 살펴보자. 두 곡물은 전 세계적으로 가장 널리 재배되는 작물이며, 세계 인구의 상당수에게 가장 중요한 단백질과 열량 공급원이다. 대체로, 다음의 예에서 쓰는 방식은 다른 종류의 곡물에도 적용할 수 있다.

밀: 단일 곡물에서 나오는 참 다양한 질감

우리가 '밀'이라고 부르는 대규모 곡물군은 엄청나게 다용도로 쓰이는 식재료 중 하나다. 자연 상태에서 밀은 단단하고 씹기 어렵지만, 여러 방법으로 조리해 매우 다양한 질감을 낳을 수 있다.

가장 단순한 접근법은, 밀을 충분히 불려서 단단하지만 씹을 만한 질감이 나는 날것으로 먹는 것이다. 또한, 밀을 불려 젤란겔 같은 적당한 성장 배지에 놓아 싹을 틔울 수 있다. 밀 낟알은 더 부드러워지고 살짝 크리미해진다. 신선한 녹색 밀 싹은 즙이 풍부하고 아삭하다. 겉껍질을 벗겼지만 여전히 일부 밀기울에 둘러싸인, 대중적으로 '밀알 wheatberry'이라고 알려진 밀 낟알은 살짝 삶거나 찐 뒤에도 그 질감이 꽤 유지된다. 다른 방법으로는, 불려둔 밀 낟알을 써서 리소토와 비슷한, 슬로쿠킹한 크리미한 요리를 만드는 것이다.

익힌 밀 낟알은 다양한 방식으로 쓸 수 있다. 절이거나 양념에 재우면, 샐러드에 질감을 더하는 용도나 조미료로 쓴다. 익힌 뒤 수분을 제거한 밀 낟알은 튀밥처럼 튀겨서 바삭하지만 씹기 편하게 만들어, 뮤즐리나 디저트에 넣을 수 있다. 다른 방법으로, 익힌 밀 낟알을 퓌레로 만들고 체로 걸러 크림화한 곡물 요리의 베이스를 만들 수 있다. 대두와 같은 방법으로 발효하면, 부드럽고 크리미하며 다공성의 질감을 가진 템페로 변형할 수 있다.

색다른 뮤즐리

30인분 | 래디시씨 100g, 적양배추씨 100g, 중성 오일(씨 튀김용), A등급 메이플 시럽 6큰술(85g), 글루코스 2큰술(30g), 중성 오일 1과 1/2큰술(25ml), 누른 귀리 2와 1/2컵(200g), 껍질 벗긴 피스타치오 100g

뮤즐리의 원래 뜻은 '퓌레로 만들거나 으깬 것'이다. 전통적인 스위스 방식으로 만들면, 뮤즐리는 으깬 귀리, 견과류, 씨앗들, 물이나 주스에 담갔다가 말린 과일의 혼합물로 이루어진다. 그러나 요즘 우리 대부분에게 뮤즐리는 곡물, 견과류, 말린 과일의 혼합물로, 종종 시리얼처럼 우유와 함께 아침 식사로 먹거나 요구르트에 크런치함을 약간 더하려고 뿌려 먹는다. 하지만 뮤즐리의 구성에는 별다른 제약이 없으며, 이 레시피에서는 조금 멀리 나간다.

- 래디시씨와 적양배추씨를 각각 다른 냄비에서 30분 동안 물에 끓인다.
- 씨를 넓게 펼쳐놓고 섭씨 50도에서 2~3시간 동안 말린다.
- 래디시씨를 내열 체에 놓고 중성 오일에 섭씨 200도에서 '촤~' 소리가 날 때까지 튀긴다(5~10초 이내).
- 적양배추씨도 섭씨 180도에서 같은 방식으로 튀긴다.
- 메이플 시럽 5큰술(70g), 글루코스, 오일(25ml)을 데운다. 누른 귀리, 튀긴 씨에 넣고 휘저어 잘 섞어준다.
- 평평한 팬에 황산지를 깔고 그 위에 혼합물을 뿌리고, 오븐에 넣어 섭씨 160도에 15분 동안 이따금씩 뒤집어주며 굽는다.
- 피스타치오를 거칠게 다진 뒤 남은 메이플 시럽(15g)과 섞고, 섭씨 160도에 10분 동안 굽는다. 이것들을 뮤즐리 혼합물에 넣고 섞는다. 밀폐 용기에 넣어 보관한다.

붉은 비트 소르베를 곁들인 씨앗 뮤즐리.

여덟 가지 방식으로 조리한 밀: (맨 위) 물에 담근 것과 뻥튀기한 것, (중간 위) 로스팅한 것과 조금 싹 틔운 것, (중간 아래) 가루로 빻은 것과 삶은 것, (맨 아래) 로스팅하고 훈연한 것과 완전히 싹 틔운 것.

밀 제품은 매우 다양한 형태를 가지며, 그 질감은 가공 방법에 따라 거친 것부터 극도로 고운 것까지 폭넓다. 거칠게 부순 밀은 익혀서 메인 요리와 함께 내거나 샐러드에 넣기도 하는 반면, 곱게 간 가루는 반죽해 파스타로 만들거나 빵, 케이크로 굽는다.

밀가루의 녹말은 거의 완전히 씻어낼 수 있어서 사실상 남은 것은 단백질이나 글루텐뿐이다. 많은 아시아 국가에서, 글루텐을 치대서 질기고 매우 탄력 있는 반죽을 만들고, 물이나 부용bouillon에 삶아 세이탄seitan[밀단백/밀고기]을 만든다. 세이탄은 고기와 비슷한 질감을 지녀서 종종 고기 대체재로 쓴다. 세이탄은 그 자체로는 거의 무미하지만, 쫄깃한 마우스필을 지녔고, 이와 마찰하면서 거의 끼익거리는 소리를 내서 맛 경험을 한층 강화하는 데 도움을 준다.

쌀: 단단하고 부드럽고 혹은 차진

쌀의 종류는 최소한 4만 종 이상이며, 낟알의 길이에 따라 세 가지 주요 유형으로 분류된다. 낟알의 길이는 쌀을 물에서 익힐 때 그 질감에 중요한 영향을 끼친다. 장립종 쌀은 그 단단함과 탄력성을 유지하며 낟알이 흩어진다. 중립종은 더 부드러워지고 살짝 함께 뭉치는 경향이 있다. 이것은 리소토를 만들 때 쓰는 특정 품종들의 특징이다. 단립종 쌀은 매우 부드러워지고 서로 강하게 뭉쳐서, 스시, 찰기 있는 밥, 라이스 푸딩을 만들 때 쓴다.

녹말 속 두 가지 탄수화물인 아밀로스와 아밀로펙틴의 관계는, 익힌 쌀에 얼마나 씹는 맛이 있는지 그리고 낟알들이 함께 뭉치는 정도는 어떠한지를 결정한다. 단립종 쌀은 아밀로펙틴이 많아 더 부드럽고 장립종 쌀은 아밀로스가 많아 더 단단하다. 아밀로스가 풍부한 녹말 분자를 녹이려면 물이 더 많이 필요하다. 결과적으로, 장립종 쌀을 조리하는 데는 단립종 쌀을 조리할 때보다 두 배가량의 물이, 중립종 쌀은 그 중간쯤의 물이 필요하다. 또한,

아밀로펙틴을 많이 함유한 쌀은 식을 때 녹말 분자 사슬들이 스스로 재구성할 때 일어나는 반응인 '노화' 경향이 덜하다. 이렇기 때문에 스시의 밥과 라이스 푸딩은 식어도 여전히 부드러운 반면, 장립종 쌀은 단단하고 질겨진다.

리소토는 두 가지 상반된 질감의 균형을 딱 맞추는 조리가 필요하다. 전체적으로는 크리미하고 물기가 조금 있는 고체이면서 낟알 각각은 살아 있어야 하고, 씹었을 때 약간 단단한 느낌이 있어야 한다. 이 느낌은 액체에 녹아든 녹말의 양이 너무 많지 않으면서 적당할 때 만들어진다. 일반적으로 리소토를 만들 때 특정 품종의 쌀을 쓰는데, 아르보리오Arborio, 카르나롤리Carnaroli 및 비알로네Vialone 같은 몇몇 이탈리아 쌀 품종이 잘 알려졌다.

쌀은 녹말의 호화로 인해 매우 특별한 마우스필을 주는 약간 끈적하고 거친 느낌의 음식으로 조리될 수 있다. 중국 요리에서 자주 쓰이는 찰밥에서, 낟알들은 거의 곤죽이 될 때까지 익고, 단단한 고형 덩어리를 이룰 때까지 서로 들러붙는다.

'모치'라고 불리는 일본의 떡은 찐 쌀로 만드는데, 찐 쌀을 한데 찧으면 탄력 있고, 부드럽고, 쫀득한 덩어리가 되어 바로 먹을 수 있다. 모치를 달콤한 소로 채우기도 하는데, 그 예로 팥소가 든 작은 동그란 떡인 '다이후쿠だいふく(大福)'가 있다. 다이후쿠는 고운 옥수수 녹말이나 감자 가루를 얇게 묻혀 손가락에 들러붙지 않게 해 먹기 편하다. 이런 종류의 떡은 상상할 수 있는 가장 벨벳에 가까운 마우스필을 가진다. 또한, 모치는 그릴에 구워 '센베이せんべい(煎餅)'라고 알려진 매우 바삭한 쌀과자를 만들 수 있다. 모치는 전통적으로 신년 음식으로 냈는데, 종종 비극적인 결과를 낳기로 했다. 매해 많은 나이 든 일본인이 모치의 거부할 수 없는 마우스필을 접하고는 제대로 씹지 많아, 결국 이 끈적한 특식 때문에 질식한다는 보고가 있다.

버섯, 누에콩 및 홍합 가루가 들어간 바삭한 리소토 볼

작은 리소토 볼 약 50개 | 말린 버섯 20g, 약간의 올리브 오일, 샬롯 50g(곱게 다진다), 질 좋은 리소토용 쌀 1컵(250g), 좋은 액상 치킨스톡 약 4컵(1L), 신선한 누에콩 혹은 대두 100g, 버터 5큰술(75g), 신선한 파르미자노레자노 치즈 75g(곱게 간다), 약간의 소금과 후추, 몰던 천일염

튀김옷 | 중력분 3/4컵과 1큰술(100g), 홍합 가루 1작은술(5g), 달걀흰자(살짝 젓는다), 판코 빵가루, 튀김용 중성 오일 1L

- 버섯을 몇 시간 동안 물에 불린 뒤, 한입 크기로 썰어 흡수지에 놓아 수분이 빠지도록 한다.
- 바닥이 두꺼운 냄비에 올리브 오일을 데우고, 다진 샬롯을 넣고 투명해질 때까지 중불에 볶는다.
- 쌀을 넣고 몇 분 동안 함께 뭉근하게 끓도록 둔다.
- 버섯을 넣고, 그다음으로 치킨스톡을 조금씩 넣고 살살 저어준다. 치킨스톡을 천천히 15~20분 동안, 혹은 쌀이 액체를 모두 빨아들일 때까지 계속 넣는다. 리소토가 완성되었을 때, 쌀 알갱이에 '씹는 느낌'이 조금은 있어야 한다.
- 누에콩을 넣고, 버터 및 파르미자노레자노 치즈와 함께 휘젓는다. 소금과 갓 간 백후추로 간을 한다. 리소토는

스파이시해야 한다.
- 리소토를 식히고 25g씩 나눈다.
- 리소토를 공 모양으로 빚고 30분 동안 냉장한다.
- 밀가루와 홍합 가루를 섞는다. 리소토를 가루 혼합물에 굴리고, 달걀흰자와 판코 빵가루를 입힌다. 냉장한다.
- 음식을 내기 전, 중성 오일을 섭씨 165도까지 가열하여 공 모양 리소토가 연한 갈색을 띠고 바삭해질 때까지 튀긴다. 몰던 천일염을 살짝 뿌린다.
- 식성에 따라 적양파 피클, 절인 누에콩, 흑마늘, 민트를 함께 낸다.

버섯, 누에콩 및 홍합 가루가 들어간 바삭한 리소토 볼.

완벽한 스시용 쌀을 찾아서

2011년까지 11년 동안 오노데라 모리히로(모리)는 로스앤젤레스 서부에서 작은 스시집 '모리 스시'를 운영했다. 모리 스시는 음식 비평가로부터 쭉 최고 점수를 얻었고 2008년에는 미슐랭 스타 하나를 받았다. 모리에게 좋은 스시의 가장 중요한 요소는 무엇보다 쌀의 품질이다. 사실, 스시에 쓸 쌀에 대한 그의 열정은 어마어마해, 이제 그는 재배 환경이 일본과 거의 비슷한 우루과이의 논에서 자신이 쓸 쌀을 재배한다. 그는 조리된 곡물의 질감에 초점을 맞췄고, 스시를 만들기 좋은 쌀과 그렇지 않은 것을 구별하기 위한 특별한 테스트를 개발했다. 각 낟알은 부드럽지만 이 사이에서 여전히 단단하게 느껴져야 한다. 낟알들은 함께 뭉칠 수 있어야 하며 스시가 입에 들어갈 때까지 흩어져서는 안 된다. 곤죽 같고 너무 끈적한 쌀은 대재앙이다. 너무 단단하고 손으로 눌렀을 때 뭉쳐지지 않는 쌀 낟알들에도 역시 같은 판단을 내린다.

모리에 따르면, 고시히카리 품종의 단립종 쌀이 스시를 만들기에 가장 좋다. 그는 아주 간단한 테스트를 해서 쌀을 평가한다. 마르고 윤이 나는 쌀 낟알을 약간의 물에 놓은 뒤에, 낟알들이 물을 흡수하면서 얼마나 많은 낟알이 갈라지는지 세어본다. 안 좋은 쌀은 낟알 100개 가운데 7개 정도가 갈라지고, 좋은 쌀은 거의 하나 정도가 갈라지거나 쪼개질 것이다.

쌀 낟알이 갈라지면 녹말이 스며 나와 너무 끈적해지며 안 좋은 마우스필을 낸다. 같은 이유로, 모리는 쌀의 도정 과정에서 생긴 녹말가루 잔류물을 제거하려면 차갑고 깨끗한 물에 쌀을 여러 번 씻어야 한다고 주장한다. 완벽하게 부드러운 스시용 밥을 만들려면, 밥을 짓기 전에 쌀을 1시간가량 충분히 불려야 한다.

스시용 쌀의 두 가지 품질: (왼쪽) 최고 품질. 물에 담갔을 때 많아야 1퍼센트만 갈라진다. (오른쪽) 중간 품질. 5~10퍼센트가 갈라진다.

팝콘 과학

두 명의 프랑스인 연구자가 팝콘의 물리학을 연구했다. 각 알맹이가 튀겨질 때, 껍질이 터지는 그 순간 100분의 1초도 안 되는 시간에 소리를 내보낸다. 껍질이 터지는 것은, 그 안의 수분이 증기로 바뀌면서 압력을 만들어내기 때문이다. 온도가 섭씨 180도에 이르면, 껍질이 터지고 안쪽의 흰 부분이 밖으로 터져 나와 더 큰 다공성 구조를 이룬다. 마치 발로 찬 듯, 알맹이는 팬에서 튀어 오른다.

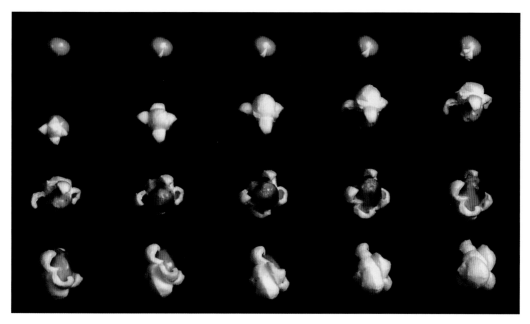

고속 카메라로 100만분의 7초 간격으로 찍은, 팝콘이 되는 모습.

바삭하게 튀밥처럼 튀긴 곡물과 씨앗

말린 곡물과 씨앗은 가열한 기름에 튀겨 부풀릴 수 있는데, 단단한 겉껍질이 갑자기 터지고 씨앗을 뒤집어놓는 것이다. 이것은 딱 우리가 팝콘을 만들 때 일어나는 일이다.

옥수수를 튀기든 다른 곡물을 튀기든 상관없이, 그 특별한 질감은 씨앗 바깥 부분인 껍질과 촉촉한 안쪽이 만들어낸 조화다. 말린 곡물의 표면은 딱딱하고 유리 같다. 씨앗을 가열하면, 껍질은 부드러워지고 동시에 수분은 증기로 바뀌어 안쪽에 차곡차

곡 엄청난 압력을 가한다. 이때 요령이 필요한데, 껍질이 너무 부드럽고 유연해지기 전에 껍질을 열기에 충분한 압력의 지점을 찾는 것이다. 곡물 안쪽이 수분 함량을 충분히 가지도록, 먼저 끓는 물에서 익힌 뒤 바깥 부분을 완전히 말리고 나서 튀길 수도 있다.

팝콘은 전 세계에서 간식거리로 먹지만, 남아메리카에서는 바삭하게 부풀린 알맹이들을 세비체에 곁들여 먹는다.

영양 효모를 뿌리고, 고추 및 팝콘과 함께 내는 세비체

6인분 팝콘 | 식용유 2작은술(10ml), 팝콘 알맹이 1과 1/2큰술(20g), 소금 1/2작은술(2g), 영양 효모 플레이크 1/4작은술(1g),
갓 다진 고추 3/8작은술(1.5g)

6인분 세비체 | 큰 새우 12마리, 7퍼센트 소금물, 단단한 흰살 생선 250g, 곱게 간 소금, 유자즙 3큰술+1작은술(50ml),
라임 즙 6과 1/2큰술(100ml), 아보카도 오일 1과 1/2큰술(25ml), 적양파 1개, 5퍼센트 소금물, 파 1개(씻고 잘게 자른다),
완숙 토마토 작은 것 300g(필요하면 색깔별로), 약간의 설탕과 소금, 고수 잎, 올리브 오일

팝콘 만들기
- 식용유와 팝콘용 옥수수를 냄비에 넣고 뚜껑을 덮어 중불로 가열한다.
- 소금, 영양 효모 플레이크, [다진] 고추를 준비해둔다.
- 팝콘이 터지기 시작하면 냄비를 흔들고, 다 터질 때까지 간간이 흔들어주기를 계속한다.
- 소금, 영양 효모, 고추를 팝콘에 뿌린다. 한데 뒤적이고, 간을 맞춘다. 볼에 담아 실온에 둔다.

세비체 만들기
- 새우를 씻어 껍질을 벗기고, 내장을 빼내고, 7퍼센트 소금물에 5분 동안 담가둔다. 물기를 빼고 냉장한다.
- 생선을 동일한 두께로 얇게 슬라이스한 뒤 별도의 볼에 바로 옮겨 담는다.

- 곱게 간 소금을 생선에 약간 뿌리고 유자즙, 라임 즙, 아보카도 오일을 넣는다.
- 적양파를 다지고 5퍼센트 소금물에 15분 동안 담가둔다. 물기를 뺀다. 잘게 자른 파와 다진 적양파를 생선과 함께 볼에 담는다.
- 토마토를 큼직하게 깍둑썰기 하고, 소금과 설탕으로 약간 간을 한 뒤, 생선이 든 볼에 담고 냉장한다.

음식 내기
- 작은 유리 볼에 생선, 채소, 즙들을 담는다. 고수 잎으로 장식한다.
- 뜨거운 납작팬에 올리브 오일 약간을 두르고 새우를 빠르게 구운 뒤, 세비체 위에 올리고 맨 위에 팝콘을 뿌린다.

영양 효모를 뿌리고, 고추 및 팝콘과 함께 내는 세비체.

사촌지간 요리: 세비체, 덴푸라, 피시 앤 칩스

언어는 우리가 먹는 음식의 발전과 세계화를 추적하는 가장 좋은 방법일 것이다. 우리 모두는 집에서 멀리 떨어져 있을 때라도 먹어야 한다. 또한 우리는 잡식성이기에, 익숙하지 않은 식재료와 그것들이 지역 음식문화에서 쓰이는 역할이 아무리 낯설게 보여도 도전해보고 싶을 때가 종종 있다.

우리는 음식의 세계화가 새로운 현상이라고 생각하는 경향이 있지만, 선원이든 상인이든 혹은 이주자든, 여행자는 늘 자신들의 음식 전통을 이곳저곳으로 가져갔다. 시간이 흐르면서 다른 재료들로 원래의 재료들을 대체했고, 레시피는 진화했으며, 새로운 환경에 정착하면서 요리의 이름은 점차 변형되었다.

미국의 언어학자 댄 주래프스키는 《음식의 언어》에서, 음식과 맛을 묘사하는 언어와 그것이 음식의 진화와 기원을 반영하는 방식에 관해 매력적인 이야기를 전해준다. 그의 아이디어를 매우 흥미롭게 잘 보여주는 예는, 날생선을 양념에 재운 요리인 세비체(우리가 남아메리카, 특히 페루 및 칠레 하면 바로 떠올리는), 일본의 덴푸라, 전형적인 영국 요리인 피시 앤 칩스를 연결 짓는 대목이다.

세 가지 요리 모두 16세기 페르시아와 고대 요리 시크바즈sikbāj까지 그 기원이 거슬러 올라간다. 이 요리는 양파와 식초로 만든 달콤하고 새콤한 고기 스튜로, 생선은 전혀 쓰이지 않았다. 그 요리는 점차 서쪽, 지중해 지역으로 이동했는데, 그 이름이 나폴리 방언으로는 '스카페체scapece' 스페인어로는 '에스카베체escabeche' 같은 형태를 띠었다. 거기서 튀긴 생선이 고기를 대체했지만 식초는 여전히 남았다. 뱃사람들이 좀 더 쉽게 구할 수 있고 더 싼 생선으로 고기를 대체하기 시작했을 수도 있다. 튀긴 생선(페스카도 프리토pescado frito)은 사순절 및 많은 축제 기간에 육식 금지가 의무였던 유럽의 가톨릭 지역에서 인기 있는 선택이었다. 에스카베체는 대항

해시대에 남아메리카로 전해졌다. 그 이름은, 날생선을 감귤 즙, 양파, 고추로 양념해 먹는 페루의 토착 전통을 융합해 스페인 사람들이 세비체를 만들었을 때 다시 한 번 수정되었다. 포르투갈의 예수회 선교사들은 페스카도 프리토를 다른 방향, 즉 일본으로 가져갔고, 거기서 덴푸라로 이어져오고 있다. 또한, 이베리아 반도에서 추방된 유대인은 차가운 튀김옷의 생선 튀김을 식초에 적신 자신들 버전의 요리를 처음에는 네덜란드로, 그다음에는 영국으로 17세기 말에 가져갔다고 여겨진다. 19세기 중반에, 기름에 푹 담가 튀긴 감자 요리가 아일랜드나 북잉글랜드에서 런던으로 왔으며, 바로 그것들은 튀김옷 입힌 생선 튀김과 짝을 이루어 식초 한두 방울와 함께 따뜻하게 제공되었다.

소스의 비밀

소스는 음식의 맛, 색깔, 마우스필에 기여하는 액체 양념으로, 모든 요리에서 중요한 요소다. 많은 경우, 소스는 요리의 풍미를 돋워준다. 소스는 액체이지만 그것만의 질감이 있고, 대비 혹은 강화를 통해 소스가 함께하는 음식의 마우스필을 강조하는 데 도움을 준다.

소스에는 두 가지 주요 기능이 있다. 첫째, 소스는 전체 맛이 더 오랫동안 입안에 남아 있도록 도와주는 매우 농축된 맛 물질들을 가지고 있다. 둘째, 소스의 질감은 어떤 요리에서 고형 성분의 매력을 더 끌어올려, 입안에서 다루기가 더 쉽게 해준다. 어떤 소스들, 예를 들어 홀랜다이즈나 그레이비 같은 소스들은 따뜻하게 먹는 반면, 마요네즈와 비네그레트 같은 소스는 차갑게 낸다.

고기, 생선, 채소, 녹말, 샐러드 혹은 디저트, 그 무엇이든 특정 음식 각각과 짝을 이루도록 고안된 엄청나게 다양한 소스가 있다는 것은 결코 놀라운 일

소스를 걸쭉하게 할 때, 특히 녹말을 사용할 때는, 지나치게 맛의 강도를 줄이지 않으면서도 적절하게 농도를 맞추는 균형 잡기가 필요하다. 묽은 소스는 맛이 더 강한데, 이는 맛 물질 및 향 물질이 더 잘 움직이고 입과 코에 있는 수용체와 접촉하기 더 수월하기 때문이다. 하지만 이런 소스는 입천장과 혀가 그 맛을 최대한 즐길 수 있을 만큼 충분히 오래 음식 조각에 붙어 있지 않는다. 좋은 절충안은, 소스가 음식의 단단한 조각들에 들러붙어 입안에 남아 있기 충분한 정도로 걸쭉하게 만드는 것이다. 소스를 걸쭉하게 할 때 사라졌던 어떤 맛은 소금을 넣어서 되찾을 수 있지만, 그러면 마우스필에 집중하지 못하게 된다.

이 아니다. 세계의 다양한 요리는 자신만의 스타일을 자랑하는 소스를 갖고 있는데, 소스로 요리를 식별하기도 한다. 당연하게도 전통적인 프랑스 요리는 그 풍부한 소스의 전통으로 유명한데, 이는 소스의 분류에 기초를 놓은 요리 명장 마리-앙투안 카렘(1784~1833) 덕분이다. 그에 따르면, 토마토, 베사멜, 벨루테, 에스파뇰 등 네 가지 기본 소스가 있다. 나중에 또 다른 걸출한 요리사 오귀스트 에스코피에르가 다섯 번째로 홀랜다이즈를 추가했다. 이 광범위한 범주마다 그 아래 엄청난 수의 변형이 있다.

소스를 분류하는 이 포괄적인 체계는 실제로 두 가지 집단으로 단순화할 수 있다. 걸쭉하지 않은 소스와 걸쭉한 소스. 걸쭉하지 않은 가장 단순한 소스로는 조리용 물, 과일 즙, 고기 육수, 녹인 버터가 있는데, 몇몇은 수프를 닮았다. 글라세는 걸쭉한 소스의 좋은 예다. 글라세는 고기 육수로 만드는데, 고기 육수는 맛 물질을 농축하도록 서서히 가열해 졸여 만들고 더 복잡한 소스의 밑국물로 쓸 수 있다. 고기 육수의 젤라틴 때문에 글라세는 걸쭉해지는데, 식히면 결국 젤라틴화할 것이다. 이런 종류의 젤리는 아스픽이라고도 불린다. 젤라틴화한 고기 육수는 온도가 섭씨 37도 이상으로 올라가면 다

시 녹을 것이다. 이 소스들과 글라세들은 젤라틴의 녹는 성질과 맛 물질 및 향 물질 방출, 그 둘의 상호작용에 기반한 흥미로운 마우스필을 준다.

걸쭉하지 않은 소스는 비네그레트처럼 기름과 식초 혼합물(유화되지 않은)일 수 있다. 소스는 작고 단단한 입자들을 함유하는 경우가 있는데, 아마도 소스에 흩어져 있는 고기나 채소 성분에서 유래했을 것이다. 걸쭉하지 않은 소스도 졸임으로써 좀 더 점성을 높여 어느 정도까지는 걸쭉하게 할 수 있다. 이는 입자들이 맛 물질과 마찬가지로 농축되기 때문이다. 액체를 졸이는 데 일반적으로 열을 쓰기 때문에, 좀 더 오랜 시간 동안 이 작업을 하면, 맛 물질의 변화 및 향의 손실이라는 불행한 결과를 낳을 수 있다.

소스를 걸쭉하게 하는 데는, 앞서 다뤘던 젤화제와 녹말의 사용뿐 아니라 수많은 방법이 있다. 많은 소스는 기름과 물을 모두 함유하므로, 마요네즈를 만들 때 달걀노른자가 하는 역할인 유화제를 써서 걸쭉하게 할 수 있다. 덧붙여, 설탕, 우유, 크림, 산유[요구르트처럼, 주로 젖산균 등으로 우유를 발효해 산미와 특수한 풍미가 있게 만든 발효유] 제품, 퓌레 및 빵 부스러기 등도 이런 기능을 할 수 있다. 현대의 많은 식당은 앞서 다뤘던 젤화제 및 검을 다량 구비해 전통적인 방법을 대체하고, 소스의 세계에 새로운 질감 요소를 부여하는 데 기여했다. 또한, 액체에 공기를 넣거나 휘핑크림을 더해 걸쭉해지는 효과를 이룰 수도 있다. 이런 효과는 기포가 서로 만나기 어려워(터지지 않아) 생기는데, 오래가지는 않는다.

누군가 조리법에 관해 지식이 많지 않다면, 아마 소스는 다소 기이한 도전으로 여겨질 것이다. 정말 맛있고 덩어리지지 않게 잘 만들어진 소스를 처음으로 만들면 한 개인의 대성공이라고 볼 수 있다.

소이 소스[간장], 피시소스 및 우스터소스 같은 어떤 양념들은 소스라 불리지만, 실제로는 그렇지 않다. 반면, 케첩, 마요네즈, 레물라드 같은 것들은

소스이지만, 그렇게 여겨지지 않는다.

베아르네즈, 홀랜다이즈, 보르드레즈 및 여타의 많은 전통적인 소스는 함께 낼 요리와는 별도로 만들어놓고, 다양한 방식으로 쓸 수 있다. 다른 소스들은 특정한 요리에 연결되는데, 일반적으로 조리 과정에서 나온 액체나 고기 육수를 바탕으로 한다. 그 소스들은 늘 걸쭉하게 하거나 유화시켜 만든다. 잘 알려진 예는 굽거나 소테를 하고 팬에 눌어붙은 것으로 만든 소스다. 스톡, 과즙, 크림, 우유나 와인으로 '디글레이즈'한다. 액체는 가열하면서 졸아든다. 그 뒤에 걸쭉해질 수 있다. 이런 종류의 소스는 조리된 뒤, 요리의 나머지 재료들과 함께 바로 먹는다.

대부분의 소스는 복합적이며 여러 공정의 조합으로 이루어진다. 많은 다른 입자들을 걸쭉하게 하고, 유화하고, 현탁액으로 만드는 것 등이다.

비네그레트

비네그레트는 걸쭉하지 않은 차가운 소스로, 기름, 와인 식초, 소금, 후추 및 다른 몇몇 향신료를 모두 함께 휘저은 혼합물이다. 용도에 따라 머스타드, 레몬 즙 및 토마토 퓌레 등 다른 재료를 더해 다양하게 할 수 있다. 가장 간단한 형태에서는 이런 종류의 드레싱은 유화되지 않고 기름과 식초는 일부 분리된다. 흔들면 혼합물은 조금 걸쭉해지는데, 기름이 작은 방울로 분해되기 때문이다. 한동안 놔두면 주요 성분들은 다시 분리되므로 쓰기 전에는 비네그레트를 격렬하게 흔들어야 한다.

걸쭉한 소스

소스를 걸쭉하게 하는 전통적인 방법은, 밀가루나 녹말을 쓰는 것이다. 안타깝게도, 그런 물질로 걸쭉해진 소스는 덩어리지는 경향이 있다. 이런 일이 일어나지 않게 하려면, 증점제가 나머지 용액과 결합하기 전에 물이나 지방에 녹여야 한다.

일반적인 증점제는 여러 유형의 밀가루와 녹말로 만들 수 있는데, 우선 물에 녹여 묽은 혼합물을 만들면 나머지 액체에 쉽게 뒤섞일 수 있다. 감자 가루는 녹말 과립이 커서 걸쭉한 소스를 만들지만, 그 결과물은 다소 거칠 수 있다. 더 작은 과립으로 이루어진 옥수수 녹말이나 쌀 녹말을 쓰면, 윤기 나면서 더 부드러운 소스가 된다. 모든 경우에, 소스를 만들 때 격렬하게 저으면 녹말 과립을 분해하는 데 도움을 주어 좀 더 고른 질감을 남긴다. 밀가루는 또한 일정량의 단백질을 함유하고 있어, 밀가루를 넣어 걸쭉하게 한 소스는 순수한 녹말로 만든 소스보다 더 거친 구조와 덜 광택이 나는 표면을 갖는다.

루roux라고 불리는, 밀가루와 지방 혼합물로 걸쭉하게 한 소스는 지금도 많이 쓰는 가장 전통적인 소스 가운데 하나다. 루는 같은 양의 밀가루와 녹은 지방으로 이루어져, 매우 부드러운 소스를 만들어낸다. 루를 만들려면, 우선 지방을 적당한 온도에서 녹인 뒤, 밀가루를 넣고 휘젓는다. 이 혼합물을 원하는 색(흰색, 금발색, 혹은 갈색)이 나올 때까지 가열한다. 이때 스톡, 와인, 물 혹은 고기 육수를 넣고 덩어리가 생기지 않도록 천천히 젓는다. 루를 오래 가열할수록, 그레이비에 덩어리가 생기고 밀가루의 단백질 때문에 거칠어질 위험이 적어진다. 밀가루 대신 녹말을 쓰면 이런 문제를 완전히 비껴갈 수 있다.

화이트 루에 우유, 크림 혹은 부용을 넣으면 베샤멜 소스로 만들 수 있다. 블론드 루에는 달걀노른자나 크림을 넣을 수도 있는데, 송아지 고기, 가금류 고기 혹은 생선 요리와 함께 내는 벨루테로 바꿀 수 있다. 브라운 루는 에스파뇰 소스를 만들 때 쓴다. 이것은 높은 온도에서 오랫동안 가열하기 때문에, 걸쭉하게 하는 능력을 일부 잃어 결과적으로 다른 소스에 색을 더하는 데 주로 쓴다. 마데이라를 에스파뇰 소스에 넣으면, 데미글라스 소스가 된다.

걸쭉한 그레이비와 묽은 그레이비.

브라운 소스의 맛은 때때로 가스트리크라 불리는 액체를 써서 바꾸고는 한다. 가스트리크는 캐러멜화한 설탕과 식초로 만든, 점성이 있고 달콤하며 신 액체로, 소스를 더 걸쭉하게 만드는 효과도 낸다.

또한 소스는, 예를 들어 끓는점보다 낮은 온도에서 버터나 크림 같은 지방을 넣어 걸쭉하게 할 수 있다. 이는 더 작은 방울 형태의 지방이 소스를 약간 걸쭉하게 하기에 일어나는 일인데, 맛을 더 풍부하게 하는 데 도움을 주고 입안에서 더 크리미하게 느끼도록 해준다. 지방은 맛 물질 및 향 물질을 일부 결합할 수 있어서, 너무 많이 넣으면 그레이비 소스의 맛을 가린다. 이런 유형의 소스는 또한, 우유, 산유 제품 및 치즈를 써서 맛을 풍부하게 할 수 있다.

유화된 소스

유화된 소스는 대부분 물에 기름을 넣어 만든다. 기름과 물을 결합할 수 있는 에멀션의 능력은 소스가 매력적인 방식으로 입을 코팅하도록 하고, 음식이 삼켜지기 전에 맛 물질 및 향 물질이 방출될 충분한 시간을 준다.

홀랜다이즈 소스는 모든 유화된 소스의 기본 소스로 여겨진다. 그것은 녹인 버터를 부용에 넣고, 선택에 따라서는 레몬 즙을 넣기도 한 혼합물을 달걀노른자의 도움으로 유화해 만든다. 먼저, 달걀노른자를 부용(그리고 레몬 즙을 쓸 수도 있고)과 함께 섞고, 혼합물을 따뜻한 물이 든 통에 담근다. 녹인 버터는 조금씩 섞으며 넣는다. 홀랜다이즈 소스는 일반적으로 소금, 약간의 레몬 즙 및 카엔고추로 조미한다. 소스는 생선, 채소 및 달걀 요리와 함께 바로 낸다.

베아르네즈 소스는 향신료와 허브로 조미한 홀랜다이즈 소스의 변형으로, 일반적으로 쇠고기 요리와 함께 낸다. 가장 자주 쓰는 허브는 타라곤과 처빌이다. 맛 좋고 안정적인 베아르네즈 소스 만들기는 쉽지 않은 도전이다. 소스가 덩어리지거나 뭉치면 식초를 넣어 더 산성이 되게 하고 격렬하게 저어 다시 유화시켜 균질한 액체로 만들 수 있다.

원론적으로, 마요네즈는 유화된 소스다. 마요네즈는 홀랜다이즈나 베아르네즈와 대조적으로, 차갑게 낸다. 고전적인 마요네즈는 식물성 기름 그리고 레몬 즙이나 화이트와인 식초 혼합물로 만드는데, 달걀노른자의 도움으로 유화하고 소금, 후추, 원하면 향신료까지 넣어 조미한다. 또한, 머스터드를 써서 유화할 수도 있다. 마요네즈는 레몬 즙이나 화이트와인 식초, 유화제를 혼합하고, 그다음에 기름을 한 방울씩 떨어뜨리면서 쉬지 않고 저어주면서 천천히 넣는다. 기름을 너무 빠르게 넣거나 혼합물에 수분이 너무 적으면 마요네즈는 분리될 것이다. 잘 만든 마요네즈에서는, 작은 기름방울들이 가까이 붙어 있어서 에멀션이 꽤 단단하고 약간 탄력 있는 마우스필을 갖는다.

아이올리는 마요네즈의 일반적인 변형으로, 마늘이 들어간다. 지중해 지역에서는 해산물 요리와 생선 수프에 곁들이는 매우 인기 있는 소스다. 또 다른 변형으로는 레물라드 소스가 있는데, 다진 허브, 피클, 선택에 따라서는 케이퍼 등을 넣어 풍미를 돋운다. 이 소스는 북유럽의 많은 지역에서 몇몇 구운 고기, 생선 및 감자 튀김pommes frites에 곁들이는, 널리 쓰이는 양념이다.

루이유

루이유는 오래된 빵의 부스러기나 껍질로 걸쭉하게 할 수 있는 소스다. 전통적으로 해산물 수프인 부야베스에 곁들여져 맛을 더하고 수프를 걸쭉하게 했다. 루이유는 올리브 오일, 붉은 고추나 카옌고추, 마늘, 샤프란을 함께 퓌레로 만든 뒤 빵 부스러기로 걸쭉하게 해 만든다. 다른 레시피에 따르면, 부드럽게 한 오래된 빵, 마늘, 카옌고추를 넣은 아이올리의 한 형태다.

수프의 마우스필

수프는 기본적으로 고기, 생선, 조개, 채소, 곡류, 완두콩, 버섯, 면, 해초, 된장이나 두부 등 거의 모든 식재료를 넣을 수 있는 맛있는 액체다. 그 액체는 소스와 같은 방법을 써서 매우 묽게 혹은 걸쭉하게 만들 수 있다. 수프의 마우스필은 거의 언급되지 않지만, 실제로 수프를 특별하게 해주는 것은 바로 그 마우스필과 그 변형이다. 특히 액체 성분과 더 단단한 재료의 질감 간 대조는 흥미롭다. 액체가 입을 코팅하는 방식 또한 고체 입자의 맛을 강화하는 데 도움을 준다.

육수, 브로스, 부용 및 콘소메

수프는 늘 생선, 고기, 뼈, 혹은 채소를 물에 끓인 뒤 체로 고형물들을 걷어낸 육수stock에서 시작한다. 주로 물로 이루어져 있으며, 맛 물질과 향 물질뿐 아니라 탄수화물, 단백질 및 지방도 녹아들어 있을 것이다. 가장 순수한 형태에서는 거의 무미하다. 거기에 소금, 후추 및 여러 향신료와 허브 같은 조미료를 넣으면, 브로스broth 혹은 프랑스어로 부용bouillon이라고 한다. 때때로 육수는 달걀흰자를 써서 맑게 만드는데, 달걀흰자가 액체 안의 수용성 단백질을 응고시키기 때문이다. 콘소메는 액체를 조금 끓여 농축한 브로스다.

이 모든 수프 밑국물은 물 같은 질감을 갖는데, 뼈를 우려 젤라틴을 충분히 생산하면 걸쭉한 국물이 되기도 한다. 따라서 밑국물들은 일반적으로 특별히 점성이 높지 않고 입 안쪽을 코팅하지 않는다. 맛 물질 및 향 물질은 입과 코의 수용체들에 도달하는 데 별 어려움이 없지만, 수프는 맛 경험이 최대한 음미되기 전에 목구멍 아래로 사라지는 경향이 있다. 이런 이유로, 수프 밑국물이 흥미로운 마우스필을 가지려면 수프를 걸쭉하게 하거나 단단해서 씹히는 재료들을 강화해야 한다.

수프를 걸쭉하게 하기

수프는 소스와 같은 방법으로, 녹말, 루, 젤라틴, 겔화제, 달걀, 우유, 크림, 치즈 및 퓌레를 더해 걸쭉하게 한다. 수프가 흥미로운 질감을 가지고 입안을 기분 좋게 코팅하려면, 걸쭉해진 수프가 침과 잘 섞일 수 있어야 한다. 이는 녹말이나 젤라틴 같은 것들을 증점제로 쓸 때 쉽게 일어난다. 하지만 잔탄검처럼 좀 더 복잡한 몇몇 다당류로 걸쭉하게 한 수프는 침과 쉽게 섞이지 않는다. 그 결과, 침은 맛 물질을 빨리 받아들이지 못하고, 수프가 살짝 끈적하게 느껴질 수 있다.

타피오카 '눈'이 들어간 달콤한 과일 수프

과일 즙과 사고 펄(타피오카 펄)로 만든 달콤한 수프는 옛날식 스칸디나비아 요리로, 먹을 때 우리를 빤히 쳐다보는 반짝이는 작은 눈이 든 수프처럼 보인다. 부풀어 오른 사고 알갱이의 거칠고 약간 끈적이는 질감은, 수프에서 가장 도드라지는 질감 요소다.

질감을 더하기

수프를 정말 맛 좋게 만드는 것은, 그것이 걸쭉하든 묽든, 단단한 재료를 더해 마우스필을 다양하게 하는 것이다. 이를 위해서는, 다른 방법을 쓰거나 더 길거나 짧게 조리해야 하는데, 수프의 밑국물과 단단한 재료를 따로 작업하고는 한다. 쉬운 길을 택할 수도 있는데, 미리 만들어진 스톡 제품(입방형 고형이든, 가루든, 캔에 든 농축액이든)을 써서 거기에 단단한 재료를 익혀 넣는 것이다.

프로방스풍 부야베스는 다양한 재료를 써서 질감의 변화들을 이루는 법을 탁월하게 잘 보여준다. 부야베스 레시피는 매우 많지만, 모두 진한 생선 브로스를 기반으로 한다. 부야베스는 넉넉한 양의 올리브 오일을 두르고 화이트와인을 넣어 다양한 질감을 가진 여러 생선과 패류貝類를 양파, 토마토, 마늘, 허브들과 함께 끓여 만든다. 생선뼈에서 나온 젤라틴은 수프를 걸쭉하게 하는 데 도움을 준다. 혼합물이 팔팔 끓을 때 기름은 작은 방울로 쪼개져 유화되고, 생선뼈에서 우러난 젤라틴의 도움으로 더 크리미해진다. 전통적으로, 생선 조각들과 패류는 액체에서 건져 따로 낸다. 요리의 마우스필에 또 다른 차원을 더하는, 올리브 오일에 구운 빵 한 조각은 볼에 담겨 나오고, 그 위에 수프를 붓는다. 수프는 기름이 분리되기 전에 바로 먹어야 한다. 어떤 부야베스 레시피에는, 해산물 대신 달팽이를 쓴다.

지나간 시절 농가 부엌에서 매일 먹던 어떤 수프들에는 곡물이나 여타 녹말이 많은 재료, 예를 들어 사고, 감자 녹말, 세몰리나[듀럼밀 제분 과정에서 생긴 거친 입자의 가루. 파스타 제품의 원료로 쓴다] 등이 들어가고는 했는데, 영양가뿐만 아니라, 증점제 역할을 했다. 많은 사랑을 받은 이런 종류의 푸짐한 수프로는 양고기와 보리가 든 스카치 브로스가 있는데, 어떻게 곡류가 수프를 풍부하게 하고 다양한 질감을 함께 엮는지 보여주는 훌륭한 예다. 가난한 이들의 식단에서 주식이었던 포리지와 콘지

congee를 비롯해 다양한 형태의 곡물 죽gruel은 넓게 보면 수프와 같은 범주로 분류할 수 있다.

쫄깃한 반죽을 바삭한 빵으로 바꿔내기

원론적으로, 빵을 굽는 과정에는 반죽의 녹말을 젤라틴화하는 것이 포함된다. 가열하면, 반죽의 질기고 젤라틴화된 구조가 갓 구운 빵의 속과 같은 특징을 가지는 질감으로 바뀐다. 빵 속의 성질은 질긴 상태에서 스펀지 같고 고형인 상태로 변해간다. 그것들이 얼마나 빽빽하게 채워지는지는, 팽창제로 뭘 쓰는지, 반죽이 얼마나 오래 부푸는지, 그리고 밀가루의 글루텐 함량이 어떤지에 달렸다. 그와 동시에, 빵 껍질은 바삭하고 크런치해진다.

빵의 특징은 하나 혹은 몇 가지 조합으로 쓰는 밀가루의 종류, 그리고 반죽하는 방식에 의해 결정된다. 예를 들어, 이스트를 쓰는 것과 오래된 사워도 스타터sourdough starter 같은 세균 배지를 쓰는 것에는 큰 차이가 있다.

바삭하고 부드러운 빵에서, 오래되고 마른 빵까지

갓 구운 빵의 바삭한 껍질은 거부하기 힘든 매력인 반면, 수분을 흡수하면 눅눅하면서 가죽 같아져 그 매력을 잃어버린다. 갓 구운 빵의 마우스필은 크런치하고, 갈색 껍질은 구울 때 형성되는 맛있는 마이야르 반응의 화합물과 바삭함에 대한 기대를 한껏 높여준다.

빵은 갓 구워 껍질은 놀랍도록 크런치하고 안쪽은 기분 좋게 공기를 머금어 부드럽고 폭신할 때 가장 맛이 좋다. 그럴 때 빵의 마우스필도 최고다. 구운 지 며칠이 지나면, 빵 껍질은 바삭함을 잃고 속은 단단해진다. 오래된 빵 덩어리는 말라서 딱딱해진다. 하지만 실제 일어나는 일은 그 반대다. 빵을 보관하는 환경은 대개 갓 구운 빵의 속보다 수분을

매우 옛날식의, 바삭한 껍질을 가진 사워도 빵

2덩어리 분량 | 물 5컵(1.2L), 중력분 5컵(625g), 통밀가루(강력분처럼 글루텐 함량이 높은 것) 5컵(625g),
몰던 소금(반죽에 뿌릴 용도로 조금 더) 2큰술(35g), 사워도 스타터 2큰술(30g), 올리브 오일

사워도 스타터는 밀가루와 물로 된 배지에서 자라는 젖
산균으로 만든 살아 있는 배지다. 이론적으로, 이런 스타
터는 제대로 관리하면 끝없이 계속 사용할 수 있다. 우리
중 한 명(클라우스)은 현재 8년 된 스타터를 가지고 있다.
그는 그 스타터를 발데마르라 부르면서, 베이킹에서 팽창
제로 쓴다.

어떤 사람들은 스타터를 이름으로 부르는 것이 완전히 미
친 짓이라고 생각할지도 모른다. 하지만 실제로는 그렇지
않다. 사람은 작고 매력적이고 살아 있는 생명체를, 그것
과 개인적인 관계가 있을 때 훨씬 더 주의 깊게 보살피는
경향이 있다.

자기만의 '발데마르'를 갖는 것은 꽤 쉽다. 이 모든 것은
부드럽고 끈적한 반죽을 빚는 데서 시작한다.

빵 스타터

- 수돗물[저자들이 사는 덴마크와는 달리, 한국의 수돗물은
  염소 소독한 것이라 사워도 스타터를 만들기 어렵다. 독자들
  이 이를 만들어보고 싶다면 지하수를 사용해야 한다]을 질
  좋은 통밀 혹은 중력분과 섞고 그 안에서 미생물이 적
  당히 즐기도록 놔둔다! 농도는 부드러운 포리지 정도
  가 되어야 한다.
- 반죽을 마른 행주로 덮고 따뜻한 곳에 2~5일 동안 놔
  둔다. 작은 기포가 일어나기 시작하면, 미생물이 활성
  화된 것이다! 이 단계에서, 스타터의 약 80퍼센트를 버
  리고 그 양만큼 물과 밀가루를 채워 넣는 일을 매일 해
  야 한다. 반죽에서 약간 시큼한 냄새가 나기 시작하고
  일정한 리듬을 보일 때까지 이 과정을 되풀이하는데,
  이 리듬은 반죽이 영양분을 섭취할 때마다 조금씩 부
  풀어 오른다는 뜻이다.
- 이제 스타터 도를 차가운 곳에 보관할 수 있고, 먹이
  주는 주기를 2~3일에 한 번까지 늘릴 수 있다.

빵

- 재료들을 한꺼번에 넣고, 글루텐이 형성될 때까지 반죽
  기로 치댄다. 반죽을 비닐 랩으로 싸서 실온에 2시간
  동안 놔둔다.
- 반죽을 15시간 동안 냉장한다.

- 반죽할 조리대 위에 밀가루를 뿌리고 반죽의 반절을
  놓는다. 4번 접어, 8겹으로 만든다.
- 황산지를 깐 베이킹 팬 위 혹은 기름 바른 빵 틀 안에,
  주걱으로 반죽을 뒤집어 넣는다.
- 나머지 반죽 절반도 같은 방식으로 처리한다.
- 반죽 덩어리들을 덮고, 부풀어 오를 때까지 1~2시간
  (실온에 따라 차이가 있다) 동안 놔둔다.
- 오븐을 섭씨 240도까지 예열한다.
- 주방 가위로 각 반죽 덩어리마다 칼집을 깊게 6개씩
  낸다. 칼집마다 올리브 오일을 몇 방울씩 떨어뜨리고
  몰던 소금을 뿌린다.
- 바로 반죽 덩어리를 오븐에 넣고 20분 동안 굽는다. 온
  도를 섭씨 175도까지 낮추고 25분 동안 더 굽는다.
- 껍질이 도톰하고 색이 진해지고 바삭해지면 오븐에서
  꺼낸다. 팬이나 틀에서 꺼내고 선반에 놓고 식힌다.

실로 옛날식의, 바삭한 껍질을 가진 사워도 빵.

많이 함유하고 있어 빵 덩어리는 주변으로부터 물을 흡수한다. 이러면 밀가루로 있었을 때처럼 녹말은 노화되어 다시 단단해진다. 오래된 빵 덩어리가 마른 마우스필을 갖는 이유다.

노화되어 딱딱해진 빵은 섭씨 60도까지 데워, 녹말 결정을 다시 녹게 해 어느 정도까지는 복구할 수 있다. 또, 반죽에 달걀노른자 같은 유화제를 넣으면 이런 노화 현상을 막을 수 있다.

빵을 냉장고 같은 낮은 온도에서 보관하면 녹말 알갱이가 노화하는 속도가 빨라진다. 이런 이유로, 빵은 늘 실온에 보관해야 한다. 하지만 노화는 섭씨 영하 5도 아래에서 멈추기 때문에, 냉동고에서는 빵을 성공적으로 보관할 수 있다. 빵을 구운 직후에 냉동해야 한다.

오래된 빵은 부스러기를 만들어 쓰거나 루이유처럼 소스와 드레싱의 마우스필을 강화하는 데 쓸 수 있기에, 버릴 필요는 없다.

바삭한 껍질과 새로운 모양: 프레첼과 베이글

프레첼과 베이글은 특별한 마우스필을 갖는데, 얇고 단단한 껍질과 부드러운 속, 이 두 가지의 뚜렷하게 다른 질감 때문이다.

프레첼은 특유의 짠맛이 있으며, 빽빽한 밀가루 반죽으로 만든다. 일단 모양을 잡으면, 물과 가성소다(수산화나트륨)로 만든 염기성 용액을 매우 빠르게 뿌린다. 가성소다는 공기 중 이산화탄소와 결합해 단단한 탄산칼슘 껍질을 이루는데, 이른바 '석회화'라는 과정이다. 오븐 안의 열과 수분은 프레첼 표면의 녹말이 젤라틴화되도록 한다. 높은 온도에서 구우면 이 젤라틴화된 바깥쪽은 단단하고 윤기 있게 된다. 가성소다는 염기성이어서 껍질의 마이야르 반응이 빨라지도록 도와주고, 껍질이 갈색이 되고 맛이 좋아지게 해준다. 그리고 나서 프레첼 안쪽이 완전히 마르지만 작은 기포들로 가득할 때까지 오븐의 온도를 낮추고 계속 굽는다. 또한, 바깥

껍질의 석회화는 가성소다를 베이킹 소다로 대체해 좀 더 부드러운 방법으로 유도할 수 있다.

베이글은 빽빽하고 단단한 밀가루 반죽으로 만든, 동유럽의 전통적인 효모 롤빵이다. 베이글은 굽기 전에 한 번 데치는 데서 고유한 특질이 나온다. 베이글 레시피는 다양하게 있는데, 몬트리올 베이글처럼 가장 고전적인 종류의 베이글은 빽빽하고 살짝 끈적한 속과 단단하고 바삭하며 윤기 나는 표면을 가진다.

러스크, 건빵, 비스코티: 두 번 굽고 매우 마른

유난히 마른 마우스필을 가진 다양한 베이킹 제품이 있다. 이는 일반적으로 그 제품들을 두 번 굽거나 한 번 구운 뒤 말려 오래 보존되도록 하기 때문이다. 이런 베이킹 제품의 예인 '비스킷biscuit'과 '즈위백zwieback'은 옛날 프랑스어와 독일어로 둘 다 "두 번 구운"이라는 뜻이다. 영어로는 보통 러스크rusk, 비스킷biscuit, 혹은 크래커cracker라 한다.

특정 유형의 러스크, 건빵은 원래 단순하게 밀가루나 호밀가루, 물과 소금으로 만들었다. 여기에는 오랜 역사가 있다. 로마 군단의 시기 이래로, 건빵은 군사 행동에서 믿을 만하고 잘 썩지 않는 음식으로 쓰였고, 이후 범선의 시대에는 긴 항해의 주식이 되었다. 수년에 걸쳐 여러 나라에서 다양한 형태로 쓰였는데, 지금은 대부분 배급이나 구조 임무에서 생존 식량의 형태로 쓴다. 건빵은 때때로 부숴서 질감을 더하려고 수프, 특히 생선 차우더에 넣는다.

뚜렷이 다른 다양한 종류의 비스킷이 세계의 다양한 음식문화에서 발견된다. 비스코티는 잘 알려진 예로 이탈리아에서 유래했으며 칸투치나라고도 하는데, 종종 아몬드가 통으로 들어간다. 비스코티는 먼저, 베이킹파우더를 넣고 약간 납작하게 구워 한 덩어리 빵을 만든다. 이 빵 덩어리를 비스듬히 자르고[바게트 자르듯이], 그 조각들이 단단하게 마를 때까지 낮은 온도에서 다시 굽는다. 비스코

프레첼

10개 분량 | 중력분 4컵(500g), 우유 1컵(250ml), 말린 효모 2와 1/4작은술(10g), 버터 3과 1/2큰술(50g), 소금 2작은술(10g), 몰던 소금, 물 1L, 베이킹 소다 3큰술(38g)

- 밀가루를 체로 걸러 볼에 담고 가운데를 오목하게 판다.
- 우유 1/3컵(85ml)을 미지근하게 데우고 거기에 효모를 녹인 뒤 밀가루의 오목한 데 붓는다.
- 버터를 정육면체로 자르고, 소금과 함께 밀가루 담은 볼 가장자리 쪽에 뿌린다.
- 볼을 덮고 20분 동안 놔둔다.
- 우유 2/3컵(165ml)을 데워 볼에 붓고, 모두 함께 주무르고 치대 부드러운 반죽을 만든다.
- 반죽을 10등분하고 덮어, 부풀어 오를 때까지 20~25분 동안 따뜻한 곳에 놔둔다.
- 나눈 반죽을 각각 고전적인 프레첼 모양으로 빚어 베이킹 팬에 놓는데, 모두 다 빚을 때까지 덮어놓는다.
- 오븐을 섭씨 160도까지 가열하고, 베이킹 팬에 황산지를 간다.
- 물에 베이킹 소다를 넣고 끓인다.
- 프레첼 반죽을 한 번에 하나씩 끓는 물에 20~39초 동안 담갔다가 빼서 준비된 베이킹 팬에 놓는다.
- 두꺼운 부분에 칼집을 내고 몰던 소금을 뿌린다.
- 오븐 가운데에 반죽을 놓고 15~20분 동안 밝은 갈색이 날 때까지 굽는다.
- 제빵용 선반에 놓고 식히되, 따뜻할 때 내는 것이 가장 좋다.

프레첼.

베이글.

티를 베어 무는 것은 어려운 도전일 수 있으며, 그것 때문에 이가 많이 부러졌다고 알려졌다. 그 마우스필을 좀 더 부드럽고 촉촉한 것으로 바꾸려면, 비스코티를 커피 한 잔이나 달콤한 비노 산토vino santo[말린 포도로 만든 와인, 영어로는 holy wine으로, 미사에 쓰던 것] 한 잔에 적셔 먹는다.

크루통은 마르고 오래돼 딱딱한 흰빵[식빵] 조각이나 빵 가장자리를 버터나 기름에 팬토스트하여 만든다. 그런 다음 식히고, 크루통을 곁들일 요리에 알맞은 크기로 자른다. 크루통은 바삭하고 크런치하기에 수프와 샐러드에 대조적인 질감을, 경우에 따라서는 예상치 못한 맛을 더한다. 크루통이 어금니 사이에서 부서질 때 턱과 두개골 사이에 전해지는 울림은 전체적인 맛 경험을 완벽한 수준까지 끌어올릴 수 있다.

바삭한 껍질과 크런치한 뼈

우리 중 많은 사람은 구운 가금류, 바삭하게 튀긴 돼지고기나 팬에 기름을 두르고 지진 생선의 바삭한 껍질보다 더 맛있는 것은 없다고 생각한다. 마찬가지로, 흐물거리는 닭 껍질이나 질기고 고무 같은 돼지껍질만큼 우리를 실망시키는 것은 없다. 파삭 씹으려면 마르고 바삭해야 하고, 씹을 때 깨지고 부서져야 하며, 입안에서 질긴 덩어리가 되어서는 안 된다.

고기를 굽거나 생선을 튀길 때 가장 큰 어려운 과제는, 고기나 생선을 너무 많이 익혀 속까지 말라버리는 것을 피하면서도 껍질은 바삭하게 하는 것이다. 겉은 건조하고 바삭하며 안은 부드럽고 즙이 가득해야 한다는 것이 규칙이다.

초리소와 양파를 곁들인 타르트 플랑베

4~6인분

속 | 양파 500g, 버터 5작은술(25g), 치킨 초리소나 베이컨 150g, 38퍼센트 크렘 프레슈 2/3컵(150ml), 넛메그 1개(곱게 간다), 프로마주 프레fromage frais[숙성시키지 않아 박테리아가 살아 있고 수분이 많은 치즈] 2/3컵(150ml), 소금, 곱게 간 후추

반죽 | 중력분 4컵(500g), 기름 6과 1/2큰술(100ml), 소금 2작은술(12g), 따뜻한 물 1과 1/4컵(300ml)

타르트 플랑베는 바삭한 밑빵 위에 생치즈, 양파 및 베이컨을 덮은, 알자스의 요리다. 이 레시피에서는, 치킨 초리소로 베이컨을 대체한다. 이것은 피자와 비슷하지만, 밑빵은 더 얇고 팽창제 없이 만든다. 이름에 암시되었듯이, 이 요리는 보통 나무를 때는 화덕에 구워 매우 바삭하므로 파스스 부서진다. 하지만 이 요리는 돌 오븐에서, 특히 나무를 때는 돌 오븐에서 훈연과 나무의 환상적인 맛을 더해 더 멋지게 구워질 것이다.

이런 종류의 밑빵은 아마 초기의 베이킹 제품과 매우 비슷할 것이다. 당시에는 두 개의 돌로 거칠게 간 밀가루를 약간의 물과 섞어 납작한 반죽을 만든 뒤 모닥불 위의 돌판에 놓아 만들었다.

속 만들기

• 양파 껍질을 벗기고, 반으로 잘라 얇게 채 친다.
• 약불로 양파를 버터에 넣고 갈색이 되지 않을 때까지 가능한 한 오래 조린다.
• 초리소를 얇게 슬라이스로 썬다.

• 생치즈, 크렘 프레슈, 양파, 넛메그 간 것, 소금 및 갓 간 후추를 섞고, 초리조도 넣는다.

반죽 만들기

• 밀가루를 볼이나 푸드 프로세서에 넣고, 기름을 조금씩 넣고 잇달아 물을 더해가며 섞는다.
• 반죽을 비닐 랩으로 싸서 마르지 않도록 하고, 1시간 반 동안 놔둔다.
• 반죽을 밀대로 밀어 여러 장의 아주 얇은 밑빵을 만들어 황산지 위에 놓는다.

타르트 만들기

• 밑빵의 거의 가장자리까지 속 재료로 덮고, 따뜻한 베이킹 판 위에 밀어 올려놓은 뒤, 최소 섭씨 280~300도의 매우 뜨거운 오븐에서 8~10분 동안 굽는다. 가장자리는, 군데군데 거의 탄 듯하며 진한 갈색이 되어야 한다.

껍질 바깥층의 50~80퍼센트는 물과 결합 조직으로 이루어졌다. 결합 조직은 주로 콜라겐 성분인데, 콜라겐은 모든 것을 한데 모으는 부드럽고 탄력 있는 겔을 이룬다. 특히 생선, 돼지고기, 가금류(특히 오리)의 껍질 밑에는 주로 지방과 결합 조직으로 이루어진 두꺼운 층이 있다. 이 두 층의 두께는 동물의 부위마다 다를 수 있다. 생선과 돼지의 경우, 뱃살과 삼겹살 근처 껍질이 특히 지방이 많다.

껍질은 유기체를 보호하기 위한 것이어서 자연 상태에서는 매우 질겨, 먹으려면 그전에 부드럽게 만들어야 한다. 가열하면 껍질은 수축한다. 결과적으로 껍질이 구운 고기를 모두 덮도록 하려면, 익히기 전에 껍질이 끄트머리 너머까지 튀어나오도록 다듬어야 한다. 또한, 껍질이 모든 방향으로 고르게 수축하지 않는다는 점도 주목할 만하다.

완벽하게 바삭한 껍질을 만들려면, 다음 세 가지 규칙을 지켜야 한다. 첫째, 껍질의 바깥층에 있는 수분 일부는 반드시 추출되어야 하지만, 모두는 아

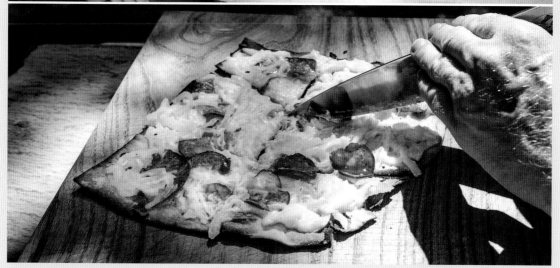

초리소와 양파를 곁들인 타르트 플랑베.

크루통

재료 | 하루 지난 질 좋은 빵, 올리브 오일, 마늘, 약간의 타임 잔가지

- 빵을 약 1~2cm 크기의 작은 조각으로 찢거나 자른다.
- 납작팬에 올리브 오일을 약간 붓고, 마늘을 으깨 타임과 함께 넣고 살살 볶는다.
- 빵 조각들을 높은 온도에서, 금빛이 되게 그리고 가능

하면 끄트머리는 살짝 탄 듯하게 굽는다. 하지만 빵 조각 가운데는 부드러운 상태여야 한다. 그래야 빵 조각들 맛의 모든 뉘앙스를 간직할 수 있다. 음식을 내기 전에 마늘과 타임은 뺀다.

크루통.

니다. 바삭한 껍질, 특히 파삭거리는 돼지껍질에서 중요한 부분인 기포와 물집을 생성하는 데, 굽는 동안 남아 있는 작은 물주머니들이 증발하는 게 도움을 주기 때문이다. 둘째, 결합 조직은 콜라겐을 젤라틴으로 바꿔서 부드럽게 만들어야 한다. 마지막으로, 외피 아래층의 지방 대부분은 녹여야 한다. 그 지방은 높은 칼로리뿐만 아니라 좋지 않은 질감을 가졌다고 생각하는 사람이 많기 때문이다.

바삭한 가금류 껍질

다양한 종류의 가금류 껍질의 주요한 차이점은, 표면 바로 아래에 있는 지방층의 두께다. 예를 들어, 오리의 지방층은 닭의 상대적으로 얇은 지방층과 비교하면 훨씬 두껍다. 그 결과, 오리 고기가 완벽하게 부드럽고 즙이 풍부하게 조리하면서 껍질을 바삭하게 익히는 것은 더 어렵다.

껍질이 두꺼우면, 껍질 아래 살코기를 너무 익히

지 않으면서 충분히 수분을 뽑아내기가 어려울 수 있다. 이 과정을 돕기 위해, 껍질을 선풍기 바람 아래 혹은 냉동고 안에 두어 어느 정도 말린다. 냉동하는 것은, 유난히 바삭한 껍질로 유명한 베이징덕을 만들 때 일반적인 사전 조리 방법이다. 또한, 살코기와 껍질 사이를 헐겁게 해서 열이 살코기 속으로 침투하기 힘들게 할 수도 있다.

조리의 첫 번째 단계는 껍질을 부드럽게 하고 콜라겐을 젤라틴화하는 것인데, 이를 위해서는 어느 정도 수분이 계속 있어야 한다. 껍질이 부드럽게 되고 가장 바깥쪽의 결합 조직이 겔화한 다음에는, 어떻게 껍질을 바삭하게 만들까 하는 걱정이 시작되기 전에 지방을 제거한다. 고기가 계속 가열되면서 더 많은 수분이 증발하고 지방이 녹아 떨어져 나가면서, 제거될 것이다. 이것만으로 효과를 보기는 충분하지 않은데, 지방 역시 콜라겐의 그물망에 잘 들어가 있기 때문이다. 하지만 이 구조를 분해하려고 더 가열하면 살코기 자체에 부정적인 영향을 끼칠 수 있다. 첨단의 현대 기술로, 예를 들어 액체 질소를 써서 껍질을 번갈아 가열/냉각하는 방법으로 이 문제를 해결할 수 있다. 마지막 단계는, 짧은 시간 동안 고온에서 로스팅하는 것으로, 가능하면 그릴 아래서 하는데, 껍질에 기포가 생기고 바삭해지게 한다.

가금류 껍질에는 돼지 같은 다른 동물의 껍질보다 수분이 적어서, 타닥거릴 만큼 기포와 물집이 생기지는 않을 것이다 이러한 이유로, 마지막 단계에서 껍질을 확실히 바삭하게 하려면 닭과 오리의 껍질에 지방이 충분히 있어야 한다. 껍질을 포크로 찌르거나 칼집을 냄으로써 지방이 바깥층 아래로부터 스며 나올 것이다. 가끔 고기에 육즙을 끼얹어 주면, 한결 나은 결과를 얻을 수 있다. 동시에 지방층은 복사열을 주위로부터 껍질로 전달하도록 도와, 콜라겐은 최대한도로 겔화한다.

전체적으로 볼 때, 완벽하게 구워 바삭한 껍질

을 만들어내는 기술은 어느 정도는 균형을 잡는 일이다. 부드럽고 고무 같은 껍질 혹은 너무 많이 익어 질기고 마른 고기로 끝나버릴 위험이 있다. 운이 좋게도 정확하게 잘 맞추었을 때는, 고기 자체로부터 육즙을 흡수할 시간이 있으니 껍질이 다시 부드럽고 질겨지기 전에 재빨리 구이를 내야 한다.

《현대 요리: 요리의 예술과 과학》의 저자 네이선 마이어볼드와 크리스 영은 오리 껍질을 완벽하게 바삭하게 만드는 문제의, 우아하지만 다소 복잡한 해결책을 고안해냈다. 그 방법은 껍질과 살코기 바깥층을 여러 번 얼렸다 녹여 껍질에서 수분을 추출해내고 가열해서 지방을 녹이는 것인데, 익힐 준비가 끝나기 전에는 열이 살코기까지 이르지 않게 해야 한다.

최고로 바삭한 돼지껍질

완벽하게 바삭한 껍질을 지닌 완벽한 돼지고기 로스트를 만드는 법에 관한, 그럴듯한 많은 이야기가 있다. 요리사들은 그렇게 하는 요령에 관한 자기만의 레시피와 설명을 갖고 있는 경우가 많다. 늘 그렇듯 도전 과제는 껍질에서 충분히 수분을 빼내고, 콜라겐을 젤라틴화하고, 많은 지방을 녹여내는 것이다. 그러면서 확실히 고기가 부드럽고 육즙이 가득하도록 한다. 그리고 돼지고기를 로스팅하는 경우에, 모든 사람은 돼지껍질 튀김이 가금류 껍질보다 훨씬 더 바삭하리라 기대한다.

껍질에 소금을 문질러서 어느 정도는 수분을 뽑아낼 수 있다. 또한 껍질에 칼집을 내면 익는 동안 수분과 지방이 쉽게 빠져나간다. 고기를 구울 때 슈납스schnapps[네덜란드 진gin. 독하고 색이 없으며 다양한 향을 낸다]를 약간 붓는 것은 오래된 요리 비법이다. 그러면 알코올이 지방을 일부 녹이는 효과를 낸다고 생각된다. 또한, 식초나 레몬 즙을 약간 쓰면 콜라겐 망을 약화시킬 만한 산이 더해져, 콜라겐이 더 쉽게 분해돼 젤라틴을 형성한다.

바삭한 껍질이 있는 가금류

가금류는 일상식부터 고급 요리까지 다양한 방식으로 조리할 수 있다. 치킨 너깃, 선데이 로스트 치킨, 유기농 닭, 오렌지 소스를 곁들인 오리 구이, 크리스마스 칠면조 구이… 그러고도 목록은 끝이 없다. 그런데 불행하게도, 많은 사람이 그저 조리하기 쉬운 닭 가슴살이나 넓적다리를 결코 벗어나지 않는다. 닭에는 참 많은 맛있는 근육 고기가 있고, 오리 가슴살은 질긴 갈색 껍질에 싸인 마른 살코기 조각보다 훨씬 더 풍미 있다.

현재, 닭과 오리 같은 일반적인 형태의 가금류는 미식계에서 별로 관심을 끌지 못한다. 하지만 지난 몇 년 동안 일본의 기술에서 영감을 얻은 일본계 미국인 요리사들이 가금류의 날개를 꽉 움켜쥐고는 바삭한 껍질과 육즙 가득한 살코기의 조합을 이루어낼 방법들을 고안해냈다.

일본과 미국의 요리사들 사이의 협력을 촉진하는 단체 '고향협회Gohan Society'[고향은 일본어로 밥, 또는 식사를 뜻하는 ごはん이다]가 고기를 테마로 하는 요리사들을 위한 마스터 클래스를 마련했을 때, 우리 중 한 명인 올레는 운 좋게도 뉴욕에 있었다. 이번에는 두 명의 요리 명장이 닭과 오리 가슴살을 써서 야키도리를 만드는 기술을 열두 명의 요리사에게 가르칠 예정이었다. '야키도리やきとり(焼き鳥)'라는 말은 석쇠로 굽는다는 뜻의 焼き와 닭을 뜻하는 鳥에서 왔다. 이 요리는 특별한 일본식 그릴 기술을 써서 만드는데, 그 기술은 원래 닭을 요리하기 위해 개발되었지만 버섯과 채소뿐만 아니라 다른 육류도 조리하도록 개량되었다. 이 요리들은 '꼬치'에 꽂아서 냈고, 일부 서양 메뉴에서는 'sticks'라는 별칭을 얻었다.

요리사 중 한 명인 일본 출신의 고노 아쓰시는 뉴욕에 있는 자신의 식당 '토리 신Tori Shin'에 모국의 작은 모퉁이 가게를 재창조했다. 다른 요리사 에릭 바테스는 미국에서 교육을 받았지만, 현대 일본 요리를 미국에 처음으로 소개한 요리 장인 모리모토 마사하루와 함께 일했다. 에릭은 음식을 만드는 오래된 일본의 방식에 매료되어, 서양의 재료를 써서 그 요리를 똑같이 만든다. 이 두 요리사는 서로 다른 조리법 사이의 협업으로 이룰 수 있는 놀라운 것들을 보여주었다. 또한 그들은 둘 다 일본의 특별한 비장탄 그릴을 쓰는 데 열정적이다.

비장탄 그릴은 일반적인 숯 그릴이 아니다. 많은 사람이 생각하는 것과는 반대로, 이 그릴의 숯은 특별히 뜨겁지는 않고 섭씨 760도 정도이지만, 강렬한 적외선을 방출하기에 매우 효율적이다. 이러면 확실하게, 살코기를 빠르고 균일하게 익혀 바깥쪽은 시어링하고 육즙은 간직하게 할 수 있다. 이렇게 하는 데는, 가마에서 구운 참나무로 만든, 특별한 종류의 매우 단단한 숯(비장탄)이 필요하다. 숯은 그릴에 빡빡하게 채워져서 산소 공급이 제한되는데, 요리사는 공기조절판을 써서 조절한다. 비장탄은 매우 느리게 타기 때문에, 다 채우면 그릴을 6~8시간 동안 불을 유지할 수 있다. 또 다른 특징은, 그릴은 사실상 연기가 안 나고 불쾌한 냄새를 풍기지 않는다. 하지만 에릭이 지켰듯이, 식당 내에서 비장탄 그릴을 쓰려면 소방 책임자들과 전문적인 상호작용이 필요하다.

고노 아쓰시는 활력과 기민한 몸짓을 보이며, 유기농으로 기른 잘생긴 닭을 부위별로 잘라내는 방법을 설명하기 시작했다. 야키도리는 길거리 음식이며, 전통적으로는 껍질, 목, 엉덩이 및 내장을 비롯해 닭의 모든 부위를 다 쓴다. 작은 근육들 각각에 이름이 있고 각각 특정한 맛과 질감으로 평가된다. 닭 한 마리는 분해되어 다양한 크기의 살코기와 껍질 조각들은 기다란 나무 꼬치에서 재조립된다. 어떤 것은 둥글고 어떤 것은 정사각형인데, 저마다 용도가 있다.

뉴욕의 고향협회에서 야키토리 기술 시연.

낭비할 겨를이 없었기에, 고노 씨는 12명 요리사의 훈련을 감독하고 작업대 사이를 오가며 빠르고 효과적으로 안내했다. 이것은 장인을 보고 따라 하면서 배우는 일본의 고전적인 장인-도제 모형을 따라, 어느 정도까지는 패턴화되었다.

그는 소리레스そりれす[닭, 칠면조 등의 골반의 오목한 속에 붙어 있는 맛있는 살점]이라 불리는, 넓적다리 중에서 더 수요가 많은 부위를 식별하고 잘라내는 데 많은 시간을 쏟았다. 그것들은 특히 육즙이 풍부하고 그 이름(chicken oyster)과 비슷한 맛이 난다고 여겨진다. 소리레스라는 이름은 프랑스어 sot l'y lasse 혹은 "바보만이 그것을 거기에 남겨둘 것이다Only a fool would leave it there"라는 말에서 유래한다.

닭고기 꼬치들에 가볍게 소금을 뿌린 뒤 그릴에 놓는다. 일단 조리가 진행되면, 꼬치 몇 개를 1~3번 정도 소스에 담근다. 다레たれ라고 불리는 소스는 보통 간장, 맛술みりん, 술과 설탕의 혼합물이다. 모든 야키토리 요리사가 자신이 쓸 소금의 종류를 선택하듯이, 그는 또한 다레의 정확한 레시피는 철저하게 비밀로 감춰놓는다.

맛은 어땠는가? 맛을 보기 전에, 먼저 우리는 오리 가슴살을 어떻게 다루는지에 주의를 돌렸다.

에릭은 전통적인 야키토리 조리법과 어느 정도는 반대되는 접근법으로 뛰어들었다. 그는 오리 가슴살만 썼는데, 그건 정말 놀라운 고기였다! 그것은 머스코비 오리muscovy duck[남아메리카산 야생 오리를 개량한 집오리의 한 품종]로, 껍질이 너무 두껍지 않았다. 가슴 살코기는 남은 오리에서 잘라냈고, 껍질은 구운 뒤에 줄어드는 걸 감안해 조금 삐져나오도록 다듬었다. 이때부터는 살코기에서 가능한 한 물기를 많이 뽑아내는 것이 목표인데, 그래야 최대한 높은 온도에서 구울 수 있기 때문이다.

오리 가슴살 조리는 요리 명장 모리모토 마사하루가 정교하게 고안한 22단계 레시피를 따랐다. 그것은 많은 노동이 필요한 과정이지만, 그 결과는 그만한 가치가 있다. 전통적인 일본 방식을 따르지는 않지만, 비장탄 그릴은 중요한 역할을 한다.

에릭은 권위가 자연스럽게 느껴지는 사람으로, 약간의 마술쇼를 펼쳐 보였다. 그는 어떻게 고기를 써는지 보여주었고, 복잡한 레시피 전체는 아니었지만 그 가운데 몇 부분을 시연해 보였다. 이는 어느 정도 타이밍과 관련 있는데, 조리 과정 가운데 8시간 동안 공기 중에서 건조시키고, 40분 동안 가슴살을 기름통에 담가둬야 하기 때문이다. 앞서 얘기했듯이, 이 모든 노력은 고기를 그릴로 굽기 전에 수분 함량을 최소화하기 위한 것이다.

먼저 껍질을 조리해야 한다. 껍질의 한 곳을 부탄 토치로 구운 뒤 바로 액체 질소 사이펀으로 냉기를 불어 넣어 식히는데, 마치 누비질을 하듯 점점이 옆으로 옮겨가며 그 작업을 해 전체 껍질을 굽는 것이다. 중요한 점은, 이 단계에서는 살코기에 열이 침투하지 않도록 하는 것이다[고기가 익으면 안 되므로]. 이 작업이 끝나면, 중성 오일을 섭씨 230도까지 가열한 커다란 소스팬 위에 걸쳐놓은 철망에 오리 가슴살을 올렸다. 기름을 반복적으로 고기 위에 끼얹고, 사이사이 사이펀으로 식혔다. 그러고 나서, 섭씨 60도로 가열한 순환형 기름통에 고기를 담가 40분 동안 매우 천천히 조리했다.

그런 다음, 오리 가슴살을 두 조각으로 자르고 각각을 세 개의 금속 꼬치에 부채꼴로 꽂아 껍질을 아래로 해서 그릴에 놓았다. 요리가 완성됐을 때 오리에서 그릴의 맛이 조금이라도 나면 안 된다. 일단 껍질이 바삭해지고 매력적인 밤나무 색깔을 띠면, 그 안쪽은 몇 분 만에 익는다. 마지막으로, 오리 가슴살 조각들을 불붙은 사과나무 칩을 담은 밀폐 상자 안에서 훈연했다.

레시피가 너무 길어 누군가의 인내심을 시험할 수도 있음을 인정해야겠지만, 그 결과는 노력 이상이 었다. 그것은 비길 데 없었으며, 의심할 여지 없이 내가 그때까지 먹어본 오리 고기 중 최고였다.

모리모토의 완벽한 오리 가슴살을 위한 22단계 레시피

1. 넉넉한 끓는 물에 오리를 통째로 넣어 10초간 데친다.
2. 곧바로 오리를 얼음물에 담근다.
3. 날개를 등쪽으로 해 오리를 걸어놓 는다.
4. 액체 질소 사이펀*을 준비한다.
5. 오리를 등이 바닥으로 가게 놓고, 껍질을 부탄 토치로 굽고 이어 사 이펀으로 식히는 작업을 가슴살 표 면 전체에서 옅은 금빛이 날 때까 지 한다.
6. 숟가락으로 껍질을 긁어 모공을 연다.
7. 실온에서 환기하면서 혹은 바깥 어 디에 두고 18시간 미만 동안 오리 를 말린다.
8. 날개와 다리를 잘라낸다.
9. 등뼈를 제거한다.
10. 큰 소스팬에, 중성 오일(예: 포도씨 오일)을 섭씨 230도까지, 연기가 나기 시작할 때까지 가열한다.

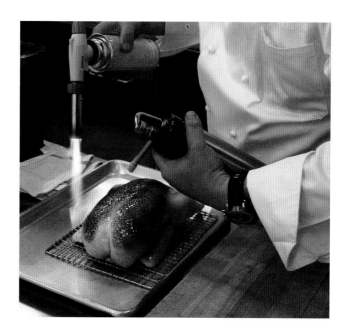

굽고 식히기를 번갈아 해서 만든, 완벽한 오리 가슴살.

11. 소스팬의 절반을 덮은 철망 위에 오리 가슴살을 올려놓는다.
12. 고기 위에 기름을 계속 끼얹고, 사이사이 사이펀으로 식힌다.
13. 껍질이 금빛 갈색이 될 때까지 계속한다.
14. 순환형 기름통에 중성 오일을 담아 섭씨 60도까지 가열한다.
15. 오리 가슴살을 기름에 40분 동안 담가둔다.
16. 기름에서 오리 가슴살을 꺼내 깨끗한 천으로 기름을 닦아낸다.
17. 칼로 오리 가슴살과 가슴뼈를 분리하고, 두 조각으로 자른다.
18. 세 개의 금속 꼬치를 껍질과 살코기 사이에 부채꼴로 꽂는다.
19. 후추와 소금을 고기의 양면에 뿌리는데, 두꺼운 쪽에 중점적으로 뿌린다.

---

* 대부분 사람들은 주방기구로 액체 질소 사이펀을 구비하고 있지 않다. 그래서 껍질만 익히고 그 아래 살코기는 익지 않도록 오리 가슴살 을 빠르게 식힐 수 있는 다른 방법을 찾는 게 중요하다.

뉴욕 '토리 신'의 야키도리.

20. 껍질을 아래로 가게 해서 비장탄 그릴에 중불로, 껍질이 밤나무 색이 될 때까지 굽는다. 그런 다음, 살코기 쪽도 몇 분 동안 굽는다.
21. 가슴살을 밀폐 상자 안에서 건초나 사과나무 칩으로 훈연한다.
22. 오리 고기를 몇 분 동안 레스팅resting한 뒤, 슬라이스하여 바로 낸다.

오리 고기는 간장, 갓 간 흰 참깨, 미나리로 만든 양념장과 함께 낼 수 있다.

- -

나는 적어도 그 순간에 세상에서 가장 중요한 일은 고노 아쓰시의 야키토리를 맛보는 것이라고, 그리고 이번 뉴욕 방문에서 내 마지막 식사를 고노의 식당 '토리 신'에서 하기로 즉각 결정했다. 토리 신은 3년 동안 연이어 미슐랭 스타를 받았다. 그런데 나는 어떻게 단시간에 예약하고 도시에서 가장 인기 있는 야키토리 음식점에서 미슐랭 수준의 길거리 음식을 먹을 자리를 확보할 수 있었을까?

다행히 나는 가와노 사오리를 잘 알았다. 그녀는 고향협회 회장이며 맨해튼에서 내가 가장 좋아하는 상점 '코린Korin'의 주인이다. 코린은 식탁용 커트러리를 취급하는 놀라운 상점으로, 많은 뉴욕 최고의 요리사들에게 칼을 공급한다. 나는 그녀 덕분에 바로 그날 저녁 토리 신에 예약할 수 있었다.

내가 식당에 들어갔을 때, 그릴과 요리사가 보이는 바 카운터의 세 측면 좌석은 이미 꽉 차 있었다. 고노 씨는 나에게 직접 음식을 해주겠다고 했고, 내가 자리가 나기를 기다리는 동안 쓰케모노(소금물에 절인 채소) 조금과 정말로 바삭한 닭 껍질 몇 조각, 그리고 세 종류의 소프트 치즈를 내주었다. 일본식 차림에서 치즈를 내는 것이 약간 색달랐지만, 여기는 뉴욕이고 게다가 치즈 중 하나에는 다시마가 들어 있었다.

이번 식사는 요리사가 메뉴를 정하는 오마카세お任せ가 될 예정이었다. 다음과 같은 꼬치 요리가 계속 이어 나왔다. 유즈코쇼ゆずこしょう(유자 껍질과 풋고추, 소금으로 만든 양념)를 곁들인 모모もも(닭 넓적다릿살), 와사비를 곁들인 사사미ささみ(닭 가슴살), 그린시소와 우메보시うめぼし(일본식 매실 절임)를 곁들인 사사미, 바삭한 껍질이 있는 소리레스, 새송이버섯, 그릴로 구운 죽순, 닭 간, 꽈리고추, 신선한 달걀노른자와 닭고기 및 오리고기로 빚은 완자, 그리고 요리사가 만든 여러 작은 한입거리들. 여기에는 모두 꼬치 요리를 찍어 먹을, 엄선한 소스들과 일본 소금(천일염), 그리고 숯소금wood ach granules mixed with salt이 따라 나왔다.

그 과정에서, 고노 씨는 자신만의 소금 뿌리는 기술을 선보였다. 천일염이 든 커다란 소금 상자가 우아하게 높이 들리더니, 꼬치와 식탁 위로 소금이 흩뿌려졌다.

마지막 꼬치는 그야말로 화룡점정이었다. '심장의 근원'이라는 뜻의 하쓰모토心本로, 작은 고기 조각들을 빽빽하게 꽂은 꼬치였다. 그것은 말 그대로 산소를 공급받은 혈액을 전달해주는 심장의 왼쪽에서 나온 대동맥이었다. 내 꼬치에 있는 고기는 최소한 닭 10마리에서 나온 것이었다. 강렬한 맛과 기분 좋은 질감을 지녔고, 단단한 치즈와 약간 비슷했다. 좀 씹어야 했지만, 감칠맛으로 입안을 가득 채워 그 값을 했다.

모든 꼬치는 바삭한 바깥쪽과 놀랍도록 즙이 풍부한 안쪽의 완벽한 조화를 보이며, 닭의 각 부위가 얼마나 맛있을 수 있는지 보여줬다. 비장탄 그릴을 쓰는 이들은 분명 특별한 무언가를 알고 있다.

이 모든 것에 어울리는 어떤 음료가 나왔나? 녹차와 차가운 청주. 그리고 입을 개운하게 만드는 그린시소green shiso 그라니타로 식사가 마무리되었다.

로스팅이 끝나갈 때, 실제로 돼지껍질이 얼마나 파삭할지 결정하는 것은, 물이 팽창하여 수증기가 될 때 거품을 일으키도록, 작은 물주머니 형태로 껍질에 수분이 충분히 남아 있는가 여부다. 최상의 결과는 섭씨 180~200도의 오븐 안이나 열이 바로 껍질에 복사되는 브로일러 아래에서 얻어진다. 구워지는 표면은 거의 평평하게 그리고 고르게 가열되도록 놓아야 한다.

껍질은 제대로 바삭거리고 살코기는 육즙이 가득한 돼지고기 로스트를 만드는 몇 가지 다른 방법이 있다. 한 가지 방법은 특별한 부위, 즉 갈비나 목살을 고르는 것인데, 이 부위들은 다른 부위보다 대리석 무늬의 지방이 더 풍부해서 껍질이 바삭해지도록 오랜 시간 익혀도 촉촉한 상태를 유지할 것이다. 또 다른 방법은, 살코기와 껍질 사이의 지방을 일부 잘라내고 살코기와 껍질을 각각 조리하는 것이다. 음식을 낼 때, 살코기 위에 껍질을 도로 올릴 수 있다.

바삭한 생선 껍질

생선 껍질은 그다지 진미로 여겨지지는 않는다. 사실 생선 껍질을 먹을 수 없는 것으로 여기는 사람도 많다. 껍질의 지방 함량은 최대 10퍼센트인데, 살코기의 지방 함량보다 많다. 껍질은 얇은 바깥층과 진피라 불리는 좀 더 두꺼운 안쪽 층으로 구성되는데, 진피는 다량의 결합 조직으로 이루어졌다. 대부분의 물고기는 큰 비늘들을 지녀서, 조리하기 전에 먼저 긁어내야 한다. 그리고 보통 껍질의 표면에 있는 점액층은 미생물의 공격으로부터 생선을 보호하는 데 도움을 주며, 무엇보다 점액은 당단백

돼지고기 로스트, 뒤집어서?

오래된 요리 팁에 따르면, 약간의 물을 담은 팬에 구운 껍질이 바닥에 닿게 놓고 잠시 끓이면 가장 바삭한 돼지껍질을 얻을 수 있다고 한다. 아마 이런 생각은, 다소 연령이 높은 돼지들을 도축해 껍질이 더 질겼던, 그런 때에 비롯했을 것이다. 지금은 돼지가 보통 더 이른 연령에 시장에 나온다고 해도, 이 요리 팁은 여전히 고려해볼 만하다. 물은 조리 시간 중 초기의 온도를 낮게 유지시켜주는데, 과열하지 않아도 일부 지방이 고기에서 녹아 나올 수 있다. 하지만 문제는 껍질이 물을 너무 많이 흡수할 수 있고, 그러면 껍질을 바삭하게 만들려고 하기 전에 수분을 충분히 증발시키기 어려울 수도 있다는 점이다.

바삭한 돼지껍질.

질을 함유하고 있다.

생선을 찌면, 결합 조직 안의 콜라겐이 껍질을 젤라틴 같은 끈적한 막으로 바꿔주는데, 이렇게 되면 맛없어 보인다. 하지만 콜라겐은 생선을 껍질째 굽거나 튀길 때 바삭한 질감과 매력적인 풍미를 갖게 해준다. 이뿐만 아니라, 점액에 있는 당단백질을 가열하면 물을 발산하여 유리 같은 멋진 표면을 형성할 수 있다.

껍질을 튀기거나 굽기에 더 적합하게 만드는 여러 가지 방법이 있다. 생선을 매우 높은 온도에서 구울 때는 작은 비늘들을 꼭 제거해야 하는 건 아닌데,

포르투갈에서 정어리를 조리할 때 자주 쓰는 방식이다. 고등어, 청어 같은 다른 종류의 생선은 비늘 바로 밑에 매우 얇고 질긴 막이 있고 벗겨낼 수 있는데, 그러면 살코기만큼이나 부드러운 껍질의 두 번째 층이 드러난다. 오션 퍼치ocean perch[북대서양볼락], 파이크 퍼치pikeperch, 씨 배스sea bass[농어] 같은 생선의 껍질은 비늘을 벗긴 뒤 데쳐서 부드럽게 할 수 있다.

비늘을 제거한 연어 껍질은 특히 굽기에 아주 적합하다. 껍질을 밑에 있는 살코기에서, 일부 결합 조직과 함께 살코기가 남아 있도록 두께 1~2mm

바삭한 돼지 꼬리 콩피

재료 | 돼지 꼬리 2.5kg(가능하면 유기농으로), 오리 지방 2kg, 통후추 1/4컵(20g), 마늘 6쪽, 월계수 잎 6개,
통 넛메그 1개(거칠게 갈아서), 플레이크 소금

예전에는 농민들의 식탁에 좀 더 자주 올랐던 돼지 꼬리를 먹는 사람이 지금은 별로 많지 않다. 이것은 안타까운 일이다. 꽤 두꺼운 돼지 꼬리에는 콜라겐이 많고 약간 물기가 있지만, 뼈에 붙어 있는 고기는 매우 맛있고 육즙이 풍부하며 부드럽기 때문이다. 이 레시피에서, 돼지 꼬리는 오리 지방에 튀기고 껍질은 고기에서 분리해 바삭하게 만든다.

• 돼지 꼬리에 남아 있는 모든 털을 그을려 없앤다.
• 오리 지방 약간을 한쪽에 놔뒀다가 나중에 쓴다. 진공팩에 돼지 꼬리, 남은 오리 지방, 통후추, 마늘, 월계수 잎, 으깬 넛메그를 넣고 섭씨 100도에서 8시간 동안 찐다.

• 아직 따뜻할 때 돼지 꼬리를 길이 방향으로 가른다. 매우 조심스럽게 뼈를 빼내고, 그다음에는 살코기와 지방을 빼내고, 껍질만 남긴다.
• 황산지를 깐 베이킹 팬 위에서 살코기와 지방을 눌러 약 1cm 두께로 층을 이루도록 하고, 그 위에 또 황산지를 한 장 덮어 가볍게 눌러준 뒤 냉장한다.
• 고기와 지방 혼합물을 작은 정육면체 조각으로 자르고, 높은 온도의 오리 지방에 넣고 옅은 갈색이 될 때까지 튀긴다. 플레이크 소금을 뿌리고 맛있는 스낵 혹은 다른 음식에 곁들임으로 낸다.
• 꼬리의 껍질을 섭씨 180~190도의 기름에 튀겨 낸다.

말려서 다진 올리브를 곁들인 바삭한 돼지 꼬리 콩피.

튀긴 대구 껍질 스낵

재료 | 신선한 대구 껍질, 튀김용 중성 오일, 몰던 소금

- 신선한 대구에서 껍질을 벗겨낸다.
- 껍질을 식품 건조기에 넣고 섭씨 70도에서 12시간 동안 말린다. 껍질을 작게 나눈 뒤 섭씨 180도 기름에서 튀긴다.
- 튀긴 껍질을 키친타월에 놓아 여분의 기름기를 빼낸 뒤, 소금을 뿌려 바로 낸다.

바삭한 말린 장어 껍질

재료 | 신선한 장어 껍질, 튀김용 중성 오일, 몰던 천일염

- 장어에서 껍질을 쭈욱 잡아 벗겨낸 뒤, 작게 자른다.
- 껍질을 식품 건조기에 넣고 섭씨 70도에서 3시간 동안 말린다.
- 껍질을 원하는 크기로 자른 뒤 섭씨 180~220도 기름에서 튀긴다.
- 튀긴 껍질을 키친타월에 놓아 여분의 기름기를 빼낸 뒤, 소금을 뿌려 낸다.

튀긴 장어, 대구, 연어 껍질.

대구 부레로 만든 스낵

재료 | 큰 대구의 부레 1개, 튀김용 중성 오일, 고운 소금

- 대구의 척주[척추뼈가 서로 연결되어 기둥처럼 이어진 전체]에서 가위로 부레를 끊어낸다. 키친타월로 부레의 얇은 막을 문질러 벗겨낸다. 붙어 있는 피와 내장도 함께 제거한다.
- 부레를 식품 건조기에 넣고 섭씨 60~70도에서 12시간 동안 말린다. 정확한 소요 시간은 부레의 두께에 따라 다르다. 그런 뒤 작은 조각으로 자른다.
- 부레 조각들을 섭씨 180도 기름에 10~20초 동안 튀긴 뒤, 소금을 뿌려 바로 낸다.

대구 부레로 만든 스낵: 날것, 말린 것부터 바삭하게 부푼 것까지.

바삭한 스프랫

재료 | 신선한 작은 스프랫 1kg, 소금물: 소금 3큰술+2작은술(50g) / 물 4와 1/4컵(1L), 튀김용 중성 오일

바삭한 반죽 | 옥수수 녹말 1/2컵(80g), 박력분처럼 글루텐 함량이 높은 밀가루 1/2컵+1큰술(80g), 베이킹파우더 1/4작은술,
찬 탄산수 3/4컵+1과 1/2큰술(200ml), 중성 오일 2작은술(10ml), 소금 1/4작은술(1.5g), 카옌고추 조금

- 스프랫sprat[유럽에서 나는 청어과의 작은 생선]을 소금물에 5분 동안 담갔다가 꺼낸 뒤 잠시 놔두어 여분의 소금물이 떨어지도록 한다.
- 모든 반죽 재료를 한데 섞는다. 너무 치대면 질겨지므로 너무 치대지는 않는다. 반죽에 들어가는 물 일부를 맥주 같은 알코올 함유 액체로 대체하면 튀김옷이 더 바삭해진다.
- 튀김옷 반죽을 담은 볼을 (할 수 있다면) 얼음 위에 놓아 튀기기 바로 전까지 차갑게 한다.
- 기름을 섭씨 165~175도까지 가열한다.
- 스프랫을 반죽에 담갔다가 재빠르게 기름에 넣어 금빛이 될 때까지 튀긴다. 반죽옷을 완벽하게 입히지 않고 좀 투박해 보여도 괜찮다.
- 튀긴 스프랫을 키친타월에 놓아 여분의 기름기를 빼내고 소금을 뿌린다.

로 포를 떠야 하는데, 다음 단계에 필요한 지방을 충분히 확보하기 위해서다. 그러고는 지방 부분이 아래로 가도록 뜨거운 팬에 껍질을 놓아 다른 쪽도 구울 만큼 충분히 지방이 나오도록 할 수 있다. 스시 바에서 요리사는 종종 부탄 토치로 마무리한다. 그러면 연어 껍질은 바삭하고 크리스피하게 되지만, 지방 함량이 꽤 돼서 기름진 마우스필을 준다.

대구처럼 기름기 적은 생선을 쓰면 더 깔끔하고 마른 질감을 얻을 수 있다. 말린 대구와 장어의 껍질을 튀기면 대단히 크런치한 스낵이 된다.

대구의 내장

대구의 등뼈와 위장 사이 내장에는 흥미롭고 살짝 놀라운 것이 숨어 있다. 바로, 부레를 감싸고 있는 두껍고 하얀 막이다. 이 막은 거의 순수한 콜라겐으로, 매우 질기지만 삶아서 젤라틴을 제거할 수 있다. 그런 뒤에 튀기면 놀랍도록 바삭한 스낵을 만들 수 있다.

바삭한 생선 뼈

생선 뼈에는 껍질에 비해 콜라겐이 적게 함유되어 있지만, 어떤 종류의 생선 뼈대에는 튀겨서 스낵으로 만들 수 있을 만큼 충분한 콜라겐이 있다. 스프랫, 고등어처럼 작은 크기의 생선은 대가리나 아가미도 쓸 수 있다.

아시아의 여러 국가 가운데 일본에서는, 달콤한 간장이나 다른 양념을 더한 생선 뼈 튀김을 과자처럼 낸다. 가오리, 장어처럼 연골이 많은 생선의 뼈가 특히 잘 어울리고 매우 크런치하다.

일부 일식당은 신선한 전갱이를 특별하게 두 번에 걸쳐 요리해 주는데, 같은 생선에서 나오는 다양한 질감을 손님이 경험하도록 해준다. 첫 번째는 크리미하고 부드러운 회로 나온다. 매우 신선한 전갱이에서 모든 살코기를 등뼈에서 발라낸 다음, 얇게 회를 뜬 뒤 대가리, 꼬리, 지느러미까지 포함해 다시 원래 모양으로 놓는다. 이것을 작은 나뭇가지들 위에 올려놓는데, 마치 물고기가 막 물 밖으로 튀어

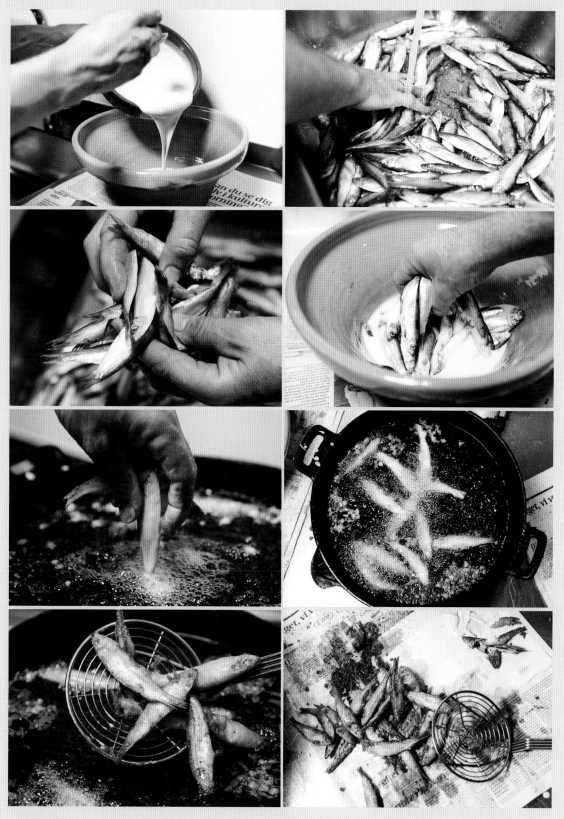

바삭한 스프랫.

튀긴 장어 뼈.

오르는 듯이 보인다. 회를 다 먹으면, 대가리, 꼬리, 지느러미를 다시 주방으로 가져가 튀겨, 바삭하고 크런치한 스낵으로 두 번째 요리가 나온다.

부패하기 쉬운 것의 질감

우리가 먹는 것의 질감은 음식을 어떻게 만드느냐에 많이 좌우되지만, 또한 식재료가 익고, 완숙하고, 숙성하고, 발효하고, 여러 방법으로 분해되면서 일어나는 많은 자연적 과정에도 영향을 받는다. 이 과정들은 모든 생명이 본질적으로 갖는 한시적이라는 속성에서 기인하는데, 즉 음식이 부패하기 쉬워지게 만드는 원인이다. 그 과정은, 원재료를 이루는 많은 물질을 우리가 더 쉽게 흡수할 수 있고 우리에게 필요한 에너지를 공급하는 영양소로 바꿔준다.

이런 과정들은 식재료의 질감과 맛을 원래의 상태와 매우 다르게 바꾼다. 우리는 그러한 방법에 매우 익숙해져 있다. 신선한 고기는 숙성하면 더 부드러워지고, 우유와 치즈는 서로 맛도 다르고, 매우 다른 마우스필을 가졌다. 이 목록은 쭈욱 이어진다.

이런 과정이 근본적으로 맛과 질감을 변화시키지만, 한편으로는 음식의 질을 유지하는 데 도움이 될 수도 있다. 우리는 어떤 질감을 특정 음식과 연관 짓는 데 익숙해졌는데, 이는 지금처럼 냉장고와 냉동고를 쉽게 이용할 수 있기 전에는 음식을 보존할 방법을 찾는 것이 절박했기 때문이다. 그 좋은 예는 옛날풍의 절인 청어인데, 여러 달 동안 소금과 함께 통에 넣어두면 내장의 효소들에 의해 통째로 생선의 살코기가 연화된다.

식재료의 처리, 특히 가열, 숙성, 발효에 의해 가장 많이 바뀌는 기본적인 맛은 감칠맛이다. 인간은 거의 190만 년 전 요리하는 사람이 된 뒤부터, 감칠맛을 만들어내는 법을 배워왔다. 또한, 효모나 효소

크런치한 가오리 지느러미

재료 │ 가오리 지느러미 1개, 물 4와 1/4컵(1L), 식초 6과 1/2큰술(100ml), 소금 1큰술(18g), 중력분, 소금과 후추, 버터, 중성 오일

- 신선한 가오리 지느러미를 껍질은 그대로 둔 채로 적당한 크기로 자른다.
- 식초, 소금을 섞은 물을 끓이고, 자른 가오리 지느러미들을 하나씩 1~2분 동안 데친다. 이러면 껍질을 칼로 쉽게 벗겨낼 수 있다.
- 가오리 지느러미들에 밀가루를 입히고 소금과 후추로 간을 한 뒤, 금빛이 될 때까지 버터에 굽는다. 뼈 앞뒤에서 살코기를 발라낸다. 이 고기는 근대를 곁들인 구운 가오리 지느러미 같은 다른 레시피에 쓸 수 있다.
- 소스팬에 튀김용 중성 오일을 붓고 섭씨 175도까지 가열한다.
- (살코기를 발라낸) 가오리 지느러미 뼈에 밀가루를 입혀 바삭해질 때까지 튀긴다. 소금을 뿌리고 발라낸 살코기와 함께 바로 낸다.

크런치한 가오리 지느러미.

근대를 곁들인 가오리 지느러미 구이

재료 | 어린 붉은 근대 혹은 푸른 근대 줄기 4개, 뼈 있는 가오리 지느러미 200g(인당), 물 4와 1/4컵(1L), 식초 1/2컵(125ml),
소금 1큰술(18g)과 음식 낼 때 쓸 여분, 질 좋은 빵으로 만든 매우 작은 크루통, 신선한 서양고추냉이, 파슬리,
케이퍼 3/4컵+1과 1/2큰술(200ml), 닭 부용 3큰술+1작은술(50ml) 38퍼센트 크림, 중력분, 소금과 후추, 버터,
대두단백질 1/2작은술(2.5g), 몰던 천일염, 후추, 레몬 껍질

- 근대 줄기를 씻고 식품 건조기에 넣고 섭씨 30도에서 크기에 따라 10~15시간 동안, 절반 정도로 줄 때까지 말린다.
- 가오리 지느러미를 껍질은 그대로 둔 채 큼직하게 자른다.
- 식초, 소금을 섞은 물을 끓인다.
- 자른 가오리 지느러미들을 하나씩 1~2분 동안 데친다. 이러면 껍질을 칼로 쉽게 벗겨낼 수 있다. 뼈에서 살코기를 발라낸다.
- (곁들임으로 튀겨내기 위해) 뼈를 차가운 데 보관한다.
- 작은 크루통을 만들고, 신선한 서양고추냉이를 갈고, 파슬리를 다지고, 케이퍼에서 물기를 뺀다.
- 닭으로 만든 부용과 크림을 섞는다. 2/3로 줄어들 때까지 가열한다.
- 닭 부용 혼합물 6과 1/2큰술(100ml)을 졸여 글레이즈

1큰술(15ml)을 만들고, 나머지는 보관한다.
- 가오리 지느러미들에 밀가루를 입히고 소금과 후추로 간을 한 뒤, 금빛이 될 때까지 버터에 굽는다.
- 마지막에, 크루통을 서양고추냉이, 파슬리, 케이퍼와 함께 넉넉한 버터에 굽는다. 레몬 껍질을 갈아 맨 위에 올린다.

음식 내기

- 가오리 지느러미 조각들을 접시 위에 놓는다. 보관해놓은 크림 부용을 대두단백질과 핸드블렌드로 섞어 가오리 지느러미 주변에 장식한다. 닭 부용으로 만든 글레이즈를 두른다. 옆에 근대를 놓고 버터에 구운 허브와 크루통을 위에 얹는다. 몰던 천일염과 갓 간 후추 조금을 뿌려 마무리한다.

근대를 곁들인 가오리 지느러미 구이.

를 써서 조리하고, 뭉근히 푹 끓이고, 튀기고, 굽고, 말리고, 완숙하고, 숙성하고, 보존하고, 발효할 때 나오는 감칠맛을 음미하도록 배워왔다.

이 모든 과정 중 발효는, 예를 들어 숙성 및 완숙 과정에서, 감칠맛을 내는 가장 효과적인 방법이지만, 또한 식재료의 마우스필을 바꾸는 가장 효과적인 방법이기도 하다.

썩는 것과 먹을 수 있는 것의 경계선에서

유명한 프랑스 인류학자 클로드 레비스트로스는 '요리의 삼각형culinary triangle'이라는 개념을 제시했는데, 먹을 수 있도록 하는 조리 혹은 썩히고 먹을 수 없도록 하는 미생물 활동으로 식재료가 자연 상태(날것)에서 어떻게 변할 수 있는지 기술한다. 그의 관점에 따르면, 날것과 조리된 상태의 차이는 자연과 문화의 차이이지만, 날것과 조리된 것의 경계는 모호하다. 서로 다른 문화들, 심지어는 동시대의 다른 지점에 있는 같은 문화들도 그 경계가 어디인지 합의하지 못하고 있다. 이는 먹을 수 있는 것과 없는 것에 관한 의견 차이로 이어진다.

누군가는 발효와 미생물에 의한 변환을 소화 잘 되는 단백질과 탄수화물로 몸에 좋고 맛있는 음식을 만드는 괜찮은 방법으로 생각할 수 있다. 반면, 음식을 썩도록 하는 과정은 좋지 않다고 여겨진다. 귀부병貴腐病, noble rot[포도에 곰팡이인 귀부균Botrytis cinerea이 번식하여 껍질이 얇아지고 마르는 현상. 귀부균은 고품질의 스위트 와인을 만드는 데 도움을 주기도 한다]과 부패의 경계는 명확하지 않으며, 언제나 움직이는 표적이다. 발효와 완숙은 매우 다양한 맛 물질과 향 물질을 내는데, 종종 고약한 냄새나 안 좋은 맛이 너무 당황스러워 그 음식을 먹지 않으려는 사람도 있다.

육류, 생선, 가금류의 숙성

꿩이나 토끼 같은 야생 동물 고기를 숙성시키려면 갈고리에서 저절로 떨어질 만큼 오래 걸어놔야 한다고들 했다. 요즘 누군가 할 법한 일은 아닐 것이다. 육류를 충분히 숙성시키는 것과 부패를 유발하는 세균의 공격 사이에서 균형을 잡는 것은 매우 미묘하고 조절하기 어려운 일이기 때문이다. 기온이 높을 경우에 특히 더 그러하다. 하지만 사냥감, 특히 연령이 높은 동물에서 나온 고기는 매우 질길 수 있고 반드시 숙성시켜야 한다는 것은 사실이다.

육류 숙성은 '조절된 분해'라고 매우 정확하게 기술돼왔다. 육류 안에 자연적으로 존재하는 효소들이 조직을 분해하므로 고기는 더 연해진다. 어떤 효소들은 근육 속 단백질을 분해하고, 다른 효소들은 결합 조직에 작용한다. 그 결과, 육류 고기를 굽는 등의 조리를 좀 더 짧은 시간에 할 수 있고, 이는 수분을 더 많이 간직한 채 조리한다는 뜻이기도 하다. 제대로 숙성된 귀한 쇠고기 조각은 연하면서도 육즙이 가득하다.

숙성은 또한 입을 즐겁게 해주는 광범위한 맛 물질의 형성을 촉진한다. 단백질은 감칠맛을 내는 글루탐산 같은 아미노산으로 분해된다. 지방은 맛있는 지방산으로, 글리코겐 같은 탄수화물은 달콤한 당류로, 핵산은 이노신산을 비롯한 뉴클레오티드로 분해된다. 이들은 감칠맛을 높여준다.

어떤 생선은 숙성되면 질감도 좋아진다. 대문짝넙치와 광어 같은 기름기 적은 가자미류는 섭씨 0~2도에서 이틀 동안 숙성되도록 놔두면 맛과 질감의 조화가 가장 잘 이루어진다. 생선 살코기를 숙성시키려면, 우선 모든 핏기와 체액을 완벽하게 제거하는 것이 필수다.

돼지고기와 가금류는 쇠고기보다 더 많은 불포화지방산을 함유하고 있으며, 그 고기들을 오랜 기간 숙성하면 지방이 산패한다. 실제로 돼지고기에는 숙성이 널리 쓰이지 않는 반면, 최상의 쇠고기는 몇 주 동안 숙성시키고는 한다. 송아지 고기는 보통 10~12일 동안 숙성시키며, 양고기는 그보다 짧게

아스파라거스와 '따로따로 베아르네즈'를 곁들인 숙성 돼지 등심 구이

2인분 | 잘 숙성된 돼지고기 등심 한 덩어리, 소금과 후추, 로즈마리 1다발, 두툼한 화이트 아스파라거스, 올리브 오일

따로따로 베아르네즈 | 1인분마다 메추리알 1알, 달걀 1알, 타라곤 반 다발, 처빌 반 다발, 샬롯 1개(잘게 다진다), 버터 7큰술(100g), 버터밀크 2~3큰술(30~45ml), 가루 식초 1작은술(5g), 카옌고추 약간, 몰던 소금

이 레시피에서는, 베아르네즈 소스를 만들 때 섞던 재료들을 따로따로 낸다.

돼지고기 조리하기
- 돼지 등심 구이의 지방에 작은 정육면체 패턴이 생기도록 칼집을 낸다.
- 소스팬[냄비]에 물을 넣고 끓인다. 집게를 써서 고기를 물에 넣고, 1~2분 동안 지방이 녹도록 한다. 고기를 꺼내고, 보풀을 남기지 않는 깨끗한 천이나 종이로 완전히 말린다.
- 소금과 후추로 꼼꼼하게 고기에 간을 한다. 지방의 칼집에 소금이 제대로 스며들도록 한다.
- 오븐을 섭씨 90도까지 가열한다. 오븐 용기에 그릴 선반을 놓고 로즈마리를 깐 뒤에 고기를 올리고, 오븐에 넣는다.
- 15분 뒤에 고기를 뒤집고, 고기 내부 온도를 조절한다. 고기의 두께에 따라 조금씩 다르지만 15~20분 뒤에 고기 내부의 온도가 섭씨 62~75도가 되어야 하는데, 굽고자 하는 정도에 따라 온도는 달라진다.
- 고기와 로즈마리를 호일에 싸놓는다. 그러면 음식 낼 때 적당한 온도에 이를 것이다.
- 화이트 아스파라거스의 껍질을 벗겨낸 후 얼음물에 넣어둔다.

베아르네즈 만들기
- 섭씨 63.5도로 맞춘 온도 조절 수조에 달걀을 1시간 반 동안 넣어둔다. 메추리알의 경우 시간을 반으로 줄인다.
- 조심스럽게 달걀 껍데기와 흰자를 벗기고, 노른자를 완벽하게 남긴다. 음식 낼 때까지 한쪽에 놔둔다.
- 수조를 쓸 수 없으면, 달걀의 노른자, 흰자를 분리한 뒤 노른자를 작은 에그 커들러egg coddler[수란을 만들거나 할 때 쓰는 뚜껑이 있는 작은 용기]에 넣어 섞씨 65도 오븐에 1시간 반 동안 넣어둔다.
- 타라곤 줄기에서 잎을 떼어낸다.
- 버터를 휘젓고, 버터밀크를 넣은 뒤 색이 하얘지고 거품이 날 때까지 계속 휘젓는다. 짤주머니에 넣는다.

조리 마무리, 담기, 내기
- 납작팬에 오일을 넣고 뜨거운 연기가 날 때까지 가열한 뒤, 지방이 아래로 가도록 고기를 놓아 금빛 갈색이 될 때까지 굽는다.
- 고기의 모든 면을 재빠르게 시어링한다. 고기가 고르게 갈색을 내도록 하는 것은 중요하지만 너무 오래 굽지 않도록 한다.
- 물에 소금을 조금 넣고 화이트 아스파라거스가 아삭하면서도 부드러워질 때까지 2~3분 동안 데친다. 아스파라거스를 건져낸 뒤 물기를 뺀다.
- 아스파라거스를 접시에 올리고, 짤주머니에 담아둔 버터를 그 곁에 두른다. 달걀노른자를 더하고, 다진 샬롯, 처빌, 타라곤을 뿌린다. 가루 식초, 카옌고추 약간 넣고 마무리한다.
- 돼지고기의 바삭한 지방이 위에 붙도록 두툼하게 슬라이스해 접시에 놓는다. 몰던 소금을 조금 뿌린다.

아스파라거스와 '따로따로 베아르네즈'를 곁들인 숙성 돼지 등심 구이.

5일 정도 숙성시킨다. 산업적으로 가공된 육류 대부분은 도축, 정형해 소비자에게 수송하는 데 걸리는 시간보다 길지 않게 숙성시킨다.

육류는 건조한 환경과 습한 환경 모두에서 숙성할 수 있다. 습도 조절 숙성고 안에서의 건식 숙성은 육즙이 증발하면서 최대 20퍼센트까지 무게가 줄어들게 한다. 또한, 매달아놓은 뒤에는 육류 표면이 곰팡이와 세균의 공격 대상이 될 수 있고 지방이 산패할 수 있어서 깨끗하게 잘라내야 하는데 그러면서 생기는 손실이 있다.

또한, 육류가 비닐 포장돼 있을 때는 습한 환경에서도 숙성이 일어날 수 있다. 이것은 일반적으로 슈퍼마켓에서 팔리는 육류의 경우로, 포장 공장을 떠난 뒤 최대 열흘 동안 선반에 놔둘 수 있다. 이렇게 해서 육질이 부드러워질 수는 있지만, 건식 숙성 때처럼 강력한 맛을 내지는 않는다. 하지만 비닐 포장 속에서의 숙성이 갖는 장점도 있는데, 공기 중 산소와 주변의 세균이 육류를 손상시키지 못한다는 점이다.

이 두 가지 방법 대신, 효소(예를 들어 파파야에서 나온 파파인, 파인애플에서 나온 브로멜라인)를 써서 강제로 고기를 완숙시키는 법도 있다. 이 효소들은 육류 안 단백질을 분해하고 부드럽게 만든다. 하지만 이것이 균일하게 일어나도록 그 과정을 통제하기는 힘들다. 그리고 그 맛은 결코 육류가 자연적으로 숙성될 때만큼 좋지는 않다.

숙성된 쇠고기

쇠고기는 섭씨 1~3도의 저온에서, 그리고 70~80퍼센트의 비교적 높은 습도에서 건식 숙성할 때 최상의 상태가 된다. 수분은, 고기가 너무 빨리 마르지 않게 하고 모든 부위가 고르게 단단해지도록 하는 데 필수다. 낮은 온도에서는 고기 안의 숙성 효소가 천천히 작용하고 세균이 번식하지 않는다.

전통적으로 쇠고기는 3~4주 동안 숙성시키지만,

어떤 부위는 90일, 혹은 더 오래 매달아놓는데, 요즘에는 미식가의 특별식으로 나온다. 고기는 더 부드러워지고 색이 진해지며, 보다 짧게 숙성시킨 것보다 발효되고 살짝 더 달콤하고 고소한 맛을 지닌다.

숙성된 돼지고기

돼지고기는 일반적으로 2~3일 동안 숙성하고 6일 이상 숙성하는 경우는 드물다. 풀어놓고 키운 돼지는 우리 안에서 키운 돼지보다 더 느리게 자라고 고기가 더 질기다. 결국, 고기를 확실히 연하게 하려면 더 오래 숙성해야 한다. 현재 어떤 돼지고기는 최대 20일까지 숙성한다.

돼지고기를 보존 처리하는 완전히 다른 방법은 햄을 만들 때 소금을 조금 쓰고 공기 건조를 하는 것이다. 가장 숭고하다고까지 할 만한 버전은 스페인산과 포르투갈산으로, 이베리아 반도의 산에서 이베리코 흑돼지가 숲의 식물들을 찾아 먹고 다니면서 자라도록 한다. 환상적으로 맛있는 이 햄은 염장과 건조, 주변에 있는 곰팡이에 의한 숙성 과정의 조합으로, 약 18개월에 걸쳐 부드럽게 만들어진다. 최상품 중 하나는 단단하면서도 여전히 부드럽고, 주로 불포화지방으로 이루어진 균일한 마블링을 지녔다. 이베리코 햄의 얇은 슬라이스는 입안에서 거의 녹는다.

맛 도전: 몇몇 특별한 해산물

바다에는, 어떤 사람들은 너무 이국적이라 생각하고 자신들의 저녁 만찬에 거의 올리지 않지만 다른 이들은 진미로 여기는 많은 생물이 있다. 이런 것들 가운데 눈에 띄는 것은 오징어, 문어, 성게, 해삼, 불가사리, 해파리다. 물론, 세계 전역에 1만여 종이 있는 거대 해양 조류도 있는데, 이것들은 주로 아시아에서 매일 먹는 식단의 일부를 이룬다. 이 모든 특별한 형태의 생명체들은 그들이 자양분 삼아 자라고 있는 바다의 강력한 맛을 지녔고, 특히 그 질감을 높이 쳐준다.

두족류: 문어, 오징어, 갑오징어

두족류cephalopod는 그 이름이 '머리'와 '발'을 뜻하는 그리스어에서 유래했으며, 많은 사람에게는 빵가루 입혀 튀긴 오징어 링으로만 알려져 있다. 하지만 오징어 본연의 섬세한 마우스필을 잃은 채 빵가루만 도드라지고 살코기는 종종 질기다. 혹은 문어를, 마리나라 소스marinara sauce[토마토, 마늘, 양파, 바질 등을 섞어 만들고, 파스타, 피자 등에 곁들인다]에 들어간 고무 같은 작은 조각들로 취급하기도 한다.

문어는 다루기 어렵다는 평판이 있다. 근섬유들이 모든 방향에서 교차결합돼 있는 특별한 근육 조직 때문이다. 지중해 국가들의 어부들은 종종 바위에 문어를 패대기쳐서 근섬유들을 헐겁게 하고 살이 부드러워지게 만든다.

오징어나 문어를 조리할 때 기억해야 할 가장 중요한 것은, 아주 짧은 시간 동안 데치거나 몇 시간 동안 푹 삶아야 한다는 것이다. 또한, 섭씨 60도 이상으로 가열하면 살이 매우 질겨진다는 것을 기억하자.

두족류를 조리하는 한 방법은, 끓는 물이나 뜨거운 기름에 10~15초 동안 넣거나 체에 넣고 뜨거운 기름을 붓는 것이다. 살이 부드럽고 촉촉하면서도 여전히 씹는 맛이 있다. 이렇게 조심스럽게 다루면, 큰 갑오징어의 살도 거의 날 것 상태를 유지할 것이다.

해파리, 성게, 불가사리

문어와 오징어가 이상하다고 생각하는 사람들은 해파리, 성게 그리고 불가사리 같은 해양 극피동물은 더 큰 도전으로 받아들일지 모른다. 성게와 불가사리의 경우, 맛있는 부분은 두꺼운 갑피 아래에서 찾아야 한다.

성게에서 유일하게 먹는 부분은 소위 '성게 알'이라 하는 황갈색 생식 기관, 즉 정소와 난소다. 그것들은 내장의 3분의 2를 이루고, 서로 구별하기 어려울 수 있다. 성게 알은 15~25퍼센트의 높은 지방 함량을 가져, 매우 크리미하다. 이 크리미함은 또한 강력한 바다 맛의 원천인데, 이는 성게 알 속 소금, 요오드, 브롬 때문이다. 지방은 구강을 코팅하고, 맛의 강렬함이 오래 남아 있도록 한다. 그것은 또한 성게 알을 써서 소스나 수프를 진하게 할 수 있게

팔을 가른 불가사리, 각 팔마다 맛있는 생식샘과 알이 보인다.

튀긴 오징어와 소테한 불가사리 알을 곁들인 생선 수프

6인분

생선 수프 | 리크 2개, 큰 양파 1개, 당근 2개, 회향 구근 1/4개, 완숙 토마토 4개, 올리브 오일 3큰술(45ml), 마늘 3쪽,
신선한 파슬리 1과 2/3컵(100g), 토마토 페이스트 3큰술(48g), 작은 생선 통째(2kg), 물 10컵(2.5L),
드라이한 화이트와인 3/4컵+1과 1/2큰술(200ml), 파스티스 리큐어 1큰술(15ml),
그 밖의 향신료(예를 들어, 딜 한 줄기, 셀러리 윗줄기, 월계수 잎, 통후추로 만든 묶음 다발)

오징어 | 오징어(150g), 소금물: 소금 3큰술+1작은술(50g)에 물 2와 1/8컵(500ml), 튀김용 올리브 오일

불가사리 | 산 불가사리 6마리, 버터, 약간 곱게 다진 파, 약간 곱게 다진 처빌, 헤이즐넛 오일 1작은술(5ml), 소금과 후추

수프 만들기

- 채소들을 큼직하게 깍둑썰기 한다. 올리브 오일을 소스팬에 두르고, 채소들과 마늘, 파슬리, 토마토 페이스트를 넣고 가열한다. 그런 뒤 갈변 없이 재료 자체의 수분으로 쪄지도록 둔다.
- 생선의 내장을 제거하고 피와 아가미를 빼낸 뒤, 두툼하게 토막 내고는 채소 위에 올린다.
- 물, 와인, 파스티스[프랑스에서 보통 식전주로 많이 쓰는 독한 술]를 몇 가지 향신 재료와 함께 넣는다.
- 한데 끓인 뒤 거품을 걷어내고, 30분 동안 뭉근해지도록 푹 끓인다.
- 소스팬에 재료들을 놔두고, 커다란 나무 주걱으로 거칠게 으깬다.
- 한 번 더 끓이고는, 모든 재료를 체에 밭아놓고 누른다. 고형물을 꾹 눌러 가능한 한 많이 즙을 짜내고, 수프를 진득하게 해줄 약간의 부드러운 건더기도 함께 뽑아낸다.
- 즙을 다시 끓이고 살짝 졸인다.
- 간을 한다.

오징어 조리하기

- 오징어를 씻는다. 머리를 단단히 잡고 내장과 뼈를 빼낸다. 체강의 막을 벗겨내고, 지느러미를 다듬고, 다리들을 깨끗하게 씻는다. 다시 한 번 헹군다. 몸통, 촉수, 지느러미만 남긴다.
- 몸통을 6mm 두께의 링으로, 다리와 지느러미를 2~3cm 길이로 자른다.
- 링과 다리를 소금물에 5분 동안 담근 뒤 꺼내서 물기를 제거한다.
- 기름을 섭씨 175도까지 가열한 뒤 오징어 조각들을 튀김망에 넣고 기름에 2초 동안 담근다.
- 튀긴 오징어 조각들을 키친타월에 놓아 여분의 기름기를 빼내고, 음식을 낼 때까지 한쪽에 놔둔다.

불가사리 조리하기

- 불가사리를 껍질이 위로 가도록 도마 위에 놓는다. 팔을 긴 쪽으로 가른다.
- 불가사리의 생식샘과 알을 긁어내 얼음 위에 놓은 작은 볼에 담는다. 나머지는 버린다.
- 소스팬에 버터 약간을 녹이고 불가사리 생식샘과 알을 금빛 갈색이 될 때까지 소테한다. 마지막에는, 다진 파와 함께 휘저은 뒤 헤이즐넛 오일, 처빌, 소금과 후추로 간을 한다.

음식 내기

- 수프 접시 가운데 오징어를 조금 모아놓고, 그 주위에 김이 날 만큼 따뜻한 수프를 붓는다.
- 수프 조금을 놔뒀다가, 핸드 블렌더로 저어 거품을 만들고 볼에 넣는다.
- 불가사리의 생식샘과 알을 작은 숟가락만큼 위에 올린다.

튀긴 오징어와 소테한 불가사리 알을 곁들인 생선 수프.

한다.

불가사리star fish(요즘은 'sea star'라고 한다)는 세계에서 몇 군데서만 먹는다. 몇몇 불가사리는 독성 물질을 함유하고 있고, 그들의 두꺼운 갑피에는 방해석 골편이 수없이 덮여 있어, 식재료로서 가능성이 그다지 많아 보이지 않는다. 하지만 성게처럼, 불가사리도 생식 기관으로 이루어진 부드러운 내부를 가졌다. 이 생식 기관은 각 팔의 채널들에 있다. 이 생식 기관들을 긁어내 구우면 크리미하고 기름진 마우스필을 준다.

해파리

해파리의 이름 'jellyfish'가 암시하듯, 해파리는 진짜 젤이다. 해파리는 거의 대부분, 즉 95퍼센트가 물로 이루어졌고, 나머지 4퍼센트는 콜라겐, 1퍼센트는 단백질, 그리고 아주 미량의 탄수화물이다. 콜라겐은 동물의 몸을 유지하도록 해준다. 몇몇 해파리는 독소를 함유하고 있지만, 보름달물해파리 같은 일반적인 해파리들은 꽤 먹을 만하다. 한국과 일본을 비롯한 아시아의 많은 나라에서 해파리는 상당한 별미로 여겨진다.

해파리는 거의 오로지 그 마우스필 때문에 조리해 먹는 몇 안 되는 식재료 가운데 하나다. 해파리는 소금기를 빼고는 그 자체만으로 아무런 맛이 안 나기 때문에, 훨씬 질기기는 해도 인공 젤과 닮았다. 갓 잡은 해파리는 몇 시간이면 상하기 시작할 테니, 바로 조리해야 한다. 우선 위장, 생식샘, 다양한 막을 제거하고, 입을 둘러싼 종처럼 생긴 몸통과 촉수만 남기고 손질한다. 남아시아에서는 보통 해파리를 완전히 마를 때까지 혹은 소금에 절여서 최소한 수분 90퍼센트를 없앨 때까지 건조해서 보관한다.

질감 관련해 흥미로운 것은 불완전하게 말린 해파리다. 이런 상태일 때 해파리는 아삭하고 크리스피하며, 약간 어린 닭의 물렁뼈 같다. 하지만 해파리

를 맛있는 음식으로 만들기는, 말은 쉽지만 실제로는 어렵다.

해파리에서 물을 빼는 전통적인 방법은 소금, 소다, 명반 혼합물을 써서 절이는 것이다. 소금과 소다는 함께 수분을 빼내고, 소다는 아삭함을 증가시키는 데 도움을 주며, 명반은 악취를 없애준다. 최상품의 해파리는 밝고 하얀 반면, 안 좋은 품질의 해파리는 누렇거나 갈색을 띤다. 몸통이 더 귀한데, 가장 큰 이유는 촉수보다 더 일정한 모양을 갖기 때문이다.

염장, 건조한 해파리를 쓸 때는 우선 물에 담그거나 식초 드레싱에 재워봐야 한다. 그런 다음 얇게 슬라이스로 썰어 샐러드에 넣거나 스낵으로 먹는다.

해파리는 자체로는 거의 무미하기 때문에, 많은 흥미로운 요리를 해볼 가능성을 제공한다. 거의 순정한 질감이며 다른 재료들이 내는 맛의 매개체로 그 역할을 한다.

거대 해양 조류

세계의 바다는, 많은 사람이 진귀한 요리 재료라고 여기는 두족류, 극피동물, 해파리뿐만 아니라, 물고기와 다양한 해양 동물, 그리고 흔히 해초라고 알려진 거대 해양 조류의 고향이다. 해초들은 지구상 가장 큰 생물군인 조류 중 하나다. 이 범주는 현미경으로만 볼 수 있는 작은 단세포 생물부터 길이가 60미터에 이르는 자이언트 켈프(바다에 사는 가장 큰 생명체 중 하나)에 이르기까지 매우 이질적인 그룹의 생명체들을 아우른다.

거대 해조류는 아시아와 폴리네시아에서 중요한 식품 자원인 반면, 그 밖의 지역에서는 날것 재료로는 거의 사용되지 않는다. 그러나 앞서 다뤘듯이, 알진산염, 한천, 카라기난 같은 해초 추출물 형태로 산업적 식품 생산에서 젤화제로 널리 쓰인다. 또한, 현대 요리와 분자 요리를 하는 사람들도 이 식재료

해파리.

해파리의 수분 제거

1kg 분량 만들기 | 갓 잡아 살아 있는 큰 보름달물해파리 10kg짜리(모래가 들어갈 수도 있는 해변 가까이가 아닌, 깨끗하고 맑은 물에서 잡은 것)

첫 번째 염장 | 해파리 1kg당 소금 6과 1/2큰술(120g) , 명반 2작은술(10g)

두 번째 염장 | 해파리 1kg당 소금 6과 1/2큰술(120g), 베이킹 소다 1과 1/2큰술(20g), 명반 1작은술(5g)

세 번째 염장 | 해파리 1kg당 소금 6과 1/2큰술(120g), 베이킹 소다 1큰술(15g), 명반 1/2작은술(2.5g)

네 번째 염장 | 해파리 1kg당 소금 6과 1/2큰술(120g), 베이킹 소다 2작은술(10g), 명반 1/4작은술(1.25g)

다섯 번째 염장 | 해파리 1kg당 소금 6과 1/2큰술(120g)

말린 해파리를 만드는 이 레시피는 아시아의 전통적인 방식을 따른다. 이 레시피 자체는 매우 단순하지만, 그 과정은 다섯 단계로 이루어지며 다량의 소금이 필요하다. 시작부터 끝까지 2주 정도 걸리는데, 이는 수분을 제거하고 딱 알맞은 질감을 얻어내는 일이 만만치 않음을 보여준다. 하지만 매일 소금물을 바꾸면 일이 빨라질 수 있다. 해파리는 원래 수분의 94퍼센트 정도까지 빠질 것이다.

• 해파리 위, 생식샘 및 원치 않는 막들을 떼어내 다듬는다. 찬물에 꼼꼼하게 씻어 남아 있을지도 모를 모래

는 조금도 남기지 않고 제거한다.

• 주의: 반드시 이틀에 한 번씩 물에 젖은 소금을 갈아줘야 한다.

• 첫 번째 염장: 해파리에 소금을 겹겹이 깔고 명반을 뿌린다.

• 두 번째, 세 번째, 네 번째 염장: 소다를 추가하고 명반의 양을 매번 절반씩 줄인다.

• 다섯 번째 염장: 해파리에 오로지 소금만 겹겹이 깐다. 매우 추운 곳에서는 1년까지 보관할 수 있다.

• 해파리는 사용하기 전에 물에 담가놓는다.

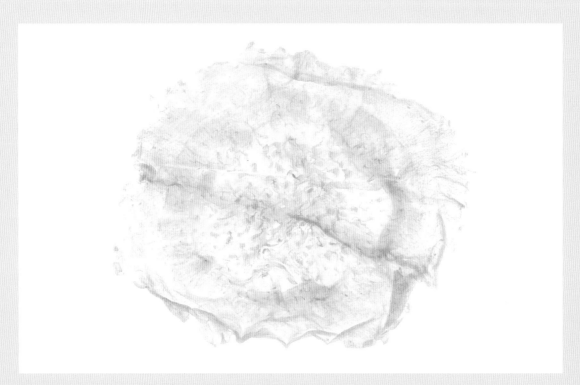

말린 해파리.

해파리에 해초, 콜라비, 서양고추냉이 즙, 흑마늘을 곁들인 샐러드

6인분 | 말린 염장 해파리 100g, 신선한 녹조류 40g, 콜라비 100g, 신선한 서양고추냉이 즙 1큰술(15ml), 흑마늘 1쪽,
아보카도 오일 1큰술(15ml)

- 해파리를 물에 푹 담갔다가 물기를 빼고, 말린 뒤 얇고 가늘게 썬다.
- 신선한 해초를 4퍼센트 소금물이나 깨끗한 바닷물에 헹구고, 모래, 껍질 등이 남지 않도록 조심한다.
- 콜라비 껍질을 벗기고 잘게 썬 뒤, 얼음물에 넣어 아삭함을 유지한다.
- 착즙기로 서양고추냉이 즙을 낸다.
- 지퍼백에 서양고추냉이 즙과 해파리를 넣고 1시간 동안 놔둔다. 혹은, 재료들을 볼에 담아 1시간 동안 놔둔다.
- 콜라비의 물기를 빼고 채소 탈수기 혹은 키친타월로 말린다.
- 흑마늘을 편 썬다.

음식 내기

- 해파리, 콜라비, 해초를 한데 섞고, 작은 유리볼에 나눠 담는다. 흑마늘을 맨 위에 올리고 아보카도 오일을 흩뿌린다.

해파리에 해초, 콜라비, 서양고추냉이 즙, 흑마늘을 곁들인 샐러드.

해파리 팝시클popsicles: 감초가 바다를 만나다

4인분 | 말린 염장 해파리 100g, 감초 가루나 신선한 감초액 조금(1g), 튀김용 중성 오일

- 꼬치 3개를 준비한다. 꼬치가 대나무나 나무로 만든 것이라면, 해파리를 준비하는 사이에 20분 동안 물에 담가놓는다.
- 해파리를 물에 푹 담갔다 물기를 빼고, 말린다. 3~4cm 크기로 자른다.
- 해파리 조각들을 감초와 함께 지퍼백에 담아 1시간 동안 냉장한다.

- 수분이 조금도 남아 있지 않도록 완전히 제거한다. 해파리를 꼬치에 꿴 뒤 선반에 놓고 1시간 동안 말린다.
- 튀김용 기름을 섭씨 170도까지 가열한 뒤, 2분 동안 꼬치를 튀긴다.
- 집어 먹을 스낵이나, 양념으로(예를 들어, 구운 생선과 함께) 바로 낸다.

해파리 팝시클.

말린 다시마.

여린 해초 종들: 도사카노리와 후노리.

를 알아봤다.

수천 종의 해초 중 홍조, 갈조, 녹조를 막론하고 몇 백 종만 식용된다. 그렇지만 소비되는 해초들은 매우 다양한 용도에 쓸 수 있는데, 특히 해초가 식품에 주는 광범위한 식감(부드럽고, 크런치하고, 아삭하고, 질기고, 즙이 많고, 탄력적이고 등) 때문이다. 해초들은 흥미로운 맛과 향을 지녔지만, 특히 아시아 요리에서는 그 질감으로 높은 평가를 받는다.

해초 중 몇몇 종은 잎이 너무 얇고, 종종 그 두께가 세포 몇 개 정도밖에 안 돼서, 말리고 구워서 바삭하고 크런치하며 스낵으로 먹기에 적합하게 만들 수 있다. 특히 덜스(Palmaria palmata)[홍조식물 덜스목 팔마리아과의 바닷말], 김(Porphyra), 미역(Undaria pinnatifida), 윙드 켈프(Alaria esculenta), 그리고 마크로 켈프(Macrocystis pyrifera)가 그렇다. 마크로 켈프는 모든 해초 중 가장 크지만, 유난히 여리고 얇은 잎을 지녔다. 다른 종들, 예를 들어 다시마(Saccharina japonica)와 긴다시마(Laminaria digitata)는 한 번 데쳐야 먹을 수 있다.

몇몇 유명한 식용 해초 종, 특히 홍조류는 자잘한 올들이 많고 꽤 딱딱한 가닥들이 가지를 친 형태로 자란다. 입안에서 처음에는 간질이는 듯 느껴질 수 있고, 그다음에는 크런치한 마우스필이 이어진다.

꼬시래기는 따뜻한 물과 차가운 물 모두에서 자라고, 일본식 별미인 후노리ふのり[청각채]와 도사카노리とさかのり[계관해조]처럼 날것으로 먹을 수 있다.

해초에 있는 천연 겔화제 때문에, 말리고 구운 해초는 액체나 습기에 노출되면 매우 빠르게 수분을 흡수하고 다시 부드러워질 것이다. 이것은 스시롤이나 마키즈시(김초밥)를 싸거나 그 안에 넣는 재료로 잘 알려진 김에도 딱 들어맞는다. 마른 김은 홍조류 포르피라로 만든다. 이 낱장의 김은 말리고 구워서 먹는데, 마키를 만들 때는 완벽하게 바삭하게 해야 한다. 마른 김은 수분을 빠르게 흡수하기 때문에, 마키는 만들자마자 바로 먹어야 한다. 그러지 않으면 김이 질겨지고 안 좋은 마우스필이 생긴다. 아삭하고 크런치한 해초와 부드러운 밥의 대조가 맛있는 마키즈시의 특징이다.

빙과: 가루, 크리미한 것부터 씹는 맛이 있는 것까지

맛, 마우스필, 온도 사이의 엄청난 시너지 효과는 좋은 빙과의 특징이다. 그라니타의 크런치함과 소르베의 알갱이 느낌부터 수제 아이스크림의 크리미함

부드러운 해초로 만든 '감초'

다시마와 긴다시마 같은 몇몇 거대 갈조류는 그 질감이 탄력적이거나 부드러운 감초甘草 같도록 조리할 수 있다. 이 해초들을 끓이면 마치 감초를 함유하고 있다고 믿게 할 만큼 그 마우스필이 바뀐다.

일본에서 많이 먹는 스낵 중 하나는 다시마를 물에 끓이거나 담가놓았다가 쌀식초에 재운 뒤 말린 것이다. 재울 때 은은하게 맛을 더할 용도로 생강이나 다른 향신료를 첨가할 수 있다. 그 질감은 단단하고 탄력 있으며 약간 파삭할 수도 있다. 재우는 양념의 산성은 이런 스낵을 매우 상큼하게 해주고, 잠시 입 안에 머무르게 하면 즐거움을 준다.

끓인 해초를 만들기는 정말로 쉽다. 말린 거대 갈조류는 보통 잎 통째로 파는데, 우선 1시간 동안 물에 담가봐야 한다. 점액처럼 보이는 것들은 사실 무해한 다당류로 이루어졌지만, 그것들이 이 잎에서 많이 나온다면, 물을 몇 번 갈아주는 것이 좋다. 슈거 켈프는 다당류를 많이 함유하고 있어서, 스낵으로 만들면 너무 끈적거릴 테니 좋은 선택이 아니다.

해초를 물에 담갔다가 물기를 빼고, 새 물을 담은 소스팬에 넣고 부드러워질 때까지 끓인다. 다시 해초에서 물기를 뺀 뒤 얇게 채 썰거나 1~2cm 사각형으로 자른다. 이것들을 간장, 스위트 와인, 그리고 있다면 청주, 맛술 섞은 것에 넣고 끓인다. 그 안의 당분이 캐러멜화되고 해초 조각들이 반질반질하며 거의 검게 될 때까지 끓여야 한다.

이 끓인 해초는 진짜 감칠맛 물질로 충만해 있다. 해초를 끓이고 있을 때 말린 표고버섯 간 것을 조금 넣으면 감칠맛을 더 끌어올릴 수 있다. 최종 결과물이 너무 끈적거린다 싶으면, 쌀가루나 감초 가루를 약간 뿌릴 수 있다. 그러면 편하게 손가락으로 집어서 스낵으로 먹을 수 있다.

이 해초로 만든 '감초'(seaweed 'licorice')는 다져서 바닐라 아이스크림과 섞거나, 음식을 낼 때 위에 얹을 수 있다. 해초는 물과 결합하는 다당류를 함유하고 있어서, 차가운 아이스크림과 만나도 해초 조각들이 단단해지지는 않는다. 그 결과는, 아이스크림의 부드럽고 크리미한 마우스필과 단단하고 씹는 맛이 있는 달콤하고 감칠맛 있는 해초 '감초' 조각들의 대조라는, 완벽한 질감의 마리아주다.

세 가지의 다시마: (왼쪽) 식초에 재운 것, (가운데) 간장에 재운 것, (오른쪽) 간장에 재우고 말린 뒤 쌀가루를 뿌린 것.

과 젤라토의 부드러움까지 매우 다양한 질감을 아우른다. 모든 빙과는 얼음 결정, 기포, 그리고 얼지 않는 당액의 혼합물이다. 그 미시적 구조가 궁극적으로 그들의 다양한 감각적 특성을 결정짓는다.

빙과는 보통 설탕과 기타 당류(예를 들어, 글루코스와 전화당)로 만드는 게 일반적이다. 당 함량에 따라 아이스크림의 부드러움, 기본적인 질감 등이 크게 영향을 받는다. 일반적으로 빙과는 당 함량이 적어도 15퍼센트는 되고, 매우 달콤한 디저트의 당 함량은 그 이상이다.

크리미한 아이스크림

우유, 물, 크림, 당류 그리고 가능하다면 달걀 조금으로 만든 아이스크림은 매우 부드럽고 크리미한 질감을 가지며, 이 사이에서 오드득 씹히는 얼음 결정은 조금도 없어야 한다. 아이스크림과 젤라토 둘 다에는 기포와 묽은 당액의 경계에 붙은 작은 유지방 입자들이 있다. 우유와 크림의 단백질과 함께 지방은 기포를 안정화시켜, 빙과의 부드럽고 크리미한 특유의 마우스필을 만들어내는 데 도움을 준다.

설탕, 소금, 알코올 및 맛 물질들 같은 다양한 성분이 아이스크림에 녹아들어 있기 때문에, 그 안의 물은 정상적인 섭씨 0도보다 낮은 온도에서 언다. 좋은 아이스크림의 마우스필은 차갑고 약간 단단하다가, 입안에서 녹기 시작하면 부드럽고 크리미해져야 한다. 반대로, 그라니타나 소르베는 약간 오드득 씹히는 느낌이 있는 좀 더 과립형의 구조가 좋다.

입안에서는 7~10마이크로미터의 작은 입자들을 감지할 수 있다. 따라서, 소프트아이스크림처럼 완벽하게 부드럽고 크리미하려면, 결정이 형성되지 않도록 혼합물을 계속 휘저어주면서 빠르게 얼리는 것이 중요하다. 또한, 재료들의 혼합물은 디저트를 냉장고에 보관할 때 결정이 자라지 못하도록 하는 당류, 유화제, 안정제 같은 물질이 있어야 한다.

휘저어주면, 이미 형성돼 있을 수 있는 결정도 모두 분쇄된다. 우유와 요구르트처럼 지방 함량이 낮은 유제품으로 부드럽고 크리미한 제품을 만드는 것은 특히 어려운 일이다.

완벽하게 부드러운 아이스크림이나 소르베를 만들기 위해 다양한 현대 주방 기구들이 고안되었는데, 특히 파코젯이 유명하다. 이것은 고속으로 회전하는 매우 날카로운 티타늄 날을 가졌는데, 이 날은 얼린 혼합물 조각을 말 그대로 아주 작은 조각으로 밀어버린다. 그렇게 분쇄된 조각의 크기는 약 5마이크로미터밖에 안 되는데, 이는 혀와 입이 느낄 수 있는 개별 입자의 한계치보다 작다. 또 다른 옵션은 혼합물을 액체 질소의 도움으로 급속 냉동하는 것이다. 이 경우에 입자는 1마이크로미터보다 작게 나온다.

세계에서 가장 쫄깃한 아이스크림

튀르키예의 별미인 살렙 돈두르마Salep dondurma는 '세계에서 가장 쫄깃한 아이스크림'이라고 불린다. 그 이름은 명백한 것과 다소 이국적인 것의 조합이다. 돈두르마는 '얼린 것'이라는 뜻의 튀르키예어다. 살렙 역시 튀르키예어로, 원래는 '여우 고환'을 뜻하는 아랍어에서 왔지만, 지금은 그 뿌리가 여우 고환을 닮은 난초(Orchis mascula)를 가리킨다. 그 뿌리로 만든 가루를 아이스크림 만들 때 쓴다.

살렙은 5,000개 이상의 당류를 묶어낼 수 있는 긴사슬의 복합 다당류를 함유하고 있다. 그 결과, 살렙은 수화겔을 형성하는 매우 효과적인 겔화제로 작용한다. 따뜻한 우유를 걸쭉하게 만드는 데 쓰며, 부드럽고 쫄깃하며 끈적거리는 점도와 매우 독특한 마우스필을 가져온다.

이렇게 걸쭉해진 우유를 얼리면 액체는 매우 쫄깃하고 유연해져서 태피taffy[말랑말랑한 사탕]처럼 긴 끈으로 뽑아낼 수 있다. 살렙으로 만든 아이스크림을 치대면 더 쫄깃해지는데, 이는 글루텐 함량

설탕에 절인 덜스를 곁들인 아이스크림

8~10인분 | 전유 2와 1/2컵(600ml), 38퍼센트 크림 1과 2/3컵(400g), 설탕 2/3컵(150g), 덜스 25g, 달걀노른자 6개

덜스를 아이스크림 혼합물에 추가하면, 디저트의 열량을 낮추고 질감을 더할 수 있다. 그 이유는 첫째, 해초에서 추출한 감칠맛 물질은 설탕 및 지방과 상호작용해 시너지 효과를 일으켜 각각의 사용량을 줄일 수 있고, 둘째, 해초 속 다당류가 겔화제로 작용하여 비교적 크림을 덜 사용하면서도 부드러운 질감을 얻을 수 있기 때문이다.

- 우유, 크림, 그리고 설탕 6과 1/2큰술(100g)을 끓인다.
- 여기에 덜스를 넣고, 약간 식혀서 진공 주머니에 옮겨 실온에 30분 동안 놔둔다.
- 진공 주머니를 수조에 넣고 섭씨 60도에 40분 동안 놔둔다.

- 달걀노른자에 남은 설탕 3과 1/2큰술(50g)을 넣고, 폭신하게 거품이 날 때까지 휘젓는다.
- 우유 혼합물을 섞고 아주 고운 체에 거른다. 섭씨 80도까지 가열한다.
- 따뜻한 우유 혼합물을 달걀노른자에 조금씩 넣어가며 걸쭉하게 한다. 다시 섭씨 80도까지 가열한다.
- 혼합물을 아이스크림 기계에 넣고 설명서에 따라 휘젓는다. 또는 12시간 동안 얼린 다음 파코젯에 넣고 돌린다.
- 원한다면, 설탕에 절인 덜스를 약간 위에 뿌려서 낸다.

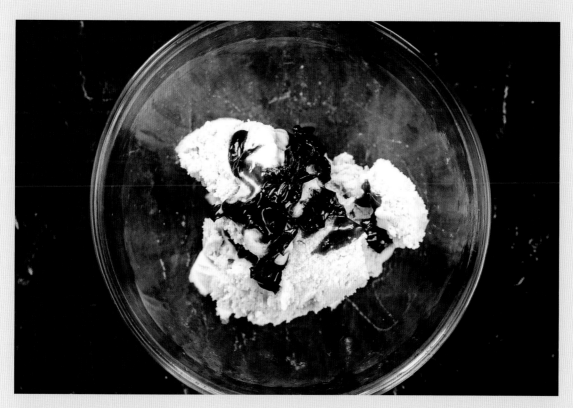

설탕에 절인 덜스를 곁들인 아이스크림.

쫄깃한 아몬드 밀크 아이스크림

8~10인분

아몬드 밀크* | 아몬드 100g, 물 3과 1/3컵(800ml)

아이스크림 | 전유 1과 2/3컵(400ml), 곤약 1작은술(4g), 벤즈알데하이드 혹은 아몬드 추출액 3방울, 바닐라콩 반 개, 설탕 1컵(200g)

아몬드 밀크 만들기

- 아몬드 껍질을 벗기고 그 껍질은 버린다.
- 아몬드를 물 1과 2/3컵(400ml)에 24시간 동안 담가놓는다.
- 물을 버리고, 다시 물 1과 2/3컵(400ml)을 붓고 블렌더로 갈아 매우 고운 슬러리slurry[미세한 고형 입자가 물에 있는 현탁액]로 만든다.
- 고운 체에 걸러, 아몬드 밀크를 아이스크림 만들 때 쓴다.

아이스크림 만들기

- 아몬드 밀크, 우유, 곤약, 벤즈알데하이드를 한데 넣고 휘저은 뒤, 30분 동안 놔둔다.
- 혼합물을 섭씨 50도까지 가열한다.
- 바닐라 꼬투리를 쪼개 씨를 긁어낸 뒤 설탕과 섞고, 따뜻한 우유에 뿌린다.
- 우유 혼합물을 끓인다. 핸드 블렌더로 15분 동안 휘저으며 계속 끓인다.
- 설명서에 따라 아이스크림 제조기에서 얼리거나 부순 드라이아이스 위에서 얼린다. 음식을 내기 전에 냉동고에 12시간 동안 놔둔다.

쫄깃한 아몬드 밀크 아이스크림.

* 시중에 판매되는 아몬드 밀크 3과 1/2컵(800ml)으로 수제 아몬드 밀크를 대체할 수 있다.

이 큰 빵 반죽을 치대면 몇 미터까지 늘일 수 있는 것과 마찬가지 방식이다. 아이스크림을 낼 때 스쿱을 쓰는 것은 잊어도 된다. 가위만으로도 자를 수 있다.

아리엘 존슨, 켄트 커쉔바움, 앤 맥브라이드는, 튀르키예 밖에서는 살렙을 얻기 어렵기 때문에 난초 뿌리에서 유래한 것이 아닌 다른 다당류를 써서 살렙 돈두르마를 만드는 실험을 했다. 첫 번째 시도로, 그들은 옥수수 녹말과 칡으로 대체해봤다. 아이스크림이 단단해지기는 했지만 제대로 쫄깃하고 탄력 있지는 않았다. 다음으로 그들은 중국과 일본이 원산지로 특별한 형태의 국수를 만드는 데 쓰는,

곤약konjac(Amorphophallus konjac)이라 불리는 식물[구약나물] 뿌리로 시도해봤다. 실험 결과, 곤약은 살렙과 같은 효과를 냈고, 그들은 결과물에 아주 자연스럽게 '곤약 돈두르마'라는 이름을 붙였다. 이 삼인조 연구자들은 또한, 제대로 질기고 점탄성 있는 점도를 얻으려면 아이스크림 혼합물을 얼리기 전후로 반드시 치대야 한다는 것을 알아냈다. 그렇게 하지 않으면 거칠고 덜 쫄깃해질 것이다.

맛이 폭발하는 질감

어떤 상의 재료를 다른 상의 재료로 싸서 캡슐로 만들면 정말 특별한 맛 경험을 할 수 있다. 단단하고, 바삭하고, 혹은 쫄깃하거나 씹으면 터지는 살짝 구형인 껍질로 특별한 맛의 액체를 싸서 만드는 것이다. 또한, 부었을 때 터지는 이산화탄소가 든 액체를 쌀 수도 있다. 이렇게 하면, 액체가 나올 때 맛을 감지하는 것과 다른 질감을 느끼는 것 사이의 상호작용을 이룰 수 있다. 잘 알려진 예는 달걀노른자와 어란인데, 인공적인 방법으로 작은 캡슐을 만드는 것도 상상해볼 수 있다. 이것은 젤화 과정을 쓰거나 과일 표면의 화학적 변형인 석회화를 통해 만들어낼 수 있다.

놀라운 질감과 맛을 담은 작은 캡슐

생선 알은 얇은 막 안에 뭉쳐 있는 지방구들로 채워진 난황주머니다. 이 막은 당단백질이라 불리는 특별한 단백질들의 층으로 덮인 생체막으로, 난황 안쪽에 있는 난자를 위한 보강재 역할을 한다. 미성숙한 알은 매우 단단할 수 있지만 시간이 지나면서 더 부드러워지고, 부화되기 직전에는 쉽

게 분해된다. 알은 다 성숙하기 직전이 먹기에 가장 좋다.

생선 알을 소금물에 절이면 표면이 더 단단해져서, 더 아삭하고 오독오독한 마우스필을 가져다준다. 이는 알을 씹어 개별 알 세포들이 터질 때 안쪽의 크리미하고 지방이 풍부한 맛과의 대조를 더 크게 해준다.

가장 아삭하고 크런치한 생선 알 중 하나는 날치 알이다. 각각의 알은 지름이 약 0.5밀리미터다. 열빙어 알은 훨씬 더 작고 크런치하다. 철갑상어 알로 만든, 세계에서 가장 유명한 캐비어는 좀 더 크다. 그 막은 탄력이 더 적고, 좀 더 크리미한 마우스필을 준다. 연어와 송어의 알은 훨씬 더 크고, 소금에 절이면 막은 더 아삭해질 수 있다.

소금에 절인 청어 알은 날치 알만큼 크런치한 마우스필을 바탕으로 일본 요리에서 특별한 위치를 차지하고 있다. 이것은 일본어로 가즈노코数の子라는 매우 서술적인 이름으로 알려져 있는데, 문자 그대로 '많은 아이들'이라는 뜻이다. 알주머니 한 개에 작은 알이 많으면 10만 개까지 들어 있다. 특이한 별미로는 마크로 켈프나 다시마 같은 해초 잎 위에

해초 위에 올려 말린 청어 알(가즈노코 곤부).

놓고 말린 청어 알이 있는데, 다시마에 말린 것은 가즈노코 곤부라고 한다. 종종 해초 잎 앞뒤로 알을 몇 겹으로 쌓이기도 하는데, 두께가 2센티미터까지 되기도 한다.

좋은, 크런치한 가즈노코를 만드는 것은 수고로운 과정으로, 알주머니를 여러 차례 염장하고 마지막에는 포화된 소금 용액에 담근다. 그렇게 해서 나온 주머니는 단단하고, 매우 크런치한 알들이 빽빽하게 들어차 있다. 먹을 때는 알주머니를 물에 담가놓았다가 쓴다.

생선 알을 말려 완전히 다른 마우스필을 만들어낼 수 있는데, 이는 유럽의 지중해 국가들에서 쓰던 전통적인 방법이다. 이 귀한 별미를 이탈리아에서는 보타르가bottarga라고 부르고, 스페인에서는 보타르고botargo라고 부른다. 말린 알은 단단하게 굳는데, 많은 양의 지방 물질이 말라 있어 왁스 같은 마우스필을 준다. 다양한 생선, 특히 대구 알과 참치 알로 만들 수 있는데, 숭어 알로 만든 것을 최고로 친다.

구형화

액체 질소를 사용하는 것을 제외하면, 대부분의 사람이 분자 요리와 연관 짓는 기술은 아마 구형화일 테다. 겔화제 알진산염(알진산나트륨)을 써서, 액체를 담은 작은 구체들이나 달걀노른자의 막처럼 꽤 큰 막을 형성할 수 있다. 그 과정은 놀랍도록 도전적인 마우스필을 선사하는 독특한 질감을 만들어낸다. 날치 알의 느낌과 비슷한 크런치한 감각, 혹은 이가 알을 깨물어 막이 터질 때 뒤따라오는 유연한 탄력성 등이다. 후자는 입안에서 진정한 맛의 폭발로 이어질 수 있다.

이미 지적했듯이, 구형화는 칼슘 이온이 있을 때 화학적으로 안정한 겔을 형성하는 알진산나트륨의 능력에 기반한다. 이 이온들은 염

화칼슘이나 젖산칼슘에서 얻을 수 있거나, 구형화할 재료 안에 자연적으로 존재할 수 있다. 대부분 요리사는 젖산칼슘(아마도 글루콘산칼슘과 섞어서)을 선호하는데, 염화칼슘과 달리 맛에 영향을 끼치지 않기 때문이다. 구형을 만드는 데 쓰는 두 가지 방법은 기저basal 구형화와 역reverse구형화다.

기저 구형화는 알진산나트륨을 함유한 적은 양의 액체(과일 즙 등)를 점적기dropper나 작은 숟가락으로 칼슘 이온 용액에 넣을 때 일어난다. 칼슘 이온은 알진산염이 액체 방울 외부 표면에 겔을 형성하게 하면서, 안쪽에는 액체가 있고 바깥에는 단단한 구형 껍질이 있도록 한다. 겔의 내구력은 칼슘 이온의 농도뿐만 아니라 액체의 산도와 알코올 함유 여

구형화의 혁신적인 이용: 캐비아트, 해초로 만든 '캐비어'.

캐비아트: 맛있는 채식주의자 대체식

국제적으로 추종자를 확보한 작은 덴마크 기업은, 실패했던 실험을 발판 삼았다. 1988년, 옌스 묄레르는 어떤 효소가 해초와 결합했을 때 매우 작은 구체들이 형성된다는 것을 발견했다. 그는 이 구체들과 생선 알 사이의 유사점을 재빨리 알아채고, 그 생각을 발전시키기 시작했다. 그 생각으로 실험해보고 더 발전시키면서 몇 년을 보낸 뒤, 1994년 그는 자신의 획기적인 고안에 특허를 낼 수 있었다. 1년 뒤, 그는 이 특이한 제품을 상업적으로 생산하기 시작했고, 그 제품에 캐비아트Cavi-art라는 이름을 붙였다. 그것은 해초로 만든 작은 구체로 이루어졌는데, 겉모양과 특히 마우스필의 측면에서 모두 캐비어를 닮았다.

작은 캐비아트 볼 각각은, 젤라틴화된 해초 알진산염으로 만든 단단하고 탄력 있는 막으로 이루어졌는데, 이 막은 최종 용도에 따라 식용 색소와 다양한 맛 물질이 더해진 액체를 둘러싼다. 캐비아트 볼을 캐비어 대체식으로 쓰면 자연스럽게 생선의 맛을 내지만, 패션프루트나 파파야 등의 달콤한 과일의 즙을 골라서 디저트에 쓰기 적합하게 맞출 수도 있다. 캐비아트는 구형화를 간단하고도 영리하게 응용한 것이다.

아방가르드 요리사는 현대 요리에서 구형을 만드는 데 알진산염의 이용을 '발명'한 공로를 인정받고 있다. 아마 그들은 옌스 묄레르가 이미 그 발견을 했고 그것을 몇 년 전에 새로운 식품 시리즈로 시장에 내놨다는 사실을 모를 것이다.

캐비아트: 캐비어의 채식주의 대체식.

부에 달렸다. 사과 즙의 경우처럼, 액체가 pH 5 아래로 너무 산성이면 겔이 형성되지 않는다. 그 대신, 녹지 않고 증점제로 작용하는 알진산염의 형성을 초래할 것이다. pH를 높이는 구연산나트륨을 첨가해, 어느 정도는 이 효과를 상쇄할 수 있다. 액체 방울이 완전히 고체가 되지 않도록 하기 위해, 구체를 즉시 깨끗한 물로 옮겨 칼슘 이온을 제거해야 한다. 모든 칼슘 이온을 씻어낼 수는 없기에, 이 과정은 까다로울 수 있다. 일정 기간이 지나면, 칼슘

이온이 구체로 확산되어 완전히 고체가 될 것이다. 유제품의 경우처럼, 구형화할 재료가 자연적으로 일정량의 칼슘 이온을 함유하고 있으면 비슷한 문제가 생긴다. 이 섬세한 균형을 이루기가 어렵기 때문에, 기저 구형화는 보통 구체를 내기 바로 전에 한다.

기저 구형화에 관련된 많은 문제는 대안적인 방법, 즉 역구형화를 써서 피할 수 있다. 방법은 비슷하지만, 이제는 구형화할 재료가 칼슘을 함유한 것

이다. 그 칼슘은 자연적으로 발생하거나 젖산칼슘을 넣어서 얻는다. 혼합물을 알진산나트륨 용액에 떨어뜨려, 구체 주위에 겔화된 껍질이 생기도록 한다. 보통 이 껍질은 기저 구형화의 방법으로 만든 것보다 좀 더 두꺼워서, 구체는 그 모양을 더 잘 유지하지만 더 아삭하고 쉽사리 터지지 않는다. 기저 구형화와 마찬가지로, 구체를 즉시 깨끗한 물로 옮겨 여분의 알진산염을 씻어낸다. 이로 인해 겔화는 멈추고, 구체의 내부는 액체로 남는다. 따라서 이 구체들이 필요할 때보다 앞서 잘 준비해놓을 수 있다. 역구형화는 또한 위에서 언급한 문제들, 산성이고 알코올을 함유하거나 이미 다수의 칼슘 이온을 가진 액체에서 생기는 그 문제들을 해결한다.

구형화는 또 다른 질감 요소인 작은 이산화탄소 기포를 결합할 수 있도록 해준다. 이것들은 고체 겔과 액체인 내부를 보완하여, 물질의 세 가지 상인 고체와 액체, 기체가 모두 동시에 존재하게 한다. 이산화탄소 기포가 방출될 때 마우스필은 탄산음료에 의해 생기는 잘 알려진 마우스필과 비슷하다.

완벽한 구체를 만들고 싶다면 반드시 고려해야 하는 실질적 조건들의 목록은 꽤 길며, 상당한 연습이 필요할 수 있다. 예를 들어, 때때로 액체 방울들은 들어가야 할 용액 속으로 가라앉지 않으려 하는데, 이는 그 비중이 용액보다 낮기 때문이다. 이 문제는 구형화할 액체에 잔탄검을 조금 넣어 해결할 수 있다.

석회화

탄산칼슘을 형성하는 석회화라는 요리 기술을 약간 사용하면, 부드러운 내부의 바깥에 껍질을 만들어낼 수 있다. 앞서 설명했듯이 프레첼 반죽으로 이렇게 해낼 수 있는데, 껍질을 벗기려고 데친 토마토도 그 효과의 대상이 될 수 있다. 이러면 재미나고 놀라운 마우스필을 낳는다. 바깥은 단단하고 약간 아삭하게 느껴지는 반면, 안쪽은 완전히 다른 구조를 갖는다. 이 눈속임은 공기 중 이산화탄소와, 재료 표면을 처리하는 데 쓰는 염기인 가성소다 사이의 반응을 비롯해 어느 정도는 화학에 기반한다.

석회화는 껍질이 벗겨진 토마토 표면에 단단하고 약간 아삭한 막을 만들 수 있게 한다. 이것은 입안에서 갑자기 터져 과즙을 팍 퍼뜨린다. 뿐만 아니라, 토마토에 향신료를 주입한다면 또 다른 놀라운 효과가 나타난다. 토마토의 내부 구조는 예상한 그대로지만, 맛은 완전히 달라지는 것이다.

토마토의 석회화.

향이 강한 허브를 주입한 석회화한 토마토

구겐하임 빌바오 미술관에 있는 유명한 미식 레스토랑 네루아Nerua의 주방을 관리하는 총괄 요리사 호세안 알리하는 다양한 허브 추출물을 주입한 석회화한 토마토를 만드는 정교한 레시피를 갖고 있다. 그 과정은 매우 길고 복잡해 설명서가 네 장이나 되며, 만드는 데 10시간이 걸린다. 아래에 나오는 내용은 이 시그니처 요리를 만드는 데 필요한 핵심 단계들을 간략하게 정리한 것이다.

첫 번째, 지름이 약 3센티미터인 여러 색과 모양의 방울토마토들을 고른다. 껍질이 잘 벗겨지도록 데친 뒤, 찬물에 담갔다가 껍질을 벗긴다. 이때 소석회(수산화칼슘) 용액에 담근다.

그 원리를 이해하려면, 그 기초가 되는 화학을 살펴볼 필요가 있다. 포화 용액에서는 석회수로도 알려져 있는 소석회는 강한 염기성 물질로 부식을 일으킨다. 실제로 식품 생산에 꽤 광범위하게 쓰인다. 석회수는 공기 중의 이산화탄소와 반응해 물과 고체인 백악(탄산칼슘)을 형성한다. 토마토를 여기에 3시간 동안 담가놓은 뒤 흐르는 찬물에 꼼꼼하게 씻는다. 이렇게 하면, 토마토를 가열하고 건조한 뒤 거기에 토마토소스를 주입할 수 있게 하는 단단한 껍질이 생긴다.

토마토 소스는, 햇볕에 말린 방울토마토, 올리브 오일, 소금, 설탕으로 만든다. 우선, 햇볕에 말린 토마토는 섭씨 170도에서 20분 동안 구운 뒤 체로 으깨 퓌레를 만든다. 레몬그라스, 차이브, 민트, 로즈마리, 처빌 같은 허브를 넣은 뒤 석회화한 토마토 껍질에 주입

향이 강한 허브를 주입한 석회화한 토마토.

한다. 특정 색이나 모양을 가진 토마토에 어울리는 다른 소스를 넣어 효과를 더할 수 있다.

또한, 석화화한 껍질을 시럽과 함께 진공팩에 넣어 따뜻하게 한 뒤 말리면 달콤한 토마토를 만들 수 있다.

음식을 낼 때는 긴다시마 추출물에 토마토를 30초 동안 찐 뒤, 1인분 한 접시 위에 다섯 가지 서로 다른 토마토를 올린다. 잔탄검으로 걸쭉하게 한 토마토 수프로 만든 소스와 케이퍼로 장식하고 섭씨 70도까지 데운 뒤 바질 잎을 맨 위에 올린다.

이 발상에 영감을 받아 두 명의 덴마크인 견습 요리사 카스페르 스튀르벡와 물리학자 페르 링스 한센은 토마토를 석회화할 때 덜 혹독한 방법을 쓰는 대체 레시피를 개발했다. 그들은 석회수 대신 염화칼슘과 베이킹 소다를 사용하고 식초를 넣어 용액을 조절한다. 그럼으로써 토마토 속으로 더 깊이 침투해 석회화가 이루어지고 껍질은 더 두꺼워진다. 최종 결과물은 기분 좋게 질긴 마우스필을 가진 더 단단한 토마토다.

18코스 점심의 마우스필을 해독하기

빌바오의 레스토랑 네루아는 원래 구겐하임 빌바오 미술관의 비스트로[규모가 비교적 작고 가정식 혹은 간단히 조리한 음식을 내는 식당]를 통과해야만 들어갈 수 있었기 때문에, 미슐랭 1스타의 가치가 없다고 여겨졌다는 소문이 있다. 이 레스토랑이 네르비온 강을 마주하고 있는 계단을 올라 이 레스토랑만의 조심스러우면서도 매우 우아한 입구를 얻었을 때, 이내 첫 번째 미슐랭 스타를 받았다.

레스토랑은 구겐하임 빌바오 미술관 안에 있는데, 이 미술관은 프랭크 게리의 웅장하고 유기적인 건축물로, 네르비온 강 가장자리에 있는 거대한 조형물과 닮았다. 이 미술관은 병든 산업 도시를 관광지로 탈바꿈시켰다. 1997년 미술관이 개관한 뒤 1년 만에 도시 방문객 수는 300배 늘어났다. 구겐하임은 도시 자체와 그 경제에 관한 이해라는 측면에서, 문화에 대한 대규모 투자가 도시를 어떻게 바꿀 수 있는지 보여주는 빛나는 사례다.

네루아의 책임자는 어느 정도는 마법사 같다. 총괄 요리사 호세안 알리하의 요리는 어떤 면에서는 향, 맛, 질감 같은 기본적인 것들에 초점을 맞추며 금욕주의적이고 엄격하다. 하지만 좀 더 자세히 살펴보면, 스타일은 화려하다 할 수 있을 정도고, 적어도 레시피와 기술의 개발은 언제나 놀라울 만큼 어마어마한

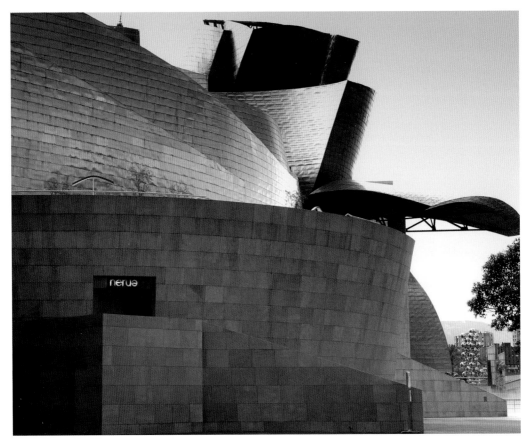

구겐하임 빌바오 미술관 안 네루아 레스토랑 입구.

네루아 주방에서 일에 열심인 요리사.

노동에 기반한다. 레시피는 아주 복잡하지만, 식탁에 올라온 요리는 단순함의 완벽한 본보기다. 폴 보퀴즈가, 호세안의 음식은 자신이 맛본 최고의 것들 가운데 하나라고 말했다고 한다.

우리는 네루아에서의 점심 식사에 큰 기대를 걸고 있었다. 특히 우리 중 한 명인 올레가 이미 한 번 거기서 먹어봤고, 그곳 요리사들과 잼 세션[즉흥 요리]에 참여했을 뿐 아니라 책에 쓸 몇몇 레시피를 위해 그들과 일한 경험이 있기 때문이다. 또한, 그 레스토랑의 덴마크인 견습 요리사 카스페르(저자들 중 한 명의 아들)가 우리에게, 메뉴는 특별히 선별한 18가지 요리로 이루어질 것이라 귀띔해줬다.

식사를 시작하면서, 우리는 양파, 마늘을 곁들인 생토마토 추출물로 만든 음료를 마셨다. 우리가 첫 손님이었는데도 주방은 이미 분주했는데, 그 앞에 있는 자리에 우리는 서 있었다. 음료에 이어, 말린 대구 껍질 튀김으로 만든 '칩'과 함께, 흑돼지로 만든 이베리코 햄 베이스의 부용을 주입한 멜론이 덩굴에 매달린 것처럼 연출된 '포도'를 받아 들었다. 우리는 주방을 둘러보도록 안내 받았고, 또한 네루아의 '실험 연구실' 역할을 하는 작은 공간도 보았다.

레스토랑 자체는 매우 작아 식탁은 열 개뿐이고, 주방에 하나 더 있었다. 창문은 하나 있고, 강을 마주하고 있으며, 장식적인 느낌은 없고, 전체적으로 밝은 크림색으로 칠해져 있었다. 한가운데에는 기둥과 그것을 둘러싼 탁자가 있는데, 음식 내는 이들을 위한 대기 공간이다. 탁자 위에는 탁자보만 있다. 어떤 면에서 이 공간은 미술관의 인테리어를 반영하는데, 말하자면, 어떤 꾸밈이나 전시까지도 필요 없는, 모양과 색이 자유로운 예술 작품, 조형물이다.

자리에 앉자마자, 커트러리, 냅킨 및 약간의 장식품이 놓이고, 점심 식사가 식탁에 모습을 드러내기 시작했다. 전채 요리로 절인 토마토가 얼음 위에 놓여 나왔다. 첫 번째 요리 '구운 피망으로 낸 육수에 놓

18코스의 점심 식사에 나온 요리들.

인 비트 뇨키'가 구체화되었을 때, 네루아의 기본 방향이 눈앞에 드러났다. 그것은 거짓말처럼 단순해 보였다. 하지만 비트 즙의 단맛과 신맛의 상호작용과 더불어 질감의 미세한 조정은 요리를 거의 완벽에 가깝게 만들었다.

그다음에는, 간단히 '소스 속 토마토'로 알려진, 이 레스토랑의 시그니처 요리 중 하나가 나왔다. 서로 다른 모양과 색의, 껍질 벗긴 다섯 개의 작은 토마토가 접시 위에 놓여 있었다. 각각을 깨물면 입안에서 터져, 레몬그라스, 차이브, 민트, 로즈마리, 혹은 처빌 에센스를 주입한 케이퍼로 만든 소스의 맛을 방출했다. 그 효과는 순수하고 압도적이었다. 그 질감은 석회화한 바깥 껍질의 단단하고 가볍고 아삭한 질감과 일반적인 토마토 과육과는 완전히 다르게 매우 부드러운 속의 질감이 결합되어 있었다.

세 번째 요리는 아몬드 밀크와 올리브 오일로 만든, 크림드 스피니치creamed spinach였는데, 아마 가장 아름답게 나온 요리일 것이다. 시금치는 즙이 풍부하고 촉촉했다. 다음으로는 야생 아스파라거스, 아보카도, 루콜라 및 밀싹의 초록 추출물이, 파르미자노레자노 치즈를 건조해 만든 칩으로 장식해 나왔는데, 이 모든 것은 전체적으로 감칠맛을 멋지게 전시한 것이었다.

와인은 어떤 것으로 페어링했나? 말바시아Malvasia 포도로 만든, 리오하 비냐 콘도니아Rioja Viña Condonia 1999년산 화이트와인으로, 오크 숙성으로 균형이 잘 잡혔다. 귀하고 다소 복합적인 와인이지만, 초반에 나온 네 가지 요리에 잘 어울렸다. 그다음으로 우리는 더 가볍고, 숙성 기간이 오래지 않은 화이트와인, 알바리뇨 도 페레이로 리아스 바이사스Albariño Do Ferreiro Rias Baixas 2013년산으로 바꿨다.

다음 요리로 우리는 첫 번째 바다의 맛을 봤다. 큰 새우와 주키니 꽃에 곁들여, 민트와 커리 소스에 끓인 자두 스튜가 나왔다. 우리는 곧바로 채소 코스로 돌아와, 허브가 섞인 녹색 소스에 얹어진 병아리콩을 받았다. 병아리콩은 바스크의 주요 식품으로, 금식 기간 동안 특별히 먹으며, 모든 지역에서 재배한다. 네루아에서는 병아리콩을 살짝 단단하게 익히고 초리소 즙을 곁들여 순수한 감칠맛과 시너지를 낸다.

좀 더 전통적이고 깊이 있는 생선 요리로 가기 전에, 우리는 호세안만의 해석으로 만든 푸아그라 요리를 맛봤다. 여기에는 즙이 풍부하지만 여전히 단단하고 어린 순무와 신선한 레몬 민트가 곁들여졌다.

여덟 번째 요리는 코코차kokotxa였는데, 스페인어로는 바칼라오 알 필 필bacalao al pil pil이라고 알려졌다. 생선의 턱밑살을 쓰는 이 요리의 조리법은 수백 가지가 있는데, 보통은 헤이크hake나 대구를 쓰고 따뜻한 기름으로 익힌다. 보기로는 그다지 흥미를 끌지 못하고 다소 단조로운 듯하지만, 이 버전의 요리를 지지해주는 비법은 수중유형 에멀션에 조리한 대구 혀를 쓰는 것이었다. 점토 냄비에 담아 에멀션이 분리되지 않도록 저온에서 천천히 저어주면 대구 혀가 젤라틴화된다. 그러면 혀는 부드러우면서 살짝 크리미해지고, 에멀션에 완벽하게 어울리는 질감을 갖는다.

네루아의 또 다른 시그니처 요리가 그다음으로 나왔다. 배를 갈라 펴서 나비처럼 보이는 통멸치로, 살코기 쪽이 아래로 가게 해서 구웠다. 이 통멸치는, 효모를 넣은 묽은 밀가루 반죽(구운 것)과 빵가루 위에 올리고 걸쭉하게 한 달걀노른자, 적양파 즙, 구운 멸치 뼈로 낸 육수로 만든 거품을 그 위에 올렸다. 거품이 입천장에 닿는 순간, 믿을 수 없을 만큼 섬세한 바다 맛이 풀려 나왔다.

열 번째 요리는 살짝 훈연한 대구 부레로, 게 국물, 아몬드, 적양파로 만든 수프에 담겨 나왔다. 부레는 결합 조직으로, 흥미롭고 약간 끈적이는 질감을 얻기 위해 젤라틴화한다.

다음에 나오는 요리에는 레드와인 라스 그라바스 후미야Las Gravas Jumilla 2010년산을 페어링했다. 이

빌바오 항구의 구운 생선.

와인은, 설탕에 조린 어린 꼴뚜기에 삶은 어린 순무와 새까만 올리브 페이스트를 곁들인 요리와 엄청난 궁합을 보였다. 올리브의 천연 검은색은 꼴뚜기 먹물을 더해 더 진해졌다. 꼴뚜기는 놀랍도록 즙이 많고, 조금도 질기지 않았다. 생선 요리가 두 가지 더 나왔다. 첫 번째는, 날개다랑어 한 조각이 녹후추와 토마토 즙으로 만든 가벼운 소스에 담겨 나왔다. 그다음에는 튀긴 헤이크가 나왔다. 헤이크는 맛이 좋은 대구 종으로, 바스크에서는 가장 인기 있는 생선 중 하나다. 헤이크는 껍질이 있는 채로, 녹후추와 카베요데 앙헬로 만든 크렘을 접시에 붓질한 위에 올려 나왔다. 카베요 데 앙헬은 시암 호박으로 만든 단맛 나는 퓌레로, 일반적으로 페이스트리에 많이 쓴다.

디저트가 나오기 전 마지막으로 두 가지 요리가 나왔는데, 하나는 쇠심줄(맞다, 힘줄이다!)을 적갈색의 진한 소스 위에 올려 나왔고, 다른 하나는 퀴노아를 깔고 그 위에 작고 매우 부드러운 새끼양의 갈비를 구워 올리고, 파와 민트, 그리고 셰리주 소스 약간을 놓았다.

디저트에는 란사로테산의 특별한 스위트 와인 엘 그리포 카나리El Grifo Canari(1956년, 1970년, 1997년산을 블렌딩)를 페어링했다. 이것은 매우 귀한 와인들로, 우리의 방문 뒤 식당 지하 창고에 몇 병 남지 않게 되었다.

첫 번째 디저트는 그린시소 베이스의 소르페를 곁들인 키위였다. 그린시소는 기분 좋은 향을 내는 일본 허브로, 초밥 접시에 종종 장식으로 놓는다. 다음 디저트는 유명한 바스크 특산의 가토를 호세안 식으로 해석한 것으로, 전통적으로는 체리 잼으로 가득 채운 빵 혹은 케이크 형태다. 호세안의 가토는 그것과 달랐다. 딸기를 밑에 놓고, 코코넛, 흑후추, 장미수를 넣은 아름답고 단단한 크렘을 위에 덮었다.

우리는 일반 무화과와 꽤 다른 '첫 무화과early fig'[일찍 따서 먹는 무화과]로 식사를 마쳤다. 이 무화과는 신선한 달콤함을 지녔지만 일반 무화과처럼 향이 풍부하고 크리미한 맛은 덜하다. 첫 무화과는 슬라이스해서 민트, 견과류 무스, 차가운 무화과나무 밀크fig tree milk와 함께 나왔다.

우리는 점심 식사 탁자에서 5시간을 보냈고, 호세안 알리하의 마법은 우리의 몸과 영혼에 이식되었다. 다행히 요리들은 양이 적었고, 너무 배부르지는 않아서 우리는 저녁 식사로 바스크 생선 구이를 천천히 생각하기 시작했다.

Chapter 7

왜 우리는 그 음식을 좋아할까

여러 해 동안 감각과학 분야의 전문가로 활약해 온 오스트레일리아의 존 프레스콧 교수는, 우리의 음식 선호도를 형성하는 인식에 대해 관심을 갖고 연구해왔다. 그는 자신의 책《맛이 중요하다: 왜 우리는 그 음식을 좋아할까?Taste Matters: Why We Like the Food We Do》에서, 우리가 어떤 음식을 좋아하고 어떤 음식을 거부하는지 결정짓는 요인들을 설명하려 애썼다. 그는 약간은 수수께끼 같은 표현으로, "우리는 좋아하는 것을 먹고, 우리가 먹는 것을 좋아한다"라고 요약한다. 이것은 상당 부분 마우스필에 의해 추동된다.

즐거움과 쾌락주의

음식의 선호도를 설명하는 프레스콧의 방식은 왜 우리가 먹는지 설명하기가 얼마나 복잡한 일인지에 관해 얼버무린다. 근본적으로, 우리는 욕망에 의해 추동되고 즐거움에 이끌린다. 먹는 일은 쾌락주의적 행동이다. 우리는 각자가 맛있다고 생각하는 것을 먹는다. 이런 점에서, 우리는 성적인 행동을 지배하는 것과 같은 메커니즘에 의해 음식 섭취의 동기부여를 받는다. 음식과 섹스 모두, 진화가 진행되면서 어떤 종이 장기간 살아남는 데 필요한 능력을 향상시킨다. 음식은 필요한 영양을, 섹스는 재생산의 가능성을 공급한다.

즐거움에 관한 음식의 가치는 그 영양분보다 개인의 선호도에 기반한다. 인생의 단계마다 우리가 즐기는 것이 달라지는데, 그것은 유전적인 특징, 그리고 임신 중 어머니의 식습관, 성장 환경, 성장 양태, 교육과 인지적 구성 및 문화, 전통, 민족성 등 일련의 다른 요인들에 기인한다.

몇몇 음식 선호도는 선천적이고 보편적이다. 우리는 달콤한 맛이 나거나 감칠맛을 내는 음식을 좋아하고 너무 쓰거나 신 음식은 거부한다. 또한, 우리는 다소 짠 음식을 선호한다. 진화의 과정에서, 우리에게 내장된 이 음식 선택은 열량이 풍부한 음식은 좋아하고 독성이 있는 음식은 멀리하게 함으로써 생존 가능성을 높여왔다. 세계의 많은 지역에서 음식은 쉽게 구할 수 있고 상대적으로 저렴하다. 살찌는 음식을 추구하는 우리의 성향은, 음식에 대한 쉬운 접근, 낮은 비용과 결합해, 부자 나라와 심지어 가난한 나라 모두에서 비만 유행병이 증가하는 이유 가운데 하나다.

그럼에도 불구하고, 이 기본적인 맛들에 대한 우리의 선호도가 꼭 우리 모두가 같은 종류의 음식을 좋아한다는 뜻은 아니다. 사실, 오히려 그 반대다. 우리의 선택에서 중요한 역할을 하는 기본적인 맛과는 거리가 먼, 다양한 다른 맛의 뉘앙스가 있다. 이것들 가운데 중요한 한 가지가 바로 마우스필이다.

우리가 좋아하는 음식이 공유하는 몇몇 특징을 식별하는 것은 꽤 쉽지만, 싫어하는 음식에서 그런 특징을 집어내기는 훨씬 더 어렵다. 우리는 매우 다양한 이유로 특정 음식을 거부하며, 유일한 공통 요인은 너무 쓰거나 극도로 달거나 짠 경우다. 전반적으로 쓴 음식을 선호하지 않는 편이지만, 우리는 나이 들면서 때때로 음식에서 어느 정도 쓴맛에 대해서는 선호를 발전시키기도 한다. 예를 들어, 커피, 차, 홉 맛이 나는 맥주, 시금치, 토닉 워터가 그러하다.

음식 관련한 다면적 감각 경험들에 대해 쾌락주의적인 반응이 발달하는 것은, 인간 행동과 사회적 교류를 지배하는 여러 요인 간 복합적인 상호작용을 반영한다. 잘 알려진 예 중 첫 번째는, 긍정적이거나 부정적인 성격을 가진 개인의 경험과 맛 사이의 연관성이다. 두 번째는, 우리가 어떤 것을 여러 번 맛본 뒤에 거기에 익숙해지고 어쩌면 결국 그 특정한 맛을 지닌 음식을 찾게 되는 방식이다. 세 번째 예는, 음식과 식사를 만드는 데 우리를 끌어들이는 사회적 환경에서 맛 선호도의 발달이다. 두 번째, 세 번째 예는 우리가 음식 혹은 맛에 대한 모험심이라고 부르려고 하는 것에서, 그리고 새것 혐오에 대응하는 방식에서 중요한 역할을 할 수 있다. 새것 혐오는 새롭거나 지금까지 못 본 것에 대한 두려움인데, 이 경우에는 전에 먹어보지 못한 것을 가리킨다.

음식과 맛에 대한 모험심

어린 아이들은 약 두 살이 될 때까지, 허용이

학교 텃밭 프로젝트에 참여하고 있는 학생들이 자신이 직접 가꾼 채소로 만든 수프를 맛보고 있다. 이제 음식 까탈은 없다!

된다는 전제 아래, 부모가 먹는 것을 먹는다. 아이들은 완전히 잡식성이며 그 밑바탕이 되는 생물학적 원리는, 아이들은 꽤 무의식적으로 부모가 먹는 음식은 자기들에게도 안전하다고 믿는다는 것이다. 게다가, 신생아의 음식 선호도는 임신 중 어머니가 먹었던 음식에 압도적일 정도로 지배된다.

약 두 살부터 세 살까지, 아이들은 느리게 독립성을 발전시키기 시작하는데, 이는 아이들이 모르는 음식을 먹어보려 하지 않는다는 생물학적 결과를 다시 낳는다. 이것은 일종의 새것 혐오로, 모든 것을 먹으려 하지만 독성이 있는 것을 먹는 위험을 무릅쓰지 않는다는 잡식동물의 딜레마에 접근하는 적절한 방법이다. 이 새로운 음식에 대한 혐오의 정도는 부분적으로만 유전적 문제다.

새로운 음식에 대한 혐오는 단순히 전에 먹어보지 못한 음식을 좋아하거나 안 좋아하는 문제가 아니다. 이보다는, 새로운 것을 맛봤는데 맛이 없어서 그것을 좋아하지 않을 수도 있다는 두려움이다. 음식에 대해 이렇게 모험심이 없는 것은 그것을 맛보는 것에 대해서도 비슷하게 모험심 결여로 이어진다. 그리고 이것은 누군가 새로운 어떤 것이 실제로 맛이 좋은지 나쁜지 알아내려고 노력조차 하지 않을 가능성이 꽤 있다는 뜻이다. 아이들이 실제로는 먹어본 적 없는 음식을 두고, 그 음식이 싫다고 떼쓰는 것은 이상한 일이 아니다.

새로운 음식에 대한 혐오는 음식에 까탈 부리는 것과 연관되는 경우가 많다. 그렇다고 음식 까탈이 절대적인 조건은 아니다. 새로운 음식에 대한 혐오는 사회적 맥락에 달려 있다. 꽤 좌절할 만한 일이겠지만, 부모는 자신의 아이들이 집에서는 까탈스럽다가도 다른 집에서는 모든 음식을 즐겁게 먹을 때 이런 경험을 한다. 채소를 직접 기르고 자신과 반 친구들을 위해 조리하는 것을 포함한 학교 프로젝트는 이 지점을 꽤 분명하게 보여준다. 아이들은 음식과 그 맛에 대한 소유권을 가졌을 때 결코 음

식을 거부하지 않는다고 교사들은 이야기한다. 까탈스럽다는 것은 그것 자체로 바람직하지 않은 특성이 아니다. 오히려 그것은 약속, 위협, 손가락 가로젓기를 거의 사용하지 않고도 영향을 주고 변화시킬 수 있는 매우 자연스러운 조건이다.

아이들은 종종 어른과의 관계에서 자신의 힘을 내세우려고 먹기를 거부하거나 다른 음식을 먹으려고 한다. 이 방법은 매우 효과적이며, 저녁 식사 시간 무렵에 아이의 까탈스러움이 커지고 아이들이 가장 좋아하는 음식마저도 그들을 행복하게 하지 못하는 경험을, 아이가 있는 가정은 대부분 한 번 이상 했을 것이다.

보통 아이들은 십대 즈음에 새로운 음식에 대한 혐오를 그만두지만, 몇몇 사람은 성인이 될 때까지도 그런다. 연구에 따르면, 이 두려움을 극복하는 한 가지 방법은 새로운 음식과 새로운 맛에 거듭 노출되는 것이다. 4~8번 정도 무언가 맛을 본 뒤, 누군가는 그것을 더 잘 음미하는 법을 배운다. 이전에 시도해보지 않았던 것에 반복적으로 노출된 결과로서 일어나는 일은 십중팔구 새로운 것에 대한 두려움이 줄어들고 결국 완전히 사라질지도 모른다는 것이다.

우리가 새로운 것을 시도하지 못하게 하는 장벽을 무너뜨리는 또 다른 방법은, 소위 관문 음식이라 불리는 이미 친숙한 음식과 함께 점차적으로 도입하는 것이다. 세 번째 선택지는 다른 환경에서, 그리고 누군가 호기심을 보이고, 참여하고, 자신만의 맛에 대한 소유권을 갖는 데 흥미를 느끼는 여러 다른 사람들과 함께, 적극적으로 지식을 습득하는 것이다.

질감, 음식 선택, 그리고 질감에 대한 허용

질감은 원재료와 조리된 식품 모두에서 중요한

품질 지표다. 좋지 못하거나 달갑지 않은 질감은 특정 음식이 먹기 적합한지 아닌지에 관해 맛과 향이 알려주는 정도까지 작용하지는 않는다. 무너진 수플레는 여전히 부풀어 올라 있는 수플레만큼 먹을 만은 하지만, 둘의 마우스필에는 커다란 차이가 있다. 한편, 질감은 채소와 과일 같은 원재료와 관련해서는 매우 적합한 품질 지표이며, 뛰어난 요리를 만들어서 내는 요리사의 능력을 판단하는 방법이기도 하다.

문화적, 심리적, 사회적, 그리고 연령별 차이가 있을 수 있지만, 음식의 질감이 먹을 수 없는 것에 관한 기억을 불러일으켜서는 안 된다. 예를 들어, 대부분의 사람은 마분지의 맛과 마우스필을 지닌 음식을 거부할 것이다. 하지만 여기서 다시 한 번, 특정 음식에 익숙해지는 문제, 누군가 처음에 접했을 때 이국적이고 이상하며 심지어 맛도 없었던 질감을 가진 음식을 먹는 것을 배워야 한다는 문제가 있다.

누군가 다른 음식문화의 지식을 얻기 원할 때, 대체로 그것은 익숙하지 않은 질감들이나 질감 요소들의 조합을 새로운 맥락에서 받아들이는 것과 마찬가지다. 서양 음식에 익숙한 많은 사람이 비단같이 부드러운 두부는 맛이 없고 젤리 같다고 할지 모르지만, 분명 같은 질감을 가진 달콤한 우유 푸딩이나 치즈는 부드럽고 맛있다며 즐길 것이다. 또 다른 예는 채소의 경우인데, 예전에는 흐물흐물하고 형태를 알아볼 수 없을 때까지 익혀야 한다고 생각했다. 하지만 이제는 최소한으로 익혀 그 재료들의 자연적인 아삭함과 탄력성을 보존해야 그 가치를 더 높게 쳐준다.

음식의 질감에 관해서는, 나이에 따른 상당한 생리학적 차이들을 고려해야 할 것이다. 이가 없는 아기와 어린 아이가 삼켰을 때 질식할 위험이 전혀 없는 상태에서 입안에서 조작할 수 있도록, 음식을 퓌레화하거나 잘게 다져야 한다. 노인은 턱 근육의 힘이 빠지거나 이에 문제가 있어 씹는 데 어려움을 겪을 수 있다. 또한, 침의 분비가 줄어들어 입안이 건조해지므로 단단하거나 마른 음식을 씹고 삼키기 더 어려울 수 있다. 화학요법이나 방사선 치료를 받은 환자에게도 비슷한 문제가 생길 수 있다.

연구 결과에 따르면, 매일매일의 끼니 때 우리는 처한 상황이 달라지면 다른 질감을 선호한다는 경험적 관찰을 증명하고 무게를 실어주었다. 다른 실험들에 따르면, 우리는 바삭하고, 크런치하고, 부드럽고, 즙이 많고, 단단하다고 특징지을 수 있는 질감을 좋아하는 반면, 질기고, 끈끈하고, 덩어리지고, 끈적거리고, 바스러지는 질감은 종종 달갑지 않은 것으로 간주한다. 또한, 우리가 자연적으로 끌리는 어떤 질감의 조합들이 있는데, 특히 요구르트와 뮤즐리에서 느끼는 크리미함과 바삭함, 찐 생선과 구운 아몬드에서 맛보는 부드러움과 단단함 같은 대조가 특히 그러하다.

완벽한 식사

식사는 음식 이상이며, 멋진 식사 경험이 꼭 숙련된 미슐랭 스타급 요리사들의 정력적인 노력에서만 나오는 것은 아님을 알게 되어도 누구도 놀라지 않는다. 더 많은 것, 특히 식사를 함께하는 사람들이 필요하다. 사실, 훨씬 더 많은 것이 있는데, 조명과 커트러리와 식기, 요리의 이름, 오감의 복잡한 상호작용, 마지막으로 기억과 감정의 상태처럼 좀 더 심리적인 조건의 영향까지 아우른다.

영국의 심리학자 찰스 스펜스와 마케팅 및 소비자 행동 전문가인 베티나 피케라스-피스만은 음식과 식사의 다감각과학을 다루는 책을 공동 집필했다. 스펜스는 여러 다른 주제들 중에서도 음식의 맛에 소리가 끼치는 영향(예를 들어, 암소음background noise이 많은 비행기에서 식사를 한 경험)에 관한 연구로 잘 알려져 있다. 이 책은 10년 동안 이루어진 미식에 관한 과학적 연구를 잘 보여준다. 최근에 '요리 화학', '분자 요리', '신경-미식학', '현대 요리' 등의 표현은 미식 연구에 대한 방법론적 접근의 일환으로 통용되기 시작했다. 이 책 중 '식탁의 새로운 과학new science of the table'이라는 소제목의 절에 모든 연구를 모아놨다. 스펜스는 2002~2003년 덴마크 물리학자 미샤엘 A. 롬홀트가 처음 사용한 '미식과학'이라는 용어를 일관되게 쓴다. 이 용어는 2012년 덴마크왕립과학원의 후원으로 개최된, 이 주제에 관한 첫 번째 국제회의 이후 실로 주류가 되었다.

스펜스에 따르면, 완벽한 식사를 만드는 것은 조리와 관련한 화학 및 물리학의 측면뿐만 아니라, 실험심리학, 디자인, 신경과학, 감각과학, 행동경제학 및 마케팅 같은 서로 다른 분야에서 나온 지식에 달려 있다. 현대의 많은 요리사와 식품 생산자는 이제 새롭고 놀랍고 기억에 남는 식사 경험을 빚어내는 데 이 모든 지식을 활용한다. 그리고 이는 단지 입속으로 들어가는 것에 관한 질문일 뿐만 아니라 뇌에서 일어나는 일에 관한 질문이다.

신경-미식학은 예일대학교 신경학자 고든 셰퍼드가 고안해낸 표현인데, 이 새로운 과학 분야는 뇌에서 여러 다른 감각 입력값이 복합적으로 통합되는 의미를 이해하기 위한 과학적 기초를 형성했다. 그러나 스펜스에 따르면, 완벽한 식사를 만들기 위해서는 그 이상의 것이 필요하다. 식탁, 식탁보, 커트러리와 식기, 요리의 이름과 요리 내는 방식, 주변 소리와 조명, 그리고 전체적으로 식사의 미학으로 간주될 수 있는 그 밖의 모든 것.

커트러리와 그릇의 무게, 모양, 색깔 등 식기류가 맛 경험에 영향을 끼친다는 것이 정말 사실일까? 스펜스와 그의 동료들이 한 연구에서 알 수 있듯이, 대답은 아마도 '그렇다'일 것이다. 무거운 커트러리로 먹은 음식은 식사 손님에게 더 높은 품질이라고 해석된다. 공간 내 소리도 맛에 영향을 끼친다는 것

이 맞을까? 연구들에 따르면, 이탈리아 오페라 음악이 배경에서 연주될 때 피자를 먹으면 더 정통적인 맛이 난다고 평가되고, 바다와 파도 소리를 들을 수 있을 때 굴이 더 즐길 만하다는 것이다. 다른 실험들은, 손에 쥘 수 있는 그릇으로 음식을 먹고 있다면 일찍 배부른 느낌이 들고, 보다 무거운 그릇으로 먹을 때 결과적으로 덜 먹는다는 것을 보여주었다. 또한, 많은 사람이 비행기 안 암소음이 신맛, 단맛, 짠맛의 강도를 낮추는 경향이 있는 반면 감칠맛은 그대로라는 사실을 알고 있다. 이 때문에, 많은 승객이 비행 중에 상당히 무의식적으로 토마토 주스를 주문한다고 한다. 그들이 지상의 조용한 바에 있을 때는 거의 하지 않을 일이다.

스펜스는 요리 이름을 짓고 묘사하는 방식이 맛의 인식과 선호 여부에 끼치는 상당한 영향에 관해서도 기록한다. 요리 이름은 식사 손님에게 요리가 더 매력적으로 느껴지도록 만든다. 두 가지 요리가 동일하지만, '노르웨이 오믈렛omelette à la norvégienne'에 '베이크드 알래스카baked Alaska[케이크에 아이스크림을 얹고 머랭을 씌워 오븐에 재빨리 구워낸 디저트]'보다 두 배의 돈을 낼 수 있다. 카술레cassoulet는 캐서롤casserole보다 더 매력적이다. 실제로 쓴 식재료에서 주의를 딴 데로 돌리려던 방식으로, 내장과 특이한 동물을 식재료로 만든 요리를 다르게 명명하는 오랜 전통이 있다. '장어 왕king eel'은 확실히 '훈연 상어 배smoked shark belly'보다 더 식욕을 돋우는 것처럼 들린다. 두 명의 덴마크인 감각과학자 리네 홀레르 밀뷔와 봄 프로스트 미카엘도 식당에서 식사하는 사람이 요리를 경험하고 감상하는 방법은, 메뉴에서 유래한 정보나 서빙하는 사람이 주는 정보에 달려 있다는 것을 보여주었다. 그들의 연구는, 요리를 만드는 데 쓰인 기술에 관한 설명이 감각적 특성에 관한 설명보다 더 긍정적인 평가를 이끌어낸다는 놀라운 결론으로 이어졌다.

스펜스와 그의 동료들이 제시한 다른 많은 재미

있는 발견들 중에는, 접시를 만드는 실제 재료, 색깔, 모양, 크기의 중요성뿐만 아니라, 입에서 커트러리, 유리잔, 컵이 주는 느낌 등도 있다. 레드와인을 검은 텀블러로 마시거나 털로 덮인 숟가락으로 음식을 먹는 것은 그리 매력적이지 않을 것이다. 또한, 커트러리가 내는 소리도 맛 인식에 영향을 끼친다. 도자기 접시 위의 칼과 포크 소리는 매우 유혹적인 반면, 식탁의 딱딱한 표면에 플라스틱 샴페인 잔을 놓는 느낌은 자극적이지 않다.

음식의 이름, 음식의 겉모양, 음식에 들어간 원재료에 관한 지식, 그것을 먹은 초기 경험, 또는 음식을 서빙하는 사람의 설명에 근거한, 음식의 맛에 대한 기대와 깃들 법한 놀라움은 요리에 대한 평가를 추동하는 것이 증명되었다. 우리의 기대가 충족되지 않으면, 예를 들어 맛이 동일하더라도 마우스필이 맞지 않으면 이것은 특히 영향력이 있다. 씹을 때 바삭 부서지는 튀긴 베이컨을 곁들인 봄철 시저 샐러드는 맛있을 수 있지만, 같은 샐러드라도 블렌더로 갈았다면 확실히 불쾌할 수 있다.

에필로그

삶을 위한 마우스필과 맛

음식과 즐거움은 함께 가고, 음식의 맛은 좋은 삶으로 가는 통로다. 음식의 맛은 요람에서 무덤까지 우리 삶에서 변하지 않는 것이며, 나이가 들면서 감각이 덜 예민해질 수 있지만 매일의 식사는 우리에게 가장 오래가는 최고의 즐거움을 주는 의식이다. 우리는 먹을 때 모든 감각을 동원하는데, 마우스필은 그 전반적인 감각 경험에서 중요한 부분이다.

영양분만 적당하다면 곤죽 같은 음식으로도 그럭저럭 버틸 수 있다. 하지만 누군가 이런 종류의 음식을 장기간 먹을 수 있으리라고는, 예를 들어 1년 동안 우주여행을 하면서 튜브에 든 유동식을 즐겁게 먹을 수 있으리라고 상상하기는 어렵다.

음식과 그 맛은 진화적, 생리적, 문화적 방법으로 인간과 밀접하게 엮여 있다. 약 190만 년 전 우리 조상들이 채택한, 불을 이용한 음식의 조리는 인간의 영양 섭취에 혁명을 일으켰고, 그것은 결국 우리가 큰 뇌를 발달시키는 데 충분한 에너지를 얻게 해주었다. 그것은 하루 종일 날것 음식을 씹어야 하는 데서 우리를 해방시켰고, 가족을 만들고 사회 구조를 건설하는 데 쓸 시간을 벌어주었다. 요리는 우리 문화에서 원동력이자 응집력이 되었다.

종으로서 우리는, 여전히 하루에 6시간에서 8시간 동안 씹어야 하는 큰 유인원들의 상황에서는 멀리 떨어져 있지만, 그럼에도 우리는 씹는 것의 물리적 움직임과 입속에서 음식의 기계적 조작이 먹는 행위에 더해주는 가치를 인정할 수 있다.

이것은 우리의 매일 식사가 구조화되는 방식에 반영된다. 아침에는 요구르트, 달걀, 흰 빵 등 가벼운 음식으로 눈을 돌린다. 모두 씹고 삼키기 쉽다. 점심시간에는 접시 위에 조금 더 많은 구조를 추구해, 더 무거운 빵, 샐러드, 수프, 그리고 가능하다면 가볍고 따뜻한 요리로 눈을 돌린다. 저녁 식사 시간이 오면, 우리는 더 도전해볼 만한 음식을 먹고 고기와 다양한 채소 같은 더 광범위한 식재료를 선택하는 데 시간을 들인다. 씹기 더 힘든 일을 대비하느라, 전채 요리로 시작할 수도 있다. 전채 요리는 아주 적은 구조를 가졌고 먹기 쉽지만, 그것은 침이 돌도록 한다. 메인 요리는 보통 강도가 더 높고 씹기에 시간이 많이 걸린다. 이때는 입이 꽉 찼을 때 말하지 않는다는 규칙을 지키기가 무척 어렵다. 식사가 끝날 즈음, 우리는 기계적인 조작이 많이 필요하지는 않지만, 크런치함과 크리미함의 대조적인 느낌이 짝을 이루거나 해면질처럼 더 흥미롭고 어쩌면 놀라울 질감을 가진 디저트를 선택할 수 있다.

질감은 좋은 마우스필을 지닌, 구미가 당기게 하는 음식의 중요한 조건일 뿐만 아니라, 지방과 설탕이 적어 열량을 줄인 맛있는 음식을 만드는 한 요인이 될 수 있다. 어떤 연구자들은 섬유질이 많고 거친 질감을 가진 음식이 더 포만감을 준다고 생각한다. 다른 연구자들은 쥐를 이용한 실험으로 뒷받침한 가설을 제시했는데, 씹는 행위는 기억 기능을 향상시키고 치매의 위험을 줄이는 역할을 한다는 것이다. 이것은 좋은 구강 위생의 중요성을 새롭게 조명한다. 우리 자신의 이를 건강하게 유지하려고 평생 애쓰는 것은, 음식을 씹을 수 있다는 것을 우리가 얼마나 소중히 여기는지 방증한다. 단순히 미용상의 이유나 구강 건강을 증진하기 위해서만 정기적인 치과 검진을 하는 것이 아니다. 우리가 비록 액상 식단으로도 살아남을 수 있기는 하지만, 마우스필이 좋은 음식을 씹는 것을 정말로 즐기기 때문이다. 불과 몇 십 년 전만 해도 우리는 초현대적이고 고도의 기술사회에서는 식사가 필요 없고 알약 몇 개만 삼키거나 튜브에서 음식을 짜낼 수 있다고 순진하게 생각했다. 이제 우리는 이 시나리오들이 별로 매력이 없다고 거부한다.

맛을 잘 이해하면, 인류가 직면한 주요한 전 지구적 도전 과제 중 하나인, 제한된 자원을 가진 지구에서 늘어나는 인구를 위한 충분한 식량을 확보하는 방법을 찾는 데 도움이 될 수 있다. 우리의 식품 생산 대부분은 식재료 활용의 최적화라는 측면에서 비효율적이다. 그 좋은 예는 생선과 콩에서 얻을 수 있는 단백질인데, 우리는 고기를 생산하기 위해 그것을 가축에게 먹여 단백질을 순환시킨다. 한편으로는 이 과정에서 단백질 함량의 80~95퍼센트를 손실하지만, 다른 한편으로는 많은 사람이 고기를 먹고 그 특유의 질감을 음미하고 싶어한다.

앞으로는 원래의 단백질 공급원을 좀 더 효과적으로 이용할 방법을 찾을 필요가 있다. 한 가지 가능성은, 식물성 단백질을 육류 질감을 가진 고형물로 바로 바꾸는 것이다. 전통적으로 두부, 세이탄, 파스타, 혹은 빵의 경우에 그랬듯이 말이다. 이 제품들은 사용 가능한 단백질의 90퍼센트까지 활용한다.

우리는 현재 먹지 않는 많은 종을 비롯해 어패류의 질감을 더 중시하는 법을 배워야 한다. 먹지 않는 종들은 쉽게 낭비되어, 양식장에서 사용되기 위해 생선 사료로 바뀌거나 가축을 위한 사료로 만들어지며, 그 가축은 동물성 지방과 단백질로 전환된다. 물고기의 귀중한 오메가3 지방도 이 과정에서 부분적으로 손실된다.

맛에 관한 지식, 특히 마우스필은 인간으로서 우리 자신에 관한 이해를 높이는 데 도움이 될 수 있다. 왜 우리는 그 음식을 먹을까? 우리는 그 음식을 어떻게 다룰까? 부엌과 입안에서 모두 말이다. 맛에 관한 지식은 미각이 뇌에 있음을 알게 해주는데, 그 뇌에서 미각은 기억과 결합된 음식에 대한 복합적 감각 인식, 우리가 이미 알고 있거나 경험한 것, 그리고 보상 시스템 사이의 복잡한 상호작용으로 등록되어 있다. 이런 식으로 맛은 전통, 문화, 사회적 관계와도 연결되어 있다.

음식에 관한 지식은 우리가 왜 가끔 너무 많이 먹거나 잘못된 것을 먹는지 이해하는 데 도움을 준다. 신경-미식학 분야의 새로운 발견은 어떻게 뇌가 좋은 맛과 영양, 열량을 연관시키는지 보여준다. 이 정보는 우리가 더 건강한 선택을 하도록, 따라서 아마도 식이와 관련한 문제, 특히 비만 및 당뇨병, 심장병 같은 질병을 피할 수 있게 해준다. 또한, 맛에 관한 지식은 우리가 적당히 먹어야 하는 음식에 대한 강한 욕구를 잘 다룰 수 있도록, 그리고 그런 식으로 우리가 그 음식에 지나치게 빠져드는 것을 억제하도록 도움을 줄 수 있다.

그러나 무엇보다도, 맛과 특히 마우스필에 관한 지식은 우리에게 더 건강하고 맛있는 식사를 만들고, 우리의 가장 근본적인 삶의 힘 중 하나, 바로 '먹고자 하는 욕구'에 내재된 즐거움과 기쁨을 강화할 도구들을 줄 수 있다.

Barham, P. *The Science of Cooking*. Berlin: Springer, 2001.

Barham, P., L. H. Skibsted, W. L. P. Bredie, M. B. Frøst, P. Møller, J. Risbo, P. Snitkjaer, and L. M. Mortensen. "Molecular gastronomy: A new emerging scientific discipline", *Chemical Reviews* 110 (2010): 2313–65.

Beckett, S. T. *The Science of Chocolate*. 2nd ed. Cambridge: Royal Society of Chemistry, 2008.

Blumenthal, H. *The Fat Duck Cookbook*. New York: Bloomsbury, 2009.

Bourne, M. *Food Texture and Viscosity: Concept and Measurement*. 2nd ed. San Diego, Calif.: Academic Press, 2002.

Brady, J. W. *Introductory Food Chemistry*. Ithaca, N.Y.: Cornell University Press, 2013.

Brillat-Savarin, J. A. *The Physiology of Taste, or Meditations on Transcendental Gastronomy*. Translated by M. F. K. Fisher. New York: Everyman's Library, 2009.

Bushdid, C., M. O. Magnasco, L. B. Vosshall, and A. Keller. "Humans can discriminate more than 1 trillion olfactory stimuli", *Science* 343 (2014): 1370–72.

Cazor, A., and C. Liénard. *Molecular Cuisine: Twenty Techniques, Forty Recipes*. Boca Raton, Fla.: CRC Press, 2012.

Chandrashekar, J., D. Yarmolinsky, L. von Buchholtz, Y. Oka, W. Sly, N. J. P. Ryba, and C. S. Zuker. "The taste of carbonation", *Science* 326 (2009): 443–45.

Chaudhari, N., and S. D. Roper. "The cell biology of taste", *Journal of Cell Biology* 190 (2010): 285-96.

Chen, J., and L. Engelen, eds. *Food Oral Processing: Fundamentals of Eating and Sensory Perception*. Oxford: Wiley-Blackwell, 2012.

Clarke, C. *The Science of Ice Cream*. 2nd ed. Cambridge: Royal Society of Chemistry, 2012.

Coultate, T. P. *Food: The Chemistry of Its Components*. 6th ed. Cambridge: Royal Society of Chemistry, 2015.

de Wijk, R. A., M. E. J. Terpstra, A. M. Janssen, and J. F. Prinz. "Perceived creaminess of semi-solid foods", *Trends in Food Science and Technology* 17 (2006): 412-22.

Drake, B. "Sensory textural/rheological properties: A polyglot list", *Journal of Texture Studies* 20 (1989): 1-27.

Fennema, O. R. *Food Chemistry*. 2nd ed. New York: Dekker, 1985.

Frøst, M. B., and T. Janhøj. "Understanding creaminess", *International Dairy Journal* 17 (2007): 1298-1311.

Fu, H., Y. Liu, F. Adrià, X. Shao, W. Cai, and C. Chipot. "From material science to avantgarde cuisine: The art of shaping liquids into spheres", *Journal of Physical Chemistry B* 118 (2014): 11747–56.

Green, B. G., and D. Nachtigal. "Somatosensory factors in taste perception: Effects of active tasting and solution temperature", *Physiology & Behavior* 107 (2012): 488–95.

Hachisu, N. S. *Japanese Farm Food*. Kansas City, Mo.: Andrews McMeel, 2012.

——————. *Preserving the Japanese Way: Traditions of Salting, Fermenting, and Pickling for the Modern Kitchen*. Kansas City, Mo.: Andrews McMeel, 2015.

Hisamatsu, I. *Quick and Easy Tsukemono: Japanese Pickling Recipes*. Tokyo: Japan Publications Trading, 2005.

Hsieh, Y.-H. P., F.-M. Leong, and J. Rudloe. "Jellyfish as food", *Hydrobiologica* 451 (2001): 11-17.

Joachim, D., and A. Schloss. *The Science of Good Food: The Ultimate Reference on How Cooking Works*. Toronto: Rose, 2008.

Johnson, A., K. Kirshenbaum, and A. E. McBride. "Konjac dondurma: Designing a sustainable and stretchable 'fox testicle' ice cream". In *The Kitchen as Laboratory: Reflections on the Science of Food and Cooking*, edited by C. Vega, J. Ubbink, and E. van der Linden, 33-40. New York: Columbia University Press, 2012.

Jurafsky, D. *The Language of Food: A Linguist Reads the Menu*. New York: Norton, 2014.

Kasabian, A., and D. Kasabian. *The Fifth Taste: Cooking with Umami*. New York: Universe, 2005.

Kurti, N., and G. Kurti, eds. *But the Crackling Is Superb: An Anthology on Food and Drink by Fellows and Foreign Members of the Royal Society*. 2nd ed. Boca Raton, Fla.: CRC Press, 1997.

Lévi-Strauss, C. *The Raw and the Cooked*. Vol. 1 of *Mythologiques*. Translated by John Weightman and Doreen Weightman. Chicago: University of Chicago Press, 1983.

Lieberman, D. E. *The Evolution of the Human Head*. Cambridge, Mass.: Harvard University Press, 2011.

——————. *The Story of the Human Body: Evolution, Health, and Disease*. New York: Pantheon, 2013.

Lucas, P. W., K. Y. Ang, Z. Sui, K. R. Agrawal, J. F. Prinz, and N. J. Dominy. "A brief review of the recent evolution of the human mouth in physiological and nutritional contexts", *Physiology & Behavior* 89 (2006): 36-38.

Maruyama, Y., R. Yasyuda, M. Kuroda, and Y. Eto. "Kokumi substances, enhancers of basic tastes, induce responses in calcium-sensing receptor expressing taste cells", *PLoS ONE* 7 (2012): e34489.

McGee, H. *On Food and Cooking: The Science and Lore of the Kitchen*. New York: Scribner, 2004.

McQuaid, J. *Taste: The Art and Science of What We Eat*. New York: Scribner, 2015.

Mielby, L. H., and M. B. Frøst. "Eating is believing". In *The Kitchen as Laboratory: Reflections on the Science of Food and Cooking*, edited by C. Vega, J. Ubbink, and E. van der Linden, 233-41. New York: Columbia University Press, 2012.

Mouritsen, O. G. "Gastrophysics of the oral cavity", *Current Pharmaceutical Design* 22 (2016): 2195-2203.

——————. *Seaweeds: Edible, Available, and Sustainable*. Translated by Mariela Johansen. Chicago: University of Chicago Press, 2013.

——————. *Sushi: Food for the Eye, the Body, and the Soul*. Translated by Mariela Johansen. New York: Springer, 2009.

——————. "Umami flavour as a means to regulate food intake and to improve nutrition and health", *Nutrition and Health* 21 (2012): 56-75.

Mouritsen, O. G., and K. Styrbæk. *Umami: Unlocking the Secrets of the Fifth Taste*. Translated by Mariela Johansen. New York: Columbia University Press, 2014.

Müller, H. G. "Mechanical properties, rheology, and haptaesthesis of food", *Journal of Texture Studies* 1 (1969): 38-42.

Myhrvold, N., with C. Young and M. Bilet. *Modernist Cuisine: The Art and Science of Cooking*. Bellevue, Wash.: Cooking Lab, 2010.

Norn, V., ed. *Emulsifiers in Food Technology*. 2nd ed. Oxford: Wiley-Blackwell, 2015.

Perram, C. A., C. Nicolau, and J. W. Perram. "Interparticle forces in multiphase colloid systems: The resurrection of coagulated sauce béarnaise", *Nature* 270 (1977): 572-73.

Pollan, M. *The Omnivore's Dilemma: A Natural History of Four Meals*. New York: Penguin Press, 2006.

Prescott, J. *Taste Matters: Why We Like the Food We Do*. London: Reaktion Books, 2012.

Roos, Y. H. "Glass transition temperature and its relevance in food processing", *Annual Review of Food Science and Technology* 1 (2010): 469-96.

Rowat, A. C., K. Hollar, D. Rosenberg, and H. A. Stone. "The science of chocolate: Phase transitions, emulsification, and nucleation", *Journal of Chemical Education* 88 (2011): 29-33.

Rowat, A. C., and D. A. Weitz. "On the origins of material properties of foods: Cooking and the science of soft matter". In *L'Espai Laboratori d'Arts Santa Mònica*, 115-20. Barcelona: Actar, 2010.

Shaw, J. "Head to toe", *Harvard Magazine*, January-February 2011.

Shepherd, G. M. *Neuroenology: How the Brain Creates the Taste of Wine*. New York: Columbia University Press, 2017.

——————. *Neurogastronomy: How the Brain Creates Flavor and Why It Matters*. New York: Columbia University Press, 2011.

——————. "Smell images and the flavour system in the human brain", *Nature* 444 (2006): 316-21.

Shimizu, K. *Tsukemono: Japanese Pickled Vegetables*. Tokyo: Shufunotomo, 1993.

Small, D. "Flavor is in the brain", *Physiology & Behavior* 107 (2012): 540-52.

Spence, C., and B. Piqueras-Fiszman. *The Perfect Meal: The Multisensory Science of Food and Dining*. Oxford: Wiley-Blackwell, 2014.

Stedman, H. H., B. W. Kozyak, A. Nelson, D. M. Thesier, L. T. Su, D. W. Low, C. R. Bridges, J. B. Shrager, N. Minugh-Purvis, and M. A. Mitchell. "Myosin gene mutation correlates with anatomical changes in the human lineage", *Nature* 428 (2004): 415-18.

Stender, S., A. Astrup, and J. Dyerberg. "Ruminant and industrially produced trans fatty acids: Health aspects", *Food & Nutrition Research* 52 (2008): 1-8.

—— "What went in when trans went out?", *New England Journal of Medicine* 361 (2009): 314-16.

Stevenson, R. J. *The Psychology of Flavour*. Oxford: Oxford University Press, 2009.

Stuckey, B. *Taste What You're Missing: The Passionate Eater's Guide to Why Good Food Tastes Good*. New York: Atria Books, 2012.

Szczesniak, A. S. "Texture is a sensory property", *Food Quality and Preference* 13 (2002): 215-25.

This, H. *Kitchen Mysteries: Revealing the Science of Cooking*. Translated by Jody Gladding. New York: Columbia University Press, 2007.

——————. "Modeling dishes and exploring culinary 'precisions': The two issues of molecular gastronomy", *British Journal of Nutrition* 93 (2005): S139-S146.

——————. *Molecular Gastronomy: Exploring the Science of Flavor*. Translated by M. DeBevoise. New York: Columbia University Press, 2002.

——————. "Molecular gastronomy is a scientific discipline, and note-by-note cuisine is the next culinary trend", *Flavour* 2 (2013): 1-8.

——————. *Note-by-Note Cooking: The Future of Food*. Translated by M. DeBevoise. New York: Columbia University Press, 2014.

Tsuji, S. *Japanese Cooking: A Simple Art*. Tokyo: Kodansha, 1980.

Ulijaszek, S., N. Mann, and S. Elton. *Evolving Human Nutrition: Implications for Public Health*. Cambridge:

Cambridge University Press, 2011.

Vega, C., and R. Mercadé-Prieto. "Culinary biophysics: On the nature of the 6X℃ egg", *Food Biophysics* 6 (2011): 152-59.

Vega, C., J. Ubbink, and E. van der Linden, eds. *The Kitchen as Laboratory: Reflections on the Science of Food and Cooking*. New York: Columbia University Press, 2012.

Verhagen, J. V., and L. Engelen. "The neurocognitive bases of human multimodal food perception: Sensory integration", *Neuroscience & Biobehavioral Reviews* 30 (2006): 613-50.

Vilgis, T. *Das Molekül-Menü: Molekulares Wissen für kreative Köche*. Stuttgart: Hirzel, 2011.

————. "Texture, taste and aroma: Multi-scale materials and the gastrophysics of food.", *Flavour* 2 (2013).

Virot, E., and A. Ponomarenko. "Popcorn: Critical temperature, jump and sound", *Journal of the Royal Society Interface* 12 (2015): 2014.1247.

Walstra, P. *Physical Chemistry of Foods*. Boca Raton, Fla.: CRC Press, 2002.

Wilson, B. *First Bite: How We Learn to Eat*. New York: Basic Books, 2015.

Wobber, V., B. Hare, and R. Wrangham. "Great apes prefer cooked food", *Journal of Human Evolution* 55 (2008): 340-48.

Wrangham, R. *Catching Fire: How Cooking Made Us Human*. New York: Basic Books, 2009.

Wrangham, R., and N. Conklin-Brittain. "Cooking as a biological trait", *Comparative Biochemistry and Physiology A* 136 (2003): 35-46.

Youssef, J. *Molecular Gastronomy at Home: Taking Culinary Physics out of the Lab and into Your Kitchen*. London: Quarto Books, 2013.

Zink, K. D., and D. E. Lieberman. "Impact of meat and Lower Palaeolithic food processing techniques on chewing in humans", *Nature* 531 (2016): 500-503.

사진

주방에서의 사진 작업 (Kristoff Styrbæk)

마우스필

음식의 맛과 향과 질감이 어우러질 때 우리 입이 느끼는 것

초판 1쇄 발행 | 2023년 4월 30일
지은이 | 올레 G. 모우리트센, 클라우스 스튀르베크
옮긴이 | 정우진

펴낸곳 | 도서출판 따비
펴낸이 | 박성경
편   집 | 신수진
디자인 | 이수정

출판등록 | 2009년 5월 4일 제2010-000256호
주소 | 서울시 마포구 월드컵로28길 6(성산동, 3층)
전화 | 02-326-3897
팩스 | 02-6919-1277
메일 | tabibooks@hotmail.com
인쇄·제본 | 영신사

ISBN 979-11-92169-26-2 03590